Encyclopedia Biodiversity

生物多样性百科

中国生物多样性保护与绿色发展基金会◎编著

科学技术文献出版社

·北京·

图书在版编目（CIP）数据

生物多样性百科 = Encyclopedia Biodiversity / 中国生物多样性保护与绿色发展基金会编著. -- 北京：科学技术文献出版社, 2025. 5. -- ISBN 978-7-5235-2273-8

Ⅰ.Q16

中国国家版本馆 CIP 数据核字第 2025RT5962 号

生物多样性百科

策划编辑：李　蕊　钱一梦　责任编辑：李　晴　责任校对：宋红梅　责任出版：张志平

出 版 者	科学技术文献出版社
地　　址	北京市复兴路15号　邮编　100038
编 务 部	（010）58882938，58882087（传真）
发 行 部	（010）58882868，58882874（传真）
邮 购 部	（010）58882873
官方网址	www.stdp.com.cn
发 行 者	科学技术文献出版社发行　全国各地新华书店经销
印 刷 者	北京时尚印佳彩色印刷有限公司
版　　次	2025年5月第1版　2025年5月第1次印刷
开　　本	710×1000　1/16
字　　数	473千
印　　张	30.25　彩插16面
书　　号	ISBN 978-7-5235-2273-8
定　　价	98.00元

版权所有　违法必究

购买本社图书，凡字迹不清、缺页、倒页、脱页者，本社发行部负责调换

《生物多样性百科》编委会

编　　著　中国生物多样性保护与绿色发展基金会
顾　　问　胡德平　胡昭广　谢伯阳　周晋峰
总 编 辑　汤东宁
执行主编　孙英兰　熊昱彤　王　静
参编人员（按姓氏笔画排序）

　　　　　马　勇　王　静　王　豁　王晓琼
　　　　　王倩倩　王敏娜　韦　琦　孔垂澜
　　　　　冯　璐　朱振亚　李　云　李利红
　　　　　杨洪兰　杨晓红　吴道源　宋小丽
　　　　　罗玉洁　周克己　封　紫　秦秀芳
　　　　　敖　翔　徐同欣　徐艳君　高俊齐
　　　　　曹美娟　熊昱彤

特约法律顾问　阎云天（北京合川律师事务所合伙人、律师）

前 言
PREFACE

  在我们生存的这个蓝色星球上,人类与自然界的繁衍、生息、积淀、进化和传承,每时每刻都在悄然地进行。超过45亿年的地球史,见证了所有生命体相生相伴的历程。我们无法想象在一个没有鸟语花香、青山绿水的世界,人类的生活会是怎样?大自然以其无比丰富的能量和资源,构建了人类生活必需的健康的生态系统,使我们身在其中的生物多样性,世代绵延,历久弥新。

  人类的诞生就是地球生物多样性的延续,来自生物多样性的滋养,使人类社会从愚昧走向文明,由贫困实现富强。人类文化形成和发展的每一步,事实上都与生物多样性息息相关。然而,在过去相当长的岁月里,人类并没有意识到我们依存于生物多样性的重要性,对身边日夜感受的生物多样性未加珍惜。直到1972年6月,在斯德哥尔摩召开的首次联合国人类环境会议上,一份具有划时代意义的《人类环境宣言》提出:"为了这一代和将来的世世代代的利益,地球上的自然资源,其中包括空气、水、土地、植物和动物,必须用周密计划和适当管理加以保护。"整整20年后,1992年6月,在里约热内卢举行的首届联合国环境与发展会议上,与会国共同签署了《生物多样性公约》,第一次使重视与保护生物多样性的理念成为全球共识,即生物多样性是为人类提供生态系统服务和可持续发展的保障。

  在过去的50年里,随着世界人口的急剧增长,经济社会迅猛发展的利益需求,对全球生物多样性造成的深刻改变日益显现。占全球55%适合宜居的土地已被转化为农业生产,全球范围的森林、湿地、草原和其他陆地生态系统的大规模快速变迁,使淡水栖息地减少了80%以上,仅脊椎动物的数量就下降60%。2019年由全球生物多样性和生态系统服务政府间科学政策平台(Intergovernmental Science-Policy Platform for Biodiversity and Ecosystem Services,IPBES)发布的报告指出,在地球上迄今发现的800多万个物种中,目前超过100万个物种正在面临灭绝的威胁。人类对土地、森林、海洋的过度开发，使自然栖息地加快退化以至于消失，各类污染导致的环境破坏，以及气候变化与自然灾害的不利因素，造成动植物和其他生物的数量骤减，全球日趋严重的生物多样性丧失，令人触目惊心，甚至已经危及农林渔业的持续发展和人类的健康生活。2025年世界经济论坛继续发布预警评估报告，在全球未来面临的十大风险中，"生物多样性丧失"已列入第二位。不容乐观的现实提醒我们：人类必须以足够的智慧和决心，迅速采取有效的行动措施，才能应对这个迫在眉睫的巨大挑战。

我国是生物多样性富有的国家，占全球10%以上的生物物种，遍布在山林、草原、湖泊、湿地和海洋中。生物多样性已成为支撑我国经济和社会发展，以及维系国民健康的源泉。但是由于长期以来人多地少的困境，片面追求经济发展速度、忽视生物多样性减弱的影响，使我们面对的生态欠账问题十分严峻。作为最早签署《生物多样性公约》的国家之一，中国政府始终以积极的姿态履行义务和职责，1994年发布第一个《中国生物多样性保护行动计划》，1998年公布《中国生物多样性国情研究报告》，2010年制定《中国生物多样性保护战略与行动计划（2011—2030年）》，充分体现了作为一个世界生物多样性大国的责任担当。2022年12月召开的联合国《生物多样性公约》缔约方大会堪称一个新的里程碑，会议通过的《昆明-蒙特利尔全球生物多样性框架》，明确了到2030年各国采取具体行动的目标，以及2050年力争实现的人与自然和谐共处的强烈愿景。其中提出要把生物多样性的可持续利用纳入生产部门的主流，包括农业、林业、渔业、旅游、能源采矿、基础设施、制造和加工业及健康部门。同时要加快促进生物多样性知识的教育、生成、分享和使用，所有决策者都能获得可靠和最新信息，以有效管理生物多样性。2024年2月，中国政府再次发布《中国生物多样性保护战略与行动计划（2023—2030年）》，确立了"政府主导，企业响应，公众参与"的方针，为今后我国生物多样性保护事业的发展提供了明确的指南，标志着我国生物多样性保护事业进入一个新的阶段。这将唤起全社会投入保护生物多样性事业的热情，让政府倡导和营造的良好社会氛围形成一股合力，使我国生态文明建设向人民更加期待的目标大步迈进。

中国生物多样性保护与绿色发展基金会成立40年来，以爱护和抢救自然生命、传播绿色文化理念为己任，经过两代人坚持不懈的勤奋努力，在创建生物多样性特色保护地，打造国际交流话语权，推动青少年生物多样性科普，促进生态

前言

环境保护合法维权,激励志愿者投身义务行动,运用科学技术手段解决现实问题等方面,取得了社会公认的成绩,也以自身独到的作为受到国际社会的关注和称赞。鉴于多年致力于国家生物多样性保护的探索与实践,为更好地调动社会各方资源服务国家生物多样性保护事业,我们组织编撰了《生物多样性百科》这本知识性读物,旨在增进全社会对生物多样性的深入理解和应尽的责任,希望保护生物多样性的文化理念得到更广泛的传播,使其成为一种新的社会风尚,把多姿多彩的生物多样性文化带进千家万户,真正改善我们每个人的日常生活,尤其是让青少年读者能够认识到生物多样性保护与自己的成长将会相得益彰。

春华秋实美,天地人共生。华夏文明之初推崇的"天人合一"的哲学思想,影响至深,源远流长。对大自然的敬畏和爱惜,也是中华历史文化厚重的底蕴,我们应该在创造未来的进程中,把这个传统美德继续发扬光大。越来越多的地方政府、企业和志愿者,已经积极加入这个关系国家和民族未来的事业中来,这也是实现中国现代化可持续发展的基石。正如这句预言所引来的共鸣:没有生物多样性,人类就没有未来。生物多样性的减少并非不可逆转,科学技术进步将为生物多样性增益创造新的机遇,人工智能的突飞猛进也为生物多样性保护事业拓展了新的空间。只要我们有信心从现在做起,从关心和爱护大自然的点滴行动开始,每个人都可以成为生物多样性保护的贡献者,用自己积极的参与创造人类更加美好的未来。

目 录 CONTENTS

基础篇

生物多样性 3
遗传多样性 3
物种多样性 4
生态系统多样性 4
景观多样性 5
自然资源 5
生命起源理论 6
生态 6
生态因子 7
生态系统 7
生态系统连通性 8
生态廊道 8
生态稳定性 9
生态平衡 9
生态位 10
生态型 10
生境 11
生境岛屿 11
环境因子 12
大环境 12
小环境 13
环境承载力 13
生境损失 14

栖息地破碎 14
生态危机 15
环境影响评价 15
环境公益诉讼 16
物种 17
特有物种 17
旗舰物种 17
关键种 18
物种丰富度 18
物种均匀度 19
物种竞争关系 19
物种捕食关系 20
物种寄生关系 20
物种共生关系 21
种群 21
生殖隔离 22
种群生命表 22
种群空间格局 22
群落交错区 23
种群统计 23
种群动态 24
动植物耐受性 24
物种迁徙 25
生物入侵 25
生物群落演替 26
生物量 26
遗传物质 27
遗传漂变 28
创始者效应 28
生殖力 29
协同进化 29
营养级 30

目录

生物链 30

生态链 31

物质循环 31

生态效率 32

生态价值 32

动物价值 33

植物价值 33

生态系统服务 34

生态系统生产总值 34

生态损益 35

生态补偿 35

生物多样性保护 36

生物多样性公约 36

野生动植物保护 37

生物多样性政策 37

生物多样性法规 38

生物多样性监测 38

生物多样性研究 39

生物多样性评估 40

生物多样性管理 40

保护地 41

国家公园 41

自然保护区 42

核心保护区 42

环境敏感区 43

就地保护 43

迁地保护 44

重引进 44

再野化 45

生态恢复 46

生态修复 46

替代性修复 47

生态伦理 47
动物伦理 48
动物表演 48
光合作用 49
温室效应 49
气候正义 50
碳汇 50
碳捕获 51
生物碳泵 52
碳达峰 52
碳中和 52
海绵城市 53
厄尔尼诺现象 54
拉尼娜现象 54
极地放大效应 54
珊瑚白化现象 55
荒漠化 56
人兽共患病 56
同一健康 57
中国生物多样性红色名录 57
国家重点保护野生植物名录 58
国家重点保护野生动物名录 59
"三有"野生动物名录 59
濒危物种红色名录 60
濒危物种 60
野外灭绝 61
功能性灭绝 61
物种灭绝 62
世界自然保护联盟 62
中国绿发会 63
国际竹藤组织 63
亚马孙合作条约组织 64

国际海底管理局 ... 64
北极理事会 ... 65
全球生物多样性信息网络 ... 66
全球基因组生物多样性网络 ... 66
国际标准化组织生物多样性技术委员会 ... 67
世界森林日 ... 67
文明对话国际日 ... 68
世界防治荒漠化与干旱日 ... 68
亚太气候周 ... 69

创新篇

中国绿发会保护地体系 ... 73
生态文明驿站体系 ... 73
绿少基地 ... 74
低碳工坊体系 ... 74
邻里生物多样性保护 ... 75
生物多样性保护与绿色发展示范基地 ... 75
基于自然的解决方案 ... 76
基于人本的解决方案 ... 76
污染治理三公理 ... 77
生态恢复四原则 ... 77
碳平等 ... 78
碳中和产业发展创新专委会 ... 78
农田土壤固碳 ... 79
生态农业六不用 ... 79
农业生物多样性保护 ... 80
绿色消费权 ... 81
绿色会议指数 ... 81
发展绿色金融 ... 82
推广生物多样性金融 ... 82
全球生物多样性热点地区 ... 83

生物多样性足迹 ... 84
ESG 与生物多样性保护 ... 84
生物多样性保护立法 ... 85
世界环境司法大会 ... 85
穿山甲女孩 ... 86
规范另类宠物豢养 ... 87
外来物种生态治理 ... 87
重视自然抚育 ... 88
负责任增殖放流 ... 89
以栖息地保护为核心 ... 89
公民科学家 ... 90
大学生环保知识竞赛 ... 90
人民战塑 ... 91
海藻无塑包装 ... 91
环境与过敏医学 ... 92
周道生态文明专辑 ... 92
生态保护红线制度 ... 93
建立河长制 ... 94
建立林长制 ... 94
生态文明示范市县建设 ... 95
口袋公园创建 ... 95
小微湿地保护 ... 96
重视城市荒野 ... 97
无烟海滩建设 ... 97
环保协同控烟 ... 98
可持续旅游 ... 98
负责任旅游 ... 99
自然摄影伦理 ... 99
生物与科学伦理 ... 100
人工智能伦理 ... 100
智网互联实验室创立 ... 101
青藏高原 AI 第一园 ... 101

目录

生物多样性科学馆 102
IP助力生物多样性主流化 103
推动设立黑颈鹤为国鸟 103
良食倡议 104
加入行动倡议 104
以竹代塑倡议 105
全球泥炭地倡议 105
同一森林峰会 106
第六次产业革命 107
沙产业理念 107
草产业理念 108
半个地球项目 108
海洋的搅拌棒 109
设立卡利基金 110

实践篇

长垣大鸨保护地 113
海南永乐环礁珊瑚保护地 113
伊犁鼠兔保护地 114
天水五小叶槭保护地 114
暗夜星空保护地 115
赛罕乌拉暗夜星空保护地 116
天津遗鸥保护地 116
青海湖中华对角羚保护地 117
旅顺口东方白鹳保护地 117
天津东方白鹳保护地 118
腾格里沙漠湿地保护地 118
马固古村保护地 119
唐山水鸟保护地 119
乌鲁木齐雪豹保护地 120
尤溪水松保护地 120

青海古栒柳保护地	121
修水南方红豆杉保护地	122
西双版纳竜山保护地	122
木梨硔乡土文化保护地	123
上海南汇东滩滨海湿地保护地	123
呼伦贝尔兔狲保护地	124
白洋淀白鹤保护地	125
桐柏山流苏树保护地	125
盐城条子泥湿地保护地	126
信阳罗山鹭鸶保护地	126
蒸钵湖青头潜鸭保护地	127
宝清水曲柳保护地	127
诺木洪黑枸杞保护地	128
连云港伪虎鲸保护地	129
中卫黄羊保护地	129
蓝山千年鸟道保护地	130
常德中华秋沙鸭保护地	130
惠州藏獒保护地	131
大连海水江豚保护地	131
斑海豹保护地	132
盘锦斑海豹保护地	132
北戴河斑海豹保护地	133
桐柏山中华蜜蜂保护地	133
密云中华蜜蜂保护地	134
沈丘野大豆保护地	134
自贡土著鱼保护地	135
乐清湾贝类保护地	135
丛林岗大熊猫保护地	136
阳关沙漠堰保护地	137
皇家洞白鹭保护地	137
小泊湖水源保护地	138
浮山岭版纳鱼螈保护地	138

余姚铁皮石斛保护地	139
天津低斑蜻保护地	139
广汉鹭鸟保护地	140
罗山断板龟保护地	140
太阳岛外滩湿地保护地	141
重庆荷叶铁线蕨保护地	141
万市古银杏保护地	142
合浦红树林保护地	142
西黑冠长臂猿保护地	143
民勤蒙古扁桃保护地	143
北戴河鸟类保护地	144
林甸丹顶鹤保护地	144
威宁黑颈鹤保护地	145
金沙岛鹤类保护地	145
曹妃甸丰年虫保护地	146
漳河峡谷黑鹳保护地	146
白洋淀安新湿地保护地	147
石家庄崖沙燕保护地	148
连云港震旦鸦雀保护地	148
滹沱河湿地保护地	149
林州古腺柳保护地	149
中华穿山甲保护地	150
江夏黑腹燕鸥保护地	151
北京槭叶铁线莲保护地	151
绥化湿地保护地	152
五常牛皮杜鹃保护地	152
台山仙湖苏铁保护地	153
格尔木藏羚羊保护地	153
杭州百丈野生杜鹃保护地	154
刘公岛梅花鹿保护地	154
龙岩官庄花猪保护地	155
连云港黄窝昆虫保护地	155

宾川朱苦拉咖啡保护地 156
日照中华凤头燕鸥保护地 156
辽阳苍鹭保护地 157
池州月亮湖小天鹅保护地 157
悠然台热带雨林保护地 158
开远华盖木保护地 158
贾鲁河疣鼻天鹅繁殖保护地 159
界首古树保护地 159
武穴小微湿地保护地 160
淮南鸳鸯保护地 160
蔡城塘小天鹅保护地 161
桐柏山白冠长尾雉保护地 161
丽水毛垟乡苔藓保护地 162
迁安龙山猛禽保护地 163
白洋淀绿少基地 163
北戴河生态教育绿少基地 164
青创生态绿少基地 164
郴州香花鸟语绿少基地 165
抢救老种子 165
建设野生动物救助站 166
搭建两会建议交流平台 166
成立反电鱼协作中心 167
保护野生兴安杜鹃 168
向塑料书皮说"不" 168
保护松花江鱼类 169
穿山甲退出《中国药典》 169
保护大黄海斑海豹 170
守护候鸟生命线 170
建设艾雅康鸟类生态博物馆 171
共建内蒙古荒漠生态产业院士专家工作站 171
筹建中国绿发会水与气候危机博物馆 172
塑料管种红树林之误 172

目 录

森林湿地公园建设应注意避免生态损害 …………………………………………173
腾格里沙漠污染案 …………………………………………………………………173
普洱生态产品总值核算项目 ………………………………………………………174
月饼过度包装公益诉讼案 …………………………………………………………175
海花岛 39 栋违建破坏海洋生态案 ………………………………………………175
肉锥花非法贸易公益诉讼案 ………………………………………………………176
长治潞城厂区生态环境保护评价 …………………………………………………177
卓乃湖藏羚羊产羔地沙化研究 ……………………………………………………177
罗布泊及周边地区生物多样性调查 ………………………………………………178
中冶美利生态林区生物多样性调查 ………………………………………………179
杭州仓前街道生物多样性调查 ……………………………………………………180
西昌高海拔鸟类资源调查 …………………………………………………………180
北京沙河湿地野生动植物调查 ……………………………………………………181
黑龙江伊春矿区生物多样性调查 …………………………………………………182
黄河湿地调查 ………………………………………………………………………182
云桥湿地生物多样性恢复 …………………………………………………………183
鼎湖山国家级自然保护区 …………………………………………………………183
浙江天目山国家级自然保护区 ……………………………………………………184
西双版纳国家级自然保护区 ………………………………………………………184
卧龙国家级自然保护区 ……………………………………………………………185
梵净山国家级自然保护区 …………………………………………………………186
陕西佛坪国家级自然保护区 ………………………………………………………186
哈纳斯国家级自然景观保护区 ……………………………………………………187
河南宝天曼国家级自然保护区 ……………………………………………………187
车八岭国家级自然保护区 …………………………………………………………188
神农架国家级自然保护区 …………………………………………………………189
盐城湿地珍禽国家级自然保护区 …………………………………………………189
阿尔金山国家级自然保护区 ………………………………………………………190
高黎贡山国家级自然保护区 ………………………………………………………190
天津古海岸与湿地国家级自然保护区 ……………………………………………191
北京麋鹿苑 …………………………………………………………………………192
大丰麋鹿国家级自然保护区 ………………………………………………………193

湖北石首麋鹿国家级自然保护区 193
南岭国家级自然保护区 194
珠穆朗玛峰国家级自然保护区 194
可可西里国家级自然保护区 195
铜陵淡水豚国家级自然保护区 196
三江源国家公园 197
大熊猫国家公园 197
东北虎豹国家公园 198
海南热带雨林国家公园 199
武夷山国家公园 199
中国山水工程 200
内蒙古恩格贝生态示范区 201
库布其沙漠亿利生态治理区 201
国家生态文明建设示范区 202
国家化学物质环境保护行动 202
深圳大鹏新区美丽海湾建设 203

共存篇

湟鱼濒危等级下降 207
中华鲟种群数量回升 207
中国胭脂鱼就地保护及迁地保护 208
长江十年禁渔助力江豚恢复 208
扬子鳄放归工作稳步进行 209
斑海豹救助 210
海草床的保护和修复 210
百山祖冷杉野外回归 211
人工培育银杉苗木野外回归 211
华盖木野外移栽回归自然 212
肉锥清网行动助力种群恢复 212
崖柏种群从濒危到稳定 213
五小叶槭保护进展显著 213

目录

- 全球98%白鹤在鄱阳湖越冬 ... 214
- 人工招引东方白鹳的中国经验 ... 215
- 丹顶鹤的野化放归 ... 215
- 朱鹮从濒临灭绝到逐步恢复 ... 216
- 麋鹿绝迹后的重引进 ... 216
- 海南坡鹿种群数量回升 ... 217
- 黑叶猴种群数量稳步提升 ... 217
- 黔金丝猴保护区与人工繁育 ... 218
- 野牦牛栖息地恢复 ... 218
- 藏羚羊种群恢复 ... 219
- 中华对角羚数量上升 ... 220
- 普氏野马种群逐步恢复 ... 220
- 雪豹种群数量提升 ... 221
- 华南虎保护与复育进展 ... 222
- 东北虎跨境保护 ... 222
- 穿山甲保护升级 ... 223
- 大熊猫濒危等级下降 ... 223
- 云南亚洲象北迁南返 ... 224
- 绿孔雀保护成效显著 ... 225
- 人类与北海狮冲突减少 ... 225
- 美洲河狸数量逐渐回升 ... 226
- 长须鲸重回原先栖息地 ... 226
- 蓝鲸禁捕后数量趋于平稳 ... 227
- 帝王斑蝶的迁徙保护 ... 228
- 加蓬烧毁象牙保护大象 ... 228
- 阿拉伯剑羚从野生灭绝降级 ... 229
- 白纹牛羚数量恢复 ... 229
- 禁用杀虫剂助力褐鹈鹕重引进 ... 229
- 释放圈养的游隼帮助重建种群 ... 230
- 公民科学家助力笛鸻保护 ... 231
- 美国栗树种群恢复 ... 231
- 维龙加国家公园 ... 232

哥斯达黎加国家公园系统 ... 232

全球篇

中华穿山甲在中国大陆地区功能性灭绝 ... 237
小鸨全球分布缩小 ... 237
大鸨濒危等级上升 ... 238
黄胸鹀由无危到极危 ... 238
勺嘴鹬栖息地缩小 ... 239
北京雨燕遭遇生存困境 ... 240
中华秋沙鸭数量仍在减少 ... 240
迁徙鸟类红腹滨鹬保护等级上调 ... 241
中华凤头燕鸥生存状况堪危 ... 241
大鲵保护仍有空缺 ... 242
儒艮功能性灭绝 ... 242
绿海龟因人类活动濒危 ... 243
野生蝾螈面临生存威胁 ... 243
金斑喙凤蝶面临局部灭绝风险 ... 244
苏铁的内外交困 ... 244
绒毛皂荚极度濒危 ... 245
野骆驼生存环境恶劣 ... 245
日本蝠鲼面临数量剧减危机 ... 246
普通锯鳐走向灭绝 ... 246
长鳍真鲨受捕鱼业威胁 ... 247
北大西洋露脊鲸困境加剧 ... 247
塞鲸的艰难生存之路 ... 248
蓝鳍金枪鱼生存堪忧 ... 248
加湾鼠海豚仅存十余只 ... 249
雪蟹集中死亡 ... 249
加岛环企鹅的濒危状况加剧 ... 250
里海海豹大量死亡 ... 250
北极熊生存受到威胁 ... 251

目 录

大堡礁珊瑚大规模白化 252
黑冠鹭鸨种群衰落 252
非洲兀鹫数量持续下降 253
入侵老鼠导致特岛信天翁濒危 253
澳大利亚鼠灾 254
倭黑猩猩种群下降 254
两种长臂猿野外灭绝 255
黑白桎柳猴面临生存困局 255
长颈鹿数量下降迅速 256
中南大羚面临灭绝风险 256
野生鹿瞪羚现已非常罕见 257
美洲豹面临消失风险 257
喀麦隆大象屠杀 258
犀牛盗猎与非法贸易 259
非洲偷猎狂潮 259
非洲野犬处在灭绝边缘 260
非洲蝗灾带来生态危机 260
澳大利亚森林大火 261
印度尼西亚森林大火 261
加拿大森林大火 262
尼日尔石油开采威胁生态 262
货轮漏油致毛里求斯环境危机 263
地中海石油泄漏 263
切尔诺贝利核泄漏事故 264
福岛核污染水排海 264
俄亥俄危险化学品列车脱轨 265
欧洲奥德河生态灾难 266
罗马尼亚蒂萨河污染事件 267
巴布亚新几内亚采矿污染事件 267
印度剧毒物质泄漏 268
恒河水污染形势严峻 268
越南河静省水污染 269

莱茵河污染事件 269
俄罗斯和哈萨克斯坦洪灾 270
东非洪水致农业系统崩溃 270
美国大盐湖生态危机 271
维多利亚湖污染 271
埃及阿斯旺高坝引发生态问题 272
苏伊士运河扩建引生态担忧 272
卡霍夫卡水电站大坝溃决事件 273
超强台风雷伊 274
热带气旋弗雷迪 274
致命飓风丹尼尔 275
北太平洋热浪怪圈 275
西伯利亚高温 276
南极半岛拉森冰架崩解事件 276
南极洲康格冰架崩塌 277
中美洲的壶菌病暴发 277
尼帕病毒暴发 278
北美洲蝙蝠白鼻综合征暴发 278
海胆瘟疫全球蔓延 279
巴布亚企鹅感染禽流感 280
新冠病毒暴发引发生态思考 280

法规篇

生物多样性公约 285
生物多样性公约缔约方会议 285
昆明宣言 286
昆蒙框架 286
卡塔赫纳生物安全议定书 287
名古屋议定书 288
名古屋-吉隆坡补充议定书 289
国际植物保护公约 289

目录

世界保护益鸟公约 290

野生动物迁徙物种保护公约 290

捕鱼及养护公海生物资源公约 291

国际植物新品种保护公约 292

濒危物种国际贸易公约 292

湿地公约 293

世界遗产公约 294

粮农遗传条约 294

国际捕鲸管制公约 295

国际热带木材协定 295

保护臭氧层维也纳公约 296

蒙特利尔议定书 297

世界自然宪章 297

联合国海洋法公约 298

联合国鱼类种群协定 299

海洋养护和利用协定 299

联合国气候变化框架公约 300

京都议定书 301

多哈修正案 301

巴黎协定 302

防治荒漠化公约 302

巴塞尔公约 303

斯德哥尔摩公约 304

鹿特丹公约 304

汞公约 305

保护黑海免受污染公约 305

东北大西洋海洋环境公约 306

养护鲸目动物的协定 307

南极条约 307

南极海豹保护公约 308

南极条约环境保护议定书 308

南极海洋生物资源养护公约 309

北冰洋不管制公海渔业协定 ... 310

狭鳕资源养护与管理公约 ... 310

保护地中海免受污染公约 ... 311

地中海生物多样性议定书 ... 311

欧盟自然恢复法 ... 312

伯尔尼公约 ... 312

法国生物多样性法令 ... 313

法国生物多样性战略 ... 313

加拿大2030年自然战略 ... 314

巴西生物多样性保护法 ... 315

印度生物多样性法案 ... 315

南非生物多样性法 ... 316

日本生物多样性基本法 ... 316

美国西部水法 ... 317

美洲间热带金枪鱼公约 ... 317

拉美埃斯卡苏协定 ... 318

世界文化多样性宣言 ... 319

文化多样性保护国际公约 ... 319

宪法生物多样性保护条款 ... 320

刑法生物多样性保护条款 ... 320

民法典生物多样性保护条款 ... 321

森林法 ... 321

草原法 ... 322

湿地保护法 ... 323

长江保护法 ... 323

黄河保护法 ... 324

青藏高原生态保护法 ... 325

环境保护法 ... 325

野生动物保护法 ... 326

海洋环境保护法 ... 326

深海海底区域资源勘探开发法 ... 327

渔业法 ... 328

目录

动物防疫法 328
进出境动植物检疫法 329
畜牧法 330
种子法 330
生物安全法 331
环境影响评价法 331
防沙治沙法 332
海岛保护法 333
海域使用管理法 333
黑土地保护法 334
中医药法 335
农业法 335
农业技术推广法 336
水法 336
水土保持法 337
水污染防治法 338
土地管理法 338
矿产资源法 339
文物保护法 339
土壤污染防治法 340
固体废物污染环境防治法 341
清洁生产促进法 341
循环经济促进法 342
环境保护税法 342
耕地占用税法 343
资源税法 343
地下水管理条例 344
农田水利条例 345
太湖流域管理条例 345
黄河水量调度条例 346
土地复垦条例 346
森林法实施条例 347

19

退耕还林条例 ... 348

自然保护区条例 ... 348

陆生野生动物保护实施条例 ... 349

水生野生动物保护实施条例 ... 349

野生植物保护条例 ... 350

农作物病虫害防治条例 ... 350

人类遗传资源管理条例 ... 351

农业转基因生物安全管理条例 ... 352

农药管理条例 ... 352

排污许可管理条例 ... 353

气象灾害防御条例 ... 353

规划环境影响评价条例 ... 354

地质灾害防治条例 ... 355

风景名胜区条例 ... 355

节约用水条例 ... 356

云南省生物多样性保护条例 ... 357

山东省生物多样性保护条例 ... 357

环境民事公益诉讼案件司法解释 ... 358

生态环境侵权责任纠纷司法解释 ... 358

生态环境侵权证据确定 ... 359

生态环境侵权案件适用惩罚性赔偿司法解释 ... 360

破坏野生动物资源犯罪司法解释 ... 360

森林资源民事纠纷案件司法解释 ... 361

环境污染犯罪司法解释 ... 361

全面"禁野令" ... 362

《中国的生物多样性保护》白皮书 ... 363

《中国生物多样性司法保护》报告 ... 363

《中国的海洋生态环境保护》白皮书 ... 364

自然保护区总体规划技术规程 ... 364

生态公益林建设导则 ... 365

草原健康状况评价 ... 366

海洋生态资本评估技术导则 ... 366

目录

渔业水质标准 367
环境空气质量标准 367
土壤长期定位监测指南 368
森林生态系统服务功能评估规范 368
国家公园考核评价规范 369
生态系统评估　生态系统格局与质量评价方法 369
小微湿地保护与管理规范 370
近岸海洋生态健康评价指南 371
湿地生态风险评估技术规范 371
区域生物多样性评价标准 372
国家生态保护红线标准 372
生物多样性调查与监测标准 373
生物多样性评估标准 373
生物多样性适应规范 374
生物多样性补偿标准 374
生物多样性规划标准 375
生物多样性恢复标准 375
生物多样性保护与绿色发展示范基地评估指标体系 376
生物多样性矿区标准 376
矿区环境影响后评价技术规范 377
暗夜星空保护地项目标准 377
良食准则 378
生态文明建设指南 378
绿色会议标准 379
ESG 评价标准 380
绿色企业评价标准 380
农田土壤固碳标准 381

人物著作篇

吕正操 385
钱昌照 385

包尔汉	385
张健民	386
胡昭广	386
胡德平	386
谢伯阳	387
解振华	388
刘　恕	388
曲格平	389
周晋峰	389
张佐双	390
金鉴明	391
汤佩松	391
吴征镒	392
陈俊愉	392
王文采	393
陈昌笃	393
孙儒泳	394
林培钧	395
王献溥	395
徐凤翔	396
郑光美	396
杨焕明	397
葛玉修	397
熊学亮	398
郭　耕	398
张正旺	399
欧阳志云	400
邱明华	400
蒋高明	401
卡尔·林奈	401
乔治·居维叶	402
亚历山大·冯·洪堡	402

目录

查尔斯·达尔文 403

路易·巴斯德 403

约翰·缪尔 404

蕾切尔·卡逊 404

大卫·爱登堡 405

盖洛德·尼尔森 405

莫里斯·斯特朗 406

爱德华·奥斯本·威尔逊 407

乔治·拉布 407

珍·古道尔 408

大卫·铃木 408

旺加里·马塔伊 409

托马斯·洛夫乔伊 409

杜晖贤 410

乔根·兰德斯 410

约翰·马敬能 411

博哲若 411

埃里克·索尔海姆 412

伊丽莎白·姆雷玛 412

英格尔·安德森 413

约翰·斯坎伦 413

穆桑达·蒙巴 414

拉赞·穆巴拉克 414

艾米·弗兰克尔 415

帕利塔·科霍纳 415

《物种起源》 416

《沙乡年鉴》 416

《寂静的春天》 417

《增长的极限》 417

《时间简史》 418

《生物多样性公约指南》 418

《动物解放》 419

23

《中国罗布泊》 ... 419
《湿地生物多样性保护》 ... 420
《丰富多彩的北京生物多样性》 ... 420
《人类简史：从动物到上帝》 ... 421
《灰雁的四季》 ... 421
《动物生活史》 ... 421
《鸟的感官》 ... 422
《寻芳天堂鸟》 ... 422
《大地的窗口》 ... 423
《半个地球》 ... 423
《窗外飞过一只鸟》 ... 424
《世界粮食与农业生物多样性报告》 ... 424
《鸟类的天赋》 ... 425
《海洋生物多样性》 ... 425
《生物多样性导论》 ... 426
《鸟类行为图鉴》 ... 426

六卷本《中国环境史》 ... 427
《海鸟的哭泣》 ... 427
《生物多样性保护与绿色发展之中国实践》 ... 428
《中国的生物多样性保护》 ... 428
《蚁丘》 ... 429
《森林生态系统植物多样性研究与保护》 ... 429
《众生的地球》 ... 430
《中国脉翅类昆虫原色图鉴》 ... 430
《零碳未来》 ... 431
《牛津植物史：植物学故事400年》 ... 431
《中国胡蜂科昆虫原色图鉴》 ... 432
《非凡的生物》 ... 432
《2023年中国绿色经济发展分析》 ... 432
《地球之肺与人类未来》 ... 433
《消失动物图鉴》 ... 433
《"一带一路"生物多样性保护案例》 ... 434

《2024年中国绿色经济发展分析》......434
《宇宙护卫队》......435
《生命意义与同一健康》......435
《中国战塑的绿色密码》......436
《大学生生态文明教育》......436

未来篇

中国21世纪议程......441
进一步加强生物多样性保护......441
生物多样性保护战略与行动......442
生态系统保护和修复重大工程......442
生物多样性监测与研究网络......443
推动碳汇林建设......444
三北防护林工程......444
农业可持续发展规划......445
东北黑土地保护规划纲要......445
湿地保护规划......446
红树林保护修复专项行动计划......446
加强水生生物资源养护......447
长江十年禁渔......447
中华白海豚保护行动计划......448
海龟保护行动计划......448
加强草原保护修复的若干意见......449
海洋自然保护地的建立......449
美丽海湾建设......450
野生动植物保护工程......451
国家植物园体系布局......451
国家公园空间布局......452
颁布象牙禁贸令......452
防沙治沙规划......453
发展新质生产力......453

25

候鸟迁飞通道保护行动 454
燕子恢复计划 455
联合国可持续发展目标 455
生物桥倡议 456
生物多样性全球评估报告 456
全球生物多样性展望 457
地球生物基因组计划 457
联合国生态系统恢复十年 458
外来入侵物种控制评估 458
生物多样性金融参考指南 459
联合国海洋可持续发展十年 460
全球战塑 460
世界森林状况 461
沙特绿色倡议 461
非洲绿色长城倡议 462
全球土地展望 462
全球土地恢复倡议 463
联合国粮食系统峰会 463
全球牧场展望 464
欧洲绿色新政 465

后　记 **466**

基础篇

西藏林芝市,南迦巴瓦峰下光核桃花盛开。光核桃又名西藏桃,是现代桃的原始种,寿命可达 100 ~ 1000 年,国家二级保护野生植物。

熊昱彤摄

- 2022年秋天的洞庭湖，水落滩涂出。　　王斌摄

- 在新疆的塔里木河流域，一只沙蜥静静地躲在草丛里。　　熊昱彤摄

- 每年冬天，国家一级保护野生动物斑海豹都会来到渤海湾一带繁衍生息。　　唐在林摄

生物多样性百科
Encyclopedia Biodiversity
基础篇

基础篇

生物多样性

生物多样性是一个生态学术语，源自英文的"生物的"（biological）和"多样性"（diversity），1968年，美国生物学家雷蒙德·达斯曼在通俗读物《一个不同类型的国度》一书中首次使用了这个词汇。1986年，美国国家生物多样性研讨会把"biological diversity"缩写成"biodiversity"。随着这次会议的论文集于1988年出版，生物多样性一词及其概念在学术界迅速传播。

1988年11月，联合国环境规划署成立生物多样性特设专家工作组，以应对生物多样性锐减等问题。1993年12月，《生物多样性公约》正式生效。经过多年探索和实践，《生物多样性公约》第十五次缔约方大会于2022年12月通过了《昆明-蒙特利尔全球生物多样性框架》（简称《昆蒙框架》），为未来全球生物多样性保护设定了目标、明确了路径，同时进一步加强了生物多样性在中国的主流化进程。

《生物多样性公约》将生物多样性表述为：所有来源的形形色色生物体，这些来源除其他外包括陆地、海洋和其他水生生态系统及其所构成的生态综合体，包括物种内部、物种之间和生态系统的多样性。

生物多样性包含3个重要层次，即生态系统多样性、物种多样性、遗传多样性。其中，物种多样性是衡量生物多样性丰富程度的基本标志。生物多样性的关键在于类型的丰富多样，而非简单的数量多少。生物多样性使地球充满生机，也是人类生存和发展的基础，关乎全人类的共同命运。

遗传多样性

遗传多样性，又称基因多样性，是指地球上所有生物所携带的遗传信息的总和。它主要关注种内的遗传变异，即种内显著不同的种群之间及同一种群内的遗传变异的总和。这种多样性是物种以上各水平多样性的最重要来源，决定了物种的进化趋势和其对环境的适应能力。

遗传多样性源于遗传物质的改变，是生物适应不断变化的环境的重要方式。

基因突变和基因流动是遗传多样性起源的两个主要形式。基因突变是DNA序列在复制过程中发生错误，从而导致基因变异。这种变异在种群中逐渐积累，从而产生了遗传多样性。而基因流动则是不同种群之间的基因交换，当两个种群在一定时间内分隔并繁殖出新的种群时，它们的基因组会分别随时间发生变化。当两个种群再次接触时，可以发生基因流动，增加种群间的遗传相似性。

随着遗传学和分子生物学的发展，遗传多样性的研究不断深入，人们开始从更微观的角度去理解和分析遗传信息的传递和变异，从而更全面地认识遗传多样性在生物进化、生态保护，以及农业、医学等领域的应用价值。

物种多样性

物种多样性是生物多样性的核心，是生态学家费希尔、科贝特和威廉姆斯于1943年提出的生态学术语。它是指地球上动物、植物、微生物等生物种类的丰富程度。

物种多样性包括两个方面，即区域内物种的丰富程度和不同物种在个体数目上的均匀程度。群落是生活在一定环境中，相互影响、相互制约，构成一个自然生态单元的全部物种的总和；而物种多样性是衡量一定地区生物资源丰富程度的一个客观指标，也是反映群落结构和功能特征较有效的指标，还是生态系统稳定性的量度指标。

随着生态学和环境科学的发展，物种多样性的概念得到了进一步的深化和完善。1972年，生态学家惠特克将物种多样性的概念分为3类：α多样性、β多样性、γ多样性。

在概念的演变过程中，人们逐渐认识到物种多样性不仅仅是生物种类的数量问题，更重要的是各种生物之间的相互关系，以及它们与环境的相互作用。这些相互作用共同构成了复杂的生态系统，对于维持地球生态平衡和提供生态服务至关重要。此外，随着遗传学和分子生物学的发展，人们开始从遗传层面研究物种多样性，认识到不同物种之间的遗传差异和进化关系，进一步丰富了物种多样性的内涵。

生态系统多样性

生态系统多样性一般是指一个地区生态系统的多样化程度，是生物多样性的重要组成部分，涵盖了地球生物圈现存的各种生态系统，如森林生态系统、草原生态系统等。

生态系统是由多个相互关联、相互作用的生物与其周围环境构成的，包括生物群落、环境，以及它们之间的相互作用。通过对不同生态系统的研究，科学家们发现不同生态系统具有独特的结构和功能，而生态系统多样性对生态系统内的物种稳定性起着关键作用。

随着研究的深入，生态系统多样性的概念逐渐被完善和发展，人们不仅关注生物种类的数量，还更加关注生态系统的结构和功能，以及生态系统之间的相互作用和联系。

景观多样性

景观多样性是一个地理学、生态学、景观学的重要概念。它是指不同类型的景观在空间结构、功能机制和时间动态方面的多样性和变异性，即景观多样性关注一个地区内不同景观类型的数量、分布、结构，以及它们之间的相互作用和变化，如森林、草原、湿地等。景观多样性与生态系统多样性、生物多样性等在研究层次、研究方法上都有所不同，根据其研究内容可将其分为斑块多样性、景观类型多样性和景观格局多样性。

随着研究的深入，人们开始认识到景观多样性不仅表现在元素的种类和数量上，更在于它们的空间配置和结构关系。例如，斑块的大小、形状、数量和分布，以及廊道的连接性和方向性等，都是影响景观多样性的重要因素。景观多样性不仅体现在结构上，还体现在功能上。不同的景观类型具有不同的生态功能，如提供栖息地、调节气候、保持水土等，对生态系统的健康和稳定性至关重要。景观还是一个动态的系统，它受到气候变化、地质运动等自然因素和人为因素的共同影响，这些因素会导致景观的组成和结构发生变化。

自然资源

自然资源泛指自然界中人类可以直接获得用于生产和生活的所有物质，不仅包括过去进化阶段中无生命的物理成分，如矿物，也包括地球演化过程中的产物，如植物、动物、水、空气、土壤等。按其增殖性能，自然资源可分为可再生资源（风、太阳辐射）、可更新资源（生物资源）、不可再生资源（矿产资源）。从广义上说，只要某种自然成分能为人类提供任何形式的福利，都可以被视作自然资源。

1972年，联合国环境规划署将自然资源表述为：在一定的时间和技术条件下，能够产生经济价值，提高人类当前和未来福利的自然环境因素的总称。2020年，我国自然资源部印发的《自然资源调查监测体系构建总体方案》中明确指出，自然资源是指天然存在、有使用价值、可提高人类当前和未来福利的自然环境因素的总和。

生命起源理论

生命起源理论是探讨生命何时、何地、怎样起源的科学理论。它试图解释在地球或宇宙的其他地方的生命是如何从无到有，经历了怎样一系列复杂的过程，最终形成了具有生长、繁殖、自我修复和适应环境能力的物质实体。

生命起源理论有多个假说，比较有名的学说有很多，如自然发生说。此种假说认为，生命可以随时由非生命物质自然产生，如我国古代的腐草化为萤、腐肉生蛆等观念。这种学说在现代生物学和化学的研究结果面前已被彻底否认。再如化学起源说，这种假说认为，地球上的生命是在地球温度逐步下降后，由非生命物质经过极其复杂的化学过程，在极其漫长的时间内逐步演变而成的。米勒实验模拟了原始地球的大气环境，通过电火花激发气体反应，生成了氨基酸等有机小分子，为化学起源说提供了实验支持。不过该实验也有诸多疑点，如无法完全模拟原始地球的大气成分、条件等。

生命起源理论丰富了人类对地球生命来源的认知，拓展了其对宇宙中其他生命形式的想象。更重要的是，生命起源理论让人类能够更加清晰地认识自己及人类与宇宙的紧密联系，并通过不断探索生命起源，更好地理解宇宙奥秘，进而推动科学和人类文明的发展。

生态

生态是指生物的生存繁衍状态。单纯从生态学概念来说，生态就是生物与生物、生物与环境形成的相互关系。

基础篇

"生态"一词最早出现于希腊语，原意是指住所或栖息地，指人类生存的环境。在生态学概念出现之前，生态主要指生物有机体与周围自然环境的关系。

随着环境科学的发展，生态的概念逐渐渗透到各个领域，生态所涉及的范畴也越来越广。人们常常用生态来定义许多美好的事物，如健康的、美丽的、和谐的、生机勃勃的等事物均可冠以生态修饰，这里的生态作为形容词使用。

对生态的深入研究让生态学家们开始探索生态系统的演变、稳定性和变化规律，以及如何保护和管理生态系统，维护生态平衡和可持续发展等。

生态因子

生态因子指的是环境中对生物的生长、发育、生殖行为和分布等有着直接或间接影响的环境要素，如光照、温度、水分、食物和其他相关生物等。生态因子是生物生存不可缺少的环境条件，因此也称为生物的生存条件。生态因子之间相互依赖、相互作用，共同影响，彼此不可相互替代，对生物的生存和代谢等起着直接或间接的作用。

生态因子的作用与生物的适应性密切相关。对于温度而言，各物种的反应不同，有些物种能适应的温度，却可能使另一些物种死亡。一般来说，生物在不同发育阶段的适应性也不相同。环境在变，生物的适应性也会随之改变。一个物种可通过生理过程适应一个新环境，当新旧环境差别太大时，可能需要较长时期的适应过程。生态因子还可能直接诱发基因突变或重组，促进生物进化的进程。

生态系统

生态系统指的是自然界中一定空间内的生物与其环境相互作用而构成的统一整体。在这个整体中，能量和物质进行交换，生物与环境之间相互影响、相互制约，并在一定时期内处于相对稳定的动态平衡状态。

生态系统由生物群落和物理环境两大部分组成，具有等级结构，即较小的生态系统组成较大的生态系统，简单的生态系统组成复杂的生态系统。

1935年，英国生态学家阿瑟·乔治·坦斯利爵士首次提出"生态系统"的概念，强调生物与其环境之间的相互作用和整体性。

随着生态学的发展，人们对生态系统的理解逐渐深入。最初，生态系统被看作生物与其直接环境之间的相互关系，关注物种间的相互作用和食物链的形成。随后，人们开始意识到生态系统具有复杂的结构和功能，包括物质循环、能量流动和信息传递等方面。

此外，人们也开始关注生态系统的稳定性和可持续性。生态系统的稳定性表现在两个方面：一是抵抗力稳定性，即生态系统抵抗外界干扰并使自身的结构和功能保持原状的能力；二是恢复力稳定性，即生态系统在受到外界干扰因素的破坏后恢复到原状的能力。生态系统的可持续性强调的则是生态系统的长期维持和健康发展，以满足人类和其他生物的需求。

生态系统连通性

生态系统连通性，指的是地理空间上不同生态系统之间能够保持物质、能量、信息等的流动和交互作用的程度。它不仅包括物种的迁移和交流，还涵盖了动植物种群、种子、营养物质等在不同生境之间的流动。这种连通性是生态系统功能的重要保障之一。

生态系统连通性是生态学的一个重要概念。不同生态系统之间的相互联系和相互作用对于维护生态平衡和生物多样性具有重要意义。生态系统连通性最初主要关注物种迁移和生态过程的流动。随着研究的深入，人们逐渐认识到连通性还涉及多个方面，包括景观连通性和功能连通性。景观连通性关注景观中不同类型生境或生境斑块的空间分布；而功能连通性则强调生态系统之间物质、能量和信息的流动和交互作用。

随着全球环境问题的日益突出，生态系统连通性在生物多样性保护、退化地区恢复、城市生态环境建设等方面的作用逐渐得到重视。它被认为是实现可持续发展的重要因素之一，也是当前全球生物多样性框架谈判目标和指标的核心方面。

生态廊道

生态廊道也称生物廊道，是指在生态环境中呈线性或带状布局、能够沟通连接空间分布上较为孤立和分散的生态单元的生态系统空间类型，能够满足物种的扩散、迁移和交换，是构建区域山水林田湖草沙完整生态系统的重要组成部分。

它具有连接破碎生境、保护生物多样性等多种功能。

生态廊道包括带状生态廊道、线状生态廊道、河流生态廊道等不同类型，还可以分成人造廊道和天然廊道两大类。以人造廊道为例，如青藏高原迁移线路上的动物通道。上面是火车线路，下面的涵洞可以供动物迁徙用，这样使原本被道路分割成两个独立的生态系统重新连接起来，同时，可以减少道路交通对野生动物的危害。生态廊道的建设既包括生物问题、物质条件问题，也包括社会关系问题。同时，其既包括工程性内容，也包括对人为活动的规范。

生态稳定性

生态稳定性指的是生态系统所具有的保持或恢复自身结构和功能相对稳定的能力。生态稳定性是评价生态系统健康与否的重要指标，对于维护生态平衡、保护生物多样性及实现可持续发展具有重要意义。

20世纪50年代，以麦克阿瑟为代表的生态学家试图构建以种群间相互作用（如捕食者—被捕食者）为核心的生态稳定性理论。20世纪70年代初，人们对生态系统的认识实现了从单一的平衡状态到多个平衡状态的转变，这种对生态系统复杂性和动态性认识的不断加深，也促使生态稳定性概念不断丰富和完善。

在生态学领域，生态稳定性通常包括多个方面，如种群稳定性、群落稳定性、系统稳定性及生态功能稳定性等，这些方面共同构成了生态稳定性的完整概念。

人们对生态稳定性的研究也涉及生态系统的自我调节能力。生态系统的自我调节能力主要表现在同种生物的种群密度调控、不同生物种群之间的数量调控及生物与环境之间的相互调控等方面。这些调控机制共同维护着生态系统的稳定和平衡。

生态平衡

生态平衡是指在一定时间内，生态系统中的生物和环境之间、生物各个种群之间，通过能量流动、物质循环和信息传递，达到的高度适应、协调和统一的状态。

当生态系统处于这种平衡状态时，系统内各组成成分之间保持一定的比例关系，能量和物质的输入与输出在较长时间内趋于相等，结构和功能处于相对稳定状态。即使受到外来干扰，它也能通过自我调节恢复到初始的稳定状态。

生态平衡最初源于对自然生态系统的观察和描述。随着科学研究的深入，人们逐渐认识到生态系统内部的复杂性和稳定性，以及生物与环境之间的相互作用关系。在这个过程中，人们开始关注能量流动、物质循环和信息传递等过程，并探索这些过程如何影响生态系统的平衡和稳定。随着工业化和城市化的快速发展，人类活动对自然生态系统的影响日益显著，生态平衡的概念也逐渐扩展到人类与自然环境的关系上。人们也开始认识到保护生态平衡对于维护人类生存和发展的重要性，从而采取各种措施来保护和恢复生态平衡。

生态位

生态位是生态学中的一个重要概念，指的是一个生物种群在生态系统中占据的时间、空间位置及其与相关种群之间的功能关系与作用。简而言之，生态位表示生态系统中每种生物生存所必需的生境最小阈值。

1910年，美国学者约翰逊第一次在生态学论述中使用生态位一词。1917年，格林内尔的《加州鸫的生态位关系》一文，使该名词流传开来，但他当时所注意的是物种区系，所以侧重从生物分布的角度解释生态位概念，后人称为空间生态位。1927年，英国动物生态学家埃尔顿在著述中首次把生态位概念的重点转到生物群落上来。他认为，一个动物的生态位是指它在生物环境中的地位，指的是这个动物与食物和天敌的关系，强调的是功能生态位。1957年，美国生态学家哈钦森建议用数学语言、抽象空间来描绘生态位，强调生态位的多维性。

数百年来，学界对生态位的概念并未完全达成共识，或者说生态位的概念在不断完善与发展的过程中。可以肯定的是，生态位概念对于理解生物种群的生存策略、种间关系及生态系统的结构和功能具有重要意义。

生态型

生态型是对物种做进一步分类的单位，是由瑞典的遗传生态学家杜尔松于1921年提出的生态学概念。它指的是同一种生物，由于长期生存在不同的生态环境或人工培育条件下，而发生趋异适应现象，并经自然选择或人工选择分化形成的，具有不同生态、形态和生理特性的个体群。

生态型这一概念也经历了不断发展和完善。杜尔松认为，生态型是生物与特定生态环境相协调的基因型集群，是物种适应不同生态条件的遗传现象。随着生态学研究的深入，人们逐渐认识到生态型的形成受多种因素影响，如气候因素、土壤因素、生物因素或人为活动等，根据不同的主导因子可将其划分为气候生态型、土壤生态型、生物生态型和品种生态型。此外，随着分子生物学技术的发展，科学家们开始从分子水平方面研究生态型的形成和分化机制。例如，通过对比分析不同生态型之间的基因序列差异，可以揭示它们之间的遗传关系和分化历史。这些研究为深入理解生态型的形成和分化提供了重要的分子遗传学证据。

生境

生物个体、种群或群落生活地域的环境，包含其必需的生存条件和其他会对生物发生作用的生态因素，即指生物生活的空间和其中全部生态因素的总和。换言之，生境是生物个体、种群或群落能在其中完成生命过程的空间，包括物种或种群所占有的资源，如食物、隐蔽物、水，以及温度、雨量、捕食者、竞争者等环境条件。

"生境"概念最早由美国学者格林奈尔于1917年提出。他最初定义生境为生物出现的环境范围，包括生物生活的地方和生存的地理环境范围。此后，随着生态学和环境科学的发展，生境的概念逐渐得到深化和拓展。人们开始更深入地理解生境对于生物生存和繁衍的重要性，以及生境破坏对生物多样性和整个生态系统的负面影响。

生境是生态学、生物学、环境科学等多个学科领域的重要概念。人们通过研究生境的特点和变化，以了解和预测生物种群的动态，评估生态系统的健康状况，并制定有效的生物多样性保护和生态系统管理措施。

生境岛屿

生境岛屿是生境遭受破坏时，形成的类似"补丁"的、不连续分布的生境残片。残存的原生生境片段常被那些已经高度改变而形成的逆退景观相互隔离，因而通常被称作生境岛屿。生境破碎化过程中产生的"补丁"状生境，又被称为斑块生境。随着生境破碎化的不断加剧，原生斑块生境不断被高度改变的逆退景观相互隔离，并逐渐退缩乃至消失，最终演变成生物地理学意义上的"生境岛屿"，从而在种群、群落、生态系统乃至景观等不同层次上产生一系列生态效应或生物学后果。

生境岛屿的面积、环境异质性及边缘效应等因素对其内部物种丰富度具有重要影响，不同物种对生境破碎化的敏感性不同，适应能力和耐受能力也不同。国内已有学者研究了千岛湖、三峡水库等中的生境岛屿对植物多样性的影响。但目前这方面的研究大多针对地理学概念上的真实岛屿，而对于生物地理学与生态学范畴内更广义的"生境岛屿"的生态效应关注相对较少。

环境因子

环境因子是指一个物种所处的生存环境中能够起调节作用并影响其生存、繁殖和演化的因素。这些因素包括物理因素（如温度、光照、水分、气压等）、化学因素（如pH值、氧气、二氧化碳、营养物质等）和生物因素（如同种和异种生物的相互作用等）。环境因子起到被动选择的作用，对物种的适应性和生存能力产生深远的影响，是生物与环境协同演化的重要因素。

值得一提的是，利比希最小因子定律。德国化学家利比希在研究各种环境因子对植物生长的影响时，发现作物的产量并非经常受到大量需要的物质（如二氧化碳和水）的限制，因为它们在自然环境中已经很丰富，不过会受到一些微量物质的限制，因为植物虽然对这些微量物质的需求量很小，但它们在土壤中非常稀少。英国植物生理学家布莱克曼于1905年发展了利比希最小因子定律，提出生态因子高于生物正常生长所需最大量时对生物生长有限制影响，即限制因子定律。利比希最小因子定律和限制因子定律对土壤肥料科学的发展发挥了指导作用，也体现了环境因子与生物之间的相互影响。

大环境

大环境的概念通常指的是对生物有广泛和间接影响的自然环境或社会环境的总和。这包括地区环境（如具有独特气候和植被特征的地理区域）、地球环境（包括大气圈、岩石圈、水圈等的全球环境）和宇宙环境。这些环境因素都会对生物

的生存、繁殖和进化产生直接或间接的影响。

大环境的概念随着生态学的发展而逐渐明确和深化。最初，科学家们只是简单地观察到生物与其周围环境之间的相互作用和关系。随着生态学研究的深入，人们开始意识到环境因素对生物的重要性，并开始研究这些因素如何影响生物的生存和繁衍。在这个过程中，大环境的概念逐渐形成并得到了广泛的应用。随着研究的深入，人们对大环境有了更深入的理解。人们开始认识到，大环境不仅包括气候、土壤、水文等自然环境因素，还包括人文社会环境因素，这些因素相互交织、相互影响，共同构成一个复杂的生态系统。

小环境

小环境指的是对生物有着直接影响的邻接环境。例如，接近植物个体表面的大气环境、土壤环境等，这些环境因素与生物体之间存在着紧密的联系和相互作用。

在探讨生物与环境的相互作用时，研究者发现某些环境因素对生物的影响更为直接和显著，这些环境因素构成了生物生存和繁衍的小环境。进一步研究揭示，小环境不仅包括生物体周围的物理环境，如温度、湿度、光照等，还包括生物体周围的生物环境，如竞争关系、共生关系等。这些因素共同构建了一个微型的生态系统，对生物体的生长、发育、繁殖等方面产生重要影响。

环境承载力

环境承载力又称环境承受力或环境忍耐力，是指在一定时期内，在维持相对稳定的前提下，环境资源所能容纳的人口规模和经济规模的大小。它反映了人类与环境相互作用界面的特性，是研究环境与经济是否协调发展的一种重要判据。具体来说，环境承载力是描述某一时刻环境系统所能承受人类社会和经济活动能力的阈值。

环境承载力决定着一个区域经济社会发展的速度和规模。如果在一定社会福利和经济技术水平条件下，区域的人口和经济规模超出其生态环境所能承载的范围，将会导致生态环境的恶化和资源的匮竭，会引起经济社会发展的不可持续。在环境承载力范围内，人类活动与环境容纳相对平衡，超出环境承载力范围，这种平衡将会被打破，环境约束对人类活动的限制作用凸显。

在人类活动与生态环境之间的矛盾关系日益突出的当下，人们逐步意识到人类社会系统只是自然生态系统的一个子系统，人类不可能超越自然生态系统而独立存在，自然生态系统提供的资源和环境支撑起整个人类社会系统，因此，人类社会发展必须在适应自然生态系统容纳能力的前提下进行。

生境损失

生境损失是指生物生活的空间和其中全部生态因子总和的减少，主要表现为可用栖息地的数量减少，这是导致物种灭绝最具影响力的因素之一。因此，了解其影响已成为生物多样性保护的核心问题之一。

生境损失的研究由最初更多关注栖息地数量的减少，开始向更深入地理解其背后的复杂性和严重性转变，并进一步涉及生态系统中各种生态因子的变化和失衡，这些变化对物种的生存和繁衍产生深远影响。

生境损失的概念往往与栖息地破碎化紧密相关。大面积连续分布的栖息地被分隔成小面积不连续的栖息地斑块会进一步加剧生境损失。栖息地破碎化和生境损失共同作用，对生物多样性和生态系统稳定性构成严重威胁。

2024年，科技部国家遥感中心发布的《全球生态环境遥感监测2023年度报告》指出，1985—2020年，全球森林损毁速率由每年12.17万平方千米增加至28.40万平方千米，恢复速率由每年6.84万平方千米增加至19.89万平方千米，恢复速率仍低于损毁速率。

栖息地破碎

栖息地破碎指的是大面积连续分布的栖息地被分隔成小面积不连续的栖息地斑块的过程。这种破碎化可能是由自然干扰或人为活动引起的，如造山运动、风化作用、水库建造、海岸开发、农业和都市扩张等。

栖息地破碎化导致物种栖息地的空间格局发生变化，栖息地小范围的中断到大面积零星散布，都属于栖息地破碎化的研究范畴。随着研究的深入，栖息地破碎现象及其对生态系统和生物种群的影响逐渐被研究者重视，他们开始关注破碎化对物种迁移、基因交流、种群动态及生态系统稳定性等方面的影响。栖息地破碎与生物多样性的关系、破碎化对特定物种或生态系统的具体影响等也成为研究的重点。2015年发表于 *Science Advances* 的一篇文章指出，栖息地破碎化降低了13%～75%的生物多样性，降低了生物量，改变了原有的营养循环，进而损害了一些重要的生态系统功能。

近年来，随着遥感等新技术的发展，对栖息地破碎的监测和评估能力得到提高，使人们对栖息地破碎的概念有了更深入的理解。同时，随着全球气候变化和人类活动对自然环境的持续影响，栖息地破碎化问题已经成为威胁生物多样性的重要因素之一。

生态危机

生态危机是指生态环境被严重破坏，导致人类的生存与发展受到威胁的现象。生态危机是生态失调的恶性发展结果，主要由人类盲目和过度的生产活动所引起。一旦生态危机形成，会在较长时期内难以恢复。

自工业革命，尤其是20世纪以来，全球环境遭到空前破坏和污染，大气臭氧层破坏、酸雨污染、有毒化学物质扩散、人口爆炸增长、土壤侵蚀、森林锐减、陆地沙漠化面积扩大、水资源污染和短缺、生物多样性锐减等十大全球性环境问题日益凸显。这些生态危机对人类社会和生态环境造成了巨大的威胁。

在面临生态危机的背景下，人类开始意识到可持续发展的重要性，开始强调经济、社会和环境的协调，资源的有效利用和循环利用，以满足当前需求的同时不损害未来人类和生态环境的发展。

环境影响评价

环境影响评价是指对计划开展的人为活动（如建设项目、资源开发、区域开发、制定法律法规和政策等）可能造成的环境影响进行分析、预测和评估，并在此基础上提出预防或者减轻不良环境影响的对策和措施。它为人类开发活动提供指导依据，并帮助决策者了解和评估人为活动可能带来的环境后果。

1969年，美国《国家环境政策法案》（NEPA）通过，该法案要求联邦政府在进行决策之前对项目的环境影响进行评价。此后，一些国家和地区陆续推出了类似的立法，开始了对环境影响评价的探索。目前已有100多个国家建立了环境影响评价制度并开展了环境影响评价工作。1992年，联合国环境与发展大会通过的《里约环境与发展宣言》《21世纪议程》中都写入了有关环境影响评价的内容。

中国于1979年施行的《中华人民共和国环境保护法（试行）》中，首次以法律的形式确立了环境影响评价制度而后，一系列环境保护专项法律，如《中华人民共和国水污染防治法》《中华人民共和国海洋环境保护法》《中华人民共和国大气污染防治法》《中华人民共和国固体废物污染环境防治法》等，也都对环境影响评价制度做出了规定。2003年，《中华人民共和国环境影响评价法》施行，这也是中国环境影响评价制度发展进程中的里程碑。2014年，新修订的《中华人民共和国环境保护法》进一步明确了加强公众参与完善环境影响评价制度。

环境公益诉讼

环境公益诉讼是指由于自然人、法人或其他组织的违法行为或不作为，使环境公共利益遭受侵害时，法律允许其他的法人、自然人或社会团体为维护公共利益而向人民法院提起的诉讼。这种诉讼的目的是保护环境公共利益，追求社会公正、公平，保障社会可持续发展。

环境公益诉讼可以是针对民事主体，也可以是针对行政主体。国家行政机关如果未履行法定职责，构成了对环境公共利益损害的不当行政行为，也是环境公益诉讼的对象。与传统的民事诉讼和行政诉讼要求起诉人必须与案件有直接利害关系不同，环境公益诉讼不要求起诉人与案件有直接利害关系，也不要求起诉人是法律关系当事人。这使得更多的社会成员可以成为环境公益诉讼的提起者，共同维护环境公共利益。

2015年正式修订施行的《中华人民共和国环境保护法》对环境民事公益诉讼的主体资格做出了明确规定，符合条件的社会组织也可以提起环境公益诉讼。自此，中国生物多样性保护与绿色发展基金会（简称"中国绿发会"）先后在大气保护、水资源保护、沙漠化治理、土壤修复、野生动植物保护、文物保护及公众健康权益等各个领域发起了上百起环境公益诉讼。其中，中国绿发会提起的4起环境民事公益诉讼案例，已成功入选由最高人民法院环境资源审判庭编写的"最高人民法院环境资源审判指导丛书"。

物种

物种是生物分类的基本单位。物种可以定义为具有共同特征并且通常能够与同一物种的其他物种交配以产生可育后代的一组生物体或个体生物体。

早在古希腊时期，哲学家亚里士多德就根据生物的共同特征对其进行了分类，但尚未明确提出物种的概念，也没有意识到物种之间的进化关系。文艺复兴时期，瑞典生物学家卡尔·林奈基于形态学特征，对生物进行了分类，提出了纲、目、属、种等分类概念，并统一了术语。他将物种定义为能够自由繁殖并产生可育后代的群体，这是物种概念发展的一个重要里程碑。到19世纪，达尔文的进化论对物种概念的发展产生了深远影响。达尔文提出物种是通过进化和自然选择产生的，强调了物种之间的变异和适应性。在此基础上形成的进化生物学又进一步推动了物种概念的发展。同时，遗传学的快速发展，让人类开始重视基因、遗传漂变和突变在物种形成中的重要作用。

物种的概念并不是一成不变的，随着科学技术的进步和研究的深入，人们对物种的认识和理解也在不断发展和完善。

特有物种

特有物种即特有种，指的是某一物种基于历史、生态或生理因素等原因，造成其分布仅局限于某一特定的地理区域或大陆，而未在其他地方出现的物种。可视其为该地区的固有种或土著种。例如，树袋熊和袋鼠仅产于澳洲，是澳洲的特有种，大熊猫则是中国的特有种。

随着科学研究的深入，特有物种的概念也得到了进一步的完善和发展。人们开始更加关注对特有物种的保护和管理，认识到它们是特定地区自然生态系统中的重要组成部分，对于维护生态平衡和生物多样性具有重要意义。因此，保护和研究特有物种已经成为生物多样性保护和生态系统恢复的重要任务之一。

旗舰物种

旗舰物种是指某个物种对生态保护具有特殊号召力和吸引力，能够促进社会对物种保护的关注，是地区生态维护的代表物种。这些物种通常具有极高的知名度和最容易引起人们保护意识的特征，被誉为生态系统的"风向标"。

旗舰物种的生存和繁衍对于维护整个生态系统的稳定和健康至关重要。因此，人们开始将旗舰物种作为生态系统保护的代表和象征，通过关注对旗舰物种的保护来促进对整个生态系统的保护。

在旗舰物种的遴选过程中，通常会考虑以下因素：物种的知名度、生态重要性、文化价值、美学价值等。例如，大熊猫、黑脸琵鹭、金丝猴、麋鹿等都是著名的旗舰物种，它们不仅具有极高的知名度和生态重要性，还承载着深厚的文化内涵和美学价值，因此，被广泛地当作生态系统保护的象征和代表。

关键种

关键种是能够在维护生态系统的多样性和稳定性上起到关键作用的物种。关键种的个体数量可以稀少，也可以很多，其功能或是专一的，或是多样的，关键种的消亡或削弱会引起整个群落或生态系统发生重大关键性变化。

根据关键种的作用方式，大致可以将其划分出以下类型：关键捕食者、关键猎物、关键植食者、关键资源、关键竞争者、关键共生者、关键病原体/寄生物、关键修饰者。由此不难看出，关键种的核心在"关键"二字，无论物种数量多少，都可以在维护生物多样性和生态系统稳定方面起到关键作用。

对关键种的研究是生态学研究的一个重要方面，对其保护也是生物多样性保护的重要内容。

物种丰富度

物种丰富度指的是一个群落内物种数目的多少。这一概念常用于描述和比较不同群落或生境的物种组成和多样性水平，在生态学和生物多样性等领域的研究中具有重要地位。一般来讲，物种丰富度越大，其结构越复杂，抵抗力、稳定性就越强。

物种丰富度分为绝对丰度和相对丰度。绝对丰度可以用于描述单个物种的绝对含量，表征其在不同或相同的环境群落里数量的增减；相对丰度主要用于描述单个物种占整个环境群落的百分比，描述单个物种的优势程度。

随着研究的深入，研究者也从简单地统计一个地区或群落中的物种数量来描述其物种丰富度，转变到对物种之间的相互作用、生态位分化、物种均匀度等多个方面的研究。物种丰富度的评估方法也逐渐从简单的统计物种数目发展到更为复杂和全面的指标体系。

物种均匀度

物种均匀度是对一个物种群落中各物种之间相对丰富程度的量度。它描述了群落中各物种具有的个体数目的分布状况，即在一个特定环境的物种群落中，不同物种的个体数量是否接近，或者每个物种的个体数量占全部物种总数量的比例是否相似。当一个群落生境中各物种的个体数目都相同或接近时，这个地区的物种均匀度就高；反之，如果某些物种的个体数量很多，而另一些物种的个体数目很少，这个地区的物种均匀度就低。

通常情况下，如果一个生境中某个单一物种的种群数量很大，只能代表该物种的遗传多样性较高，而不能表明该生境中物种多样性高。因为单一物种种群过大，有可能排挤其他物种种群，导致区域内物种多样性总量减少。因此，物种均匀度的高低与物种多样性的大小往往成正比。

物种均匀度是生态学研究中不可或缺的一部分，对于理解群落结构、功能和动态具有重要意义。现代物种均匀度的研究不仅关注物种个体数目的分配状况，还开始探索其与生态系统功能、稳定性及环境变化之间的关系，为生态保护和资源管理提供了重要的理论依据。

物种竞争关系

物种竞争关系即种间竞争，指的是不同物种之间为争夺生活空间、资源、食物等而产生的一种直接或间接抑制对方的现象。在种间竞争中，常常是一方取得优势，而另一方受抑制甚至消灭。种间竞争的能力取决于物种的生态习性等。以植物为例，具有相似生态习性的植物种群，在资源和获取资源手段方面的竞争都十分激烈，密度大的种群更是如此。植物的生长速率、个体大小、抗逆性及营养器官的数目等都会影响到竞争的能力。

种间竞争的概念最早由达尔文在1859年提出。随着生态学理论的发展，人们对种间竞争的理解逐渐深入。经典的种间竞争模型，如洛特卡－沃尔泰勒竞争模型，描述了物种之间如何相互影响和制约，为种间竞争的研究提供了重要的理论框架。达尔文的自然选择学说认为，种间竞争是推动物种演化和生态系统动态变化的重要力量。

除了种间竞争，还有种内竞争，指的是相同物种个体间利用同一资源而发生的相互妨碍作用。种内竞争的实质是密度效应。种内竞争通常较种间竞争激烈。

物种捕食关系

物种捕食关系指的是一种生物以另一种生物为食的种间关系。在这个过程中，前者被称为捕食者，后者被称为被捕食者。捕食关系可以简单理解为吃与被吃的关系，如狼吃羊、虎吃鹿等。捕食关系对被捕食者的种群数量产生影响，捕食是影响群落构造的重要生态过程，对捕食者和猎物之间的协同进化具有推动作用。

在生态学中，捕食关系被视为生态系统中的重要组成部分，它不仅影响被捕食者的种群数量，也影响捕食者本身的种群变化，对整个生态系统的稳定性和功能产生深远影响。因此，对捕食现象的研究不仅有助于理解生态系统的结构和功能，也为生物资源管理和生态保护提供了重要的理论依据。

物种寄生关系

寄生关系是指一种生物（寄生物）依附并生活在另一种生物（宿主）体内或体表，从中获取营养、栖息空间和繁殖条件等资源，从而对宿主造成有害甚至致命影响的一种物种间关系。

在生物学中，寄生关系被分为多种类型，如专性寄生和兼性寄生等。专性寄生是指寄生物必须以宿主为营养来源，而兼性寄生则是指寄生物也能够自由活动并寻找其他食物来源。

研究者最初只是简单地描述了一种生物依赖另一种生物生存的现象。随着研究的不断深入，他们开始探讨寄生关系的本质、机制及相互之间的影响，研究寄生物如何适应和利用宿主资源，以及宿主如何防御和抵抗寄生物的攻击等问题。

此外，研究者们还发现了许多不同类型的寄生物，如细菌、病毒、真菌、原生动物和昆虫等。这些寄生物在生态系统中扮演着重要角色，对生态系统的结构和功能产生深远影响。

物种共生关系

共生关系是两种不同生物之间形成的紧密互利关系,其中一方为另一方提供有利于生存的帮助,同时获得对方的帮助。两种生物相互依赖,彼此互利,如果分开,双方或其中一方便无法生存。

第一个把"共生"作为广义生物概念提出来的是德国著名真菌学奠基人德贝里,他在1879年首次指出:共生是不同生物密切生活在一起的现象。他还详细描绘了许多生物间共生的方式。俄国植物学家康斯坦丁·谢尔盖耶维奇·梅里日可夫斯基进一步提出"共生起源",即进化的新颖性起源于共生。之后,生物学家进一步研究发现,和谐共生在动物与动物、动物与植物、植物与植物之间是普遍现象。

根据共生关系的具体表现形式和利益分配,人们通常将共生分为互利共生、单利共生和诱捕共生3种类型。其中,互利共生是指两个物种之间相互合作,对彼此都有益处的关系;单利共生则是指一方从中获益,而另一方没有受益的关系;诱捕共生则是指一方通过伪装或欺骗的方式,使另一方误以为是互利共生关系,从而获得捕食的机会。

共生关系的经典例子之一是菌根,它展示了植物根系与真菌之间形成的互利共生关系,双方共同促进生长和营养吸收。

种群

种群是同一时间内生活在同一自然区域内的同种生物的所有个体。种群并不是个体的机械性集合,个体在种群中可以通过繁殖将各自的基因传给其可育后代。种群是进化的基本单位。同一种群的所有个体共用一个基因库,每个个体所含有的基因,都是种群基因库的一个组成部分。种群密度是种群最基本的数量特征。

种群研究主要聚焦于其数量变化与种群内个体间的关系。

生殖隔离

生殖隔离是区分物种的标志。不同种群的个体，在自然条件下无法相互交配或相互交配无法产生可育后代（如驴与马杂交产生骡，而骡是不可育的）的情况被称作生殖隔离。生殖隔离可以区分不同物种或亚种。一般情况下，生殖隔离往往由地理隔离产生。

地理隔离是指同一种生物，由于地理上的障碍而分成不同的种群，使得种群间不能发生基因交流的现象。这种现象通常因高山、大海、沙漠、河流等地理因素导致生物无法进行自由迁徙、交配和基因交流，最终形成独立的种群。

地理隔离导致生殖隔离，但地理隔离本身不属于生殖隔离。生殖隔离一般是在具有遗传差异的基础上才有可能发生。

种群生命表

种群生命表是生态学和种群生物学中种群统计的重要研究工具，是对特定种群的物种个体从出生到死亡的整个生命历程的描述，它记录了种群中的个体在每一个年龄段的生存、死亡及繁殖状况。通过分析生命表中种群各年龄段的存活率、死亡原因、繁殖状况等信息，可以了解种群的动态变化、种群中个体数量消长规律及种群与环境之间的关系。

简单的生命表只是根据各年龄段的存活或死亡数据编制，综合生命表则包括出生数据，从而能估计种群数量的增长情况。目前，种群生命表不仅包括静态生命表，还有动态生命表和实验生命表等多种类型，能够更全面地反映种群在不同环境和条件下的生存和繁殖状况。

种群空间格局

种群空间格局是组成种群的个体在其生活空间中的位置状态或布局，在生物学中用于描述种群个体在空间中的分布特点和相互关系。

20世纪20年代，生态学家就开始关注种群空间格局。随着研究的深入，种群空间格局的研究也逐渐从简单的描述性统计向更为深入的机制探讨转变，并开始关注种群空间格局的形成原因、影响因素及其对种群动态和生态系统功能

基础篇

的影响。

根据空间分布特点，种群空间格局大致可分为均匀型、随机型和成群型3类。均匀分布较少见，通常是由于种群内个体间的竞争导致；随机分布意味着每一个体在种群领域中每个点上出现的机会是相等的，即任一个体的存在不影响其他个体的分布；成群分布则是指个体在空间上呈现聚集状态。

种群空间格局的研究有助于理解种群的基本特征，对于认识种群的生态过程、种群与环境的相互关系及制定合理的管理和保护策略具有重要意义。

群落交错区

群落交错区，也称为生态交错区或生态过渡带，是两个不同群落交界的区域，是一个群落通向另一个群落的过渡带。在群落交错区中，生物生活的环境条件往往与两群落的核心区域有明显区别，表现出生物多样性较高的特点。群落交错区可以狭窄或宽阔，生态变化可以突然发生或逐渐过渡，形成镶嵌状态。例如，在森林和草原的交界地区，常有很宽的森林草原带，其中森林和草原呈镶嵌状态。

20世纪初，美国生态学家克莱门茨首次提出了"生态交错带"这一术语，意指两个相邻植物群落之间的过渡区域，在这一区域内植物群落随着空间梯度发生明显变化；随后，野生动物学家利奥波德又通过观察生态交错带，提出了"边缘效应"的观点。

群落交错区物种流动和基因交流极为频繁，往往表现出物种多样性高的特征，甚至演化出了一些特有种。同时，群落交错区又是生态环境抗干扰能力相对较弱的区域，一旦遭到破坏，恢复原状的可能性很小。

种群统计

种群统计是对种群数量的调查与统计分析，服务于种群生态学对种群大小或数量在时间和空间上的变动规律和调节机制的研究。

种群统计指标大体分3类：一是种群密度；二是初级种群参数，包括出生率、死亡率、迁入率和迁出率；三是次级种群参数，包括性别比例、年龄结构和种群增长率等。其中，出生和迁入是使种群数量增加的因素，死亡和迁出是使种群数量减少的因素。出生率泛指任何生物产生新个体的能力；迁出是指种群内个体基于种种原因而离开种群的领地；迁入则是别的种群进入领地。

种群统计学就是关于种群的出生、死亡、迁移及性别比例、年龄结构等的统计学，最初用于人口统计，现用于各种生物统计。种群统计较为先进的理论和方法包括弹性分析、敏感性分析、投影模型等，用于更深入地理解种群动态和预测其未来变化。

种群动态

种群动态是种群发展中的总体数量变化情况，即种群数量在时间和空间上的变动情况，包括种群的出生、死亡、迁入和迁出等影响种群数量变化的主要参数，描述了种群发展中的总体数量变化情况。在不同的种群中，这些参数对种群数量变化的影响各不相同。

种群动态的研究，一直是生态学研究的核心问题之一。经典生态学研究的种群动态往往是在同质空间里进行研究的，因而种群的平均密度就代表了这一空间的种群大小。20世纪70年代以来，由于人为活动的干扰和栖息地的破碎化，种群在空间的动态越来越受到关注。随着数学和统计学的引入，研究者们开始用更精确和系统的方法来研究种群动态，从而形成了更为完善和深入的种群动态理论。在现代生态学中，种群动态的研究已经涉及多个层面和角度，包括种群数量预测、种群调节机制探讨、种群与环境相互关系分析等。

动植物耐受性

动植物耐受性是指动植物个体或种群等对环境条件或外部刺激的适应能力和抵抗力。耐受性的程度指的是动植物个体或种群在面对环境变化时的忍受程度，而耐受性机制则是指生物体通过哪些适应策略来增强自身的抵抗力。

动植物个体的耐受性可以分为生理耐受性和行为耐受性两个方面。生理耐受性是指个体通过调节其生理结构和功能，从而适应环境变化。例如，极地动物的身体可以通过改变血液流动、脂肪分布等方式来应对低温环境。行为耐受性则是指生物体通过改变其行为模式、活动时间及迁徙等方式，来适应环境变化。例如，候鸟通过迁徙来逃避寒冷的冬季。

耐受性是生物学和环境科学的一个重要概念。随着科学研究的深入，人们对耐受性的理解也在不断深化和完善。现代科学已经能够从分子、细胞、个体、种群和生态系统等多个层面，来全面解析和理解动植物的耐受性机制。

物种迁徙

迁徙是生态学领域的重要概念，特指某些生物，尤其是鸟类和部分哺乳动物，为了觅食、繁殖或逃避不利环境而周期性地在不同地理区域或气候区之间进行的长距离移动，如人们所熟知的北京雨燕迁徙、东非动物大迁徙等。

以东非动物大迁徙为例，每年6月左右，非洲塞伦盖蒂国家公园就迎来旱季，为了食物和水源，食草动物们开始迁徙，动物们会长途跋涉3000多千米，上演地球上最壮观的动物大迁徙场面。当到达终点之后，由于气候的变化，短短两三个月之后，动物们又会开始折返，返回塞伦盖蒂国家公园。在这数以百万计的迁徙队伍中，只有30%的幸运者能够返回，而跟随它们一起回来的，还有40万条的新生命。

迁徙为动物提供了丰富的食物资源和适宜的繁殖环境，有助于其种群的生存和繁衍。迁徙过程中的基因交流有助于增加种群的遗传多样性，提高种群的适应性和生存能力。迁徙动物的季节性移动对维持生态平衡具有重要作用。例如，候鸟的迁徙有助于传播种子、控制害虫等。不过迁徙也有可能带来包括人兽共染病在内的一些疾病的扩散。例如，禽流感可能会随着候鸟迁徙及人与野生动物的密切接触而扩散传播。

生物入侵

生物入侵即物种入侵，是指某个物种由原来的分布区域经自然或人为的途径扩散到一个新的，通常也是遥远的地区，并在新的区域里，繁殖后代、扩散并持续生存下去，对本地生态系统造成一定危害的现象。具有很强适应能力、繁殖能力和传播能力的外来物种通常有更高的入侵成功率，而具备足够的可利用资源，缺乏天敌的生态系统则极易受到入侵物种的破坏。

生物入侵概念是英国生态学家查尔斯·埃尔顿在其1958年出版的《动植物入侵生态学》一书中首次正式提出的。此前，瑞典裔芬兰人佩尔·卡尔姆已对物种入侵有所研究，并于17世纪记录了美洲大陆存在的原本生活在欧洲的植物、蜜蜂和一些其他的昆虫。达尔文在《物种起源》中也描述过生物入侵现象，但并未明确提出生物入侵的概念。

外来物种入侵是威胁生物多样性的重要因素。中国是遭受外来物种入侵最严重的国家之一，迄今已有400多种外来物种入侵中国，主要渠道包括自然入侵、无意引进、有意引进。控制外来物种入侵作为《昆明-蒙特利尔全球生物多样性框架》中的核心目标之一，对至少有效恢复30%的生态系统等具体指标意义重大。

生物群落演替

生物群落演替是随着时间的推移，一个生物群落被另一个生物群落所替代的过程。这种演替是生物群落动态发展的重要体现，它反映了生物群落结构、功能和物种组成的不断变化。

生物群落演替的类型包括初生演替和次生演替。例如，在沙丘、火山岩、冰川泥等从未被植物覆盖的地面出现植被，或者原来存在过植被但被彻底消灭，都属于初生演替。而次生演替则发生在原有植被虽已不存在，但原有土壤条件基本保留，甚至保留了植物的种子或其他繁殖体的地方，如火灾过后的草原、过量砍伐的森林、弃耕的农田等。

1825年，法国生态学家杜雷安·德拉·马勒首次将演替一词应用于植物生态学研究。威廉·戴维斯被认为是研究植被演替理论的先驱，亨利·考尔斯对演替理论的早期发展起到了开拓性的作用。然而，关于植物演替的基本概念和演替学说，直到20世纪20年代才由生态学家克莱门茨系统地提出。

生物群落演替的概念在生态学领域不断发展和深化。对生物群落的研究不仅关注群落结构的变化，还涉及物种多样性、生态系统功能及人类活动对演替过程的影响等多个方面。现代生态学的研究方法和技术手段也不断为揭示群落演替的机制和规律提供有力的支持。

生物量

生物量是生态学的一个重要概念，指的是某一时刻单位面积或单位体积栖息

地内的一个（多个）物种或整个生物群落所具有的所有生物个体总数或总干重（包括生物体内所存食物的重量）。生物量可以用单位重量（如 kg/m^2 或 t/hm^2）或能量来衡量，用于描述种群和群落的特征。

广义的生物量不仅考虑了重量，还涵盖了生物体的数量或其所含能量，适用于描述各种生物群体，包括浮游动物等。而狭义的生物量则专指以重量表示的量，可以是鲜重或干重。

1876年，德国科学家埃伯梅耶在德国进行的对几个森林的树枝落叶量和木材重量的测定，是最早有关生物量的研究。该研究成果被地球化学家在计算生物圈内化学元素时引用了50多年。总体看来，20世纪50年代以前，对森林生物量和生产力的研究并没有得到人们的重视。

从20世纪50年代开始，世界各国逐渐重视对森林生物量和生产力的研究，开始对各自国家内的主要森林生态系统生物量和生产力进行实际调查和资料收集。此后，对生物量的研究逐渐受到学者们的重视，他们纷纷对本国的主要森林生态系统生物量进行了实际调查和评估。随着研究的深入，生物量的概念也得到了进一步的拓展和完善，从最初的树木测量，发展到对整个生物群落生物量的估算和分析。

遗传物质

遗传物质是指亲代与子代之间传递遗传信息的物质，其化学本质是核酸，即人们常说的脱氧核糖核酸（DNA）和核糖核酸（RNA）。除一部分病毒的遗传物质是核糖核酸外，其余病毒及全部具有典型细胞结构的生物的遗传物质都是脱氧核糖核酸。遗传物质具有相对稳定性，能自我复制，保证前后代保持一定的连续性，并能产生可遗传的变异。物种的稳定延续与新性状的产生、变异和不断进化以适应环境都离不开遗传物质的作用。

1865年，奥地利遗传学家孟德尔通过豌豆杂交实验揭示了遗传物质的基本规律，提出了"遗传因子"的概念，为遗传学研究奠定了基础。随后，美国进化生物学家摩尔根在20世纪初通过对果蝇的遗传实验，发现了遗传物质位于染色体上，并提出了基因连锁和染色体交叉的概念，进一步推进了遗传物质研究。

此外，还有一些重要的实验和发现也对遗传物质概念的演变产生了影响。例如，加拿大生物学家艾弗里提出了脱氧核糖核酸是转化因子；美国科学家富兰克林·科瑞特做了烟草花叶病毒的重建实验，证明了核糖核酸也是遗传物质。1951—1953年，美国科学家沃森和英国生物学家克里克合作，提出了脱氧核糖核酸分子的双螺旋结构学说，使遗传学的研究进入分子阶段。

遗传漂变

遗传漂变又称基因漂变，是指种群基因库在代际发生随机改变的一种现象。这一概念由美国遗传学家休厄尔·赖特在20世纪30年代首次提出。

遗传漂变现象主要发生在小的、相对隔离的种群中，是由不同基因型个体生育的子代个体数变动导致的基因频率的随机波动，是生物进化的关键机制之一。

与自然选择不同，遗传漂变不依赖个体的适应性特征，而是由随机因素引发的。这些随机因素包括种群数量波动、个体间的随机配对和生殖偶然性等。遗传漂变对种群的影响是多方面的，包括改变基因频率、影响进化方向、促进物种分化等。其影响在小种群中尤其明显，因为随机事件在小种群中对基因频率的影响更大。

在美国普渡大学的一项研究中，科学家们揭示了新墨西哥州东南部濒危鳉鱼的种群瓶颈效应和地理隔离导致的显著遗传漂变。约5000年前，卡里索佐火山喷发形成的地理障碍将鳉鱼种群分隔开来，使它们在隔离的环境中经历了快速的基因频率变化，最终分化成两个不同的物种。这一研究深化了对鳉鱼进化机制的理解，提示遗传漂变在其他沙漠鳉鱼物种中可能也是常见的进化机制。

创始者效应

创始者效应是遗传学中的一个重要概念，指的是当一个新种群由少数个体创立时，这个新生的种群的基因频率与原始大种群的基因频率可能会有显著差异。数量较少的创始个体所携带的基因只代表了原始大种群基因多样性的一小部分，因而导致新种群在遗传上与原种群不同。

创始者效应解释了新种群在基因频率上可能会迅速偏离原始大种群的原因。具体来说，当少数个体从一个大种群中分离出来、迁移到一个新的地点并建立新种群时，这些创始个体的基因库就成为新种群的遗传基础。如果创始个体的基因频率与原始大种群不同，那么，新种群的基因频率也会随之不同。这种效应常发生在物种迁移、新栖息地建立或地理隔离等情形中。

创始者效应可能造成在新种群中的某些基因频率被显著放大或缩小，甚至可能导致某些基因的丧失或固定。由于新种群基因库的有限性，这些基因频率变化可能会影响新种群的进化路径和适应性特征。

岛屿生物的独特性和多样性往往就是创始者效应的结果，因为岛屿上的生物种群通常由少数迁徙个体建立，其遗传漂变效应显著。

生殖力

在生物学中，生殖力是一个很广泛的概念，指的是生物体产生后代并使其繁殖的能力。例如，在水产领域，生殖力指的是产卵繁殖的能力。再如，在昆虫领域，生殖力通常指雌虫个体产下的所有后代的数量，这也是衡量昆虫繁殖能力的一个重要指标。

遗传是决定生物体生殖力的重要内在因素。不同物种具有不同的生殖力，这与其遗传特性密切相关。即使在同一物种内，不同个体之间的生殖力也可能存在显著差异，这同样受到遗传因素的影响。

物种个体的发育情况、营养状况、环境条件等都会对生殖力产生影响，特别是温度、湿度、光照等环境因素，都可能对生物体的生殖力产生显著影响。例如，适宜的温度和湿度条件有利于昆虫的生长发育和繁殖，从而提高其生殖力；而极端的环境条件则可能抑制昆虫的生殖活动，导致其生殖力下降。在全球气候变暖的大背景下，气候对生殖力的影响，也是生物多样性保护变得错综复杂的主要原因之一。

协同进化

当一个物种的性状发生变化时，另一个物种的性状也会产生反应，并通过发生变化以适应前者变化，这种相互适应进化的过程就是协同进化。作为一种进化机制，不同物种相互影响、共同演化，对生物进化具有重要意义。

协同进化也可以理解为一种进化结果，因为协同进化的实例所体现的是一种协同关系，协同进化理论不过是这些实例归纳的结果。

"协同进化"的说法最早由美国生态学家埃利希和雷文于1964年在《进化》

杂志上正式提出，用以阐述昆虫与植物在进化历程中的相互关系。他们以蝴蝶和植物为例，指出动植物之间可以相互推动彼此的进化，从而提出了"协同进化假说"。这一假说在生态学领域引起了广泛的关注和讨论。随着研究的深入，人们开始从更多的角度和层面去理解和研究协同进化，包括其发生的机制、影响因素、生态学意义等。同时，协同进化的实例也被广泛发现和研究，进一步证实了这一理论的普遍性和重要性。

营养级

营养级是指生物在生态系统食物链中所处的层次，由食物链同一环节上所有生物物种总和构成。这一概念是理解生态系统营养动态和生物作用类型的关键。营养级通常按照食物链的环节进行等级区分，每个营养级都有其特定的功能和角色。例如，一个捕食性食物链是青草→野兔→狐狸→野狼，牵涉了4种生物，是4个营养级。青草是第一营养级，野狼是第四营养级。

营养级的概念由美国生态学家林德曼在1942年提出。在营养级中，自养生物（如绿色植物）处于食物链的起点，共同构成第一营养级；所有以绿色植物为食的动物（如草食性动物）处于第二营养级；第三营养级则包括所有以植食动物为食的食肉动物。以此类推，还有第四营养级和第五营养级。一般情况下，生态系统中的营养级不会超过6级。通常，营养级的位置越高，归属于这个营养级的生物种类、数量和能量就越少。

生物链

生物链主要是指自然界中各种生物之间通过相互作用而形成的一种相互依存的链条关系。单纯反映生物之间食物关系的生物链又叫食物链。生物链涉及各种生物相互作用，如竞争、共生和捕食等。生物链的其中两个特征是它的复杂性和多样性，一个生态系统中往往存在多条相互交织的生物链，形成了一个庞大的网络，共同维持着生态系统的平衡和稳定。

1927年，英国动物学家埃尔顿首次提出了"食物链"一词，他认为自然界中生物之间的联系建立在猎食和被猎食的行为之上，通过食物在不同物种间的传递进行能量的传送，形成了特殊的传递链条。

生物链的例子俯拾即是。例如，植物长出的叶和果为昆虫提供了食物，昆虫成为鸟的食物源；鹰和蛇都吃老鼠，有了它们，老鼠才不会成灾，而在此过程中鹰和蛇又形成了竞争关系……当动物的粪便和尸体回归土壤后，土壤中的微生物会把它们分解成简单化合物，为植物提供养分，使其长出新的叶和果。就这样，生物链促进了自然界物质的健康循环。

自然界中生物链具有相对稳定性和平衡性，即使被人类扰动过，只要在较长一段时间里，消除人为干涉、破坏，生物链又会逐渐趋于平衡。

生态链

生态链的概念更为宽泛和复杂，描述了一定区域内不同物种之间及生物与其无机环境之间通过能量流动和物质循环而相互作用形成的一个自然系统。生态链涵盖生物链所有内容的同时，还包括生物与环境之间的相互作用，如生物对环境的适应、改造及环境对生物的影响等。

生态链强调生物之间、生物与环境之间的相互依赖和制约关系，以及这种关系对维持生态系统平衡和稳定具有的重要作用。生态链的破坏往往会导致生态系统的崩溃，引发生物多样性丧失、环境恶化等问题。

物质循环

生态学中的物质循环是指生物圈中的任何物质或元素沿着一定的路径从环境进入生物体，然后再从生物体返回环境的不断循环过程。这个过程也被称为生物地球化学循环或生物地化循环。

人们通过对生态系统中的物质流动和转化现象的关注，逐渐认识到生物与环境之间的相互作用关系，开始研究各种化学元素在生物体与非生物环境之间的循环运转过程，揭示物质循环在维持生态系统平衡和推动地球生态系统演化中的重要作用。

当下，物质循环已成为一个重要的生态学研究领域。研究物质循环的机制和规律，有助于更好地理解和处理气候变化、资源短缺和环境污染等全球性环境问题。物质循环的研究还为生态系统的保护、恢复和可持续管理提供了科学依据。

生态效率

生态效率在生物学中指的是食物链各个环节实际利用的能量占可利用能量的百分比。能量在食物链的各个环节之间不断地流动和转化。绿色植物通过光合作用，把太阳能转化为化学能，并以有机物的形式储存于植物体内；草食动物以绿色植物为食物，摄取其中一部分能量，肉食动物以草食动物为食物，也摄取其中一部分能量。在每一步传递过程中，都有大量的能量损耗，每一级的生物都只能利用所食用的前一级生物提供的能量的一部分。

以生物学中生态效率的概念为基础，环境科学中将生态效率定义为经济增长与环境影响的比值。实际上，这种定义的核心就是投入与产出的比值。生态效率的最佳状态是通过最少的资源损耗和最轻的环境污染以获取最大的经济效益。

1990年，德国学者安德烈亚斯·斯特姆和瑞典学者斯特凡·沙尔特格首次提出环境科学中的生态效率概念，并将其定义为价值的增加和环境变化的比值。此后，经过学术界及世界可持续发展工商理事会（WBCSD）、世界经济合作与发展组织（OECD）等组织的进一步研究，生态效率的含义、内容日趋丰富，各种生态效率评价理论与方法逐步成熟应用。

生态价值

生态价值是利用生态系统的整体性和稳定性，为人类提供各种服务，从而实现经济、社会、伦理等方面的多重价值。

生态价值主要包括3个方面的含义：第一，地球上任何生物个体在生存竞争中有自身的生存价值；第二，地球上的任何一个物种及其个体的存在，对于其他物种及地球整个生态系统的稳定和平衡都发挥着重要作用；第三，自然系统整体的稳定和平衡是人类存在的必要条件，因而对人类的生存具有环境价值。

生态价值是指生态环境客体满足其需要和发展过程中的经济判断、人类在处理与生态环境主客体关系上的伦理判断，以及自然生态系统作为独立于人类主体而存在的系统功能判断。

不断深入进行生态学和环境保护研究，将不断完善和发展生态价值相关理念，逐步构建生态价值核算体系，完善生态价值实现机制。

基础篇

动物价值

　　动物价值是一个涵盖了动物在生态系统中的功能、对人类社会的贡献及它们自身的固有价值和权利的多维度、多层面的综合概念。

　　在自然科学领域，动物的价值主要体现在它们对生态系统的贡献上。

　　动物作为生态系统的重要组成部分，对于维持生态平衡、促进生物多样性保护具有不可替代的作用。例如，许多动物在食物链中扮演着关键角色，它们的存在有助于控制其他物种的数量，防止某一物种过度繁殖而对生态系统造成破坏。此外，动物还可通过传播种子、授粉等方式促进植物的繁殖和生态系统的稳定。

　　动物对人类也具有多重重要价值。它们不仅是人类的食物来源，还为人类提供了许多其他资源，如皮毛、药材等。同时，动物也是人类文化的重要组成部分，它们在文学、艺术、宗教等领域中扮演着重要角色，丰富了人类的精神世界。在道德和伦理层面，动物价值的概念也在不断发展。越来越多的人开始认识到动物不仅是资源或工具，它们也拥有自己的权益。这一认识促使人们更加关注动物的福利和权益，推动了动物保护立法的不断完善。

植物价值

　　植物价值的概念涉及多个维度，包括生态价值、经济价值、社会价值及文化价值等。和动物价值一样，植物价值一般包括内禀价值和外显价值，可概括为3个方面，即潜在价值、间接价值和直接价值。

　　首先，植物发挥了重要的生态价值。它们通过光合作用将太阳能转化为化学能，为其他生物提供食物和能量。同时，植物还能维持水源、保持水体的自然循环，有助于减少旱涝等自然灾害。此外，植物还能调节气候、防止水土流失，并减轻泥石流、滑坡等自然灾害的影响。

　　其次，植物对人类社会具有显著的经济价值。植物是人类重要的食物来源，还是许多工业产品的重要原料，如纤维、木材、药材等。此外，植物在农业、林业、园艺等领域也发挥着巨大的经济价值。

　　最后，植物具有丰富的社会价值和文化价值。它们在人类社会中起着美化环境、净化空气、监测污染等作用。同时，植物也是人类文化的重要组成部分，如花卉在园艺、艺术、宗教等领域的应用，以及植物在文学作品、神话传说中的象征意义等。随着时代的发展，人们对植物价值的认识也在不断加深。

生态系统服务

生态系统服务是指自然生态系统为人类社会提供的各种直接或间接的物质和能源供应、生态环境调节和文化精神需求等服务。这些服务能够维持生态平衡、促进可持续发展，并对人类福祉产生积极影响。

美国生态学家戴利认为，生态系统服务是指生态系统及其物种所提供的能满足和维持人类生存需要的条件和过程。有学者认为生态系统服务是对人类生存和生活质量有贡献的生态系统产品和生态系统功能，生态系统服务是生态系统产品和生态系统功能的统一，而生态系统的开放性是生态系统服务的基础和前提。还有学者将生态系统服务定义为"提供满足人类需要的产品和服务能力的自然过程和组成"。

千年生态系统评估项目的首个研究成果"生态系统与人类福利：评估框架"将生态系统服务功能定义为"人类从生态系统中获得的效益，包括生态对人类可以产生直接影响的供给功能、调节功能和文化功能，以及对维持生态系统的其他功能具有重要作用的支持功能"。

生态系统生产总值

生态系统生产总值（GEP），是指生态系统为人类福祉和经济社会可持续发展提供的各种最终物质产品与服务（简称"生态产品"）价值的总和，主要包括生态系统提供的物质产品、调节服务和文化服务的价值。

生态系统生产总值是一套与国内生产总值（GDP）相对应的、能够衡量生态良好与否的统计与核算体系，通过计算森林、荒漠、湿地等生态系统及农田、牧场、水产养殖场等人工生态系统的生产总值，来衡量和展示生态系统的状况及其变化。

2016年9月，"生态系统生产总值：将生态系统服务纳入国家决策和核算体系"研讨会在世界自然保护联盟（IUCN）世界自然保护大会上举办，由世界自然保护联盟中国代表处、中国科学院生态环境研究中心、中国绿发会及国家林业局主办。此后，生态系统生产总值概念得到了快速发展和普及。

开展生态系统生产总值核算,可以提升人们对生态产品价值的认识,助力生态产品交易,是践行"绿水青山就是金山银山"理念、推进生态文明建设的有益探索。

生态损益

生态损益是环境经济学和生态学交叉领域的一个重要概念,指的是治理主体在一定时期内对生态环境的治理成效。具体来说,它涉及通过会计核算准则及经济计量方法,对生态环境及自然资源进行具体的量化和价值化的精细化管理过程。这既包括对生态环境改善所带来的正面效益的评估,也包括对生态环境破坏所带来的负面损失的核算。

一般情况下,正面效益通常包括环境质量改善、生物多样性增加、生态功能恢复等方面,这些效益有助于提升人类生活的环境质量,促进生态系统的健康和稳定。而负面损失则包括资源过度消耗、环境污染、生态破坏等,这些损失不仅会影响生态系统的平衡,还会给人类的生存和发展带来威胁。通过生态损益的评估,我们可以更清晰地了解人类活动对生态环境的影响,从而为制定更有效的环境保护政策提供科学依据。

生态损益核算是自然资源资产负债表的重要组成部分,是对自然资源分类核算的扩展和补充。随着人们对生态损益的认识不断深化,生态损益已经从最初的简单评估转变成利用先进的会计核算和经济计量方法进行精细化的量化和价值化分析。

生态补偿

生态补偿指的是以保护和可持续利用生态系统服务为目的、以经济手段为主要调节、通过补偿活动调动生态保护者积极性的制度安排。

生态补偿有广义和狭义之分。广义的生态补偿既包括对生态系统和自然资源保护所获得效益的奖励或对破坏生态系统和自然资源所造成损失的赔偿,也包括环境污染者付费。狭义的生态补偿主要指前者。

为了保护生态系统,一些国家开始实施生态税和生态补偿政策。这些政策的实施,旨在通过经济激励来减少环境污染和生态破坏。随着时间的推移,生态补偿制度逐渐发展成为一种综合性的环境保护政策，不仅包括税收和财政补贴等经济手段，还涵盖了法规、政策和技术手段等多种形式。

生态补偿是环境保护和可持续发展的重要手段之一。通过生态补偿，可以激励更多的主体参与到生态环境保护和建设中来，共同推动实现对生态环境的良好治理和生态环境可持续发展。

生物多样性保护

生物多样性保护就是从理论与实践两个方面，研究生物多样性的形成、演变，以实现对生物多样性的维护、挽救、恢复，从而实现对生物多样性的可持续和合理利用。

生物多样性保护包括对生物与环境的保护及对它们相互作用过程的保护，以确保这些生物的健康与稳定。生物多样性保护的目标是维护地球生态系统的完整性和健康，保障人类社会的可持续发展。

随着人们对生物多样性认识的逐渐加深，生物多样性保护的重要性也日益凸显。从最初关注物种多样性的保护，到逐渐认识到遗传多样性和生态系统多样性的重要性，生物多样性保护的范围和内涵不断扩大。生物多样性保护不仅是单纯的物种保护，关注生态系统的完整性和稳定性及人类活动对生物多样性的影响也成为生物多样性保护的重要内容。生物多样性保护开始涉及包括生态恢复、可持续利用、气候变化应对等更广泛的领域。

同时，随着国际社会对生物多样性关注度的不断提高，相关的国际协议和公约也越来越多地纳入生物多样性保护相关内容。这些协议和公约为生物多样性保护提供了法律框架和行动指南，推动了全球范围内生物多样性保护工作的协同增效。

生物多样性公约

《生物多样性公约》是联合国一项旨在保护地球生物资源的国际公约。其核心内容是实现三大目标，即保护生物多样性、公平和合理地分享利用遗传资源产生的惠益，以及持续利用生物多样性组成部分。其宗旨是加强和补充现有保护生物多样性和持久使用其组成部分的各项国际安排，以确保人类今天与未来的利益。

基础篇

1992年，《生物多样性公约》文本在肯尼亚内罗毕通过，并在随后于巴西里约热内卢举行的联合国环境与发展大会上由签约国签署，1993年12月29日正式生效。至2024年已有196个缔约方，是全球签署国家最多的国际环境公约。

《生物多样性公约》缔约方大会（CBD COP）是公约的最高议事和决策机制，1994—1996年，缔约方大会每年召开一次，从1996年开始，改为每两年召开一次。截至2024年，共召开了16次缔约方大会，每次参加缔约方大会的人数为1500～2000人。

2021—2022年召开的《生物多样性公约》第十五次缔约方大会（COP15）分两个阶段举行，第一阶段在中国云南昆明召开，第二阶段在加拿大蒙特利尔召开。这次大会通过了《昆蒙框架》及支持其实施的其他决定，确立了"2030目标"，即到2030年保护至少30%的全球陆地和海洋等系列目标。为今后乃至更长一段时间的全球生物多样性保护治理擘画了新蓝图。

野生动植物保护

野生动植物是生态环境中的重要组成部分，保护、发展和合理利用野生动植物资源对于维护生态平衡、改善自然环境、促进社会经济发展意义重大。野生动植物保护就是通过科学、法律等一系列手段，保持野生动植物的种群数量，保护遗传多样性、生态功能和栖息地，以确保它们的长期生存和繁衍，促进人与自然的和谐共生。

野生动植物保护的概念随着人类对自然环境和生态系统的认识不断深化。最初，人们更多的是关注对特定濒危物种的保护，如某些具有经济或文化价值的动物或植物。随着生态学、环境科学等学科的发展，人们开始意识到普通野生动植物的生态价值及它们在维持生态平衡和生物多样性方面的重要作用。

此外，随着全球化进程的不断深入和国际合作的不断加强，野生动植物保护已经成为全球性的问题。《生物多样性公约》《濒危野生动植物种国际贸易公约》等国际公约的签署和国际组织的成立推动了全球范围内野生动植物的保护与合作。

生物多样性政策

生物多样性政策是指一系列旨在保护、恢复和可持续利用地球上生物多样性的法规、措施和行动计划。这些政策通常由政府、国际组织和非政府组织制定和实施，旨在应对由于人类活动导致的生物多样性丧失和生态系统破坏。

作为最早签署《生物多样性公约》的国家之一，中国于1994年发布了《中国生物多样性保护行动计划》。之后，《中国生物多样性保护战略与行动计划（2011—2030年）》《关于实施〈中国生物多样性保护战略与行动计划（2011—2030年）〉的任务分工》《联合国生物多样性十年中国行动方案》《中国的生物多样性保护》《关于进一步加强生物多样性保护的意见》《中国生物多样性保护战略与行动计划（2023—2030年）》等政策性文件相继印发，为中国生物多样性保护提供了有力的政策保障，推动了中国生物多样性保护事业的快速发展。

生物多样性法规

生物多样性法规主要指一系列旨在保护、恢复和可持续利用生物多样性的法律、法规和规范性文件。这些法律法规的目的是确保当地生物多样性的恢复和生态系统的健康，防止生物多样性锐减，促进人与自然的和谐共生。

在早期的自然保护立法阶段，人们主要关注对特定物种或栖息地的保护，而没有将生物多样性作为一个整体概念来考虑。随着对生物多样性重要性和复杂性认识的深入，人们开始意识到保护生物多样性需要更加全面系统的方法。

世界很多国家已经开始了生物多样性相关立法工作。例如，2016年8月，法国宪法委员会正式审查通过《生物多样性恢复、自然与人文景观法令》，这是法国40年来对《自然保护法令》的一次重要修订。新法令纳入了生态损害的概念，对生物多样性概念外延进行扩张，并设立法国生物多样性局，在多方面取得重要突破。

几乎在法国《生物多样性恢复、自然与人文景观法令》颁布的同一时间，远在千里之外的中国，也在中国绿发会的牵头组织下，开始起草《中华人民共和国生物多样性保护法（建议稿）》并呼吁推动立法。

生物多样性监测

生物多样性监测是指对生物多样性组成和变化进行的有计划的观察和记录。它涉及在一定时期内不同的时间和空间维度上，对一个或多个样区的同一组生物

基础篇

多样性指标进行重复测量。监测主要在物种、生态系统和景观3个水平上进行，以了解生物多样性的现状、趋势和影响因素。

生物多样性监测作为一个明确的科学和实践概念，主要是在20世纪后期和21世纪初随着生物多样性科学的快速发展而逐渐形成的。随着技术的进步和方法的完善，生物多样性监测的范围不断扩大、精度不断提高。从最初的简单观察和记录发展到现在的综合应用遥感、地理信息系统等多种技术手段进行高精度、大规模监测。

2020年，为落实生态文明建设、加强对中国生物多样性的保护与有效管理，以及了解全国各地生物多样性现状、空间分布及变化趋势，中国绿发会团体标准研发管理中心、中国绿发会法律工作委员会特针对生物多样性调查与监测制定了《生物多样性调查与监测》（T/CGDF 00001—2020）团体标准，该标准对规范生物多样性调查与监测、促进科学决策、推动生态保护行动等具有积极作用。

生物多样性研究

生物多样性研究指的是对生物多样性的各个方面进行深入的探索和分析，旨在理解生物多样性的形成、维持和变化机制，以及其对生态系统功能、人类福祉和全球可持续发展的影响。这一研究领域涵盖了物种多样性、遗传多样性、生态系统多样性等多个层面，并涉及生物学、生态学、地理学等多个学科。

生物多样性研究是一个不断深化和拓展的过程。早期的研究主要关注对物种多样性和生态系统的描述和分类，旨在揭示生物多样性的基本特征和分布规律。此后，生物多样性研究开始关注生物多样性的形成和维持机制，探讨物种间的相互作用、生态系统的稳定性和恢复力等问题。同时，生物多样性与人类活动的关系、生物多样性丧失的原因和后果及保护和可持续利用生物多样性的途径等成为生物多样性研究的重要内容。

近年来，随着全球气候变化和环境问题的日益突出，生物多样性研究的重要性更加显著。研究者们开始关注生物多样性与气候变化、公共卫生健康的相互作用，探讨生物多样性的适应性和脆弱性，以及生物多样性在应对全球挑战中的作用。

此外，随着基因工程、遥感等新技术和方法的不断进步，生物多样性研究的深度和广度也不断拓展，为保护和可持续利用生物多样性提供了更为科学和有效的支持。

生物多样性评估

生物多样性评估是以生物多样性保护和可持续利用为目的开展的对基因、物种和生态系统多样性等的调查和评估活动。这种评估既关注生物多样性的现状，也注重预测生物多样性的未来趋势及其对人类福祉的影响，其重点和最终落脚点是生态系统服务。生物多样性评估的指标选择应与生态系统服务存在直接联系。

随着对生物多样性研究的深入，增强了生物多样性评估的科学性。近年来，国际上的生物多样性评估多侧重于生物多样性的风险评估，经常利用"红绿灯"法、趋势法等。这些方法一般需要确定指标与用于参比的基准值/标准值，并把在一定时期内连续监测获得的数据，与基准值/标准值进行定量比较，以此判断指标状态在一定时期内发生的变化。

生物多样性评估和生物多样性评价，虽然只有一字之差，但侧重点不同，相较于生物多样性评估，生物多样性评价带有一定的主观性判断。一般而言，随着评价者、评价标准、评价方法的改变，生物多样性评价结果也会有一定的变化。

生物多样性管理

生物多样性管理是涉及多个学科和实践领域的综合性概念，其核心目标是保护和合理利用生物多样性资源，促进生态系统的健康和稳定，以满足人类社会的可持续发展需求。

早期的生物多样性管理主要关注物种保护和生态恢复，通过划定自然保护区、实施濒危物种保护计划等措施来保护和恢复生物多样性。随着研究的深入和认识的提高，人们逐渐认识到生物多样性管理是一个综合性的系统工程，需要综合考虑生态系统、物种、遗传等多个层面的多样性，并协调人类活动与自然之间的关系。因此，生物多样性管理的概念也逐渐拓展到包括生态系统服务评估、生物入侵防控、生态补偿机制等多个方面。随着全球环境问题的日益突出，生物多样性管理也逐渐与全球可持续发展目标相结合，强调在保护生物多样性的同时，促进经济社会的可持续发展。

基础篇

保护地

保护地是指通过法律或其他有效方式用以维护生物多样性、自然及文化资源的土地或海洋区域。保护地的设立旨在达到特定的保护目的，如保护珍稀物种、维护生态系统的完整性和稳定性及保护重要的自然景观和文化遗产等。保护地不仅关注生物多样性的保护，也重视生态系统的可持续利用，以及人类与自然和谐共存的目标。

在中国，保护地包括自然保护区、风景名胜区、天然林部分的国家森林公园及世界文化和自然遗产地。

随着时间的推移，保护地的概念范围也在不断细化。2017年世界自然保护联盟（IUCN）自然保护地管理分类标准将保护地划分为严格的自然保护地、荒野保护地、国家公园、自然文化遗迹或地貌、栖息地/物种管理区、陆地景观/海洋景观自然保护地、自然资源可持续利用自然保护地。

社区保护地是自然保护地的一种重要类型，是由原住民和当地社区自愿保护的自然的或人工改进的生态系统。2016年中国绿发会创建了由社会组织倡导的、以物种和生态系统保护为核心的保护地体系，并将其作为各级政府设立的保护区管辖边界以外的生物多样性保护工作的有效补充，其发挥着应有的作用。

国家公园

国家公园是指由国家批准设立并主导管理、为了保护一个或多个典型生态系统的完整性而设定的大面积自然或近自然区域，同时提供与其环境和文化相容的科学、教育、休闲和旅游机会。

国家公园的概念一般被认为是由美国艺术家G.卡特林于1832年提出。1872年，美国国会批准建立了世界上第一个国家公园——黄石国家公园。自这一年起，国家公园运动从美国发展到世界上200多个国家和地区，并逐渐衍生出保护地体系、世界遗产、生物圈保护区等相关概念。

2008年，中国环境保护部和国家旅游局批准建设中国第一个国家公园试点单位——黑龙江汤旺河国家公园。2015年5月，国务院批转国家发展改革委《关于2015年深化经济体制改革重点工作的意见》，意见提出在9个省份开展"国家公园体制试点"。2024年2月，国家统计局发布的《中华人民共和国2023年国民经济和社会发展统计公报》显示，截至2023年末，中国已建设5个国家公园。

自然保护区

自然保护区是一个泛称，有广义和狭义之分。

广义的自然保护区是指受国家法律特殊保护的各种自然区域的总称，不仅包括自然保护区本身，还包括国家公园、风景名胜区、自然遗迹地等各种保护地区。狭义的自然保护区是指以保护特殊生态系统、进行科学研究为主要目的而划定的保护区，即严格意义的自然保护区。

《中华人民共和国自然保护区条例》明确指出，自然保护区是指对有代表性的自然生态系统、珍稀濒危野生动植物物种的天然集中分布区、有特殊意义的自然遗迹等保护对象所在的陆地、陆地水体或者海域，依法划出一定面积予以特殊保护和管理的区域。

截至2019年9月底，中国共建立了包括474个国家级自然保护区在内的2750个自然保护区，总面积达到147万平方千米，占中国陆域国土面积的15%。与中国其他类型保护地加在一起，自然保护地总数达到11 029个，面积占中国陆域国土面积的18%，提前实现了联合国《生物多样性公约》提出的到2020年保护地面积达到17%的目标。

核心保护区

核心保护区是指自然保护区范围内自然生态系统保存最完整、核心资源集中分布或生态脆弱的地区。在这些区域内，实行最严格的生态保护和管理，禁止任何单位和个人进入。

核心保护区是保护自然生态系统和生物多样性的关键区域，包含了自然保护区最具代表性和稀有的生态系统，以及物种最集中的区域。为了更好地保护这些关键区域，防止人类活动对其造成破坏，核心保护区的概念应运而生。它是对自然生态系统进行分区保护的一种重要手段，旨在确保核心区域的自然生态系统得到最大程度的保护和恢复。

核心保护区不仅强调对生态系统的严格保护，还注重科学的管理和维护，以促进生态系统的恢复和保护，同时更加注重与周边区域的协调发展，实现生态保

基础篇

护与经济发展的良性互动。

环境敏感区

环境敏感区是指处于特定自然环境条件下，对环境变化或干扰非常敏感的地区，同时这些地区对生态环境的保护具有重要的意义和价值。我国生态环境部发布的《建设项目环境影响评价分类管理名录（2021年版）》明确指出，环境敏感区是指依法设立的各级各类保护区域和对建设项目产生的环境影响特别敏感的区域。

环境敏感区主要包括国家公园、自然保护区、风景名胜区、世界文化和自然遗产地、海洋特别保护区、饮用水水源保护区；除上述保护区外的生态保护红线管控范围，永久基本农田、基本草原、自然公园（森林公园、地质公园、海洋公园等）、重要湿地、天然林、重点保护野生动物栖息地、重点保护野生植物生长繁殖地，重要水生生物的自然产卵场、索饵场、越冬场和洄游通道，天然渔场，水土流失重点预防区和重点治理区、沙化土地封禁保护区、封闭及半封闭海域等，都属于环境敏感区。以居住、医疗卫生、文化教育、科研、行政办公为主要功能的区域及文物保护单位也在环境敏感区之列。

环境敏感区往往是生物多样性的宝库，拥有大量珍稀濒危物种和独特的生态系统。这些区域在生态环境保护中具有特殊的意义和价值，因为它们对环境变化或干扰的反应非常敏感，且一旦受到破坏，将对区域生态系统产生深远的影响。

就地保护

就地保护主要是指通过保护物种栖息地、维护自然种群等措施，在野生动植物的原产地对其实施保护的方式。这种方式是以各种类型的保护地方式，对有价值的自然生态系统和野生生物及其栖息地予以保护，以保持生态系统内物种的繁衍与进化，并维持系统内物质能量流动的过程。

就地保护是保护生物多样性，特别是对濒危野生动植物实施抢救性保护的最有效的一项措施。通过减少人为干扰，可以为濒危物种提供自然恢复和繁衍的环境，有助于增加种群数量和提高生物多样性。

在具体实践中，就地保护也从最初更多地关注对特定物种或生态系统的简单保护，如设立保护区、禁止捕猎等，到开始注重对整个生态系统的功能和完整性的保护，以及对物种栖息地的恢复和管理。这一过程也让人们逐步认识到，就地保护并不是孤立的，而是需要与其他保护策略（如迁地保护和人工繁殖研究等）相结合，以形成更为全面和有效的保护网络。

迁地保护

迁地保护也被称为易地保护，是指为了保护生物多样性，把因生存条件不复存在、物种数量极少或难以找到配偶等，生存和繁衍受到严重威胁的物种迁出原地，移入动物园、植物园或濒危动物繁殖中心等地，进行特殊的保护和管理。这种方式是对就地保护的补充，是生物多样性保护的重要部分。

随着人类活动的不断增加，许多物种的生存环境受到了严重破坏，就地保护已经无法满足所有物种的保护需求。因此，人们开始探索新的保护方式，迁地保护便是其中之一。

迁地保护关注对整个生态系统的模拟和保护，以及物种在人工环境中的适应性和生存能力。通过迁地保护，可以将濒危物种集中到特定的保护机构，便于进行专业的保护和管理，如繁殖、医疗和科研等，为即将灭绝的生物提供了生存的最后机会。随着保护技术的不断进步和人们保护意识的提高，迁地保护的方式和手段也在不断创新和完善。

例如，在植物保护方面，国际植物园保护联盟（BGCI）统计了有活植物信息的2119个植物园，它们共保育了105 634种植物，约占全球总数的30%，并保护了超过40%的受威胁植物。其中，中国植物园共建有专类园区约1200个，保存了23 340种植物（含种以下等级），其中本土植物约20 000种，占中国高等植物的60%，占全球保育总数的25%。中国植物园迁地保育受威胁植物约1500种，约占本土受威胁植物种数的39%。

重引进

重引进是指将某一物种重新引入其历史分布区或扩大其现有分布区，并努力建立可自我维持的种群的过程。这通常涉及将濒临灭绝的物种从其他地方迁回其

基础篇

原生地，或者将圈养的个体释放到野外，以恢复其野生种群。

重引进是生物多样性保护领域的一个重要概念，是恢复生态学领域的一个重要组成部分。重引进并不是简单机械地将一个物种重新引入其历史分布区，而是需要对一些方面进行充分调查、评估和论证，包括物种的生态需求、潜在威胁、适宜栖息地等。重引进的成功与否取决于多种因素，包括物种的适应性、栖息地的质量、人类活动的影响等。

以麋鹿为例，麋鹿是中国本土物种，由于人为猎捕、战争和自然灾害等因素，于20世纪初在中国灭绝。1985年，我国与英国合作启动了麋鹿重引进项目。为迎接麋鹿回家，中国麋鹿基金会成立，这也是中国绿发会的前身。经过人工繁殖和野外放归，我国已在麋鹿历史分布区的6个区域恢复重建了野外种群，总数量达6000余只，成为"世界野生动物保护的中国样板"。截至2024年，我国已有24个省份重引进麋鹿，饲养点和放归地达84个。

再野化

再野化是生态学的一个重要概念，也是一种自然保护方法，旨在恢复和重建自然生态系统的生态功能，增强生物多样性、生态弹性和生态系统服务，同时减轻人类活动对自然环境的影响。再野化通常包括恢复野生动物的栖息地、重建生态系统服务功能及减少外来入侵物种的影响等。再野化的核心理念是重建自然生态系统中的关键过程和相互作用，而不是简单地保护特定物种。

再野化的概念起源于北美。1992年，美国学者戴夫·福尔曼提出了"再野化"这一术语。1998年，保护生物学家迈克尔·苏勒和里德·诺斯将再野化定义为基于"核心区、廊道和食肉动物"的一种保护方法。

再野化强调恢复生态连通性、促进物种之间的相互作用及提高生态系统的自我调节能力。美国黄石国家公园对狼的重新引入是再野化的一个经典案例。1995年重新引入狼之后，黄石国家公园的生态系统结构和功能趋于完整，生态系统逐渐恢复到健康状态，较为成功地完成了生态恢复。这一案例为再野化在全球范围内的推广提供了宝贵的经验和启示。在欧洲，再野化也成为自然保护的一个核心议题，其原因在于近年来欧洲出现了大量农业用地废弃及野生动物回归的现象。

生态恢复

生态恢复指的是通过减轻对生态系统的人为干扰，依靠生态系统的自我调节能力与自组织能力或结合人工措施，使受到破坏的生态系统逐步恢复平衡或向良性循环方向发展。在西方学术文献中，生态恢复特指"自然回复到原来事物，即生态系统被干扰之前的生态结构的过程"。

生态恢复是恢复生态学研究的基础内容。但由于学者们研究的着眼点、研究角度不同，他们对生态恢复的理解也有一定的差异，以致出现了多种关于生态恢复的定义和说法。例如，国际生态恢复学会对生态恢复的定义是帮助恢复和管理生态整体性的过程，生态整体性包括生物多样性、生态过程和结构、区域和历史情况及可持续文化实践等的广泛范围。

单纯的修复措施并不足以解决生态系统的长期问题，应探索更为综合和可持续的恢复方法，包括自然恢复、辅助恢复、生物修复等多种方法，旨在实现生态系统的全面恢复和可持续发展。

周晋峰认为，人类制定的生态恢复措施，应充分重视和利用生态系统本身的自组织和自调控能力，尊重生态系统的自我恢复功能，以人为干预为辅。

生态修复

生态修复是指在生态学原理指导下，综合生物修复、物理修复、化学修复及工程技术应用等措施，通过优化组合，使之达到最佳效果和最低耗费的一种综合的修复环境的方法。对受损生态系统修复的施行，需要生态学、物理学、化学、植物学、微生物学、分子生物学等多学科的参与，因此，多学科交叉也是生态修复的特点。生态修复的基础是生物修复，物理与化学修复是生态修复的构成要素，植物修复是生态修复的基本形式。

生态修复的对象是生态系统，它是生态恢复重建中的一个重点内容。生态重建是人类协助一个退化、遭到损伤或破坏的生态系统恢复的过程。其实质是希望人为地创造生态系统或促进生态系统发展。因此，相较于生态恢复，生态修复更多地体现了人为干预。

基础篇

替代性修复

替代性修复是指当生态环境受到损害,且无法或没有必要在原地原样对其进行修复时,合理采取异地或其他方式进行生态环境治理与建设,以保障受损生态环境在区域性或流域性范围内得到相应补偿的修复方式。这种方式旨在从生态系统的整体性出发,追求环境容量的整体平衡,并最大限度地保护生态环境。

替代性修复是在生态环境损害已经发生,并且现在难以对当时被损害的生态环境进行修复时可以选用的修复方式。替代性修复选择修复地点和方式时,需要综合考虑多种因素,如修复成本、社会影响、环境容量等,以确保修复方案的科学性和有效性。同时,替代性修复也需要遵循相关法律法规和政策要求,确保修复工作的合法性和规范性。

替代性修复作为恢复性司法理念在司法实践中的创新裁判方式,已经发展成为一个相对成熟的概念,并在许多生态环境损害案例中得到了应用。这是在保障生态环境整体平衡的前提下,以灵活多样的形式,最大限度地恢复受损生态环境的功能和价值的积极举措。

生态伦理

生态伦理是由生态环境伦理学家、美国学者莱奥波尔德在其1949年出版的《大地伦理学》一书中提出的概念,通常是指人类在进行与自然生态有关的活动时,对待自身及其周围的动植物、环境和大自然等生态环境的关系的一系列道德规范及其调节原则。

人类作为自然界的一部分,在开展活动的过程中会反映出人与自然、人与人的关系,表达出特定的伦理价值理念与价值关系。其所涉及的伦理价值方面的内容就构成了生态伦理的现实内容,包括合理指导自然生态活动、保护生态平衡与生物多样性、合理利用自然资源、对影响自然生态与生态平衡的重大活动进行科学决策等。

人与自然密不可分。作为自然界系统的一个子系统,自然生态构成了人类自身存在的客观条件。为了人类的发展与进步保护自然资源、实现生态平衡、维护和促进生态系统的完整和稳定是人类应尽的义务,也是生态价值与生态伦理的核心内涵。

人类发展史表明，缓和人与自然的关系，必须重建人与自然间的和谐。重视生态伦理，要始终秉持尊重自然、顺应自然、保护自然的核心理念，尊重野生动植物原生态的野外生存状态，以生态保护优先的原则开展人类活动。

动物伦理

动物伦理属于伦理学范畴，研究内容是如何在人类活动中关注动物的权益和福祉，以及人类对动物的道德责任。

例如，在动物伦理研究中，根据动物与人类之间的关系与动物的生活方式，可将动物分为经济动物、实验动物、伴侣动物与野生动物。在对待实验动物和开展动物实验的问题上，形成了许多遵循的社会道德标准和原则理念。

随着全球化发展，动物伦理问题越来越受到公众的重视。在国际贸易中，动物伦理、动物福利等问题也在以贸易壁垒的形式有所体现。中国对动物保护的伦理学与法学研究起步较晚，对动物伦理被列入相关法律条款的正当性与必要性，以及与中国国情是否相符等方面，学术界与社会各界还存在较大争议。

尽管目前中国尚未出台动物伦理、动物福利相关法律法规，但已连续多年有全国人大代表、全国政协委员通过全国两会平台提交议案和提案，建议就反虐待动物进行立法，国家有关部门也在就此展开研究。

动物表演

动物表演指的是通过人为训练，使动物做出违背其自然天性的动作和行为，以达到娱乐观众的目的。这种表演形式主要依赖对野生动物的驯化练习，迫使它们在表演中模仿人类动作或表演高难度、具有危险性的杂技技巧。

动物表演的历史悠久，与马戏表演和驯兽表演有着密切的关联。中国早在商周时期，就已经出现了动物表演，到了唐宋时期，马戏作为杂技的重要组成部分，在民间广泛传播并发展出多样的表演形式。随着时间的推移，动物表演的形式和内容逐渐丰富和多样化。

随着时代进步和动物伦理的发展，人们日益认识到人与自然和谐共生的重要性，认识到动物不应该作为工具供人娱乐，它们也有感情与生存权利；动物表演违反了动物的天性和福利，给动物带来了极大的伤害和痛苦。

近年来，随着动物保护意识的提高和法律法规的完善，越来越多的国家和地

基础篇

区开始禁止或限制动物表演，人们也更加关注动物的福利和保护，不断推动人与自然和谐发展。

光合作用

光合作用通常是指绿色植物通过吸收太阳光能把无机物（如二氧化碳和水）转化为有机物质（如葡萄糖）并释放氧气的过程，对实现自然界的能量转换、维持大气的碳－氧平衡具有重要意义。

1642年，比利时科学家扬·巴普蒂斯塔·范·海尔蒙特做了"柳树实验"，连续5年只浇水，柳树重量增加了75 kg，土壤质量只减少了60 g，以此推论植物的重量主要不是来自土壤而是来自水。但其没有发现空气中的物质也参与了有机物的形成。1771年，英国化学家约瑟夫·普里斯特利进行密闭钟罩实验。他发现有植物存在的密闭钟罩内的蜡烛不会熄灭，老鼠也不会窒息死亡，并在1776年提出植物可以"净化"空气。但是他不能多次重复他的实验，即表明植物并不总是能够使空气"净化"。1773年，荷兰科学家詹·英格豪斯发现约瑟夫·普里斯特利的实验不能多次重复的原因是他忽略了光的作用，植物只有在光下才能"净化"空气。以上3位科学家便是光合作用研究的先驱。

光合作用通过物质转变，不仅为植物自身提供了生长发育所需的营养物质，也为动物和人类提供了食物来源，为地球生命活动提供了基础。

温室效应

温室效应又称花房效应，是指透射阳光的密闭空间由于与外界缺乏热交换而形成的保温效应。具体来说，太阳的短波辐射可以透过大气层射入地面，使地面增暖；而地面增暖后放出的长波辐射被大气中的二氧化碳、甲烷、臭氧、水蒸气等气体吸收，使得地表与低层大气温度升高。其作用类似于栽培农作物的温室，故名温室效应。

温室效应的产生主要是由于现代社会过多使用化石能源，导致大量的二氧化碳气体进入大气造成的。二氧化碳气体具有吸热和隔热功能，它在大气中增多的结果是形成一种无形的玻璃罩，使太阳辐射到地球上的热量无法向外层空间发散，导致地球表面温度升高。因此，二氧化碳也被称为温室气体。

随着全球工业化的加速和化石燃料的大量使用，人类活动导致的温室气体排放急剧增加，温室效应给人类和地球带来的影响日益凸显。地球冰川消退，海平面上升；气候带北移，生态问题增加；局部地区在短时间内发生急剧的天气变化，导致气候异常，造成高温热浪、热带风暴、龙卷风等自然灾害加重。极热天气出现频率增加，使得心脑血管和呼吸系统疾病的发病率上升，同时加速了流行性疾病的传播与扩散等，直接威胁人类健康。

温室效应对人类和地球造成的严重影响，已引起全球范围内的广泛关注，成为全球科学研究和政策制定的重要议题。应对温室效应带来的挑战，保护我们共同的家园，关乎地球上所有生命的共同命运。

气候正义

气候正义，也称气候变化正义，是指在应对气候变化的整个过程和所有方面，公平地对待所有实体和个人的价值体系。

气候正义不仅是一个理论概念，更是一种实践要求。它强调在气候变化问题上，全世界人民，无论是什么种族、肤色、年龄、性别、国籍等，均平等地享有参与气候变化事务的权利，气候变化所带来的不利后果，也应由全体社会成员公平承担。

气候正义的全球性、普遍性、超越性等特征，使其表现出与其他相关领域的正义（包括环境正义）的区别。这种区别体现在空间尺度和时间尺度的差异与手段效果的不同上。应对气候变化是整个地球村的责任，无论国家是大是小、地理位置如何；地球上的任何实体和个人都同样会遭受气候变化的影响并且具有公平地应对气候变化的义务和责任；应对气候变化不仅要关注当今温室气体的排放和责任分配，还要关注历史的和未来的温室气体排放和责任分配等。应对气候变化所追求的目标超越了国家、种族、代际和种际间的界限，是最广泛的正义。

气候正义理念体现的是公平和平等，强调的是利益共享和后果共担，为国际社会应对气候变化确定了正确的行动原则和制度规范。

碳汇

碳汇是吸收并储存大气中的二氧化碳，从而降低大气中温室气体浓度的自然

基础篇

或人为形成的系统。例如，原始森林是地球上最大的碳汇之一。

碳元素是地球生命的基础。碳元素存在于大气的二氧化碳中，经过光合作用存在于植物中；通过食物摄取进入动物身体，通过食物链完成动物内部的碳循环；通过腐生生物等，又使碳以各种形式回到自然生态系统。

碳元素在地球不断从一个储层转移到另一个储层的过程称为碳循环。例如，植物通过光合作用，吸收大气中的碳合成了人类所需要的食物，人类经过消化吸收又把多余的碳排出体外。如此，就完成了一个简单的碳循环过程。化石燃料的形成与此大致相同，当煤、石油这些碳基燃料燃烧时，大量的碳又回到大气中。工业革命以来，人类活动造成大量的化石能源被燃烧，导致大气中的二氧化碳浓度不断上升，全球气候变化问题日益突出。

碳汇对调节大气中的碳水平和确保全球变暖得到控制至关重要。然而森林、海洋等自然碳汇系统对二氧化碳的吸收封存是有限的，减少人类对化石能源的依赖至关重要。2023年12月，在《联合国气候变化框架公约》第二十八次缔约方大会上达成"阿联酋共识"，提出以公正、有序和公平的方式转型脱离化石燃料。在气候行动中，生物多样性议题也逐渐受到关注，二者的协同作用不断凸显。

碳捕获

碳捕获也称碳捕捉，是碳减排技术中的一个重要环节。它指的是将工业排放和其他大气活动中产生的二氧化碳从排放源中捕获、分离出来并将其储存或利用的过程。

碳捕获和存储技术主要由3个环节构成：一是碳捕获，将二氧化碳从化石燃料燃烧产生的烟气中分离出来，并将其压缩至一定压力；二是运输，将分离并压缩后的二氧化碳通过管道或运输工具运至储存地；三是储存，将运抵储存地的二氧化碳注入诸如地下盐水层、废弃油气田、煤矿等地质结构层、深海海底、海洋水柱、海床以下的地质结构，以降低大气环境中温室气体的浓度，减缓气候变化给人类带来的不利影响。

碳捕获技术可以有效地减少温室气体，为减缓全球气候变暖做出贡献。但是开发和实施碳捕获技术还面临着高昂成本、巨额投资等一系列困难，需要国际社会通力合作，共同应对。

生物碳泵

生物碳泵是海洋生态系统吸收大气中的二氧化碳，形成有机碳，并在深海实现碳的固定和储存的碳循环过程。这一过程主要依赖海洋浮游植物（如硅藻、沟鞭藻和颗石藻等）吸收大气中的二氧化碳和营养物质进行光合作用，将无机碳转化为有机碳，并通过沉降作用将这些有机碳输送至深海，进而实现碳的固定和储存。

生物碳泵对全球碳循环及海洋生物循环有着重要的影响，是海洋生态系统通过碳循环调节地球环境变化的关键途径之一，是海洋碳汇的重要组成部分。

海洋是全球气候的调节器。随着对海洋生态系统结构和功能研究的深入，研究者认识到，生物碳泵不仅促进了深海浮游生物生境的发育和生物的繁盛，同时参与了生态系统中的物质循环和能量流动过程，对维持生态平衡具有重要意义。

碳达峰

碳达峰，是指二氧化碳排放量达到历史最高值，之后逐步回落的阶段，是二氧化碳排放量由增转降的历史拐点，意味着二氧化碳排放与经济发展实现脱钩，进入绿色、可持续发展阶段。

随着全球气候变暖步伐的加速，世界各国开始纷纷采取措施减少温室气体排放，以应对气候变化，碳达峰成为实现这一目标的关键步骤。

欧美等部分发达国家已经实现了碳达峰，发展中国家也在积极制定和实施碳达峰计划。2020年9月，中国国家主席习近平在第七十五届联合国大会一般性辩论上郑重宣布："中国将提高国家自主贡献力度，采取更加有力的政策和措施，二氧化碳排放力争于2030年前达到峰值，努力争取2060年前实现碳中和。"中国自此开始了实现碳达峰和碳中和"双碳"目标的奋斗历程。

碳达峰和碳中和不仅是环境问题，也是一个经济转型发展的机遇，将推动经济向绿色发展、向创新发展。

碳中和

碳中和，也称为"净零排放"，是指国家、企业、产品、活动或个人在一定

时间内直接或间接产生的温室气体（二氧化碳）排放总量，与通过植树造林、节能减排等形式加以捕集利用或封存的大气中的温室气体总量相比，净增量为零。简单地说，就是通过一系列措施，使得排放的二氧化碳量与吸收或储存的二氧化碳量相等，从而达到相对"零排放"的状态。

《巴黎协定》规定的目标，是要求《联合国气候变化框架公约》的缔约方，立即明确国家自主贡献减缓气候变化，碳排放尽早达到峰值，并在21世纪中叶，也就是2050年以后，碳排放净增量归零，以实现在21世纪末将全球地表温度相对于工业革命前上升的幅度控制在2 ℃以内。

中国计划在2060年前实现碳中和，欧盟计划在2050年实现碳中和，美国计划在2050年实现碳中和。碳达峰和碳中和已成为各国政府和国际社会的共识。为了应对气候变化，各国政府和组织正在积极采取措施，推动碳达峰和碳中和目标的实现。

海绵城市

海绵城市，是指城市能够像海绵一样，在适应和应对环境变化带来的灾害性雨水等方面具有良好的"弹性"。海绵城市也可称为"水弹性城市"，是新一代城市雨洪管理概念。建设海绵城市，英语一般说"low impact development(LID)"（通常译为"低影响开发建设"）。海绵城市的核心理念在于下雨时能够吸水、蓄水、渗水、净水，并在需要时将储存的水"释放"并加以利用，从而提升城市生态系统功能并减少城市洪涝灾害的发生。

在2012低碳城市与区域发展科技论坛中，"海绵城市"这一概念首次被提出。2013年12月，习近平总书记在中央城镇化工作会议上的讲话中强调："提升城市排水系统时要优先考虑把有限的雨水留下来，优先考虑更多利用自然力量排水，建设自然存积、自然渗透、自然净化的海绵城市。"

海绵城市作为城市发展理念和建设方式转型的重要标志，对城市建设和城市环境产生的影响，主要体现在以下4个方面：一是增强防洪抗涝能力；二是改善水环境质量；三是促进生态修复与恢复；四是提高城市环境质量。2015年10月，国务院办公厅印发《国务院办公厅关于推进海绵城市建设的指导意见》，明确了海绵城市建设的目标、原则、任务等，相关试点工作正在推进中。

厄尔尼诺现象

厄尔尼诺现象是发生在热带太平洋的一种气候现象。厄尔尼诺现象发生时，赤道太平洋东部海水表面温度异常升高，通常会导致全球范围内的气候异常，包括干旱、洪水等极端天气。这种现象往往持续几个月甚至一年，影响范围极广。

厄尔尼诺现象的形成与太平洋地区的信风和海流模式有关。正常情况下，赤道太平洋上的信风将温暖的海水推向西太平洋，导致西太平洋海域水温升高，而东太平洋则相对较低。但在某些年份，赤道南北两侧的东南信风和东北信风减弱，南北赤道暖流自东向西流动减缓，太平洋中部和东部深层海水向上移动减弱或停止，海水温度就会升高。对我国而言，厄尔尼诺可能会导致我国夏季南方地区出现暴雨洪涝，而北方地区出现高温干旱，导致冬季偏暖，甚至出现暖冬。

值得注意的是，厄尔尼诺是一种与全球气候模式变化密切相关的气候现象，可能会增大全球变暖幅度，带来全球变暖新高峰，因此成为气象学和气候科学研究的重要课题。

拉尼娜现象

拉尼娜现象是指在赤道太平洋东部和中部海水表面温度大范围持续偏低并造成全球大气环流异常的气候现象，也被称为反厄尔尼诺现象。

厄尔尼诺和拉尼娜这两种异常气象的出现，是大气环流和海洋环流相互作用和相互影响的结果，是大气环流和海洋环流打破平衡后走向的两个极端，往往会交替出现，即发生厄尔尼诺现象之后又发生拉尼娜现象。

对我国而言，拉尼娜可能会导致我国热带气旋增多，容易出现南旱北涝的情况，冬季则容易出现寒潮，甚至出现冷冬。

随着全球变暖加剧，气候波动变得更加剧烈。厄尔尼诺和拉尼娜现象产生的影响不确定性也在增加。不同区域面临的暴雨、干旱、洪涝等气候灾害风险加大，需要不断提高年际气候预测和预估水平，为有效应对极端天气提供支撑。

极地放大效应

极地放大效应，也称北极放大效应，是指在全球变暖的背景下，极地地区，

特别是北极地区的气候变暖速度明显快于全球其他地区的现象。极地海冰融化减弱了对太阳辐射的反射，致使北极地区吸收热量增多，升温幅度大于全球平均水平。

北极地区的该现象在学界已经达成共识，但南极升温情况是否有气象学意义此前存疑。2023年，法国气候与环境科学实验室在《自然气候变化》期刊上发布了一份由其主导的研究报告，证实了南极出现极地放大效应，升温幅度达到了世界平均值的近两倍。研究团队对78处南极冰芯进行了采样，从中分析南极气温历史数据，并与气候模型和气象观测数据进行了比较。结果表明，南极的平均气温每10年上升0.22～0.32 ℃，远高于此前气候模型预测的每10年上升0.18 ℃，证明了极地放大效应在南极地区同样存在。

极地放大效应会进一步加剧极地冰盖的融化，导致海平面上升，威胁低洼沿海地区和一些岛屿国家的安全，同时危及极地生物的生存，导致极地生态系统的崩塌。这一效应还会对全球大气环流、海洋温度等产生深远影响，最终影响人类生存。

珊瑚白化现象

珊瑚白化现象是珊瑚礁表现出珊瑚颜色变白的特征，由珊瑚体内共生藻类丧失造成。珊瑚白化的主要原因是全球变暖使暖流汇聚，导致海水温度过高，其他原因还包括沉积物增加而引起水变混浊、细菌感染、海水中除草剂浓度增高、海水盐度改变、海水中化学反应发生变化等。太阳辐射量的增加及退潮和曝光等也可能造成珊瑚白化现象。

过热的海洋破坏了珊瑚和藻类的共生关系，导致珊瑚礁白化。如果水冷却得相对较快，一些珊瑚可以恢复，但若海洋温度越来越高，就会彻底杀死珊瑚。2024年4月，美国国家海洋和大气管理局同"国际珊瑚礁倡议"组织确认了近期珊瑚礁受损的范围，并宣布继1998年、2010年和2014—2017年3次珊瑚白化事件后，持续的海洋热浪导致2023年第4次全球珊瑚白化事件出现。

珊瑚白化现象对海洋生态系统和人类社会的影响是深远的。珊瑚礁是地球上最具生物多样性的生态系统之一，对维持海洋生态平衡和人类福祉具有重要意义。珊瑚白化现象的加剧将严重威胁到珊瑚礁生态系统的健康和稳定。

荒漠化

荒漠化指的是由于干旱少雨、植被破坏、大风吹蚀、流水侵蚀、土壤盐渍化等因素导致土地土壤生产力下降或丧失的现象。

土地荒漠化是人类不合理经济活动和脆弱生态环境相互作用的结果。地理条件和气候的自然变异为荒漠化的形成和发展创造了条件，但其过程较为缓慢。而人类活动则会激发和加速荒漠化的进程，成为荒漠化的主要原因。资料显示，荒漠化正影响着世界上36亿公顷的土地。每年消失的耕地可减少2000万吨的粮食生产，威胁着100个国家的10亿多人的生活。中国同样也存在着土地荒漠化问题。截至2019年，全国荒漠化土地面积为257.37万平方千米，沙化土地面积为168.78万平方千米。

从20世纪70年代以来，中国先后启动了许多重大生态建设工程，其中包括"三北"防护林工程、天然林资源保护工程、退耕还林（草）工程、长江/珠江流域防护林工程、京津风沙源治理工程、退牧还草工程。这些工程覆盖了我国的大部分地区。在治理荒漠的长期实践中，中国因地制宜进行了一系列探索，成绩斐然，形成了独有的"中国经验"，为全球荒漠化治理贡献了"中国智慧"。

人兽共患病

1979年，世界卫生组织和联合国粮农组织共同命名"人兽共患病"，指可由动物传染给人类或由人类传染给动物的疾病，涉及寄生虫病、细菌性病、病毒性病等不同类型，包括狂犬病、炭疽病、布氏杆菌病、结核病、鼻疽、钩端螺旋体病、沙门氏菌病、鹦鹉热及禽流感等。人兽共患病的传播，将给人类和动物健康带来威胁。

2019年人兽共患病国际研讨会暨中国狂犬病年会披露，在全球新发175种传染病中，有132种为人兽共患病，占比高达75.4%。这样的疾病一旦发生，将严重危及公共卫生安全和农林生态安全。加强人兽共患病防控，有助于生物多样性保护与人类自身健康发展。

2022年9月14日，农业农村部印发《全国畜间人兽共患病防治规划（2022—2030年）》，指导各地加强畜间人兽共患病源头防控，理顺防治体制机制，夯实基层防治基础，提升风险防范和综合防治能力。该规划有计划地控制、

净化和消灭若干种严重危害畜牧业生产和人民群众健康安全的畜间人兽共患病，维护畜牧业生产安全、公共卫生安全和国家生物安全。

同一健康

同一健康是国际新的公共卫生理念，提倡将人、动物、微生物及环境全部纳入，并作为一个有机整体加以研究，通过跨学科、跨部门及跨地区协作来预防新发传染病，保障人类、动物及环境的健康。

进入21世纪以来，新发、突发传染病频繁出现，加上对抗生素的大量不合理使用、环境污染和食品污染等问题愈加突出，公共卫生、兽医卫生、食品安全和环境健康问题愈加复杂。在此背景下同一健康理念逐渐形成。

2021年12月，由联合国粮食及农业组织（FAO）、联合国环境规划署（UNEP）等组建的同一健康高级别专家小组（OHHLEP）发布了"同一健康"操作定义，明确了"同一健康"是一种综合的、增进联合的方法，旨在实现人类、动物及生态系统健康之间可持续的平衡和优化。

中国在践行"同一健康"方面虽然起步较晚但发展迅速。2020年新冠疫情的暴发，加速了这一理念在中国的普及。目前，国内一些高校和相关领域专家都设立了同一健康研究中心，积极开展相关领域研究。中国绿发会作为交叉领域的全国性学会也设立了同一健康工作委员会，结合生物多样性相关议题，联合生态、卫生、健康等领域的专家，开展多部门、跨学科协作，进行政策、法律保障研究等同一健康方面的研究与实践。

中国生物多样性红色名录

为摸清我国物种受威胁情况，同时为国家生物多样性保护、生物资源利用等提供数据支撑，生态环境部（原环境保护部）联合中国科学院于2008年启动编制《中国生物多样性红色名录》。

全国600多位专家，历时10年，对我国已知的34 450种高等植物、4357种脊椎动物（海洋鱼类除外）和9302种大型真菌受威胁状况进行全面评估。2013年9月、2015年5月《中国生物多样性红色名录——高等植物卷》《中国生物多样性红色名录——脊椎动物卷》先后发布，记录受威胁（极危、濒危和易危物种）

的高等植物共计3767种、受威胁的脊椎动物共计932种、受威胁的大型真菌共计97种。评估结果认为，高等植物濒危、灭绝的主要原因是生境退化或丧失，其中农林牧副渔业发展带来的影响最大；而脊椎动物濒危、灭绝的主要原因是人类活动导致的生境退化或丧失及过度利用，其中非法贸易则是珍稀脊椎动物濒危的原因。此外，全球环境变化、水电站和水利设施的修建、水体和土壤污染，影响着水鸟、爬行类、两栖类和内陆鱼类生存。

《中国生物多样性红色名录——高等植物卷》于2023年5月18日公布了更新版，增加4880种野生高等植物。相比上一版，高等植物受威胁物种中，有86种因种群数量下降、占有区缩小、发现点减少等而"升级"，有406种因生存状态改善而"降级"。其中，18种原疑似灭绝物种因野外调查重新发现而重新获得评估等级，重点濒危类群裸子植物受威胁比例下降了5%。

《中国生物多样性红色名录——脊椎动物卷（2020）》包括的除海洋鱼类外的脊椎动物比上一版的4357种增加410种。脊椎动物受威胁物种从932种变为1050种，占比从21.4%上升至22.02%，其中两栖动物受威胁比例最高。脊椎动物受威胁物种有765种等级不变，有54种升级，有93种降级，其中43种被移出受威胁等级，1个物种因野外调查重新发现而由灭绝下调至濒危。

国家重点保护野生植物名录

中国是野生植物种类最丰富的国家之一，仅高等植物就达3.6万余种，其中，如银杉、珙桐、百山祖冷杉、华盖木等中国特有的珍稀濒危野生植物，高达1.5万~1.8万种，占中国高等植物总数的近50%。为了更好地保护濒危和稀有的野生植物物种，1999年，国家林草局、农业农村部发布《国家重点保护野生植物名录（第一批）》。2021年9月，国家林草局、农业农村部对名录进行修订调整后正式发布更新版。

现行版《国家重点保护野生植物名录》列入国家重点保护野生植物共455种和40类，包括国家一级保护野生植物54种和4类、国家二级保护野生植物401种和36类。其中，由林业和草原主管部门分工管理的有324种和25类，由农业农村主管部门分工管理的有131种和15类。

基础篇

国家重点保护野生动物名录

1988年,在中国第一部为保护野生动物而订立的法律——《中华人民共和国野生动物保护法》出台的背景下,当时的林业部、农业部联合制定发布了《国家重点保护野生动物名录》。为适应野生资源的变动情况和最新的研究成果,《国家重点保护野生动物名录》经历多次修订,最近一次修订是在2021年2月。

《国家重点保护野生动物名录》包括两个部分,即国家一级保护野生动物名录和国家二级保护野生动物名录,共列入野生动物980种和8类,其中686种为陆生野生动物,294种和8类为水生野生动物。国家一级保护野生动物名录包括234种和1类。国家二级保护野生动物名录则包括746种和7类。

《国家重点保护野生动物名录》反映了我国在野生动物保护方面的进步和成就,不仅能指导野生动物保护工作,为打击非法野生动物交易提供法律依据,还给珍贵、濒危野生动物保护带来了新的契机。

"三有"野生动物名录

"三有"野生动物是指有益的,或者有重要经济、科学研究价值的陆生野生动物。这些动物一般都属于国家保护的范畴。为了进一步贯彻落实《中华人民共和国野生动物保护法》,加强对国家和地方重点保护野生动物以外的陆生野生动物资源的保护和管理,2000年8月,国家林草局首次发布《国家保护的有益的或者有重要经济、科学研究价值的陆生野生动物名录》(简称"三有"野生动物名录),其中收录的野生动物共涉及5纲、46目、177科、1591种及昆虫120属的所有种和另外110种,包括树麻雀、中国林蛙、眼镜王蛇、中华蜜蜂等。

2023年,国家林草局发布实施新调整的"三有"野生动物名录。新版名录共收录陆生野生动物1924种,其中兽类91种、鸟类1028种、爬行动物450种、两栖动物253种、昆虫类96种、蛛形纲动物2种、寡毛纲动物4种。与2000年名录相比,新版名录在基本保留原有种类的同时,新增了700多种野生动物,实现野生动物保护范围的大幅扩大。

"三有"野生动物名录的出台和调整,为打击破坏野生动物及其栖息地、非法经营利用野生动物等行为提供了法律依据,对于保护和合理利用野生动物资源、维护生态平衡、促进生物多样性保护及提高公众环保意识等方面都具有深

远的意义。

濒危物种红色名录

世界自然保护联盟（IUCN）编制和维护的《世界自然保护联盟濒危物种红色名录》，是国际社会广泛认可的、反映全球动植物物种保护现状的最全面名录之一，也被认为是生物多样性状况最具权威的指标之一。该红色名录可以向公众和决策者反映物种保护工作的迫切性，协助国际社会防止物种灭绝。

世界自然保护联盟（IUCN）从1963年起正式开始编制红色名录，并不断完善和优化分类标准和体系，以提供一个系统化的物种保护体系，更加动态客观地评估物种生存状态。根据数目下降速度、物种总数、地理分布、种群分散程度等分类准则，红色名录将物种划分为9个等级，按严重程度由高到低分别为灭绝（EX）、野外灭绝（EW）、极危（CR）、濒危（EN）、易危（VU）、近危（NT）、无危（LC）、数据缺乏（DD）、未予评估（NE）。被评估为极危（CR）、濒危（EN）或易危（VU）的物种被称为"受威胁"物种。

根据2021年9月4日举办的第七届世界自然保护大会的数据，红色名录评估的物种数量已达到138 374个，其中38 543个物种面临不同程度的灭绝危险，占比接近28%。

濒危物种

濒危物种是指基于自身的原因或受人类活动、自然灾害影响而发生的野生种群面临灭绝概率很高的物种。一个关键物种的灭绝会破坏当地的食物链，造成生态系统的不稳定，并可能最终导致整个生态系统崩解。

濒危物种现在被划分为绝对性濒危物种和相对性濒危物种两种类型。绝对性濒危物种是指在相当长的一个时期内，野生种群数量较少，存在明显灭绝危险的物种。而相对性濒危物种则是物种的野生种群数量相对于同一类别的其他物种很少，或者物种在特定地区被认为是濒危，而在其他地区可能并不被认为是濒危。

由于人类活动和气候变化等因素，已知物种中濒危物种的种类数量还在持续攀升，还有物种在被发现时就已经濒危了。

2019年7月，世界自然保护联盟（IUCN）将超过7000种动物、鱼类和植

物列入《世界自然保护联盟濒危物种红色名录》，并警告人类，其对大自然的破坏，造成全球物种正以"前所未有"的速度濒临灭绝。

野外灭绝

野外灭绝是《世界自然保护联盟濒危物种红色名录》中的一个保护级别，用于描述在自然环境下一种生物基于某种原因被彻底消灭或失去繁殖和生存的能力，无法继续存在的状态。原因可能包括自然灾害、人类活动、气候变化、环境污染等。

当某个物种或其亚种的所有已知个体仅存活于圈养环境，或者其种群需经过野外放归后才能够回归其历史生存所在地时，即被分类为野外灭绝。需要特别指出的是，野外灭绝并不是整个物种的完全消失，而是在自然环境下无法继续存在。

例如，2022年9月6日，在中华人民共和国濒危物种科学委员会成立40周年座谈会暨2021年度工作会议上，《中国灵长类动物濒危状况评估报告2022》发布。报告显示，在过去的几十年中，在中国分布的白掌长臂猿、北白颊长臂猿在野外均没有被监测到，符合野外灭绝的标准。

功能性灭绝

功能性灭绝是指某个或某类生物在自然条件下，种群数量减少到无法维持繁衍的状态。功能性灭绝这一概念主要是从功能层面对其生存状况进行描述，强调了物种在自然状态下丧失了繁衍功能和生态功能，随时可能灭绝的状态。

即使物种并未完全消失，但如果其种群数量减少到无法维持其生态功能，那么这个物种也面临极大的生存威胁。功能性灭绝的概念不仅考虑了物种的数量，更关注其在生态系统中的功能和作用。

功能性灭绝被视为物种灭绝的前兆，是一个介于极危和灭绝之间的"准灭绝"状态。以白鱀豚为例，2004年，一头白鱀豚在长江南京段因搁浅而死亡，这是人类最后一次在野外发现白鱀豚，至今再也没有发现白鱀豚的踪迹。2006年，七国科学家在长江进行了40多天大规模搜寻后，未发现一头白鱀豚。2007年8月，英国《皇家协会生物学快报》期刊据此发表报告，宣布白鱀豚功能性灭绝。

物种灭绝

物种灭绝泛指植物或动物种类的消失或破坏且不可再生。物种灭绝意味着所有属于该物种的生命有机体的消失。例如，冰岛大海雀、北美旅鸽、南非斑驴、澳洲袋狼、中国犀牛、南极狼等物种，都已经在地球上不复存在。

自从6亿年前多细胞生物在地球上诞生以来，物种大灭绝现象已经发生过5次。地球第一次物种大灭绝发生在距今4.4亿年前的奥陶纪末期，大约有85%的物种灭绝。在距今约3.65亿年前的泥盆纪后期，发生了第二次物种大灭绝，海洋生物遭到重创。而发生在距今约2.5亿年前二叠纪末期的第三次物种大灭绝，是地球史上最大、最严重的一次，估计地球上有96%的物种灭绝，其中90%的海洋生物和70%的陆地脊椎动物灭绝。第四次物种大灭绝发生在1.85亿年前，80%的爬行动物灭绝了。第五次物种大灭绝发生在6500万年前的白垩纪，也是为大家所熟知的一次，统治地球达1.6亿年的恐龙灭绝了。

普遍认为，自工业革命开始，地球就已经进入了第六次物种大灭绝时期。2019年联合国披露的数据显示，全世界每天有75个物种灭绝，每小时有3个物种灭绝。物种灭绝已经是一个全球性的问题，需要全球共同努力来解决。

世界自然保护联盟

世界自然保护联盟（IUCN）是自然环境保护与可持续发展领域国际组织、全球性非营利环保机构，由理事会、秘书处、联盟会员机构、专家委员会等构成。

1948年，第一届世界自然保护大会在法国举行，会议决定创立世界自然保护联盟。1976年，世界自然保护联盟成为世界自然遗产的评估机构。1999年，世界自然保护联盟成为联合国大会永久观察员。1996年，中国外交部代表中国政府加入，成为国家会员。2015年，中国绿发会加入成为世界自然保护联盟中国会员单位。

世界自然保护联盟自1964年开始进行《世界自然保护联盟濒危物种红色名录》的编制，该名录被认为是最为全面与最为权威的名录，在全球范围内被广泛接受。自设立以来，世界自然保护联盟吸纳了200多个国家和政府机构会员、1000多个非政府机构会员；有超过16 000名学者个人会员加入物种存续委员会、世界自然保护地委员会等专家委员会，在推动全球环保合作、保护生物多样性方面发挥了重要作用。

中国绿发会

中国绿发会是中国生物多样性保护与绿色发展基金会的简称，它是经国务院批准成立的全国性学会和公益公募基金会，也是2016年9月1日《中华人民共和国慈善法》实施以来，全国首批认定公募资格的16家慈善组织之一。

中国绿发会的前身是中国麋鹿基金会。1985年，为迎接我国特有物种麋鹿回归，由全国政协副主席吕正操、钱昌照、包尔汉等领导发起，成立中国麋鹿基金会。经过不懈努力，麋鹿得以回归自然。这也是国际公认的世界物种重引进的成功范例。

随着1992年中国加入联合国《生物多样性公约》，中国麋鹿基金会更名为中国生物多样性保护基金会。2009年经国务院批准，中国生物多样性保护基金会再次更名为中国生物多样性保护与绿色发展基金会，简称"中国绿发会"或"绿会"。

在胡德平、谢伯阳、周晋峰等理事会领导的带领下，中国绿发会积极全面落实中央关于生态文明建设的指示，动员社会各界力量关注、参与生物多样性保护与绿色发展相关工作。截至2024年12月，中国绿发会共有33个专项基金、34个工作委员会，并形成了由十余位院士和近百位专家组成的专家顾问团队，为各项工作提供科学、先进的指导建议，在科技创新、科学研究、国际交流等方面取得了一系列重要工作成果，受到社会各界广泛关注。

国际竹藤组织

国际竹藤组织成立于1997年，是第一个总部设在中国的政府间国际组织，也是全球唯一专门致力于竹藤资源可持续发展的国际机构。国际竹藤组织的使命是通过联合、协调和支持竹藤的战略性及适应性研究与开发，增进竹藤生产者和消费者的福利，保障竹藤资源可持续发展。

竹藤作为可再生资源，具有巨大的可持续发展潜力。与木材等相比，竹藤的生长周期短、再生能力强，能够满足人们的持续需求。竹藤产品在整个生命周期中都保持低水平甚至零级别的碳足迹，是环保型优良资源，可用于替代高碳排放材料，如塑料、钢筋和混凝土等，有助于实现联合国可持续发展目标。

国际竹藤组织现有50个成员国和3个观察员国，分布在非洲、亚洲、美洲和大洋洲，总部位于北京，并在喀麦隆的雅温得、厄瓜多尔的基多、埃塞俄比亚的亚的斯亚贝巴、加纳的阿克拉和印度的新德里设有5个区域办事处。2017年，国际竹藤组织成为联合国大会观察员。

亚马孙合作条约组织

亚马孙合作条约组织是南美亚马孙河流域国家间经济合作组织。亚马孙合作条约组织于1995年成立，秘书处于2022年设立在巴西利亚。该组织的成员国有8个国家，即玻利维亚、巴西、哥伦比亚、厄瓜多尔、圭亚那、秘鲁、苏里南和委内瑞拉。

该组织的成立旨在监督履行由8国于1978年7月签署的《亚马孙合作条约》，促进该地区协调发展、环境保护和合理使用自然资源。该条约于1980年8月3日正式生效。《亚马孙合作条约》是一项承认亚马孙跨界性质的法律文书。该条约声明，缔约国独自使用和利用各自领土内的自然资源是其固有的权利。

亚马孙雨林占世界热带雨林一半以上的面积，是世界最大的热带森林，是各种动植物的家园，也是一个重要的全球生物遗传资源储备库，对于维持全球气候平衡至关重要。当今，亚马孙地区面临着诸多严峻的环境挑战：农业土地扩张导致出现大量的森林砍伐现象；人口增长和城市扩张导致土地使用方式改变；道路交通等基础建设随意占用雨林等。

亚马孙合作条约组织是缔约方之间的区域合作纲领，它鼓励、制度化并指导了缔约方之间的区域合作，促进了亚马孙流域自然资源、环境和生物多样性的保护。

国际海底管理局

国际海底管理局（简称"海管局"）成立于1994年，根据《联合国海洋法公约》《关于执行1982年12月10日〈联合国海洋法公约〉第十一部分的协定》设立，总部位于牙买加的金斯敦。其设立宗旨是组织和管理国家管辖范围以外的海床、

基础篇

海底及其底土（简称"区域"）上所有与矿产资源相关的活动，确保海洋环境免受深海采矿造成的有害影响，促进资源的合理有效利用。截至2023年5月，海管局共有169个成员，包括168个成员国和欧盟。

根据《联合国海洋法公约》，任何成员进行"区域"内矿产勘探和开采，必须与海管局签署合同，并遵守其规章和程序。截至2024年1月，海管局与20个不同国家签订了30份在印度洋、北大西洋中脊和太平洋进行勘探的合同，勘探活动主要包括地质研究、矿产资源评估及环境调查和采样等。

1994—2024年，海管局先后通过《"区域"内多金属结核探矿和勘探规章》《"区域"内多金属硫化物探矿和勘探规章》《"区域"内富钴铁锰结壳探矿和勘探规章》。2019年，海管局下属的法律和技术委员会提交了《"区域"内矿产资源开发规章（草案）》，理事会将重点关注推进规章草案文本的讨论和谈判，以期最后确定综合案文。

国际海底制度是国际海洋法的重要组成部分。对于深海采矿等深海经济活动，海管局的工作是确保其能够得到最优质的科学证据支持和负责任的严格管理。

北极理事会

北极理事会是一个以北极治理为中心内容的政府间高级别论坛，由俄罗斯、加拿大、美国、丹麦、挪威、冰岛、芬兰和瑞典8个环北极圈国家于1996年共同成立，其宗旨是保护北极地区的环境，促进北极国家间的合作、协作、交流和北极地区的可持续发展。当前北极理事会已吸纳包括中国、日本、韩国、法国、新加坡等13个国家为北极理事会观察员。

北极理事会于2009年首次建立工作组架构。理事会的大部分活动在6个工作组进行，即消除北极污染行动计划工作组、北极监测与评估工作组、北极动植物保护工作组、突发事件预防反应工作组、北极海洋环境保护工作组和可持续发展工作组。

2011年，北极理事会通过首个具有法律约束力的协议——《北极海空搜救合作协定》。此后，北极理事会又分别于2013年和2017年通过了《北极海洋油污预防与应对合作协定》《加强北极国家科学合作协定》，进一步推动了北极环境的科学治理。

北极理事会围绕北极环境保护与可持续发展的相关议题，依托现有的运行机制，采取循序渐进的方式对北极治理进行规范设计。自1996年成立以来，北极理事会发展成为北极合作不可或缺的区域论坛，是北极治理规范的重要制定者，为北极和全球治理做出了贡献。

全球生物多样性信息网络

全球生物多样性信息网络（GBIF）是一个国际性的合作组织，成立于2001年，秘书处设在哥本哈根，主要目标是通过收集、整合和共享全球生物多样性数据信息，建立全球性开放数据平台，促进全球生物多样性信息的共享、利用和可持续管理。

该网络平台通过参与者节点连接各国的生物多样性数据存储机构和科研机构，为世界各地的数据持有机构提供共同标准、最佳实践和开源工具。网络平台的数据来源包括博物馆标本、DNA条形码和用智能手机记录的照片等。网络平台通过使用达尔文核心等数据标准，对物种分布数据、图像和其他相关信息进行数字化，提供了一个全球性的生物多样性数据库。

截至2024年8月，网络平台共有2268个数据发布机构，已有超29亿条物种出现记录、超10万个数据集，使用网络平台数据发布的同行评审文章有10 822篇。

这些数据有助于对物种的分布、丰富度、多样性和变化趋势的研究，为生态学、环境保护和可持续发展等领域提供了重要的支持。

全球基因组生物多样性网络

全球基因组生物多样性网络（GGBN）是连接全球生物多样性信息库、DNA序列数据库和众多相关研究成果的网络门户，是由多家世界顶级或较大规模的生物资源样本库、研究机构等组成的大规模生物多样性联盟。它成立于2011年，主要目标是通过收集、保存和共享全球生物多样性样本的基因组数据，提供标准化的样本收集和基因组学数据处理方法，推动科学家和研究人员之间的合作，并促进和协调全球生物多样性和基因组学研究的发展。

该网络的成员包括自然历史博物馆、植物园、基因库和其他生物多样性研究机构，目前共有112个成员加入该网络，中国绿发会是其成员之一。截至2024

年8月，该网络共有近700万条基因组数据记录。

作为生物多样性生物库的合作平台，该网络有利于确保基因组样本的质量标准一致，能够提供改进保存和使用这些数据集的最佳做法，并且可根据国家和国际立法及公约协调各种资源的交换和使用。

国际标准化组织生物多样性技术委员会

为了在生物多样性标准领域达成国际上的共识，2020年6月，国际标准化组织生物多样性技术委员会（ISO/TC 331）成立，目的是在生物多样性领域开展标准化工作，以全面和全球性的方式为所有组织制定原则、框架、要求、指南和支持工具，以增强其对可持续发展的贡献。该技术委员会秘书处设在法国，目前已有超过40个国家通过各自的国家标准组织成为会员。

国际标准化组织生物多样性技术委员会由4个工作组组成，分别是"术语"工作组、"测量、数据、监控和评估"工作组、"保护、保育、恢复"工作组、"组织、战略和可持续利用"工作组。

到目前为止，4个工作组共启动5个标准工作项目，包括生物多样性词汇、设计和实施生物多样性净收益的流程、组织的战略和运营方法、本地物种衍生产品特性指南，以及关于如何提高食品公司和食品零售商生物多样性绩效的指南等。

中国绿发会标准工作委员会专家一直深度参与国际标准化组织生物多样性技术委员会的相关工作，为其工作的战略规划提出建议，并参与新标准项目提案研究、论证等。

世界森林日

健康的森林是世界上主要的"碳汇"。一棵树木每年能够吸收并储存相当于一辆汽车行驶大约16千米所排放的污染物；一亩森林每日能够吸收约4千克的二氧化硫和约67千克的二氧化碳，并释放出约49千克的氧气。森林中的生物多样性也占到了陆地生物多样性的80%左右。而森林砍伐造成的碳排放量占世界碳排放量的12%～18%。每年有超过1300万公顷的森林消失，森林中的植物和动物物种也随之消失，对生物多样性造成毁灭性的影响。

联合国大会于2012年宣布3月21日为世界森林日，此后每年，人们通过举办各种活动来提高公众对森林重要性的认识。联合国森林论坛和联合国粮食及农业组织为世界森林日的主导方，各国政府、森林合作伙伴关系及森林问题的其他相关组织为协作方。各方一致鼓励各国在国际、国家和地方层面举办植树活动等与保育森林和树木有关的活动。每年世界森林日都会设立一个活动主题，2024年世界森林日的主题是"森林与创新——创新型解决方案，创造更美好世界"。

文明对话国际日

2024年6月7日，第78届联合国大会以协商一致的方式通过了由中国提出的决议草案，宣布每年6月10日为文明对话国际日，以提升国际社会对文明多样性价值的认知，促进各种文明间的平等对话和相互尊重，加强全球团结。

2024年6月10日是首个文明对话国际日，联合国副秘书长、文明联盟高级代表莫拉蒂诺斯发表媒体声明，对第78届联合国大会通过的、由中国提出的设立文明对话国际日决议表示欢迎，同时呼吁国际社会尊重文化多样性和差异性，保护人的尊严。

文明对话目的是促进不同文明之间的对话交流。作为倡议方代表，中国常驻联合国代表傅聪表示，中方倡议联合国大会设立文明对话国际日，旨在充分发挥文明对话对于消除歧视偏见、增进理解信任、促进民心相通、加强团结合作的重要作用，为人类社会团结应对共同挑战注入正能量。

当今世界正经历百年未有之大变局，许多全球性问题，如气候变化、恐怖主义、生物多样性锐减等，都需要世界共同应对和解决。文明对话国际日的设立不仅有助于促进文明多样性与相互尊重、维护世界和平与促进共同发展、增进人类福祉与实现共同进步，还能推动全球文明倡议的落地实施及提高全球公众意识与参与度。通过文明对话，各国可以增进了解、消除误解，共同寻求解决问题的方案。

世界防治荒漠化与干旱日

荒漠化是全球面临的重大生态问题。1994年12月19日，联合国第四十九

届大会决定，从1995年起，把每年的6月17日定为世界防治荒漠化与干旱日，旨在进一步提高世界各国人民对防治荒漠化重要性的认识，唤起人们防治荒漠化的责任心和紧迫感。1995年6月17日是第一个世界防治荒漠化与干旱日。

每年的世界防治荒漠化与干旱日有3个目标：一是提高公众对荒漠化和干旱的认识；二是让人们知道，荒漠化和干旱是可以有效解决的，解决方案是可行的，实现这一目标的关键工具在于加强各级社区的参与与合作；三是加强《联合国防治荒漠化公约》在严重干旱、荒漠化的国家，特别是在非洲的执行力度。

2024年6月17日的世界防治荒漠化与干旱日，也是《联合国防治荒漠化公约》30周年纪念日。德国于2024年6月17日主办世界防治荒漠化与干旱日活动，重点关注土地管理的未来，其主题为"为土地联合起来：我们的遗产，我们的未来"。我国的宣传主题是"打好'三北'工程攻坚战，筑牢北方生态安全屏障"。

亚太气候周

亚太地区不仅是受气候变化影响的重灾区，也是气候解决方案的重要诞生地之一。亚太地区拥有多样的地貌，包括茂密的森林、沿海红树林和原始珊瑚礁，是抵御气候相关灾害的天然缓冲区。该地区大力发展清洁能源，包括水电、风电和太阳能发电，不仅有利于环境，还创造了数百万个就业机会，吸引了大量投资。

亚太气候周是一年一度的区域性活动，自2021年起已经举办4届。活动中，来自政府、企业、国际组织和民间社会的领导人，探讨减少温室气体排放、寻求适应气候危机日益严重影响的方法，为区域性的气候变化应对措施和最佳实践进行交流，如国家自主贡献、国家适应计划、可持续发展目标等。

亚太气候周是一个促进地区气候行动合作、加快《巴黎协定》实施的平台，有利于促进生态系统的保护和恢复、改善土地管理和减少污染、增强环境意识，促进人们更加重视保护生物多样性。

创新篇

青海柴达木盆地俄博梁,绚丽的星空使雅丹地貌变得更加奇特与神秘。

熊昱彤摄

- 在天津，极危物种低斑蜻被镜头记录下来。
  徐寒摄

- 濒危物种伊犁鼠兔，是中国特有物种，分布于天山山脉的高寒地带。
  李维东摄

- 在连云港，一只因基因变异而呈粉红色的牛背鹭在林间飞舞。牛背鹭因常与牛为伴觅食而得名。
  周翀摄

生物多样性百科
Encyclopedia Biodiversity
创新篇

中国绿发会保护地体系

中国绿发会保护地体系是中国绿发会于2016年倡导发起并在全国推广运行的创新性社区保护地体系，具有动态、灵活、快速、有效等特征，可以有针对性、横向地跟进我国生物多样性和环境保护现状，并形成了生物多样性类、生态景观类、自然生态系统类等5类保护地建设领域。

自该体系推出以来，始终坚持以人民群众保护为核心的保护理念，鼓励并支持社会组织、社区及志愿者等保护力量加入，共同致力于生物多样性、自然环境、自然资源和人文遗迹等保护工作。"大鸨保护地·长垣"是中国绿发会设立的首个保护地。2016年8月，"中国绿发会保护地"微信公众号注册成功，成为保护地工作进展及相关资讯的官方发布平台。

中国绿发会保护地体系是对我国现有以自然保护区为主体的自然保护地体系的有效补充，一方面，可以与政府所划定的各级自然保护区形成有效互补，让保护区以外的生物多样性也得到有效保护；另一方面，通过动员社会力量的广泛加入，可以进一步扩大保护队伍，形成政府与民间保护的积极互动。

截至2024年7月，中国绿发会在中国的30多个省、自治区，设立了自然生态系统、珍稀物种、生态景观等多种类型的保护地共221个，保护对象涉及暗夜星空、古树、古文物、沙漠湿地，以及珍稀动植物中华对角羚、珊瑚、斑海豹、五小叶槭、仙湖苏铁等。中国绿发会保护地体系同时吸纳了2万余名志愿者，在生态环境保护、野生动物救助、宣传科普教育等方面成绩瞩目。

生态文明驿站体系

生态文明驿站体系是2020年由中国绿发会创新性提出的，鼓励并支持志愿者团队、学校、社会组织、社区、企业等积极参与的生态文明建设实践体系。该体系以生态文明思想为引领，扶持并传播以绿色发展为核心的生产生活方式，重点鼓励并支持各参与主体向资源节约、环境友好型产业转型发展，推动可循环回收利用。

生态文明驿站体系向社会各类型主体开放申报，经专家团队审核后，作为中国绿发会生态文明驿站被正式授牌。截至 2024 年 5 月，中国绿发会已在全国设立生态文明驿站 133 家。驿站通过落实国家"双碳"目标，以资源节约、共享与回收利用、垃圾分类等多种形式，开展基于生态文明建设主流化的科普宣教工作，讲述、传播生态文明驿站的典型事迹和优秀故事，引导公众和团队参与共建，着力构建生态文明时代的绿色发展观和人类命运共同体。

绿少基地

绿少基地是中国绿发会于 2020 年推动成立的、面向青少年的公益科普互动平台。该平台通过开展校园生态科普及丰富多彩的社会公益实践活动，让青少年深刻认识生命、认识人与自然的关系，共建人与自然和谐共生的美丽中国。

绿少基地践行生态教育从娃娃抓起，将学校、家长及广大青少年共同参与美丽中国建设和生物多样性保护的意愿及需求连接起来，提升青少年的生态环保意识和参与度，让他们从生态环保的参与者和践行者变成倡导者和引领者。

截至 2024 年 5 月，全国多家绿少基地结合世界地球日、国际生物多样性日、世界环境日等重要环保节日，开展了形式多样的公益实践活动，2 万多名中小学生参与实践交流，激发了广大青少年参与环境保护的热情和主动性。绿少基地以实际行动引导广大青少年积极参与生态文明建设，让"绿水青山就是金山银山"的理念根植于孩子心中，为全社会生态文明意识的形成夯实基础。

低碳工坊体系

低碳工坊由中国绿发会于 2022 年创新提出，旨在助力实现碳达峰、碳中和的"双碳"目标、促进可持续发展，是生产生活中低碳发展的具体实践案例与减碳样板。

低碳工坊体系鼓励并支持践行生态文明和绿色发展理念的个人、机构、企业或其他实体，采取降碳减排措施，致力于实现碳中和。通过展示绿色转型中的技术、方式、手段及方法等，带动和促进全社会持续降碳减排，实现碳中和与可持续发展。

截至 2024 年 5 月，低碳工坊已在全国推广开来，减碳案例涵盖罗布麻生态

恢复、种植竹柳应对荒漠化、官庄花猪保种与繁育、五常大米低碳种植、制衣环节减少污染排放及自行车维修促循环利用等领域，并以其技术、方式、做法上的绿色转型和创新，使可持续的绿色生活方式深入人心，带动和促进全社会积极推进降碳减排，全面实现绿色低碳转型，为我国如期实现"双碳"目标做出贡献。

邻里生物多样性保护

邻里生物多样性保护是周晋峰于2021年提出的，基于城镇化高速发展背景的人类创新生物多样性保护举措的新型理念。其有别于传统的在深山、自然原野、自然保护区中进行的生物多样性保护，侧重于在社会发展过程中、人类活动不断扩张的背景下，探索在人口聚集区有效开展生物多样性保护的行动和举措。

邻里生物多样性保护强调在人类活动密集区域，尽量通过在日常生产生活中减少对自然和野生动植物的干扰，缓解人与野生动植物之间的冲突，来降低生物多样性足迹。其核心关键词为"邻里""保护"，力求最大限度地保障民众生活和自然野生动植物繁衍栖息不受影响，协同可持续生计和生物多样性保护。

截至2024年4月，中国绿发会已在全国收集邻里生物多样性保护案例232个，为人类活动密集地区开展高质量生物多样性保护提供了借鉴。2023年9月，在巴黎和平论坛期间，邻里生物多样性保护入选全球50大治理解决方案。

生物多样性保护与绿色发展示范基地

生物多样性保护与绿色发展示范基地（简称"示范基地"）是指在充分保护自然生态系统的前提下，为全面落实生态文明理念，以最小限度干扰自然，做到生产、生活与生态和谐共存的可持续发展的典型示范区域。中国绿发会通过在全国范围内设立示范基地，并将其作为生态文明建设优秀实践，推动生物多样性保护理念不断主流化，加强绿色发展转型，同时面向公众普及生物多样性保护知识。

联合国于2010年12月21日宣布2011—2020年为"联合国生物多样性十年"，同时号召《生物多样性公约》各缔约方支持"2011—2020年生物多样性保护战略计划"。对此，我国制定了《中国生物多样性保护战略与行动计划（2011—2030年）》，推动生物多样性保护各项举措在国内落地。在此基础上，中国绿发会加大了示范基地的建设力度，2011年7月，首批12家示范基地正式确立。

为推动各地生物多样性保护工作的规范化开展，中国绿发会于2017年开展示范基地建设评估工作，并于2022年编制发布了《生物多样性保护与绿色发展示范基地评估指标体系》《生物多样性保护与绿色发展示范基地评价标准》。

示范基地的建设得到了社会各界广泛支持与认可，截至2024年5月，中国绿发会在全国共设立包括江苏大丰麋鹿国家级自然保护区、浙江天目山国家级自然保护区、西双版纳国家级自然保护区等在内的生物多样性保护与绿色发展示范基地共43个。

基于自然的解决方案

"基于自然的解决方案"由世界银行在2008年发布的报告《生物多样性、气候变化和适应性：来自世界银行投资的NBS》中首次提出，旨在通过保护、持续性管理、恢复自然或改善生态系统的行动，有效保护湿地、淡水、森林、草原、农田、城市等生态系统，应对气候变化、水资源、人类健康、自然灾害、生物多样性等多种挑战，其涵盖范畴主要包括基于生态系统的适应、基于生态系统的灾害风险减缓、基于自然的气候解决方案等。

2010年，世界自然保护联盟、世界银行等机构联合发布《自然方案报告：保护区促进应对气候变化》，将"基于自然的解决方案"正式应用于生物多样性保护。

"基于自然的解决方案"的提出，让我们重新思考人与自然的关系，从改变自然到顺应自然，并深度考虑了生物多样性效益。例如，通过本地物种多样性促进生态恢复、进行可持续土地管理、提升食品安全水平、提高水和空气质量等，为应对生物多样性丧失和环境破坏提供了创新的路径和解决方案。

基于人本的解决方案

"基于人本的解决方案"由周晋峰于2020年提出，它是对"基于自然的解决方案"的一种延伸和补充，强调通过保护、持续性管理、恢复自然或改善生态系统的行动，以高效解决社会难题，这些方案的执行和内驱力在于"人"。这一理

念的提出，侧重于高效发挥民众的力量，行之有效地应对气候变化、生物多样性丧失、公共卫生健康等危机。

周晋峰认为，"基于人本的解决方案"有两层含义。首先，包括气候变化等在内的生态环境问题，主要是人类造成的，只有从人类自身开始改变，如减少使用一次性餐具、节约粮食、拒绝过度包装、选择绿色出行等生活方式的改变，才能推动问题得到解决；其次，每个人自身的改变，被叠加和积蓄起来，就可能推动从个人到企业、机构、政府等更多的社会单元做出改变和调整。

针对当前困扰全球的生物多样性危机、气候危机和公共卫生安全危机，"基于人本的解决方案"可以作为策略指导，制定行动方案，有效应对多重危机并防患于未然。

污染治理三公理

随着生态文明建设的不断深入，我国打好污染防治攻坚战的工作也在持续推进。为更加科学、有效地推进污染治理，促进经济社会高质量发展，周晋峰于2020年提出"污染治理三公理"，即"不扩散"公理、"不为害"公理、"充分公示"公理。

"不扩散"公理指的是在环境污染治理和生态修复过程中，要严格防止污染物扩散，避免造成持续性污染或增加修复成本。如果扩散发生，则需扩大治理与监测范围，将扩散的地区也纳入治理及监测范围。以水污染治理为例，既要确保污水排放达标，也要加强对土壤和地下水的保护，防止污染物扩散。

"不为害"公理强调污染治理过程中要减少使用化学药剂，避免造成环境二次污染，以免对人体健康、其他物种和生态系统造成损害。以常州毒地案为例，因违背了"不为害"公理，使得土地修复过程中带来二次环境污染，造成有毒气体的释放，致使常州外国语学校"至少493名初中生群体性身体异样"。

"充分公示"公理是指不以单一、统一监测标准为通用指南，并且充分告知土地曾发生的污染状况及采取何种修复治理手段，以保护公众知情权。

生态恢复四原则

人类活动对生态系统造成了很大的压力，包括污染、过度开发等。通过生态恢复，可以减少人类活动对自然环境的负面影响，促进人类与自然的和谐共生，实现可持续发展。为确保生态恢复切实有效，周晋峰结合实践经验，于2020年提出"生态恢复四原则"，即"节约原则""自然原则""有限原则""系统原则"。

"节约原则"是指在生态恢复过程中，应优先考虑资源的节约利用，做到节水、节电、节省人力、节省材料，避免浪费，减少对生态环境的负担。

"自然原则"是指尊重自然规律，依靠生态系统的自我恢复能力，减少人为干预，让自然自我恢复。比如，一些地方能自然地长出草，则要避免大量建设人工草坪；如果能自然地长出树，就要减少人为种树。

"有限原则"是指生态恢复和污染治理要适度、适当，避免过度干预，限制人为活动对生态系统的影响。比如，对河流、湖泊的生态恢复，如果只为更洁净的湖水而投放更多的化学试剂，就会给自然生态造成负担。

"系统原则"是指实施生态恢复时，应考虑到生态系统的整体性和相互依存性，采取综合性的措施，确保恢复效果符合生态系统的发展规律。比如，在城市中心和郊区，对昆虫或其他有害物种的治理强度就应有所不同。

碳平等

"碳平等"是由周晋峰于2021年提出的创新理念，旨在强调地球上的每个国家、每个民族、每个公民都应拥有相等的碳排放权和承担共同的减碳责任。

这一概念侧重于消费端的碳管理和减碳驱动将其作为应对气候危机的重要方向。在"碳平等"的框架下，全球公民都应该承担起减少碳排放的责任，无论是通过个人生活方式的改变还是通过政策措施的制定来实现。

"碳平等"还涉及全球范围内的碳指标分配问题，需要考虑到不同国家和地区的特殊情况，如经济发展需求、产业结构、人口密度等。例如，一些国家因生产电器、服装、钢铁等产生了大量的碳消耗和碳排放，而这些产品最终都被其他国家所消费，那么最终消费这些产品的国家，则应该承担其购买的这部分商品的碳排放责任，并履行碳减排义务。

碳中和产业发展创新专委会

中国碳达峰、碳中和目标的明确，在促进经济结构转型升级、推动绿色低碳发展的同时，也推动了碳中和产业的快速发展。为加强对碳中和产业发展的科技创新支撑，2024年8月，中国绿发会作为牵头发起单位，联合对外经济贸易大学、中国标准化协会、中国技术经济学会、中国循环经济协会及中国环境保护产业协会、中国石化集团等共同发起"碳中和产业发展创新专委会"，旨在打造碳中和产业领域最前沿、最专业、最权威的高端智库。

2024年8月2日，在江苏南京召开的碳中和产业发展创新大会上，中国气候变化事务特使刘振民与发起单位代表和专家代表共同启动"碳中和产业发展创新专委会"。

"碳中和产业发展创新专委会"将从推动技术共享与合作、精准化核算与应用、国际合作与互认、标准体系建设、低碳技术推广、多维度低碳交流、数据协同与共享、行业影响力提升等8个方面，有效整合资源，促进技术创新与产业升级，支撑我国实现"双碳"目标，做好应对气候变化各项工作。

农田土壤固碳

农田土壤固碳是指作物在生长过程中通过光合作用来吸收大气中的二氧化碳，并以有机质的形式储存在土壤中，从而降低大气中二氧化碳等温室气体的浓度、增加土壤有机质含量和提升土壤肥力。2022年7月，农业农村部、国家发展改革委联合印发的《农业农村减排固碳实施方案》中明确，到2025年农业农村减排固碳与粮食安全、乡村振兴、农业农村现代化统筹融合的格局基本形成；农田土壤固碳能力增强，农业农村生产生活用能效率提升。

为进一步拓宽农田土壤固碳的实践路径，2022年，中国绿发会联合相关单位共同研发制定了国内首个土壤固碳技术标准——《农田土壤固碳评价技术规范 第1部分 当季》，并于2022年12月26日正式实施。该标准包括当季农田土壤固碳水平的术语与定义、评价原则、评价流程、评价指标、评价方法、数据质量保证、验证和评价报告等内容。2023年6月，湖北省丹江口农田土壤碳汇试验示范项目以上述标准为依据，开展土壤固碳方法实践。

生态农业六不用

生态农业主要是指通过合理运用生态学和经济学原理，提高农业资源利用效率，减少对环境的负面影响，促进农业可持续发展的现代化高效农业。

"六不用"是生态农业发展的创新模式，即种植过程中不用化肥、农药、地膜、除草剂、人工合成激素及转基因种子，遵循"以自然之力恢复自然，以生态之力恢复生态"的原则，实现杂草控制、病虫害防治、增加土壤养分的多种生态功能。该模式不仅从源头减少乃至杜绝对化肥、农药、地膜、除草剂、人工合成激素、转基因种子的使用，还可以减少温室气体排放，促进耕地固碳。

"与草共舞"是生态农业"六不用"在农业领域中的具体实践。"与草共舞"，又称"与草共生"，是指借助生态位、食物链与食物网、生态平衡、养分循环等原理，利用木本植物或高秆作物对杂草的竞争优势，仅对杂草进行少量物理干预，从而实现杂草与果树或高秆作物共生，并借助杂草群落吸引天敌昆虫，达到以虫治虫的目的。

农业生物多样性保护

农业生物多样性是指与农业生产相关的全部生物多样性，包括农业生态中的农作物、牲畜和鱼类、土壤、杂草、授粉者、微生物及农业景观等与农业生产相关的所有生物、基因资源与生态过程。农业生物多样性是农业生产的重要组成部分，也是粮食安全、农业生态系统安全及农业可持续发展的重要保障。

近年来，农业生物多样性保护问题，尤其是在授粉者与农业生物多样性保护、农业遗传资源数字序列信息等关键领域的研究和实践，是全球生物多样性治理的重要议题。

例如，作为植物繁衍后代的媒介生物，授粉者（如各类昆虫、鸟类、蝙蝠等）能帮助植物进行花粉传播，是自然生态系统不可或缺的一部分，也是维护生态平衡和农业生产的关键。但由于对农药的使用、栖息地被破坏、气候变化、授粉者自身疾病等因素，许多授粉者物种的数量和多样性出现显著下降，对依赖它们的植物种群也产生了严重影响。若授粉者数量持续减少，将导致生态系统生物多样性的丧失。

而农业遗传资源的数字序列信息对遗传资源的研究、保存和利用至关重要。研究者可以通过这些基因序列数据更深入地了解作物的遗传多样性，发现并利用有价值的遗传资源开发抗病虫害、耐旱等优良品种，提高农业生产水平。

农业生物多样性保护是一项复杂而重要的工作。需要通过相关政策、科学研

创新篇

究和公众教育、国际合作等综合推进,才能有效保护农业生物多样性,促进农业生产可持续发展。

绿色消费权

绿色消费权是指每个人都自然享有进行绿色消费的权益。这里,绿色消费应理解为有益健康和有利于生态环境保护的任何消费行为和消费方式。虽然国际社会广泛呼吁通过加强绿色消费来减少对环境的污染和破坏,呼吁每一位消费者在消费过程中注重可持续性、节约和环保,但国际社会和国仍缺乏对消费者绿色消费权的重视和保障。

2017年,中国绿发会曾就国内外卖订餐网上平台未设置在顾客订餐时的"不需要一次性餐具"的选项即默认必须配送一次性餐具的做法,提出该平台没有尊重消费者的绿色消费权、导致了塑料垃圾的产生和对生态环境破坏的问题,呼吁并推动了美团、饿了么、百度3家外卖平台在订餐时增设"不使用一次性餐具"选项。

此外,针对绿色消费权,中国绿发会还呼吁咖啡店等饮品售卖门店允许消费者自带杯具购买饮品、宾馆住宿等机构不主动提供一次性洗漱用品等。2021年6月,中国绿发会"2022宣言之路"博客邀请发表专题文章,进一步呼吁将绿色消费权纳入国际法,明确消费者的绿色消费权利和企业的绿色责任。

绿色会议指数

"绿色会议指数"概念来源于中国绿发会2019年首次发布、2021年进行修订的《绿色会议标准》,并通过绿色会议指数(GMI)核验单的形式予以呈现。在绿色会议指数核验单中,通过详细列表将举办会议所涉及的食物与用餐、住宿、交通出行、会务材料、会场布置、能耗、碳管理的评价内容逐一列明,并说明评价方法,让使用者可以对会议所产生的生态环境影响进行评估、打分,进而形成关于会议"绿色"程度的综合性评分,即绿色会议指数。

绿色会议指数体现了会议是否将生物多样性保护、生态环境保护理念融入其中,以及是否通过减少办会过程中的资源使用量、提高对产品和材料的再利用率、减少一次性用品和塑料用品使用量、使用可回收再生利用的材料等,有效减少会议所带来的负面环境影响，是衡量会议和展览等活动的可持续程度的重要参照体系。2021年10月，绿色会议指数被写入全球碳足迹网络"结束一次性塑料使用"解决方案。

2024年2月，中国绿发会在参加第六届联合国环境大会期间，依据绿色会议指数对会议进行观察评价，发现会场一次性纸杯的使用量大幅减少，参会代表对大会自带水杯、自备挂绳及通过无纸化方式获取会议资料的要求给予了积极响应。

发展绿色金融

为应对人口增长和经济快速发展所带来的全球生态环境挑战，在各国低碳经济不断发展的背景下，绿色金融成为全球多个国家着力发展的重点之一。

在我国，绿色金融是指为支持环境保护、实现"双碳"目标、应对气候变化、确保资源高效利用和生物多样性友好的经济活动，主要面向环保、节能、清洁能源、绿色交通、绿色建筑等领域开展的金融服务。常见的绿色金融产品主要包括绿色信贷、绿色基金、绿色信托、绿色债券、碳金融产品等。

绿色金融要求金融部门在投融资决策中把环境保护作为首要考量，不仅要考虑潜在的环境影响，还要把与环境条件相关的潜在的回报、风险和成本都融合进业务开展过程中。

绿色金融要求金融业通过金融经营活动，引导全社会在经济活动中对绿色、低碳、环保工作的重视和关注，引导消费者形成绿色消费理念，推动企业注重资源节约、技术转型与优化升级；同时要能够合理有效地动员和配置金融资源，丰富绿色金融产品供给和服务，推动行业自身可持续发展。

世界银行集团于2022年发布的《中国国别气候与发展报告》指出，中国绿色金融的发展处于领先地位，绿色金融将帮助中国把气候挑战转化为机遇。

推广生物多样性金融

生物多样性金融是近年来金融领域的新兴概念，主要是指以保护生物多样性和生态系统为基础，为应对气候变化、维系人民生计和健康，以减少或遏制生物多样性丧失对经济社会可持续发展产生的潜在威胁而从事的经济活动。

创新篇

人类活动不断扩张和对资源的集约化利用，使得生物多样性丧失趋势加剧。生物多样性金融能够为有效开展生物多样性保护工作提供重要保障和支持。当前，世界多国的监管机构及金融机构已经认识到生物多样性对于金融稳定的重要意义，并通过搭建国际平台，研究和探讨生物多样性与金融发展之间的关系。

2022年12月，在《生物多样性公约》第十五次缔约方大会第二阶段会议上，120余家银行业金融机构及国际组织共同发布了《银行业金融机构支持生物多样性保护共同行动方案》，承诺通过融资和投资活动，保护并恢复生物多样性，将生物多样性金融的全球发展提上新议程。

推广生物多样性金融，有利于丰富金融产品供给，让包括金融机构在内的更多社会主体认识到生物多样性丧失的严重危害，制定相应对策，敦促其提出分析和解决生物多样性相关风险的方法并提高解决能力。

全球生物多样性热点地区

生物多样性热点是指生物多样性非常丰富但可能遭受毁坏的地区。最初，英国环保专家诺曼·迈尔斯于1988年和1990年在《环境保护论者》期刊上发表了两篇文章，探讨了生物多样性"热点"，主要指地球上生物最丰富和最濒危的陆地生态区。这一概念被科学界，尤其是生态保护学界广泛采纳和引用，对全球生物多样性治理产生了积极影响。

要符合诺曼·迈尔斯提出的生物多样性热点的条件，必须满足两个严格标准，即该地区必须拥有世界上30万种植物中的0.5%或1500种特有植物；必须至少失去了70%的原生植被。

截至2024年7月，全球有36个地区符合上述生物多样性热点的标准，如中国西南山地、西南澳大利亚、巴西高原萨瓦纳植被带、非洲之角等。这些热点地区仅占地球表面2.4%的土地，却有全世界近60%的植物、鸟类、哺乳动物、爬行动物、两栖动物在此存活，其中很大一部分物种是特有物种。

以中国西南山地为例，这一生物多样性热点地区横跨了中国西南部的多个省份，包括西藏、四川、青海、甘肃及云南，甚至延伸至缅甸北部。这些地方地理环境复杂多样，生物多样性丰富，同时面临人类活动导致的原始森林被破坏等问题，使物种的生存空间受到了挤压。这些因素使其成为全球生物多样性热点地区之一。

生物多样性足迹

"生物多样性足迹"概念由周晋峰于2018年提出,是衡量个人、机构、产品或项目对生物多样性的影响和依赖程度的指标。它考虑了许多因素,包括土地使用、资源消耗、生物入侵、生态系统破坏和野生动物保护等。其目的是通过量化的方法,帮助人们意识到人类活动对生物多样性的影响,并促进可持续的生态系统管理和保护。

"生物多样性足迹"既可以用来评估某种产品、某项工程或人类活动等对生物多样性的损害程度,也可以用来衡量其对生态系统功能、生态平衡和生物多样性保护的贡献。

"生物多样性足迹"概念的应用,有助于促进人们对生物多样性重要性的认识,鼓励可持续的生态系统管理和保护措施,并为实现可持续发展目标提供支持。减少生物多样性足迹,有助于提升自然生态系统的健康和服务功能,实现人与自然的和谐共生。

ESG与生物多样性保护

环境、社会责任和公司治理又称为ESG(environmental,social and governance)。2004年,联合国全球契约组织首次提出ESG概念,将其作为一个整体的责任投资理念引入公众视野。ESG概念重视推动企业履行社会责任,将其作为可持续发展的内生动力,与我国生态文明倡导人、自然、社会和谐发展的理念高度契合。

近年来,随着我国经济进入高质量发展新阶段,ESG的概念在国内越发得到重视,生态系统和生物多样性保护的议题也越来越受到资本市场与大型企业的关注。

作为关系国民经济命脉和国家能源安全的特大型央企,国家电网的经营区域覆盖26个省份,供电范围占国土面积的88%。既要为经济发展提供稳定可靠的电力,又要防止鸟类给供电线路安全运行带来威胁。国家电网正确把握生态环境保护与经济发展的关系,通过安装隔离鸟板、搭建人工鸟巢、安装声光电护鸟设备等举措来保护迁徙鸟类,保障输电线路安全,实现了"鸟线"双护、和谐共处,成为国内企业践行ESG理念的典范和样板。

创新篇

生物多样性保护立法

由于中国没有制定生物多样性保护法，相关案件主要通过《中华人民共和国刑法》《中华人民共和国野生动物保护法》《中华人民共和国环境保护法》《中华人民共和国野生植物保护条例》等全国性和地方性的法律法规来发挥生物多样性保护作用。然而，这些法律存在较大局限性，如保护覆盖面不全等问题。

2016年《中华人民共和国野生动物保护法》第二次修订期间，中国绿发会提出，《中华人民共和国野生动物保护法》是一部物种层面的法律，且主要是对珍稀濒危物种进行保护，建议在此基础上出台一部生物多样性保护法，全面加强生物多样性法治建设。同年，在中国科学技术协会的支持下，中国绿发会开展了立法研讨，组织起草了《中华人民共和国生物多样性保护法（建议稿）》。2019年全国两会召开期间，中国绿发会进一步形成关于进行生物多样性保护法立法的两会建议，获得全国人大代表和全国政协委员的关注，并由代表委员形成议案和提案提交至全国两会。

随着联合国《生物多样性公约》第十五次缔约方大会在中国的召开，以及国务院新闻办公室于2021年10月8日发布《中国的生物多样性保护》白皮书，最高人民法院于2022年12月发布《中国生物多样性司法保护》和生物多样性司法保护典型案例，生物多样性在全国的关注度迅速提升。在此基础上，2024年全国两会期间，中国绿发会再次呼吁将《生物多样性保护法》列入"十四五"立法工作计划第二类项目，即"需要抓紧工作、条件成熟时提请审议的法律草案"，加快推进《生物多样性保护法》立法进程。

世界环境司法大会

2021年5月26日，由中国最高人民法院、联合国环境规划署共同主办的世界环境司法大会在云南昆明开幕。这次大会是联合国《生物多样性公约》第十五次缔约方大会相关活动之一，为缔约方大会的召开增添了法治元素，也是中国首次设立的大型环境司法外交主场，体现了中国环境司法在国际交流合作方面的不断创新。

大会以"发挥司法作用 促进生态文明：共建地球生命共同体"为主题，与会各方就"司法在全球环境治理中的作用""生物多样性司法保护""气候变化司法应对"等议题展开深入研讨。会议期间，中方推动通过了《世界环境司法大会昆明宣言》，强调发挥法治在全球环境治理中不可替代的重要作用，积极应对气候变化、生物多样性丧失和环境污染。

全球23个国家、4个国际组织的代表，5个国家和国际组织的驻华使节、驻华代表等中外嘉宾共计160余人参加了大会，与会各方通过分享环境司法经验，共同探讨环境问题解决方案。

最高人民法院2024年6月发布的《中国环境资源审判（2023）》报告显示，截至2023年底，全国法院已设立环境资源专门审判机构、组织2800多个。我国已成为环境资源专门审判机构覆盖最广、体系最完整的国家。

穿山甲女孩

穿山甲女孩指的是中国绿发会穿山甲工作组于2017年为进一步推动穿山甲保护和救助而组建的穿山甲工作组的代表性人物——苏菲，她既是奋斗在穿山甲保护一线的杰出代表，也是中国绿发会全面推进穿山甲保护工作的一面旗帜。

2017年8月，穿山甲女孩前往广西野生动物救护中心，参与救护34只遭遇非法盗猎的活体马来穿山甲，并发现了诸多问题，如救助成活率极低、死亡穿山甲记录杂乱、救助成功的穿山甲未及时放归，而是被人工圈养用于繁育研究等。在图书教材、电视节目、医药等领域依然广泛传播穿山甲利用价值的背景下，穿山甲非法盗猎、售卖问题依然十分严峻。

针对这些问题，中国绿发会穿山甲工作组以年份命名的方式开展了一系列穿山甲保护行动，包括"2017年穿山甲命运转折之年""2018年穿山甲盘点之年""2019穿山甲正名之年""2020穿山甲生死之年"。在穿山甲女孩的推动下，先后提出了将穿山甲保护等级提升为一级、停止穿山甲及其制品入药、下架穿山甲药用视频、更正以利用为主导的教材内容、加强穿山甲救助国际交流、救助成功后尽快野放等建议，并牵头开展了中国大陆地区中华穿山甲种群状况调查，发布了"中华穿山甲在中国内陆地区功能性灭绝"的调查情况，并联络全国多地志愿者设立穿山甲保护地，推动民间救护行动充分开展。截至2024年12月19日，在穿山甲女孩的积极推动和各界广泛支持下，中国绿发会已在全国建立了12个中华穿山甲保护地。

2020年6月5日,国家林草局发布公告,将穿山甲属所有种从国家二级保护野生动物调整为国家一级保护野生动物。2020年版《中华人民共和国药典》(一部)中也将穿山甲从中移除。由于在穿山甲保护方面所开展的积极行动,穿山甲女孩荣获2021年度托尼·惠顿自然保护奖。

规范另类宠物豢养

另类宠物是指一些宠物爱好者在猫、狗、鸟、观赏鱼等常规宠物基础上,掀起的一种另类宠物豢养热潮,如豢养蛇、蜥蜴、蜘蛛等特异的、非本土的物种,俗称"异宠"。

近些年,一些追求新潮和猎奇的另类宠物豢养,包括通过非法途径和渠道从国外进口一些外形奇特、并不多见的怪异动植物作为宠物的情况,正对我国生态安全和生物安全造成不可估量的破坏。

"异宠"豢养的危害重点体现在两个方面:一是疫病危害,由于购买者很难确认这些"异宠"是否符合检验检疫标准和规范,容易导致疫病的传播和蔓延;二是有些"异宠"在豢养一段时间不再受欢迎后,被饲主随意放生到自然环境中,容易导致外来物种入侵,对本土生态环境造成危害。《2020中国生态环境状况公报》显示,全国已发现660多种外来入侵物种。其中71种对自然生态系统已造成或具有潜在威胁,被列入《中国外来入侵物种名单》。

中国绿发会从生物多样性保护角度出发,长期呼吁社会各界高度关注"异宠"豢养乱象对本土物种和生态系统的损害,倡导公众减少"异宠"豢养,杜绝非法"异宠"交易,并呼吁尊重野生动植物在本土的自然生存权利和不随意放生。

2023年"中央一号"文件中明确指出,要严厉打击非法引入外来物种行为,实施重大危害入侵物种防控攻坚行动,加强"异宠"交易与放生规范管理。

外来物种生态治理

"外来物种"是指在当地本土生态系统中没有天然分布,经自然途径如迁徙或人为途径如物种引入等方式传入的物种,外来物种可以是物种整体,也可以是该物种所有可能存活和繁殖的部分。一个外来物种进入后,有可能因不适应新环境而被排斥在生态系统之外;也有可能因为在新的环境中没有能够与它相抗衡或相制约的生物，从而成为破坏当地生物多样性的外来入侵物种。

中国绿发会倡导通过重视生态治理的方式，来平衡外来物种对本土生态系统所带来的影响，包括明确外来物种是否构成入侵，在不构成入侵的情况下则充分尊重自然本身的适应能力和调整能力；对于构成外来物种入侵、需要人为干预的情况，也要充分考虑生态系统的复原力和适应性，留给自然一些调整空间，避免过度干预。例如，原产于南美洲亚马孙河流域的福寿螺在中国被定性为外来入侵物种，由于缺少天敌且繁殖能力强，对我国水生植物带来严重危害，长期依赖人工干预进行治理。不过随着大自然本身的适应和选择，现在国内的一些龟鳖类动物也开始以福寿螺为食。中国绿发会认为，这种自然生态系统的适应性调整和变化，也可以成为科学对待外来物种并采取生态治理措施的重要考量。

重视自然抚育

"补植增绿"是我国各地提升城市绿化水平、创建园林城市的一项重要举措和行动。2018年，北京市园林绿化局在部署"补植增绿"工作事项时，首次提出对野生地被要实行"自然抚育"。这意味着一些天然生长的野花野草首次被纳入园林部门自然抚育范围，不再简单地一拔了之，而是要根据生态和景观的需求，科学地保留利用。

中国绿发会曾于2016年发出"让野草长"倡议，呼吁在城市规划和建设过程中，保留一些空间供本土的野草自然生长，让野草成为城市绿化的有机组成部分，丰富城市园林绿化植被种类的同时，也为昆虫提供更广泛的栖息空间，进而帮助提升城市整体的生物多样性，这一理念与自然抚育高度契合。让野草生长还可以有效减少因大量铺设、养护人工草皮所带来的化学药剂使用、灌溉用水等，帮助降低城市绿化成本。

自北京重视"自然抚育"以来，奥林匹克森林公园北园自然生长的成片抱茎苦荬菜得以留存并漫布在林下，丰富了景观层次，也吸引了很多游客打卡拍照。截至2024年5月，北京城市绿化覆盖率达到49.8%，园林绿化生物多样性保护工作取得显著成效，为推动北京"生物多样性之都""和谐宜居之都"建设奠定了绿色生态基础。

负责任增殖放流

"增殖放流"是通过人工方式，向海洋、江河、湖泊、水库等公共水域投放活体水生生物的活动，常用于缓解水生生物资源衰退状况，补充渔业资源种群与数量，改善与修复因过度捕捞或水利工程建设而遭受破坏的生态环境，保护生物多样性等。

中国是世界上增殖放流资金投入最多、放流规模最大的国家之一。农业农村部数据显示，"十三五"期间，全国累计放流各类水生生物1900多亿尾。不过，通过人工措施开展增殖放流的同时具有一定的生态风险，需要充分考虑对增殖水域的野生种群和生态系统的影响，防止发生外来物种侵袭，造成生态环境破坏。

为防范上述生态风险，中国绿发会强调，增殖放流须秉持对生物多样性负责任的态度，在充分考虑增殖水域生态系统的承载能力和稳定性的前提下，开展生物多样性本底调查并以此制定实施方案。增殖放流不能以破坏增殖水域环境和原生自然生态系统平衡为代价，片面追求增殖放流可能带来的渔业增产收益。

"负责任增殖放流"有助于自然原生态的保护和建设，在养护资源和恢复资源方面发挥重要作用促进渔业可持续发展，实现生态效益、经济效益、社会效益的三效合一。

以栖息地保护为核心

在生物多样性保护的相关举措和公众认知上，往往更侧重于保护野生物种本身，如对大熊猫、雪豹等具有代表性的濒危物种予以强化保护。但以单一物种为重点的保护策略往往难以抗衡工业文明发展过程中对生态系统所带来的危害。对此，周晋峰提出，相较以往的以物种保护为核心，应高度重视对生态系统的保护，形成以栖息地保护为核心的保护策略。

以栖息地保护为核心，体现在两个方面：一是在物种栖息的关键区域划出不同等级的保护区，并按照国家相关法律法规对这些区域进行保护，如自然保护区、国家公园等；二是在上述区域之外，在人与野生动植物接触密切、互相影响的情况下，遵照邻里生物多样性保护理念，最大限度地减少对自然和野生动植物的人为侵扰。

2022年2月，周晋峰在《学术前沿》发表署名文章《生态文明时代的生物多样性保护理念变革》。他指出，相较于物种的丧失，生态系统的丧失往往是"蚕食"性的、渐变性的，虽然其后果的严重性巨大，但后果往往呈现为前期破坏的不断累积，具有滞后性，因此在破坏之初往往容易被忽视。因此，生物多样性保护重心需从物种保护向生态系统保护转移，重视栖息地保护。

公民科学家

公民科学家，主要是指自愿将个人时间、精力投入项目或活动中，积极参与并协助开展科学数据采集、分析并最终形成科学知识的非专业科研人员。他们参与的目的往往是为了更好地服务于社会公共利益。公民科学家的参与通常源自个人兴趣，同时又具有一定的专业性。

公民科学家是生物多样性保护的重要力量，也是生物多样性信息学的重要贡献者。中国绿发会依托保护地体系、减塑捡塑工作组、生态文明驿站、邻里生物多样性保护示范基地、低碳工坊、志愿者体系等，联合公民科学家开展了丰富多彩的线上线下生物多样性保护调查、评估和科普传播活动。截至2023年底，这些活动累计触达78亿人次。此外，自2018年7月中国绿发会成为全球生物多样性信息平台（GBIF）在中国的第2家官方数据发布机构以来，积极邀请公民科学家共同参与物种信息的采集和分享，截至2024年5月，在全球生物多样性信息平台累计发布的公民科学家数据达4295条。

大学生环保知识竞赛

环保知识储备是公民生态环境与健康素养的重要组成部分。生态环境部于2020年7月印发了《中国公民生态环境与健康素养》，对提升公民生态环境与健康素养、树立环境与健康息息相关的正确理念、动员公众力量保护生态环境具有重要意义。

大学生是公民素质教育的主体。大学生环保知识竞赛作为一项创新型活动，以知识问答、知识比拼为主要方式，动员大学生群体参与答题，增强他们对环保知识的理解和运用。通过正确的观念、知识、行为和技能的培养与学习，帮助大学生群体树立正确的环境观和环境安全意识，提升他们对环境保护重要性的认识，为实际行动提供指导。

创新篇

2017年4月，四川省生态文明促进会联合我爱竞赛网共同成立大学生环保知识竞赛组委会。自2018年起，中国绿发会作为联合主办方连续7年参与举办该竞赛。截至2024年5月，大学生环保知识竞赛累计吸纳全国近2000个高校社团参与协办，约905万名大学生报名参加。通过此次活动，大学生为环保事业贡献自己的一分力量。

人民战塑

联合国环境规划署2023年发布的报告显示，全球塑料年产量超过4.3亿吨，其中2/3的塑料制品均为短期使用，很快就会变成塑料垃圾。每年进入水生态系统的塑料数量为1800万~2800万吨。大量的塑料垃圾导致微塑料无处不在，成为遍布全球生态系统的新型环境污染物。人类及野生动物通过饮食、呼吸或皮肤接触等不断摄入微塑料，形成健康威胁甚至生存危机。

为了让更多的民众参与到减少塑料垃圾污染的行动中来，中国绿发会减塑捡塑工作组于2023年9月策划并全面启动了"人民战塑"行动。这也是对2024年世界地球日主题"全球战塑"的积极响应。

人民战塑行动秉持全民参与战塑活动的理念，不限活动时间和活动地域，呼吁各地志愿者团队、在校学生、拾荒者等各行各业的人都参与到解决塑料危机行动中来，并通过每次活动对塑料垃圾所属的生产厂商、原材料类型、参与战塑活动的人员群体等进行统计，进而形成"品牌报告""类目报告""行为报告"。敦促各行业重视生产环节、减少塑料垃圾衍生，推动企业参与末端治理，带动更多人参与到战塑行动中来，同时帮助各地政府更好地了解所在区域塑料垃圾状况，并采取有针对性的解决措施。截至2024年3月，人民战塑行动在全国各地已陆续开展近40次塑料垃圾清洁活动。

海藻无塑包装

2021年5月，欧盟委员会发布史上最严"限塑令"——《一次性塑料产品指南》，对塑料、聚合物、一次性塑料产品等名词做出详细界定。根据该指南，一次性塑料产品包括全部或部分由塑料制成的产品，通常只使用一次或短时间使用即丢弃。此外，带有塑料内衬或涂层的纸基产品，均被定义为一次性塑料产品。

2023年11月，经过荷兰政府评估，英国一家环保初创公司Notpla生产的海藻包装是自《一次性塑料产品指南》出台以来，第一个被认证为完全无塑的包装材料。

传统外卖包装的普通纸餐盒与食物接触面会有一层滑滑的塑料薄膜，也被称为聚乙烯涂层。聚乙烯涂层不会自然降解，还有可能释放有害毒素。海藻包装将这种涂层换成了海藻中的天然提取物，达到一样防水耐热的效果。这种材料在适宜的环境下，能够以家庭堆肥的方式在几周内自然分解，就像果皮一样"自行消失"，几乎不会对环境造成任何负担。

预测数据表明，如果用海藻取代所有一次性塑料，只需要0.066%的海洋面积，完全在安全的生态界限之内。

环境与过敏医学

2000年，世界卫生组织把过敏性疾病列为21世纪重点研究和防治的三大疾病之一。2013年，世界过敏组织发布白皮书称，全球过敏性疾病的患病率预计为10%~40%。环境过敏医学重点关注自然环境与过敏性疾病的密切相关性。当环境变化的时候，也会改变大气污染物及病原微生物的浓度、传播方式和理化性质，从而加重对呼吸道功能的损害，导致以过敏性气道疾病为主的过敏性疾病发生。

为深入研究气候变化与过敏性疾病的关系，中国绿发会于2022年成立了环境与过敏医学专业委员会，以促进环境与过敏医学相关科学研究、临床科研及科普传播。2023年9月21日，中国绿发会环境与过敏医学专业委员会首届年度会议在武汉举办。会议聚焦过敏性疾病的研究进展，积极探讨过敏性疾病与环境的关系，并启动青年科学家计划，开展"过敏性疾病临床研究基地标准"研制，为环境过敏医学领域的发展搭建交流平台。

周道生态文明专辑

这是中国绿发会于2020年4月推出的一系列视频和图文相结合的专题，旨在从生态文明角度，对生态环境保护与社会经济发展建设之间存在的问题和争议

创新篇

进行分析、解读,并提出解决建议。

不同领域、不同行业对生物多样性保护及其重要性的认识存在差异,这种差异也体现在一些重要工程、建设项目的筹备方案、开工建设中。如秦岭建设大量别墅破坏生态的事件、深圳湾疏浚工程环评造假事件,体现出来的是相关责任人重短期利益、轻生态环保、没有把"绿水青山就是金山银山"的理念放在首位。

周道生态文明专辑以各类开发建设工程、环境事件、污染问题以及与公众生活息息相关的食品健康、交通出行、旅游安全等领域的争议或案例为切入点,分析问题存在的根源并提出解决方案。例如,该专辑通过对崖沙燕在繁殖期间喜欢聚集在河岸土崖筑巢,进而与各地河道堤岸整治发生冲突的情况进行分析,从而推动河北省元氏县有关部门在槐河河道治理过程中科学保留崖沙燕栖息地。

截至2024年11月,周道生态文明专辑已连续发布308期,并在《生物多样性保护与绿色发展》科学期刊以专栏形式刊发,累计触达350多万人次。

生态保护红线制度

中国于2011年首次提出生态保护红线理念,并于2015年将其纳入《中华人民共和国环境保护法》和《中华人民共和国国家安全法》,成为中国国土空间规划和生态环境体制机制改革的重要制度创新。

生态保护红线相当于我国生态环境安全的底线,是指在生态空间范围内具有特殊重要生态功能、必须强制性严格保护的区域,通常包括具有重要水源涵养、生物多样性维护、水土保持、防风固沙、海岸生态稳定等功能的重要区域,以及水土流失、土地沙化、石漠化、盐渍化等生态环境敏感脆弱区域。

生态保护红线分为核心区和一般控制区。核心区内原则上禁止人为活动,一般控制区严格禁止开发性、生产性建设活动。2017年,中国发布《关于划定并严守生态保护红线的若干意见》和《生态保护红线划定相关技术规范》,在全国范围内开展生态保护红线划定工作;2022年12月发布《生态保护红线生态环境监督办法(试行)》,对生态保护红线内的有限人为活动实行严格的生态环境监督。

2019年,中国"划定生态保护红线,减缓和适应气候变化"行动倡议,入选联合国"基于自然的解决方案"全球15个精品案例;2020年,"生态保护红线—中国生物多样性保护的制度创新"案例入选联合国"生物多样性100+全球典型案例"中的特别推荐案例。生态保护红线制度为全球生态保护与治理提供了

中国方案。

2023年，我国首次全面完成了全国生态保护红线的划定。2024年2月28日发布的《2023年中国自然资源公报》显示，全国生态保护红线面积稳定在315万平方千米以上。

建立河长制

江河湖泊是生态系统和国土空间的重要组成部分。在经济快速发展过程中，中国的水生态系统出现了一系列问题，包括河道干涸、湖泊萎缩、河湖功能退化，河湖生物多样性迅速下降等。

2003年，浙江长兴县为创建国家卫生城市，强化河湖治理，在全国率先对城区河流试行河长制，由时任水利局、环卫处的负责人担任河长，对水系开展清淤、保洁等整治行动。2007年夏季，由于太湖水质恶化造成江苏无锡水危机，无锡市在中国率先实行河长制，对应对水危机发挥了积极作用。河长制的施行及取得的成效，推动了中央政府的决策进程。2016年12月，中共中央办公厅、国务院办公厅印发了《关于全面推行河长制的意见》，明确提出，在2018年底全面建立河长制。

随着河长制的推行，省市县乡四级河长体系也在全国建立起来。各级河长由党委或政府主要负责同志担任，针对不同地区不同河湖问题的实际情况，因河施策，开展水资源治理。河长制还促进了河湖管理保护信息发布平台的建设，通过竖立河长公示牌、公示河长名单等，主动接受社会监督，拓展公众参与渠道。截至2018年6月底，全国31个省（自治区、直辖市）已全部建立河长制。

建立林长制

林长制是指按照"分级负责"原则，构建省市县乡村五级林长制体系，各级林长负责督促指导本责任区内森林资源保护发展工作，它是推进生态文明建设的重大制度创新。2017年3月，安徽省在全国率先探索建立林长制，并在合肥、宣城、安庆开展试点。2019年4月，国家林草局同意支持安徽省创建全国林长制改革示范区，而后各地陆续发布建立林长制工作的相关政策，林长制在全国迅速推广实施。

创新篇

2021年1月，中共中央办公厅、国务院办公厅印发的《关于全面推行林长制的意见》提出，按照山水林田湖草系统治理要求，在全国全面推行林长制，明确地方党政领导干部保护发展森林草原资源目标责任，并提出确保到2022年6月全面建立林长制。

2022年6月，我国全面建立林长制的目标如期实现，森林草原资源管理、野生动植物保护、国家公园建设、森林草原灾害防控等方面的能力不断增强。林长制在各地建设发展过程中也不断完善并加强监督考核，如2024年5月1日起施行的《上海市森林管理规定》，将林长制"入法"，并对占用、使用、采伐林木和林地进行严格管理。

生态文明示范市县建设

生态环境部于2016年制定发布了《国家生态文明建设示范区管理规程（试行）》和《国家生态文明建设示范县、市指标（试行）》，旨在加快推进党中央、国务院关于生态文明建设的决策部署，鼓励和指导各地以国家生态文明建设示范区为载体，以市、县为重点，提升区域生态文明建设水平。

国家生态文明建设示范区包括生态文明建设示范省、生态文明建设示范市、生态文明建设示范县、生态文明建设示范乡镇、生态文明建设示范村、生态工业示范园区。国家生态文明建设示范县、市是推进区域生态文明建设的重要载体。《国家生态文明建设示范县、市指标（试行）》以国家生态文明建设示范县、市建设指标为基础，充分考虑发展阶段和地区差异，围绕优化国土空间开发格局、全面促进资源节约、加大自然生态系统和环境保护力度、加强生态文明制度建设等重点任务，以促进形成绿色发展方式和绿色生活方式、改善生态环境质量为导向，从生态空间、生态经济、生态环境、生态生活、生态制度、生态文化6个方面，分别设置38项（示范县）和35项（示范市）建设指标。截至2020年12月，生态环境部共组织命名了4批262个国家生态文明建设示范县、市。

口袋公园创建

20世纪90年代以来，中国城镇化进程不断加快，城市的日益拥挤让人们对丰富多样的自然生态环境变得愈发渴望，这也促进了口袋公园在国内的迅速发展。

口袋公园，是指面向公众开放、规模较小、形状多样、具有一定游憩功能的，常呈斑块状散落在城市中、一般面积在400～10 000平方米的开放性绿化场地，也是承载城市功能的重要载体。2022年7月29日，住房和城乡建设部办公厅发布《关于推动"口袋公园"建设的通知》，要求每个省（自治区、直辖市）力争2022年内建成不少于40个口袋公园，新疆、西藏等地可结合实际确定建设计划。

口袋公园的建设对缓解城市人口密集区绿地缺乏、帮助城市更加整洁美观，同时满足居民休闲娱乐需求等发挥了积极作用，受到市民广泛欢迎。《2023年中国国土绿化状况公报》显示，全国新建和改造提升城市绿地3.4万公顷，开工建设口袋公园4128个。按照居民出行"300米见绿，500米见园"的目标要求，全国已建设和改造口袋公园近3万个。

小微湿地保护

我国将面积在8公顷以下的单独湿地定义为"小微湿地"。小微湿地是生态系统的重要组成部分，多以小型湖泊、水库、坑塘、沟渠等方式存在，在维持生物多样性、调节气候、涵养水源、改善人居环境等方面发挥着不可或缺的作用。

2018年10月召开的《湿地公约》第十三届缔约方大会，通过了中国加入公约26年来首次提出的"小微湿地保护"决议草案。2022年11月，《湿地公约》第十四届缔约方大会进一步通过了中国提议的《加强小微湿地保护和管理》决议，让中国小微湿地保护方案成为全球共识。2023年3月，我国发布了《小微湿地保护与管理规范》国家标准，对小微湿地的调查登记、恢复、保护和管理等方面要求进行了规范。这也是中国落实《湿地公约》决议的具体行动，对于加强中国湿地保护管理、引领全球湿地保护具有重要意义。

中国对小微湿地的保护，推动了各地不断加强小微湿地建设，如广东省2023年10月公布的首批小微湿地示范点名单，共15处小微湿地入选；重庆市率先探索"小微湿地+"建设，成立中国小微湿地创新联盟；"十四五"期间北京市计划增加50处小微湿地等。

重视城市荒野

"城市荒野"的概念来源于"荒野"。"荒野"最初是指未经人类开发和种植的原生态的自然环境。美国于1964年颁布《荒野法》，成为国际上第一次以立法形式保护荒野的代表性事件。

城市荒野是指在城市化建设高速发展背景下，有一些包含着相对完整生态系统、人为干预较少或未受干预的、具备类似荒野特征和生物多样性保育功能类型的城市空间。

城市荒野的适用范围既包括城市中的天然荒野，即未被开发利用的城市空间，也包括废弃荒野、还原荒野等，即由于忽视管理而发生自然演替或通过再野化方法建立的次生演替的荒野空间。它的空间尺度可大可小，既可以是城市中保留的自然公园，也可以是城市中某一角落或者狭小的缝隙空间。

一般来讲，城市荒野具有生态价值属性，可以为不同物种提供栖息空间，维持城市生物多样性，同时兼具调节小气候和涵养水源的功能。在现代城市建设和规划中，应重视城市荒野的生态价值，并且有意识地进行城市荒野的"战略留白"，让城市的一部分土地，"荒"起来，"野"起来，保持更多的自然生态。

无烟海滩建设

生态环境部发布的《2022中国海洋生态环境状况公报》显示，在海滩垃圾中，塑料垃圾最多，以卷烟过滤嘴为主的塑料类垃圾占海滩垃圾的84.5%。

"无烟海滩"即依托监督检查、制度规范等，通过设置规范性的禁烟标识，以及制定出台地方性法规，实现沙滩浴场全面禁烟，保护海滩生态环境，共建美丽中国。

2019年8月1日起正式施行的《秦皇岛市控制吸烟办法》（简称《办法》），使秦皇岛市成为中国第一个无烟海滩所在地。《办法》规定：所有车站站台和滨海浴场全面禁烟。秦皇岛市通过建设无烟海滩，向中国和世界上所有的海滨城市表明，其他城市也可以让自己的海滩无烟化，同时也为中国无烟立法工作的推进树立了新的里程碑。

2024年6月，生态环境部等四部委联合印发《沿海城市海洋垃圾清理行动方案》，在全国沿海地市城镇建成区毗邻的65个海湾开展为期3年的拉网式海洋

垃圾清理行动，为全国范围内的无烟海滩建设提供了有力支撑。

环保协同控烟

中国是世界卫生组织《烟草控制框架公约》的缔约方，同时也是世界最大的烟草生产国和消费国。《烟草控制框架公约》第18条明确规定，"各缔约方同意在履行本公约之下的义务时，在本国领土内的烟草种植和生产方面对保护环境和与环境有关的人员健康给予应有的注意"。

中国绿发会从2017年开始关注烟草的环境污染，创新性提出"环保协同控烟"工作理念并组建控烟工作组，从烟草全产业链对生态环境负面影响的角度出发，推进控烟工作，助力实现《健康中国行动（2019—2030年）》中提出的：到2030年，我国全面无烟法规保护的人口比例达到80%及以上，成人吸烟率要降低到20%以下的控烟目标。

截至2023年底，中国绿发会控烟工作组共为11部法律法规、2个国家标准、12项政策提出45条建议，出品《烟草威胁环境》等4部公益视频，提升公众对烟草环境危害的认识，同时呼吁生态环境部加入国家烟草控制框架公约履约工作部际协调领导小组，并推动建立全国性控烟法规。

2024年2月召开的《烟草控制框架公约》第十届缔约方会议决定，进一步敦促缔约方根据该公约的第18条采取切实行动，以保护环境和人类免受烟草危害。

可持续旅游

联合国世界旅游组织在1997年首次提出可持续旅游的概念。在同年6月举办的联合国第19届特别会议上，可持续旅游首次被列入联合国可持续发展议程。

可持续旅游是指旅行者在奔赴旅游目的地的过程中，促进当地经济发展的同时，增强生态环保意识，减少对当地自然环境和社会发展的负面影响，保护旅游开发赖以生存的环境质量，创造可持续的旅游生态。

可持续旅游主要包含两个层面的含义：目的地的可持续发展和旅行者负责任的旅行。

从旅游目的地的角度来讲，旅游开发和管理者要以长远的眼光从事旅游经济开发活动，要充分考虑环境和旅游资源的可持续性，最大化地降低旅游活动对当地生态环境带来的消极影响；从旅行者的角度来讲，应在旅行过程中，尽最大可能减少对环境的影响，增强环保意识，不随意处置垃圾、不乱砍树木、不随地吐痰、不随地大小便等，让目的地的社会文化保持原有状态，并得到长期可持续发展。

负责任旅游

负责任旅游于2002年在开普敦可持续发展世界峰会召开期间被提出。以"为人们创造更好的居住环境，为人们创造更好的旅游环境"为前提，要求运营商、酒店经营者、政府、当地居民和游客采取负责任行动，包括保护当地生态环境、减少能源与资源消耗、尊重当地文化等，使旅游业更具可持续性。

负责任旅游是一种以可持续发展为基础的旅游方式。它强调旅游业对社会、经济和环境的影响，并提倡游客采取措施减少负面影响。负责任旅游可以帮助保护当地环境、文化和社会资源，同时促进当地经济和社区发展。通过采取负责任旅游方式，可以确保旅游活动不仅满足人们的需求，而且对旅游目的地产生积极影响。

2020年3月，中国绿发会负责任旅游工作委员会正式成立，开展负责任旅游理念宣传与推广、负责任旅游实践和研究等工作，助推中国旅游行业的绿色可持续发展。

自然摄影伦理

"自然摄影"是以自然界的各种现象如气象、海象、地象等，以及自然景观、动植物、天体等为主题的摄影形式。这种拍摄方式让人们通过摄影了解到生物多样性的神奇与美丽，但同时也发生了一些摄影师为了拍摄到更震撼的照片不惜侵犯野生动物栖息地，甚至通过禁锢、圈养野生动物并伪造自然环境进行拍摄的情况。

为提醒每位自然摄影师及广大自然摄影爱好者重视自然摄影伦理，中国绿发会于2020年7月发布实施了《自然摄影伦理规范》团体标准，旨在规范摄影者在野外拍摄环境、野生动植物尤其是鸟类等对象时应遵循的基本原则、道德底线和伦理指导等。

自然摄影伦理提倡自然方式拍摄，减少对野生动植物的人工干预；合理把握拍摄范围，避免发生人兽共患病；保护拍摄地的自然生境，自觉做到不损坏林木、不破坏植被、不污染水源、不丢弃垃圾杂物；进入拍摄场域应征得许可，遵守法律法规、公共道德，尊重私人领地等，保护生物多样性和促进自然摄影的可持续发展。

生物与科学伦理

"生物伦理"是基于生物学和医学的发展，以及社会对生物科学伦理问题的关注而形成的创新概念，属于交叉学科领域。它关注人及其他所有生命的健康权利，涉及生命科学、环境科学、医学、政治、法律和哲学等学科，探讨其中可能触及的伦理问题和道德规范。

"科技伦理"又称科学伦理，是由国家科技伦理委员会指导和推动的一系列政策和文件提出的，包括开展科学研究、技术开发等科技活动需要遵循的价值理念和行为规范。科技伦理核心是确保科技向善，增进人类福祉，为促进科技事业健康发展提供重要保障。

中国绿发会于2018年12月成立了生物与科学伦理委员会，并于2022年开设了"中国生物救护与科学伦理"微信公众号，开展科学普及，提升公众素养，推动加强科学伦理治理。2020年3月，中国绿发会向全国人大法工委提交建议，希望推进设立国家生物与科学伦理委员会。2023年，中国绿发会发布实施了《生物与科学伦理评审规范》，规定了生物与科学伦理的评审原则、关注领域、审核流程、审核周期等，适用于科技活动开展过程中应遵循的生物与科学伦理的评审工作。

人工智能伦理

"人工智能伦理"是随着近年来人工智能技术的快速发展和应用而提出的创新概念，包括研发、使用和管理过程中涉及的伦理问题和挑战。它指的是在研究、开发和应用人工智能技术时，需要遵循的道德准则和社会价值观，以确保人工智能的发展和应用不会对人类与社会造成负面影响。

创新篇

为确保人工智能的发展和应用符合人类的道德准则与社会价值观，需要建立法律、行业标准和监管机制。人工智能伦理的内容除了包括机器人道德、隐私保护、社会影响、信息透明度、责任划分等普适性问题，还应考虑对生物多样性和生态环境的影响。

因此，中国绿发会生物与科学伦理工作委员会（BASE）2020年8月提请联合国教科文组织（UNESCO），将人类在生物多样性、气候变化及公共卫生安全这三大领域中所形成的新共识纳入《人工智能伦理问题建议书》文本，以促使在人工智能领域形成全球协同效力。这项建议获联合国教科文组织采纳，并将"生态环境"和"生物多样性"因素作为文本的单章列入。

智网互联实验室创立

智网互联实验室成立于2019年8月，是中国和哥伦比亚科技工作者共同建立的新型研发机构和人才智库，总部位于哥伦比亚考卡山谷省卡利市，并在天津设立了代表处，在北京、海南博鳌、厄瓜多尔基多、美国硅谷等地设立了工作站。

该实验室团队成员由中国科协"海智计划"专家、"科普中国"专家领衔，与中国和海外超过200所机构建立合作关系，重点致力于中国和拉美与加勒比地区之间的科技交流合作，服务"一带一路"协同创新。

该实验室深耕于信息技术和数字科技领域，通过数字模型对现实世界的物理实体或系统的实时模拟和分析，将现实世界与数字世界连接起来，应用场景涵盖珊瑚礁、红树林、海草床等多种生态系统及鱼类、软体动物、鸟类、蝴蝶等多类生物物种。

2024年6月，智网互联实验室加入中国绿发会生态文明驿站体系，并于联合国《生物多样性公约》第十六次缔约方大会（COP16）期间，在哥伦比亚展示了以数字化赋能生物多样性保护的多项研究成果，获得广泛关注。

青藏高原AI第一园

青藏高原是我国乃至世界生物多样性最丰富的地区之一。西宁野生动物园坐落于青藏高原东北部，是全国仅有的拥有兔狲、荒漠猫等多种青藏高原本土珍稀物种的大型综合野生动物园。

2024年，在人工智能技术的加持下，西宁野生动物园又有了一个新称谓，即"青藏高原AI第一园"。围绕野生动物救护、繁育、科研、科普等工作建设而成的青藏高原AI第一园，从雪豹行为的人工智能识别分析、互动科普、智慧救助、智慧繁育等多维度入手，打造全国首个人工智能高原科技动物园样板，成为探索青藏高原区域野生动物保护的新路径。

青藏高原AI第一园的建设，让西宁野生动物园跳出了传统动物园的角色，打破了大众难以通过实地观测认识并了解高原本土物种的困境，成为近距离了解高原物种的珍贵窗口和科普平台。该园不仅为公众提供了科技赋能下野生动物保护的科普内容与互动体验，也为其他动物园在利用科技力量开展生物多样性保护、科普和传播方面提供了宝贵经验。

生物多样性科学馆

生物多样性保护虽已成为全球共识，但在公众认知层面，对生物多样性的正确理解有待进一步提升。为了给社会大众、特别是青少年，提供一个系统学习和深度了解生物多样性知识的窗口，同时搭建国际国内学术交流的平台，中国绿发会在北京创建了生物多样性科学馆，于2024年8月10日正式开馆。

生物多样性科学馆是一个集科普教育、生态体验、科学研究为一体的综合性场馆。目前共分为6个展区，分别是：历史专区、VR专区、物种专区、保护地专区、暗夜星空专区、国际专区，每个展区都承载着丰富的生态故事和科学智慧。生物多样性科学馆还设立了研学教室，开设生物多样性名家大讲堂，邀请国际国内知名专家前来举办科普讲座。先后有多位国际国内知名学者、专家做客生物多样性名家大讲堂，如《濒危野生动植物种国际贸易公约》前秘书长、中国政府友谊奖得主约翰·斯坎伦，北京生物多样性保护研究中心研究员郭耕、《生命意义与同一健康》执行主编张媛媛、诗人白鸦等，为现场观众做主题科普分享。

截至2024年9月，生物多样性科学馆已经与附近的多所学校和社区建立了长期的合作关系，特别是在2024年暑假期间，每周都有上百名学生和家长前来参观、学习。该系列活动的开展既丰富了孩子们的暑假生活，也为周边社区居民提供了一个学习科普知识的文化场所。

创新篇

IP 助力生物多样性主流化

IP 即 intellectual property 的缩写，中文翻译为知识产权。IP 形象是指通过设计，将知识产权载体，如著作、专利、商标等可以形成视觉元素的核心特征进行提炼和整合，从而形成具有辨识度的形象符号，用于在不同媒介传播和展示。

随着社会文化的进步与发展，人们对美好生活的需求不断提升。作为一种特殊的文化符号，IP 形象以其独有的号召力和影响力在互联网时代迅速发展，得到公众的认可和喜爱。

优质的 IP 形象，拥有长期的生命力和影响力，可以作为串联公众和 IP 背后故事内容的情感纽带与载体。在公益慈善领域，IP 形象可以帮助公益项目得到更好的宣传和推广，拉近与公众的距离，提高公众参与公益事业的热情。

2024 年世界海洋日期间，中国绿发会率先推出了具有专属知识产权的 IP 形象——以斑海豹为原型的"海斑斑"和以北京雨燕为原型的"京燕儿"，2024 年12 月又陆续推出了以中华对角羚为原型的"华羚羚"和以穿山甲为原型的"甲宝儿"。这 4 个 IP 形象是中国绿发会"绿色守护家族"的首批成员，在带动生物多样性保护相关知识的科学普及，推动生物多样性保护主流化与绿色可持续发展方面持续发挥作用。

推动设立黑颈鹤为国鸟

鸟类是环境变化的敏感指示。鸟类的种类、数量和分布情况可以反映出一个地区生态环境的健康状况。世界上已有 120 多个国家和地区确定了国鸟。

中国绿发会青海湖保护地主任于 2019 年率先提出将黑颈鹤作为中国国鸟，并先后于 2020 年、2024 年全国两会期间，形成两会建议提交有关部门。

黑颈鹤是我国国家一级保护野生动物，也是世界上 15 种鹤中发现最晚且唯一栖息在海拔 2500～5000 米高原上的鹤类。黑颈鹤广泛分布于约占全国面积 73% 的 9 个省份，在中国鸟类中具有代表性。黑颈鹤在中国的保护工作成绩斐然，自然界中生存的黑颈鹤有 95% 以上在中国。黑颈鹤体态优雅，寓意吉祥，在中国具有顽强向上、积极向善的文化属性。

国鸟的确立体现着一个国家和民族的审美情趣与价值取向。中国作为生物多样性最丰富的国家之一，拥有众多珍稀鸟类资源，国鸟的遴选和确立对于建设美丽中国、推进绿色发展和生态文明建设具有重要的现实意义。

良食倡议

人类的饮食习惯及偏好不仅影响自身健康状况，也与人类可持续发展密切相关，如吃野味引发人兽共患病的暴发，过量食肉导致肥胖的同时也加剧了全球气候变暖等。

为让社会各界人士充分了解人类食品对生物多样性、气候变化的影响，中国绿发会于2017年成立良食基金，致力于推动健康、可持续食物体系转型，并于2019年6月发起《良食倡议》。倡议呼吁人们从食品角度关注生物多样性保护与人类可持续发展，改变不良的食品问题及饮食习惯。在《良食倡议》的基础上，中国绿发会于2020年7月进一步制定并发布了《良食准则》。

《良食倡议》呼吁社会各界在植物领先、动物福利、健康饮食、减少浪费、当地当季、循环永续、生物多样等原则的指导下，通过拒食野生动物、选择可持续水产、支持可持续的多样食材、优先选择本地应季食品等方式，从改变不良饮食结构入手。同时，倡议推动与食品相关的如包装、加工、运输等行业向绿色、低碳和生态友好的方向转变，让"良食"成为改善公众健康和生态系统的有力杠杆。

通过"蔬适周一""良食全球跨年接力"等活动的开展，《良食倡议》得到社会广泛关注。在2021年10月由联合国教科文组织、江苏省人民政府新闻办公室等主办的南京和平论坛期间，30余位各行各业的代表共同签署了《南京良食倡议书》，倡议书的核心主张被纳入《2021南京和平共识》中。

加入行动倡议

生态环境部2024年1月发布的《中国生物多样性保护战略与行动计划（2023—2030年）》（简称《行动计划》）指出，中国生物多样性受威胁现状与全球生物多样性受威胁因素一致，同样受到自然生态环境丧失与破坏、自然资源过度利用、环境污染、外来物种入侵和气候变化等因素的不利影响，生态系统、物种和遗传多样性均呈现不同程度的退化或丧失。

为了让《行动计划》得到更广泛的关注，2024年3月29日，中国绿发会在北京主办了首个响应"推进国家生物多样性保护战略行动计划"的座谈会，并

在会上发布了《"携手保护生物多样性 共同促进绿色发展"倡议书》。这份倡议旨在号召人民群众作为最广泛、最活跃的社会治理主体,以丰富多彩的形式加入生物多样性保护行动中来,也被称为"加入行动"倡议。来自国家部委、科研院所、地方人民政府、高校、国际国内组织、企业及媒体等100余位参会嘉宾率先支持并签署了这份倡议。

"加入行动"倡议长期开放签署,呼吁企业、教育科研机构、媒体、协会、学会、社会组织、公众个人,充分发挥各自优势,为加快实施生物多样性保护行动计划贡献智慧和力量,成为国家生物多样性保护的守护者。

以竹代塑倡议

"以竹代塑"倡议是中国政府同国际竹藤组织于2022年共同发起的倡议,旨在推动各国减少塑料污染,以应对气候变化,加快落实联合国《2030年可持续发展议程》。

2023年11月,中国政府与国际竹藤组织联合发布《"以竹代塑"全球行动计划(2023—2030)》。该计划在"以竹代塑"倡议基础上,呼吁相关国际组织和有关国家的各级政府部门、科研教育机构等,在发展战略和规划中纳入"以竹代塑"元素,共同推动减少塑料污染。

中国是世界上竹类资源最丰富的国家之一,也是最早开发和使用竹子的国家。"以竹代塑"就是利用竹子韧性强、生长快、收缩量小、可自然降解等特点,将其应用到日用、外卖、建筑建材等塑料使用的重点领域进行替代,以有效保护生态环境。例如,在包装领域,竹子可以制成竹纤维包装材料,替代一次性塑料购物袋、餐具等;在建筑领域,竹子可以用于制作家具、地板等,其绿色环保的特性备受青睐。

"以竹代塑"现在还面临着成本高、自动化水平低、规模效应较差等挑战,亟须加强科技创新支持,开展科研攻关,为"以竹代塑"新技术利用、新产品开发、加速"以竹代塑"产品规模化和集约化生产创造有利条件。

全球泥炭地倡议

全球泥炭地的面积仅覆盖地球陆地表面的3%,储存了近6000亿吨碳——相当于所有陆地生物量中所含的碳，碳储量相当于森林的两倍。但由于气候变化、生物多样性丧失与环境污染等，泥炭地和其他碳汇资源已经面临崩溃的风险。如果没有这些生态系统提供的关键服务，气候和自然危机只会愈加恶化。

2016年，《联合国气候变化框架公约》缔约方会议上签署通过了"全球泥炭地倡议"。该倡议由联合国环境规划署领导，联合46个国际伙伴组织和印度尼西亚、刚果共和国、刚果民主共和国和秘鲁等4个主要的热带泥炭地国家，共同致力于改善全球泥炭地的养护、恢复和可持续管理，以防止有机碳排放到大气中。

2022年"全球泥炭地倡议"发布的《全球泥炭地评估：世界泥炭地状况》指出，全球泥炭地覆盖面积近5亿公顷，约88%的泥炭地处于未退化，接近自然的状态。迫切需要对这88%尚未被排干和尚未严重退化的泥炭地进行紧急保护，以防止其巨大的碳储量被释放。

截至2024年，该倡议的成员正在各自的专业领域内共同努力，通过实施泥炭地的保护、恢复和可持续管理，为多项可持续发展目标做出贡献，包括减少温室气体排放、维护生态系统服务及保障生命和生计等。

同一森林峰会

2023年3月1—2日，首届同一森林峰会在加蓬首都利伯维尔召开。该峰会旨在推进气候行动和保护生物多样性、促进全球三大森林盆地，即亚马孙森林、刚果森林和东南亚热带森林所在国家之间团结。全球13位国家元首和政府首脑、27位部长，以及来自国际组织、金融机构、私营部门和国际非政府组织的领导人出席了峰会。

此次峰会强调为全球森林可持续发展找到具体可行的解决方案，即增进森林生态系统方面的知识和促进科学合作；推动形成林业部门的可持续价值链；释放创新的资金来源，包括基于市场的生物多样性保护解决方案；了解峰会制订的"利伯维尔计划"，这是应对这些重大挑战的承诺和行动路线图。

同一森林峰会的召开，有助于全球形成森林保护的共识，在主要森林国家之间形成保护合力，寻求和形成全球森林保护切实有效的解决方案，积极推动全球森林治理和生物多样性保护。

创新篇

第六次产业革命

1984年5月，中国著名科学家钱学森对于人类历史上的历次产业革命进行了划分，并预见了未来可能出现的第六次产业革命，同时预言：第六次产业革命可能出现于21世纪的社会主义中国。

钱学森梳理的产业革命序列为：公元前七八千年，农牧业的出现和兴起是第一次产业革命；公元前1000多年，商品生产的出现和发展是第二次产业革命；18世纪末、19世纪初的大工业生产是第三次产业革命；19世纪末20世纪初，国家以至跨国大生产体系的兴起是第四次产业革命；由电子计算机、信息组织起来的生产体系，是第五次产业革命。这之后人类将迎来第六次产业革命。

钱学森提出的第六次产业革命，是以知识、技术密集的农业型的产业体系出现为标志，包括农产业、林产业、草产业、海产业、沙产业5个方面的建设。

第六次产业革命所提出的农业型产业，是指以太阳为直接能源，以生物的光合作用为基础来进行产品生产的体系，充分利用太阳能，提高光合作用效率，利用生物来进行高效益的综合生产。知识和技术密集，是指充分运用自然科学、社会科学、工程技术及一切可以运用的知识技术，通过高度的科学技术来组织生产，并变革生产组织模式，形成农业型产业的集团式公司经营模式。

沙产业理念

沙产业理念于1984年5月由钱学森提出，并将其列为第六次产业革命所强调的农业型知识密集型产业的有机组成部分。1995年11月，钱学森进一步指出，沙产业就是在不毛之地上搞农业生产，而且是大农业生产，是一项尖端技术。

沙产业是以阳光和生物为基础，利用绿色植物的光合作用制造碳水化合物、蛋白质、脂类、色素等生命活动营养素的过程。它是充分利用沙漠戈壁、荒漠半荒漠地区的日照和温差条件，以"尖端技术"为支撑开展的农业型知识密集型产业，是21世纪的新兴产业。钱学森认为，迎接第六次产业革命要先从沙产业做起。

中国荒漠化领域研究带头人、中国科协原副主席、中国绿发会名誉理事长刘恕认为，沙产业有4项标准：一要看太阳能的转化效益，二要看知识密集程度，三要看是否与市场接轨，四要看是否保护环境、坚持可持续发展。

1994年，为了推动我国沙产业的发展，钱学森拿出第一次获得何梁何利基金奖的100万港元奖金，支持创办了促进沙产业发展基金。2014年，中国绿发会接过了沙产业专项基金的使命，并在刘恕的指导下，扶持和推广沙产业的新思维、新方法、新模式和新样板。在钱学森沙产业理念指导下，甘肃、内蒙古等多地通过建设智能日光温室、微藻产业等，在沙漠地区开展沙产业建设。

草产业理念

草产业理念于1984年5月由钱学森提出。和沙产业一起，草产业被钱学森列为第六次产业革命所强调的农业型知识密集型产业的有机组成部分。

草产业利用科学技术将原有的草原经营模式转变为知识密集型产业模式，提倡利用太阳能，发挥光合作用的优势，让草原生长出大量优质、高营养的牧草。

中国草原面积3.928亿公顷，占国土面积的40.9%。草产业发展只有通过科技赋能，才能实现从量的增长到质的飞跃。钱学森认为，发展草产业，应包括引种和培育优良草种，以及防治自然界敌害等工作。草产业作为一项新兴产业，近年来在我国取得了迅猛发展，如内蒙古兴安盟科尔沁右翼前旗因地制宜发展草产业，加大草种繁育、牧草种植，深化牧草深加工，建设了阿力得尔现代草业加工物流交易园区，吸引多家牧草企业入驻，促进草产业全链条发展。

半个地球项目

"半个地球项目"是已故美国生物学家爱德华·威尔逊提出的一项保护倡议，主张将地球一半的陆地和海洋区域设置为某种形式的自然保护地，以保护生物多样性和维持生态平衡。

在世界经济论坛发布的《2022年全球风险报告》中，生物多样性丧失被列为人类未来10年面临的三大威胁之一。

2016年，威尔逊在《半个地球：人类家园的生存之战》一书中提出：基于人类对生态破坏和环境污染的现状，如果我们能够留出大约一半的地球面积，那么84%的物种将免于灭绝。2017年，49位科学家联合提出了《全球自然保护协议》，倡议人类把地球的一半让出来，留给自然，以保护足够数量的物种，拯救包括人类在内的全球生物赖以生存的土地和水域。

创新篇

"半个地球项目"是威尔逊生物多样性基金会的核心项目。重点引领循证解决方案、工具与技术的开发，如"半个地球项目地图"和物种保护指数，供决策者和联合国《生物多样性公约》的150多个成员使用等。

联合国《生物多样性公约》缔约方大会于2022年12月签署了《昆明-蒙特利尔全球生物多样性框架》，其中明确指出到2030年，确保和促使至少30%的陆地与内陆水域、海洋及沿海区域得到有效保护。这一保护比例，较2010年"爱知生物多样性目标"有了很大提升。虽然距离"半个地球项目"的保护目标仍有一段距离，但这也为世界各国进一步加强协作、强化生物多样性保护工作提供了发展空间。

海洋的搅拌棒

20世纪60年代，美国物理海洋学家沃尔特·海因里希·芒克的研究发现，深海山脉（海山）周边形成的湍流对海洋环流存在影响，他将其形容为"海洋的搅拌棒"。

所谓海山，是指位于海洋底部的突起地形，其顶部通常位于海平面以下1000米以上，但不接触海水表面。这些地形通常是火山活动或板块运动形成的结果，形状多为圆顶或圆锥形，并且对海洋生态系统和物理环境产生重要影响。

2024年6月，由剑桥大学阿里·马沙耶克领导的一支国际科学研究团队在《美国国家科学院院刊》（PNAS）上发表了一项重要研究，进一步揭示了深海山脉（海山）对海洋环流的巨大影响。研究发现，海山通过生成利波①和地形尾流涡旋来搅动与混合深海水体，特别是在低纬度地区。通过实际区域模拟，显示海山周围存在分层尾流涡旋和波浪的混合现象，这一发现挑战了以往对海洋循环影响的理解。

数以万计的海底山脉散布在海洋底部，而目前只有1/4的海底被绘制过。科学家们已经能够测量海山周围的深海湍流，但不确定这一过程在整个海洋环

---

① 利波（lee waves）是指当稳定气流或水流通过地形障碍物（如山脉或海山）时，形成的波动现象，通常由地形所产生。在大气中，利波通常由稳定的空气流通过山脉的背风面（也称为"利波波段"）形成，这些波通常在云层中可见。在海洋中，利波由水流通过海底地形障碍物（如海山）背后形成，表现为水面或水体中的波动结构。利波的形成取决于地形的形状和稳定流体的速度，对大气和海洋的动力学过程具有重要影响。

流中的重要性。马沙耶克团队的研究显示，海山周围的搅动约占全球海洋混合的30%，而其中将近40%是在海山较多的太平洋。如果将海山引发的湍流物理过程纳入气候模型，将会帮助人们改进对气候变化可能影响海洋碳和热量储存量的预测。通过这项研究，人们对海洋环流的理解又迈出了重要的一步，同时还将为政策制定提供更可靠的依据。

设立卡利基金

卡利基金是在2024年11月1日于哥伦比亚召开的联合国《生物多样性公约》第十六次缔约方大会（COP16）上正式成立的，该基金专注于公平和公正地分配利用遗传资源数字序列信息所产生的利益。

在《生物多样性公约》第十五次缔约方大会上，参会各方已同意建立一个包括全球基金在内的多边机制，以便更加公平、公正地分享利用遗传资源数字序列信息所带来的惠益。这项决定涉及制药、生物技术、动植物育种和其他受益于遗传资源数字序列信息的行业应如何与发展中国家、原住民和当地社区分享这些利益。

根据《生物多样性公约》第十六次缔约方大会各方商定的指导方针，从遗传资源数字序列信息使用中获得商业利益的大公司和其他主要实体，应根据其利润或收入的一定比例向卡利基金捐款。这些捐款将用于支持实施《昆明-蒙特利尔全球生物多样性框架》，特别是发展中国家政府所列的生物多样性保护方面的优先事项。

卡利基金的设立，让生物多样性利用的部分收益返还给最需要帮助的地方，以保护和恢复自然，开创了生物多样性保护利益共享的先例。

实践篇

2022年初春,中国绿发会卓乃湖科考团队在卓乃湖调查沙化现象。　　中国绿发会供图

- 2022年4月，中国绿发会生物多样性调查组在西昌牦牛山拍到的一只珠颈斑鸠。　宋伟慧摄

- 2024年秋冬季节，黑龙江绥化志愿者推动当地大规模拆除捕鸟网。　天朔摄

- 2024年，中国绿发会"候鸟生命线"江苏盐城项目点放归一批被救助的东方白鹳。　徐加洪摄

生物多样性百科
Encyclopedia Biodiversity
实践篇

实践篇

长垣大鸨保护地

大鸨为大型地栖类鸟类，国家一级保护野生动物，是《世界自然保护联盟濒危物种红色名录》中的易危（VU）物种。大鸨体型笨重，主要栖息于开阔平原、干旱草原、稀树草原和半荒漠地区，冬季和迁徙季也出现在河流、湖泊等地，多依赖农田采食。大鸨在我国曾广泛分布，但由于草原过度开发、农业机械和农药的大量使用、人为猎捕等，其种群数量大幅减少，目前全球数量仅1600只左右。其中1/4的大鸨在河南长垣市黄河滩区越冬，常年成群在农田活动。

2016年4月，长垣市志愿者向中国绿发会反映，在长垣越冬的大鸨经常面临非法盗猎威胁。为保护越冬大鸨，中国绿发会及时在当地成立了保护地——这也是中国绿发会保护地体系中挂牌设立的第一个保护地。保护地成立后，每到迁徙季和越冬季，大鸨保护地的志愿者都高度重视大鸨安全，他们联合当地森林公安开展巡护，共同打击非法盗猎行为。在志愿者及相关部门共同努力下，长垣的大鸨数量逐渐增多，从2016年在长垣黄河滩区发现100多只大鸨，增加到2020年的450只左右，保护地的作用十分显著。此后，中国绿发会又在内蒙古图牧吉、内蒙古呼伦贝尔、辽宁锦州、河南封丘、天津滨海新区和河北沧州陆续设立6个大鸨保护地。截至2024年8月，中国绿发会已设立了7个大鸨保护地，包括其繁殖地、越冬地和迁徙停歇地，基本实现了对大鸨整个迁徙路线的保护。

海南永乐环礁珊瑚保护地

珊瑚是由许多珊瑚虫积聚而成的群体动物，生活在热带和亚热带海域，是地球上最古老的生物之一。它们参与形成的珊瑚礁为海洋众多生物提供了栖息、觅食和繁殖的场所，也为人类生存提供了资源保障，是海洋中非常重要的生态系统，被称为"海洋中的热带雨林"。然而，随着人类活动影响加深，如海洋环境污染、气候变化、海水温度上升及人为过度捕捞等，全球近1/3的造礁珊瑚濒临灭绝，珊瑚礁出现大规模白化现象。

我国珊瑚礁面积约占世界珊瑚礁总面积的 13.5%，其现状也不容乐观。2016年 4 月，为加强珊瑚保护，中国绿发会联合海南南海热带海洋研究所设立了永乐环礁珊瑚保护地。保护地致力于培育珊瑚、修复近海海洋生态。2019 年，海南南海热带海洋研究所发起了"百万珊瑚种植"计划，希望通过珊瑚育苗技术，在海南沿海海底种下百万株珊瑚，以为珊瑚保护提供强有力"资源库"。截至 2024 年 5 月，保护地负责人带领团队已在海南三亚凤凰岛、西沙鸭公岛和全富岛、三亚崖州湾等地自然海域，完成了近 70 万株珊瑚的种植。这个恢复增长计划在国际珊瑚种植技术及种群扩繁方面，均处于领先水平。

伊犁鼠兔保护地

伊犁鼠兔为国家二级保护野生动物，是我国新疆特有种，主要生活在天山山脉高寒山区，以雪莲、青兰、红景天、金莲花等高山植物为食。由于人为干扰、生存环境恶劣及天敌等因素，20 世纪其种群数量直线下降，1980 年被发现时，其种群不到 3000 只，20 多年后下降到不足 1000 只。

新疆精河县吉普克山区，是保护较好的一片伊犁鼠兔栖息地。为保护好这种鼠兔，2016 年 5 月，中国绿发会联合新疆环境保护厅、精河县有关部门，共同设立了精河伊犁鼠兔保护地。志愿者在鼠兔栖息地竖立起宣传警示牌，并定期开展伊犁鼠兔监测和巡护工作，不间断向周边居民宣传生态保护知识。2024 年 6 月，精河县公安局食药环大队与绿会精河伊犁鼠兔保护地联合开展巡护和野生动物监测工作时，利用红外相机成功拍摄到伊犁鼠兔行踪。保护地的建立，使伊犁鼠兔被更多人认识，对推动整个新疆天山的生物多样性保护起到了积极作用。

天水五小叶槭保护地

五小叶槭是中国特有的珍稀濒危物种。其叶型、叶色美丽独特，在国际园艺界被誉为"世界上最美的枫树"之一，又被称为"植物界的大熊猫"，对研究槭树科植物的起源和演替具有非常重要的意义，也是不可多得的城镇园林景观树种。

由于五小叶槭野生种群仅分布于我国四川省西南部雅砻江中游旱河谷地带部分区域，个体数量十分稀少，2014 年以前的不完全统计显示，当地野生种树只

有500株左右，属于极危物种。更不利的是，五小叶槭各个分布点相距甚远，都面临着严重人为活动干扰，包括牲畜啃食、森林砍伐、水电站和道路修建等威胁，残存的五小叶槭大多处在灭绝边缘。

为响应国家号召，加强对五小叶槭的保护，2014年11月，中国绿发会成立"五小叶槭工作组"，专门对五小叶槭野生种群进行抢救性保护。2016年，中国绿发会陆续在甘肃天水、兰州及内蒙古兴安盟开展了五小叶槭迁地繁育工作，并分别在当地设立了保护地。

以甘肃天水五小叶槭保护地为例。经过近10年培育，到2024年，该地区五小叶槭繁育基地面积达到30多亩，一年生和两年生的苗木达5万株左右。与此同时，保护地还与当地林业院校合作，研究并攻克了五小叶槭种子育苗出苗率低的关键问题，并在野外开展试验以增强五小叶槭在干旱、寒冷等恶劣环境下的生存能力。2023年，保护地启动了向外捐赠试种工作，2024年春，上海、济南、武汉、洛阳、广州、福州等地植物园，以及陕西省太白林业局、四川省农业科学院植物保护研究所等机构，陆续收到了保护地捐赠的五小叶槭苗木。

暗夜星空保护地

暗夜星空，指在没有或极少受到人为光源影响的夜空，人们能看到天空呈现出群星闪烁、银河浩瀚的壮丽景象。暗夜是天文观测的重要基础，对于天文学研究、宇宙探索等领域具有不可替代的科学价值。暗夜星空还为生物昼夜节律提供条件，影响着生物的活动规律。此外，暗夜星空对人类健康、文化发展、节能减排等方面也都有积极影响。

国际上暗夜星空保护工作起步较早，我国甚至整个亚洲对暗夜星空的关注比较晚，此前相关保护工作一直处于空白。从2015年开始，中国绿发会星空工作委员会在国内积极推进暗夜星空保护科普宣传，成为国内唯一倡导和推广暗夜星空保护的机构。2016年，中国绿发会在西藏阿里、那曲设立了暗夜星空保护地。2018年3月，中国绿发会星空工作委员会向世界自然保护联盟暗夜保护委员会推荐西藏阿里、那曲两个暗夜星空保护地进入《世界暗夜保护地名录》，填补了中国星空在此名录的空白。截至2024年7月，中国绿发会暗夜星空保护地增加至11个，分别位于江苏盐城野鹿荡、山西太行洪谷、江西上饶葛源、陕西照金、青海海西州冷湖、浙江开化、陕西留坝火烧店、黑龙江铁峰、内蒙古赛罕乌拉等地。

赛罕乌拉暗夜星空保护地

中国绿发会赛罕乌拉暗夜星空保护地，地处赛罕乌拉国家级自然保护区。该保护区位于内蒙古赤峰市巴林右旗北部，海拔1000米以上，总面积10万多公顷，保护区内生物多样性丰富，生态环境优美，空气质量极佳，视宁度与通透度极佳，光污染少，是大兴安岭地区夜空最暗的地方之一。

为加强对赛罕乌拉暗夜星空的保护，提升公众对自然的保护意识，2024年6月，中国绿发会决定在赛罕乌拉成立暗夜星空保护地，希望巴林右旗以暗夜星空保护地建设为契机，推动本地区生态文明建设，助力当地社会效益与经济效益的全面提升。2024年7月，保护地授牌仪式在内蒙古巴林右旗赛罕乌拉国家级自然保护区隆重举行，这是中国绿发会自2016年以来，建立的第11个暗夜星空保护地。

天津遗鸥保护地

遗鸥为鸥科鸥属的珍稀濒危候鸟、国家一级保护野生动物，是国际上极少被同时列入《迁徙动物公约》（MSC）和《濒危野生动植物种国际贸易公约》（CITES）的鸟种。目前遗鸥全球种群数量在12 000只左右，主要在我国渤海湾越冬，每年春季飞往我国西北部、蒙古国、哈萨克斯坦一带栖息繁殖。天津湿地资源丰富，是各种水鸟的重要栖息地。2012年，志愿者观察到近5000只遗鸥在天津越冬。

2016年，为加强对遗鸥天津栖息地的保护，中国绿发会设立遗鸥保护地，守护遗鸥迁徙。2019年夏季，保护地志愿者发现天津遗鸥最重要的栖息地——八卦滩挤满"赶海"的游客，担心破坏其栖息环境。接到报告后，中国绿发会先后两次派人赶往天津，在八卦滩现场开展宣传活动，劝告游人、设立宣传牌，并积极向天津市政府、《天津日报》及公安部门求助，希望共同采取措施保护这一片滩涂。经多方努力，最终成功保住了八卦滩遗鸥栖息地的自然环境。2024年，保护地志愿者反映：滨海新区八卦滩丰南界至永定新河河口区段沿海滩涂遗鸥数量明显少于往年。中国绿发会再次派人前往调查，并对影响该区段鸟类生存的"天津市海洋生态保护修复工程"提出相关建议，促使当地生态修复工程做好施工过程中的监测、评估工作，以减少对迁徙遗鸥的干扰。

青海湖中华对角羚保护地

中华对角羚是中国特有的珍稀濒危物种，曾广泛分布于我国西北部高原地区，如青海、西藏、新疆和宁夏等地。由于长期受到过度放牧、建立草原围栏、偷猎等人类活动影响，中华对角羚种群分布范围急剧缩小，1986年数量不足200只，只分布在青海湖周边。为保护中华对角羚，我国将其列为国家一级保护野生动物。

2015年初，有志愿者在青海湖周边多次发现中华对角羚尸体。中国绿发会对此多次致函有关部门，请求重视中华对角羚的保护和研究工作，并积极联系青海省林业厅、青海湖国家自然保护区管理局等部门，并在2016年6月，与中华对角羚发现者——"中国绿色年度人物"葛玉修合力推进设立保护地。此后，保护地志愿者常年开展栖息地巡护、野生动物救助、捡拾垃圾等工作，不但保护了青海湖地区的生态环境，也以此影响着周围的游客。随着民众对动物保护意识的增强，以及自然环境的改善，中华对角羚的种群数量也在不断上升。据青海省林草局发布的数据，截至2023年末，中华对角羚的数量已恢复到3400余只，拥有14个野外种群。

旅顺口东方白鹳保护地

东方白鹳为大型涉禽，国家一级保护野生动物，在《世界自然保护联盟濒危物种红色名录》中被列为濒危（EN）物种。它们主要在我国东北和俄罗斯远东地区繁殖，在我国长江中下游流域和东南沿海地区越冬，迁徙时经过黑龙江、吉林、辽宁、河北、天津和山东等地。

旅顺口区位于大连南部，地处黄渤海分界线，湿地资源丰富，是鸟类迁徙线路上的重要栖息地。从2010年起，每年冬天都会有东方白鹳来旅顺口区过冬；2023年冬天，该地迎来了100多只东方白鹳。在旅顺口区越冬的东方白鹳常常面临食物短缺问题，为加强对东方白鹳的保护，2016年7月，东方白鹳保护地在旅顺口设立。从此每年冬天在东方白鹳到来之前，保护地负责人都会带队巡护盐场虾塘，在必要时为东方白鹳提供食物补给。东方白鹳抵达后，保护地还要加强巡逻，防止人为惊扰，并同步开展记录、救护等工作。2020年6月，保护地就东方白鹳保护工作，向由生态环境部、辽宁省生态环境厅、大连市生态环境局组成的核查组进行了汇报。在保护地志愿者影响下，越来越多的村民认识并参与保护这一珍稀鸟类，东方白鹳的数量也逐年增多，成为远近闻名的自然景观。

天津东方白鹳保护地

2019年11月，在天津停留的东方白鹳遭遇了觅食的重大危机。中国绿发会得知此消息后，发起了爱心筹款，以帮助百余只无力迁徙的东方白鹳解决食物问题。收到筹款后，中国绿发会派人前往天津将善款交给保护鸟类的志愿者，并进行实地调查，了解东方白鹳缺食现状和原因。根据调查结果，中国绿发会在东方白鹳经停的重点区域设立了东方白鹳保护地。该保护地不仅守护天津市东方白鹳的栖息环境，同时兼顾唐山曹妃甸自然保护区等区域，形成东方白鹳保护联动机制。保护地重点关注东方白鹳栖息觅食活动，确保它们能在天津及周边地区安然度过每一天。2022年12月前后，志愿者在天津滨海新区宁车沽一带（包括北京清河农场）陆续发现有30余只东方白鹳死亡，根据推断，这种情况很有可能是由东方白鹳误食有害物质导致。保护地志愿者协助天津市规划和自然资源局、天津市公安局食药环总队、滨海新区农委及北京清河农场警方等相关部门，积极组织开展搜寻救助工作，并加大宣传力度。2023年，天津七里海湿地在迁徙季观测到的东方白鹳超过4500只。

腾格里沙漠湿地保护地

腾格里沙漠湿地保护地由中国绿发会在2016年设立。该保护地主要分为3个部分。第一部分为内蒙古左阿拉善左旗腾格里沙漠与宁夏中卫市北山区。这里分布众多小型湖泊，与草原、戈壁、沙漠形成独特的地理风貌，动植物资源丰富，包括金雕、大天鹅、荒漠猫、蒙古扁桃等多种国家重点保护物种。第二部分是从宁夏中卫市沙坡头水库至青铜峡水库的黄河流域。这里地势平坦，水流缓慢，形成了河心滩岛风貌，茂盛的植物、众多的水生动物，为迁徙的鸟儿们提供了重要的栖息地。第三部分为宁夏中卫市沙坡头区南部山区与海原县山

实践篇

区，这里生存着金钱豹、黑鹳、岩羊、黄羊、猎隼、苍鹰、金雕、猫头鹰等国家重点保护动物。此外，还有香山石马沟岩画、西夏石窟、明长城、烽火台等重要人文遗迹。腾格里沙漠湿地存在大量非法盗猎野生动物行为，保护地就是在此背景下设立的。

保护地成立后，为打击违法盗猎行为，保护地志愿者每月不定期巡护，协助当地执法人员开展工作。根据志愿者的工作记录，仅在2017年，就发现了十几起非法盗猎岩羊、黄羊等野生动物事件。除了打击非法盗猎行为，志愿者还密切关注当地的环境健康状态，并且随时反映和举报破坏野生动物生存环境的不法行为，有力保护了当地的自然生态。

马固古村保护地

马固村，号称"中原第一文物古村落"，位于河南省郑州市上街区峡窝镇，记载有上千年悠久文化历史。该古村落中流传下来的文物遗存非常丰富，包括著名书法家赵东阶、魏联奎、汜水知县潘思光的书迹在内的大量雕刻和书法艺术精品。

在全国第三次文物普查（2007—2011年）时，马固村有7处不可移动文物名列其中。2015年3月25日，马固村民住宅被整体拆迁，占地500余亩的村落变成一片黄土和废墟。整个马固村已不见踪影，7处不可移动文物被拆掉5处，在拆迁浪潮中，仅保留下了王氏家庙和马固关帝庙2处。2015年9月，中国绿发会对此发起国内首例保护不可移动文物环境公益诉讼。2015年10月，中国绿发会收到来自河南省郑州市中级人民法院的"受理案件通知书"。马固村文物损毁事件一时备受关注。2016年7月，这场公益诉讼终于有了阶段性成果，同年中国绿发会在仅剩的两个古建筑基础上，推进设立了马固古村保护地。2017年，在中国绿发会要求和监督下，当地在仅剩的2处文物原址建立了"马固民俗文化展示中心"，展示5处已经被拆除的不可移动文物残余构件，并通过激光投影技术，多方位讲述马固村的文化历史，发挥着文化存储和警示作用。

唐山水鸟保护地

唐山地处渤海之滨，滩涂湿地资源丰富，是东亚—澳大利西亚候鸟迁徙路线上不可替代的重要栖息地。每到迁徙季，数百万只鸟类齐聚在这里，其中，不乏东方白鹳、丹顶鹤、白鹈鹕、遗鸥等国家重点保护鸟类。近年来，由于人为活动影响，因中毒、受伤等需要救助的鸟类越来越多。2016 年，为加强对当地鸟类的保护，中国绿发会依托大清河鸟类救助站，设立唐山水鸟保护地。保护地日常工作主要包括巡护、鸟类生存状况调查、鸟类救助与收容、科普宣传等。随着保护工作的深入，经唐山水鸟保护地负责人救助放飞的鸟类越来越多。保护地救助站也从原本无人问津的鸟类"收容所"，变成了集鸟类救助、野化训练、科普宣教等为一体的"野鸟医院"和"爱鸟驿站"。截至 2023 年底，经保护地救助站成功解救、收养和放飞的野生鸟类百余种，数量上万只，其中还有东方白鹳、丹顶鹤、遗鸥、大䴉、天鹅等国家重点保护鸟类。

乌鲁木齐雪豹保护地

雪豹是高海拔地区的标志性物种，有"雪山之王"的美誉。因面临栖息地减少及非法盗猎等问题，其生存发展受到严重威胁，一度成为国际极危物种。

在我国，雪豹主要分布在青藏高原、天山等高海拔山地，为国家一级保护野生动物。2015 年，荒野新疆雪豹保护公益团队在乌鲁木齐南山地区记录到了十几只雪豹，这一调查结果让学术界大为震惊，因为这可能是记录到的离大都市最近的雪豹栖息地。因离人类活动较近，这群雪豹也面临人兽冲突所带来的危机。

为加强人、豹的"双安全"，中国绿发会于 2016 年，在乌鲁木齐河流域设立了雪豹保护地，并发起了"天山萌物雪大喵"腾讯乐捐项目，以支持和帮助当地的保护工作。保护地成立后，中国绿发会与天山东部国有林管理局、荒野新疆雪豹保护公益团队一同开展巡护、救助、监测等工作。在保护地及当地有关部门的努力下，雪豹数量与 2015 年相比明显上升。据 2020 年央视新闻报道，根据荒野新疆雪豹保护公益团队监测，新疆乌鲁木齐周边山区分布的雪豹超过了百只，其中仅南山区域监测到的雪豹累计数量就超过 60 只。

尤溪水松保护地

水松为柏科，属乔木，为国家一级保护野生植物。主要生于湿生环境，是仅分布于中国和越南的单种属植物。由于自然历史因素及受现代人类活动等影响，

水松种群数量不断减少,已处于濒危状态。在我国,水松主要分布在广东珠江三角洲和福建中部及闽江下游海拔1000米以下地区,零星分布于广西、江西东部、福建北部及西部、广东西部及东部和云南东南部。

尤溪位于福建三明市东部,是全国南方集体林区林业重点县和全国森林康养基地试点建设县。境内自然概貌为"八山一水一分田",生态资源十分丰富。2016年,中国绿发会在福建尤溪县台溪乡东山村和汤川乡山岭村设立了尤溪水松保护地,并于2017年在地方政府部门、主管部门、志愿者等见证下挂了牌。保护地主要开展栖息地调查、建立数据库、保护宣传、抚育研究等工作,对推动当地水松保护起到了重要作用。通过加强对野生水松群落的建设和保护,野生水松种群得到了稳定繁衍和发展。截至2022年,尤溪野生水松数量已达到97株,其中台溪乡东山村水松由发现时的13株增加至52株,汤川乡山岭村野生水松也由发现时的31株增加至35株。

青海古柽柳保护地

柽(chēng)柳,俗称红柳,在我国多分布于甘肃、内蒙古、宁夏、青海等地。柽柳具有耐旱、耐盐碱、耐湿等优良特性,是防风固沙的良材。树体一般比较矮小,直径30厘米已实属罕见。然而,在三江源保护区同德县境内分布着一个野生古柽柳林,林中的古柽柳个个如树中怪杰,几百株柽柳的直径超过了100厘米。这不仅在青海绝无仅有,在世界范围内也未见报道。2011年,中国科学院西北高原生物研究所和新疆生态与地理研究所等组成的考察队发现,古柽柳林地处海拔2660米以上的河滩潮湿沙地上,周边环境属于干旱的荒漠草原地带。整个林区面积60余公顷,其中核心区约16公顷。林中柽柳有数百株直径超过30厘米,其中超过100厘米的百年古树有300余株。

古柽柳所在的然果村从2010年起开始修建羊曲水电站,这片古树群正好位于水电站控制流域范围内。一旦水电站建成,它们将被彻底淹没,珍贵的资源将荡然无存。2016年,有消息称,古柽柳林因羊曲水电站库区的建设要被迁移,有专家质疑强行移植很可能使古树"全军覆没"。由此,古柽柳迁徙事件引发了社会的广泛关注。

为保护这片独一无二的自然遗产,中国绿发会迅速反应,于2016年11月设立了青海古柽柳保护地。保护地志愿者积极参与发声,督促当地保护好这片古柽柳林。此后，青海省林业厅、国家林业局组织有关专家在当地开展了调研工作，并经各方专家组调查评估、评审论证，青海省林草局于2018年公布了保护方案，方案认为拟淹没区的古柽柳适合移植，建议"迁地保护"。

修水南方红豆杉保护地

红豆杉，被称为"植物大熊猫"，是一种已有250万年历史的古老树种。20世纪90年代初，由于红豆杉被大量开发利用，其种群数量急剧下降。在我国，红豆杉主要分布于云南、江西、浙江、福建等地的亚热带或暖温带的阔叶林中。为保护红豆杉，我国将其列为国家一级保护野生植物。

修水县位于江西省西北部，是比较典型的山区县。境内多样的自然地貌孕育了丰富的生物多样性。为保护这一珍贵物种，2010年，修水县人民政府成立了油岭天然南方红豆杉县级自然保护区。由于修水县是贫困县，缺乏资金、人才等管理保障，红豆杉一直面临被破坏的威胁。2016年12月，在志愿者的推动下，中国绿发会修水南方红豆杉保护地正式设立。志愿者希望通过成立保护地，建设科普教育基地，让广大青少年从小就树立保护森林生态的理念，践行绿色发展之路。在保护地志愿者及多方的守护下，截至2024年5月，油岭自然村有39处红豆杉古树群落，12万余株不同年龄的红豆杉树。志愿者不断推动将油岭天然南方红豆杉县级自然保护区晋升为省级自然保护区、建立植物园等工作，同时，积极争取保护经费、参加国内外有关会议、定期巡护等，在提升油岭红豆杉的知名度方面，起到了重要作用。

西双版纳竜山保护地

"竜（lóng）林"是以箭毒木、龙果、橄榄等为标志的干性季节性雨林。在傣族文化中，他们将供奉祖先神灵的水源林敬奉为"竜林"，并以禁忌的方式阻止人们对森林和水源的破坏。保护"竜林"对传承民族传统优秀文化、保护生物多样性、建设城乡生态文明等具有重要意义。

云南西双版纳傣族自治州的"竜林"分布在该地区海拔900米以下的坝区及其边缘的低丘山地，普遍坐落在乡镇和村社的附近。然而，由于诸多原因，当地"竜林"面临着严重的威胁，其数量已从1958年以前的1000多处减少至如今的

实践篇

200多处，其面积也急剧缩小，亟须采取有效措施进行管理和持续保护。

2016年12月，在中国科学院西双版纳热带植物园许再富研究员的支持推动下，中国绿发会在西双版纳设立了竜山保护地，以推动当地"竜林"保护和修复，做好科普和文化宣传。2020年，中国绿发会向生物多样性和生态系统服务政府间科学政策平台（IPBES）提交了云南西双版纳傣族保护"竜林"的故事，向世界传播我国人民和地方社区参与生物多样性保护的"中国声音"。2022年，中国绿发会主办的《生物多样性保护与绿色发展》（*BioGreen*）期刊发表了许再富撰写的《云南西双版纳傣族"竜林"生物多样性保护建议》，该文详细阐述了"竜林"保护的重要性，以及保护建议。保护地工作的开展，有效提升了当地公众对"竜林"的保护意识。

木梨硔乡土文化保护地

安徽省黄山市休宁县溪口镇境内的木梨硔，是一处挂在悬崖上的古村落，常年云雾缭绕，有云海的日子一年里有上百天，被形象地称为"悬崖上的村落""天空之城"。村子三面悬空，翠竹环抱，至今未通公路，是黄山市海拔最高的一个自然村落，迄今已有400多年的历史，2013年被列入中国传统村落名录。村里共有住户52户、166人。2017年1月，为保护原土乡村文化、保持村落的自然风貌，中国绿发会设立了木梨硔乡土文化保护地。保护地成立后，木梨硔村统一发展思路，动员全村下力气保护传统村落的环境和乡俗，保持村庄肌理和徽派风貌不变，同时依托其独特的生态人文景观和云海奇观优势，全面发展乡村旅游业。

截至2024年7月，木梨硔村旅游业已在国内小有名气，村内共陆续开办了33家民宿，接待国内外慕名而来的游客，并吸引了不少青年人返乡创业。仅2023年，木梨硔村接待游客20多万人次。

上海南汇东滩滨海湿地保护地

上海浦东新区南汇东滩湿地有着典型的沿海滩涂湿地生态环境，是过境候鸟南迁北往重要的中转站。这里拥有众多珍稀鸟类，其中包括依赖湿地芦苇生存的国家二级保护野生动物震旦鸦雀。

从 2016 年底起，当地开始在南汇东滩堤内的湿地区域进行铲除芦苇、填埋湿地的施工行为，严重破坏了鸟类赖以生存的环境，这一事件引起了社会各界关注。2017 年 1 月，为促进湿地开发与生态保护更好地协同，在当地志愿者的申请下，中国绿发会成立了"中国绿发会滨海湿地保护地·南汇"，并对如何更好地保护原生湿地积极发声。2019 年 3 月，中国绿发会接到志愿者反映，称当地为完成林地建设指标，在临港地区的滨海湿地大面积种植单一杉树林。对此，中国绿发会受上海相关部门邀请前往实地调研，就原生湿地价值、当地区域规划调整等状况进行了充分交流，南汇东滩湿地的造林工作被暂停。

2021 年 9 月 1 日，国家林草局公开（针对）中央生态环境保护督察反馈问题的整改方案。在该方案中，再次要求对上海南汇东滩典型湿地加强监管，对"填埋湿地芦苇，种植杉树林"的行为进行整改。经过努力，在新一轮的高质量发展面前，南汇东滩的原生滩涂湿地被尽可能多地保护了下来，这对当地湿地资源的精细化科学利用和区域化的可持续发展具有积极意义。

呼伦贝尔兔狲保护地

兔狲是猫科兔狲属唯一的物种，是国家二级保护野生动物。分布在亚洲中部向东至西伯利亚海拔 4000 米左右的沙漠、荒漠、草原或戈壁地区，主要以鼠类、鸟类等为食。在我国，主要分布于西部和北部地区，其数量占据了全球兔狲种群数量的 50% 以上。由于人类乱捕滥杀、过度放牧等，导致兔狲的栖息地出现退化和破碎等问题，特别是 20 世纪中后期，人们大量捕杀兔狲以获取它们的毛皮，使其数量急剧减少。如今，在《世界自然保护联盟濒危物种红色名录》中被列为近危（NT）物种。

2017 年 2 月，中国绿发会在内蒙古呼伦贝尔市新巴尔虎右旗设立了兔狲保护地。这个保护地的志愿者主要工作是巡护、监测兔狲的动态，进行科普宣传和救助等，密切关注兔狲及其他野生动物的生存状况。2022 年 7 月的一天，保护地负责人在巡护途中，查看了一对在保护地范围内栖息了 10 余年的草原雕育雏情况；当时这对草原雕的 3 只雕宝宝已经长大了不少。据志愿者介绍，草原雕通常产卵 2 枚，而这对草原雕产了 3 枚并全部养活，实属罕见。保护地志愿者定期巡护并宣传，在推动当地兔狲保护、提升公众生物多样性保护意识等方面起到了重要作用。

实践篇

白洋淀白鹤保护地

白鹤，鹤科鹤属大型涉禽，在《世界自然保护联盟濒危物种红色名录》中被列为极危物种，是中国国家一级保护野生动物。白鹤的繁殖区在俄罗斯西伯利亚东北部，98%以上的白鹤在我国长江中下游的鄱阳湖及其周边湿地越冬。由于人类活动、非法捕杀等，白鹤种群数量一度下降，成为全球性濒危物种。

2017年3月13日，有野生动物保护志愿者在河北保定白洋淀湿地拍摄到白鹤活动的画面。得知此事后，中国绿发会迅速组建白鹤保护小组，第一时间联系了白洋淀当地志愿者，并赶赴白洋淀开展调查，及时设立了白洋淀白鹤保护地。保护地成立后，志愿者加强了湿地巡护工作，同时兼顾科普宣传，希望通过这些工作来加强对当地白鹤等鸟类的保护，提升公众生物多样性保护意识。2021年，北京林业大学组织开展了越冬白鹤调查工作，调查结果显示，在中国越冬的白鹤数量达5616只。白洋淀作为华北地区的重要湿地，为白鹤等水鸟提供了良好的栖息环境，该保护地的工作更加有助于当地鸟类及其栖息地的保护。

桐柏山流苏树保护地

流苏树是木樨科流苏树属落叶灌木或乔木，其树形优美，花朵雪白，观赏价值极高，为我国主要栽培珍贵树种。桐柏山位于河南南阳与湖北交界处，其主脊北侧大部分在河南省境内，为秦岭向大别山的过渡地带；千里淮河的发源地便位于此地。这里雨水充足，植被丰富，是很多野生动物的重要栖息地。在桐柏山，流苏树分布在海拔400～700米。由于乱砍滥伐、林地开发利用等，流苏树面临着严重的生存威胁。为保护流苏树，2017年3月，中国绿发会设立了桐柏山流苏树保护地，希望通过保护地的工作吸引更多的人关注流苏树，并加入桐柏山生态环境保护行动中来。

保护地成立后，志愿者积极与当地政府协调沟通，深化"生态立县"发展理念，并组织村民巡山护林，对护林员和村民义务护林队成员进行管理技术培训，采取疏密、培土、挖鱼鳞坑等保育措施，恢复了流苏树的生长空间，使桐柏山流苏树种群呈现出复苏之势。同时，他们在校园、社区等地开展了系列宣传活动，使流苏树被越来越多的人认识，对其保护的意识也随之不断增加。

盐城条子泥湿地保护地

条子泥湿地位于江苏省盐城东台市弶港镇东侧,是典型的淤泥质类型滨海滩涂湿地。特殊的自然条件让这里成了东亚—澳大利西亚(EAAF)鸟类迁徙线路上的重要停歇地。然而,由于条子泥湿地所在的江苏省东台市沿海被调出江苏盐城国家级珍禽自然保护区的缓冲区,条子泥湿地面临着"百万滩涂"围垦项目的威胁。

为保护这里的生态,2017 年 4 月,中国绿发会设立了东台条子泥湿地保护地。在随后的两年中,中国绿发会不断宣传、呼吁,推动这块重要湿地的保护及申报国际湿地的工作。经过中国绿发会等多方持续推动,在 2019 年 6 月召开的第 43 届世界遗产大会上,条子泥湿地作为中国黄(渤)海候鸟栖息地(第一期)核心区被正式列入《世界遗产名录》,成为中国第 54 处世界遗产,也是中国首个湿地类世界自然遗产。

信阳罗山鹭鸶保护地

鹭鸶是大白鹭、中白鹭、白鹭、牛背鹭、夜鹭、池鹭、苍鹭、绿鹭等鹭科鸟类统称,是生态系统重要的生物群体。在河南省南部的罗山县有一个水杉鹭鸶林,林下有杜堰河;其主林区和北部附属林区总面积约 6 万平方米,湿地 100 多亩。这里位于亚热带和暖温带的过渡地带,为各种鹭鸶提供了优良的栖息环境。然而,随着城市建设不断扩大,水杉鹭鸶林林区面积不断缩减,这些鸟类的栖息地也岌岌可危。

为保护这个自然生态系统,2014 年,罗山县政府将该处湿地规划为罗山杜堰河鹭鸶湿地自然保护小区。2017 年 4 月,中国绿发会联合志愿者在当地设立了罗山鹭鸶保护地。保护地成立后,志愿者在林地及周边地区开展了多项工作:开展春季义务植树造林、林地防火宣传、清理垃圾等活动;在鹭鸶繁殖季节,保证每天开展 3 次以上巡护;冬季则巡护罗山周边的龙山水库湿地、龟山水库湿地水鸟栖息地,清理违法鸟网,并举行了多次鸟类救助放飞活动;在宣传方面,定期会在社区、学校等公共场所开展爱鸟宣传等公益活动,同时利用网络媒体积极传播,扩大影响力。

保护地志愿者还定期开展巡护、调研、宣传、救助、环境保护及向管理部门

建言献策等工作，对当地鹭鸶及湿地保护起到了重要推动作用。2019年，罗山县委、县政府在湿地周边建设了600亩的带状公园，与杜堰河湿地连为一体，使林地的保护也有了更多的保障。经过多年不懈努力，保护成效日益明显。如今，有上万只鹭鸶来水杉鹭鸶林繁衍生息，罗山也因此成为国内人与自然和谐共生的典范。

蒸钵湖青头潜鸭保护地

青头潜鸭是雁形目鸭科潜鸭属的鸟类，是东亚地区特有的一种潜鸭。青头潜鸭在我国黑龙江、吉林、辽宁、内蒙古及河北东北部等地区繁殖，在长江中下游及福建、广东等沿海地区越冬。冬季常栖息于湖泊、水塘、河口和沼泽地；繁殖季分散于多芦苇、荷叶的池塘湖泊。青头潜鸭曾是一种分布广泛、十分常见的鸟类，但由于人为过度狩猎，以及栖息地环境恶化等，近30年，其种群数量急剧下降，全球种群数量仅为1000只左右。2012年被列为《世界自然保护联盟濒危物种红色名录》极危物种，我国于2021年将其列为国家一级保护野生动物。

蒸钵湖地处益阳南洞庭湖省级自然保护区与南县舵杆洲国家湿地公园之间，是洞庭湖中青头潜鸭分布最多的越冬地。有志愿者反映，蒸钵湖周边存在诸多不利于青头潜鸭生存的因素。为保护青头潜鸭，2017年，中国绿发会在蒸钵湖设立了青头潜鸭保护地，主要开展调研、巡护等工作。早在2015年11月，保护地负责人、沅江市环保志愿者协会会长便定期监测蒸钵湖青头潜鸭分布情况，一次性记录到的青头潜鸭数量最多有60只。2023年6月，志愿者发现3对青头潜鸭在保护地繁殖，蒸钵湖也成为有记录的、纬度最低的青头潜鸭繁殖地。

宝清水曲柳保护地

水曲柳，木樨科梣属的落叶大乔木，是第三纪孑遗植物，一般生长在山坡疏林中或河谷平缓山地。其分布范围极广，但具有不连续性，分布地跨越中国东北、西北部分地区，以及朝鲜、俄罗斯、日本等地。其中，中国东北是水曲柳的主要分布区，也是中心分布区。长期以来，由于水曲柳木材坚硬致密，纹理美观，是工业和民用的高级用材，导致被砍伐过度，数量日趋减少，大树在野外已不多见。在国内，水曲柳被列为国家二级保护野生植物。

2017年夏天，中国绿发会志愿者在距离双鸭山市宝清县城西南约60千米处的完达山区，发现了一片水曲柳集中分布区，那里不仅分布有大量的国家二级保护野生植物水曲柳、黄波椤、紫椴等珍稀树种，林下还分布有血见愁、白鲜等大量山药材，生物多样性非常丰富。同时，志愿者也发现这一带存在比较严重的盗伐树木、过度放牧、过度毁林种地等问题，于是向中国绿发会提出申请设立水曲柳保护地，以保护这一片难得的野生水曲柳栖息地。

宝清水曲柳保护地占地约1000多亩。保护地成立后，志愿者多次对包括水曲柳在内的当地珍稀树种进行调研，建立档案，并在保护地周边竖立起200多块保护警示牌，还对这一区域的生态环境开展定期巡护，说服当地百姓不再进入这一区域放牧。2017年，保护地还抢救性种植了1200多棵水曲柳，成活率达到95%以上。

经过志愿者的努力，保护地的森林生态系统已初步恢复：不仅水曲柳的盗伐得到遏止，黄波椤、紫椴、山槐等原土树种也生长良好，林中原已少有的平贝苗、龙胆草、玉簪花数量明显增多，由原先的1~2株稀罕少见，增加到200~300株成片生长。

诺木洪黑枸杞保护地

野生黑枸杞是青海荒漠戈壁地区主要建群植物之一，耐干旱、耐盐碱，是优良的防风固沙保持水土的植物资源，具有极高的生态价值。但近年来人为采摘行为泛滥，其种群数量逐年减少。在青海省西柴达木盆地，野生黑枸杞是濒危物种，也时常受到偷采威胁。如位于青海省海西蒙古族藏族自治州都兰县诺木洪村的野生黑枸杞产地，随着黑枸杞市场需求的增加，亟须采取有效措施进行有效保护。

中国绿发会于2017年在诺木洪设立了黑枸杞保护地，重点推动当地黑枸杞的有效保护。保护地志愿者每到8—10月枸杞的采摘季节，就会在诺木洪野生黑枸杞生长核心区及周边区域不定期巡护。诺木洪地区也采取了多种措施来保护野生黑枸杞资源，如划定保护区、限制采摘量、加强监管等，这些措施均有助于维护野生黑枸杞种群的稳定。2021年，黑枸杞被列为国家二级保护野生植物。

连云港伪虎鲸保护地

伪虎鲸，属国家二级保护野生动物，是海豚科伪虎鲸属下唯一的一种哺乳动物。其广泛分布于除北冰洋外的世界各大洋，主要生活在热带或温带海域。在中国，它们主要分布于渤海、黄海、东海、南海和台湾海域。

江苏省连云港市境内的灌河口，水量丰富，河道宽阔，入海口处呈喇叭形，是苏北境内唯一没有建闸的一条天然潮汐河道。历史上，每年春季灌河口常有伪虎鲸出没。2017年左右，随着灌河口地区的工业迅速发展，不少企业出现偷排废水、随意倾倒废料等现象，使得灌河口水质急剧变差，伪虎鲸出现次数也越来越少。2017年11月，当地志愿者向中国绿发会申请设立了伪虎鲸保护地。保护地成立后，志愿者通过走访周边居民和渔民，记录有关伪虎鲸的故事，以及定期探访当地工业园区的污染情况，及时举报污染行为，发布调研报告，督促当地生态环境改善。在当地政府部门和志愿者共同努力下，2020年9月，灌河口再次一次性出现了20条伪虎鲸洄游，它们在消失多年后，又重新回归了这一海域。

2022—2024年，由于灌河内通航的大船增加，伪虎鲸每年洄游只是来到灌河口，并不进入灌河。志愿者对这一方圆20多千米的海洋生态环境进行保护，每年组织开展2~3次的清洁海滩行动，举报禁渔期违规电鱼行为，参与每年候鸟迁徙季的保护宣传活动，以尽力保持和维护伪虎鲸洄游区域的安全栖息环境。

中卫黄羊保护地

黄羊，即蒙原羚，是牛科原羚属动物。全球范围内主要分布在中国、蒙古国和俄罗斯。由于人类活动的影响，黄羊已成为世界濒危物种。20世纪初，曾广泛分布于我国内蒙古草原、黑龙江、吉林、河北，以及我国西北地区的陕西、宁夏、甘肃、新疆等地；20世纪60—70年代，黄羊在黑龙江、吉林、河北等地相继消失。现仅分布在中蒙边境地区。

为保护黄羊，我国将其列为国家一级保护野生动物。在宁夏地区，有一片20万亩的公益林。林地及周边湿地组成的生态系统是众多野生动植物的栖息地，其中就包括多种国家重点保护野生动物，如黄羊、白琵鹭等。志愿者希望社会各界关注这片林区，同时参与保护林区中的野生动植物。2018年1月，为支持对黄羊等众多野生动物的保护，中国绿发会积极与中卫市接管林地的野生动植物保护协会联系沟通，设立了中卫黄羊保护地。保护地成立后，志愿者坚持定期巡查，打击非法偷猎行为，开展救助等，有力保护了黄羊及其他野生动物繁衍生息的自然环境。同时，他们还定期开展相关的科普宣教活动，提升当地公众野生动物保护意识。

蓝山千年鸟道保护地

湖南省永州市下辖的蓝山县，处于我国候鸟迁徙通道上，每年2—3月及9—11月的迁徙季，有数十万计的候鸟在此北归南迁。因候鸟聚群数量大，这里被称为"千年鸟道"，是全国有名的候鸟观察地之一。

每年冬春密集的候鸟过境，也吸引了不少人前往盗猎。2012年，一部反映湖南省罗霄山脉"千年鸟道"上杀戮行为的纪录片——《鸟之殇，千年鸟道上的大屠杀》，揭开了部分捕鸟者疯狂猎杀候鸟的事实——盗猎者们用火枪、鸟铳、竹竿、大网等，为途经此地的候鸟布下天罗地网，造成大量候鸟死亡。

2018年3月，为保护候鸟，蓝山县环保志愿者协会向中国绿发会提出申请，要求在此地建立一个以保护候鸟为目的的保护地。保护地设立后，每年候鸟迁徙季节到来时，便组织当地志愿者上山巡护，拆除捕鸟网，解救撞网或受伤的候鸟，加强对这一候鸟迁徙通道的保护。经过多年的持续努力，"千年鸟道"上的盗捕候鸟之风已经被遏止，这一曾经的高危风险点，已变成候鸟迁徙的安全通道。

常德中华秋沙鸭保护地

中华秋沙鸭是国家一级保护野生动物，在国内，它与大熊猫、华南虎、滇金丝猴齐名，是第三纪冰川时期孑遗物种。中华秋沙鸭生长于无污染的林区溪流中，是环境的重要标志物，被称为鸟类活化石。

2015年3月，常德市桃源县林业局野保站工作人员意外发现：有2只中华秋沙鸭出现在沅江桃源段戏水。2018年，桃源沅水国家湿地公园的相关人员再次发现：共有47只中华秋沙鸭在沅江段越冬。

2018年5月，当地志愿者申请设立了中国绿发会保护地，负责长期巡护中华秋沙鸭在沅江桃源段的栖息地，并开展系列保护行动：如组织志愿者对沅江水

域进行水质监测、清理回收江畔垃圾、巡查沅江沿岸污水排放情况，关注河道内非法采砂、内河养殖过度乱投肥料、沿江工厂的"三废"偷排等；一旦出现大批鸟类死亡等异常情况，会第一时间报警并报告相关部门及时处理；如果发现中华秋沙鸭受伤，则迅速予以救助。志愿者长期坚持活跃在沅江流域桃源段，他们每年定期开展净化江滩行动、对沿江养殖户进行宣传教育、推广并督促减少农药使用等活动，以多种方式综合保护这一江段的中华秋沙鸭栖息地。

惠州藏獒保护地

藏獒，是生活在我国青藏高原的一种特有犬种，也是世界上唯一被保存下来的原始巨型珍贵犬种，素有"犬界活化石"的美誉。2018年前，由于国内犬业管理无序，一部分不法商人培育杂交獒并炒作，误导市场疯狂炒卖。最疯狂时，一只藏獒的售价达到数百万元乃至千万元；2012年市场泡沫破灭后，又引发了一轮杂交獒犬的大屠杀，以致当时全球纯种藏獒数量不足千只。

2018年5月，为改变、扭转纯种藏獒数量剧减、种群遗传变异、基因变异失控、种群特征退化等危险态势，中国绿发会在惠州市横沥镇泰安村设立藏獒保护地，专门推进纯种藏獒的保育。当地志愿者为每只保育下来的纯种藏獒，建立了专属族谱，并进行DNA认证，推动构建中国犬种科学保种保育的方法和规范体系。从2020年起，保护地已融入惠州市打造国家级田园综合体行动之中，未来将在纯种藏獒保育基础上，进一步创建犬科动物基因院士工作站，建设中国犬基因库、中国犬博物馆、犬文化研学中心。

大连海水江豚保护地

东亚江豚，是最小的鲸目动物，是国家二级濒危海洋哺乳动物。它们通常分布于台湾海峡的沿岸海域（包括台湾西部沿海）、中国东海北部、环渤海和黄海的韩国和日本水域。大连《凌水县志》中记载，在七贤岭附近海域，历来就有东亚江豚游弋。2018年5月，大连志愿者建议将大连市南部海域的小平岛至棒棰岛之间，开辟为民间东亚江豚保护地。2018年7月，该保护地设立后，围绕海洋生物多样性保护、滨海湿地生态保护及鸟类保护，面对社会公众持续开展公益培训。2019年初，保护地开始密切关注海水江豚在大连及我国环渤海海域的生存状况，在4个月时间内，对我国沿海地区陆续死亡的33只海水江豚进行了死因调查，并与各地的海洋管理部门进行积极沟通，共同商量海水江豚的保护措施。

从2023年春天起，保护地将保护重点转向大连南部海域的天然牡蛎礁，并先后对当地沿海牡蛎礁开展了20多轮现场记录，通过宣传活动，让当地人充分认识到了滨海湿地潮间带的生态价值。2024年6月，经过大连市政府部门和民间保护地等的共同努力，在长海县广鹿岛镇附近海域，再次出现了约15只海水江豚追随船只前行的场景。

斑海豹保护地

斑海豹，又名西太平洋斑海豹，是唯一在我国海域进行繁殖的鳍足类海洋哺乳动物。斑海豹在全球共有8个主要繁殖地，其中，中国辽东湾结冰区是最南端的一个。近几十年来，因人类活动频繁、环境污染严重，斑海豹数量一度急剧下降。2006年统计数据显示，我国辽东湾斑海豹仅剩1000余头。辽东湾斑海豹数量较少且下降趋势较快，加上气候变化等影响因素，其保护工作更显迫切。2021年，新调整的《国家重点保护野生动物名录》将斑海豹由原来的国家二级保护野生动物升级为国家一级保护野生动物。

为保护斑海豹，中国绿发会先后在辽宁盘锦、大连、营口、旅顺，以及河北的北戴河和秦皇岛设立斑海豹保护地。2019—2020年，中国绿发会还参与并支持"构建黄渤海斑海豹海洋保护地网络"项目实施，在20多个省份的22个保护地开展了宣传和教育活动，并编撰发行了《碎冰上的斑海豹》一书。2022年6月，该项目被写入全球环境基金（GEF）官方结项报告，对我国的斑海豹保护起到了重要推动作用。

盘锦斑海豹保护地

斑海豹作为我国北方海域食物链顶端的旗舰物种，它们每年从12月开始，陆续从北太平洋寒冷水域洄游至我国辽东湾，1—3月繁殖产仔，停留至5—6月后北上离开。

辽东湾是斑海豹全球8个繁殖区中最南端的一个。2018年2月，辽宁盘锦申请设立斑海豹保护地，此后相继在辽东湾、环渤海湾一带的斑海豹洄游路线上，建立起大连、营口、旅顺、北戴河等多个保护地，沿途守护斑海豹的安全迁移。

2019年春节期间，保护地志愿者举报了当地100头斑海豹幼崽被盗猎一事，引起社会对这一物种的广泛关注。事实上，自保护地成立以来，每年斑海豹的洄游季，沿途志愿者都会积极救助落单或受伤的小斑海豹。其间，2020年8月底，中国绿发会大连斑海豹保护地还联合辽宁省海洋水产科学研究院、大连斑海豹国家级自然保护区等，对渤海湾及周边水域的斑海豹分布情况，进行了为期5天的实地调查。调查结果显示：在蚂蚁岛、虎平岛等附近海域，共发现23头斑海豹。2024年，盘锦斑海豹数量达到393头，斑海豹种群数量持续上升，洄游环境得到了改善和优化。

北戴河斑海豹保护地

秦皇岛市北戴河区，位于我国渤海辽东湾西侧，是国内外著名的旅游区，游客众多，随之而来的野生动物保护，尤其是海洋野生动物保护及科学救助问题也越来越迫切，特别是斑海豹。每年的1—3月是斑海豹的育幼期，受海流、海风等因素影响，易造成栖息在浮冰上的斑海豹幼崽与母兽分离，随海流漂浮或落入水中，最后在岸滩上被发现。

自2018年以来，每年春季北戴河区海岸经常有斑海豹幼崽出现。2023年2月下旬，有志愿者在北戴河区海滩上陆续发现了两头斑海豹幼崽。为补足该区域海岸线斑海豹保护空白，2023年3月，北戴河斑海豹保护地正式设立。通过保护地志愿者和社会力量对洄游通道和活动场所的保护，北戴河地区的斑海豹及其他海洋野生动物得到了有利的生存保障。

桐柏山中华蜜蜂保护地

中华蜜蜂是东方蜜蜂的一个亚种，别称中蜂、土蜂等，属于我国独有蜜蜂品种。它们是以杂木树为主的森林群落及传统农业的主要传粉昆虫。经过与本地自然的长期适应，中华蜜蜂已具备了适应性强、耐寒性强等优良特性。但因自然环境遭受破坏和外来物种入侵等影响，其野外种群数量不断下降。2009年有研究者发现，百年以来，中华蜜蜂分布区和数量减少75%以上。山林中几乎找不到野生中华蜜蜂蜂群，只是在西藏、云南、四川西部和部分南方省份还有零星分布。

为加强对中华蜜蜂遗传资源的保护，2006年，中华蜜蜂被列入农业部《中国国家级畜禽遗传资源保护名录》。河南桐柏山一带有多家蜂农，2018年9月，中国绿发会设立了桐柏山中华蜜蜂保护地。在该保护地主要开展调查、宣传、政策建议等工作，在提高中华蜜蜂关注度、加强中华蜜蜂资源保护等方面发挥了重要作用。截至2024年6月，桐柏山中华蜜蜂的蜂群数量由2018年的3000群发展到了5000余群。

密云中华蜜蜂保护地

北京密云地区属燕山山脉，早在300多年前就有中华蜜蜂的养殖历史记载。密云区优良的生态环境和丰富的蜜源植物为蜜蜂提供了充足的食物和理想的栖息地。随着生态环境的不断改善，20年前濒临灭绝的中华蜜蜂种群在密云已恢复到1.5万群。2023年5月，"中国绿发会中华蜂保护地·密云"在国家级中华蜂小镇冯家峪成立，以加大对中华蜜蜂的保护、研究和利用。保护地已建立了"中华蜂良种繁育基地"，组织开展专业蜂农培训200余户、建立专业的养蜂合作社，吸纳中华蜂保护人员近千人。

沈丘野大豆保护地

野大豆，豆科大豆属一年生缠绕草本植物，与农作物大豆是近缘种，国家二级保护野生植物。野大豆原产于中国，在黑龙江、河北、河南等地均有分布，具有一定的耐盐碱和抗寒性。由于在经济发展过程中，其栖息地大量丧失，并因其全株可入药被大量采挖，导致野大豆的野生植株急剧减少，趋于灭绝。

2018年11月，中国绿发会志愿者在周口市沈丘县槐园湖周边3平方千米范围内，意外发现成片分布的野大豆。为保护这一野生种群，志愿者申请设立了野大豆保护地，对其进行就地保护。2019年夏天，暴雨淹没了这片野大豆保护地。事后，志愿者没有放弃对当地野大豆的保护，而是继续在周边区域寻找野大豆的身影，并成功在沈丘县与淮扬县交界的沙颍河堤一带，再次发现近20亩范围的野大豆。2021年，在西蔡河流域，再次找到近3万平方米的野大豆分布地。

为保护这些珍稀资源，志愿者每年都会巡护野大豆生存区域，对当地放牧、割草的人进行宣传教育，说服当地人尽量留住这些野大豆资源。同时，保护地积极跟当地农业部门、公园管理部门等建立起良好的合作关系，共护当地的野大豆资源。截至 2024 年 7 月，沈丘野大豆保护地在西蔡河片区保护下来的野大豆长势良好，预计可采集 5000 克种子进入保护地自建的种质资源库。

自贡土著鱼保护地

镇溪河南方鲇翘嘴鲌国家级水产种质资源保护区位于自贡市富顺县，主要保护对象有南方鲇、翘嘴鲌，还包括国家二级保护野生动物胭脂鱼、大鲵，省重点保护动物石爬鮡，长江上游珍稀特有土著鱼类，如长吻鮠、岩原鲤、中华倒刺鲃及圆口铜鱼、蛇鮈、鳜黄颡鱼、乌鳢、鲤、鲫等。有志愿者发现，保护区管理站人员配备不够、管理装备数量有限，保护区及周边电捕鱼、绝户网捕鱼等非法捕捞活动屡有发生，水鸟盗猎现象也频频出现，甚至还存在砂石偷采、污水偷排等问题。

2018 年 11 月，中国绿发会支持志愿者参与保护，设立了自贡土著鱼保护地，希望以此调动民间力量守护自贡市富顺县沱江下游的各类鱼类资源。保护地志愿者在镇溪河保护区开展生态环境调研、不定期巡护等工作，对破坏水质、非法捕捞行为进行及时劝阻和举报等，对推动当地的生态保护、环境健康起到了重要作用。2021 年 9 月，自贡市农业农村局发布《自贡市长江流域禁捕水域垂钓管理试行办法》，明确将富顺县镇溪河南方鲇翘嘴鲌国家级水产种质资源保护区的核心区划为永久性禁钓区、禁止垂钓区。

乐清湾贝类保护地

浙江乐清湾是中国最大的贝类种苗养殖基地，拥有 33.1 万亩的海岸滩涂，生产的蛏、蚶、牡蛎三大贝类苗种，占据我国滩涂贝类苗种生产总量的 50% 以上，是东亚地区出名的"贝类苗种王国"，也是中国的"泥蚶之乡""牡蛎之乡"。然而，自 2015 年以来，因垦造水田及乐清市翁垟污水处理厂的建设等，乐清湾滩涂土地急剧减少。受沿海城市向海要地、围垦滩涂、发展工业，以及垦造农田、无序养殖、养殖排污等综合因素影响，这个全国最大的天然贝类苗种基地正在加速消逝。

2018年11月，中国绿发会根据当地志愿者的申请，批准设立了乐清湾贝类保护地。志愿者积极推动当地退耕还湿、退养还滩，使当地贝类资源及贝类产业得到保护。2019年，志愿者监督举报了翁垟污水处理厂因接受附近电镀园区排放重金属尾水而影响当地滩涂生态一事，引发社会广泛关注。自然资源部高度重视此事，派人亲往乐清湾实地调查。此后，乐清市政府决定让翁垟污水处理厂不再接受电镀园区的重金属尾水。

2024年6月，乐清湾贝类种苗养殖基地被成功保留了下来，但随着当地沿海工业园区的进一步发展，这一带的海岸滩涂依然面临着较大的生存压力，乐清湾贝类种苗养殖基地也面临着进一步退向更远海滩的可能性。

丛林岗大熊猫保护地

"国宝"大熊猫是我国特有的濒危物种。由于栖息地破坏、非法捕杀等原因，野生大熊猫曾一度濒临灭绝。近几十年，我国积极采取各种保护措施，来促进大熊猫野外种群恢复。2021年10月，我国设立了大熊猫国家公园，总面积达2.2万余平方千米，但只有大约70%的野生大熊猫得到严密的保护。据《全国第四次大熊猫调查报告》显示，四川省洪雅县境内有13只野生大熊猫，其中8只生活在四川瓦屋山自然保护区内，而其余5只生活在含丛林岗在内的周边区域。因为栖息地割裂、竹子生长周期等限制，小种群大熊猫面临可食用竹子匮乏的威胁。2009年，丛林岗社会公益型自然保护地创始人李永政等人开始探索建立对"零星熊猫"（特指尚未纳入国家大熊猫自然保护区的野生大熊猫）行林间守护的模式。

为更好地推动丛林岗区域以"零星熊猫"保护为范式的生物多样性保护工作，促进零星熊猫保护地周边社区壮大和绿色发展，2018年12月，中国绿发会批准当地志愿者的申请，在丛林岗设立了大熊猫保护地。保护地从组织建设、科学保护、社区发展3个方面，兼顾生态、经济、社会、文化等多个目标，通过争取"政企社校研"五位一体外部资源支持与内部建设相结合，搭建守护熊猫村"朋友圈"。为探索一条既保护大熊猫又促进社区发展的可持续之路，保护地负责人持续推动小种群大熊猫保护实践，还积极开展了"筹款熊猫村公益碳汇林"项目，加强巡护监测，开展公众倡导，发放熊猫奖学金及培育熊猫绣娘等多方面工作，

使更多的人加入对小种群大熊猫的保护行动中。

阳关沙漠堰保护地

阳关镇位于甘肃省最西端，是敦煌市偏远的乡镇，紧邻库姆塔格沙漠。近年来，随着全球自然环境变迁和人类活动影响，阳关镇罕见的内陆河流生态系统环境不断恶化，出现了植被衰亡、水位下降、洪水灾害频繁、土地荒漠化等生态环境问题，严重威胁敦煌地区可持续发展。

1986年，年仅24岁的何延忠在家乡永登县成立甘肃碧泊工业有限责任公司，2001年他带领专家和作业团队，来到我国第三大沙漠库姆塔格边，决心建立"祁连冰川高寒冷水鱼工业带"，之后在阳关镇开启了长达十几年的"沙漠都江堰"生态治理工程。经过数十年的艰辛努力，"沙漠都江堰"生态治理防洪固沙134平方千米，新增可利用的水资源2000多万立方米，形成了3道保护敦煌阳关的坚实生态屏障，受益保护面积900多平方千米。

"沙漠都江堰"项目的实施，耗时16年、投资8亿元，将沙漠逼退5.6千米，有效保护了当地生物多样性，带动特色农业发展，实现了生存、保护与发展并重，生态效益、经济效益与社会效益并举，凸显了治沙、驯洪、生态经济、富民等多重效益。2018年底，中国绿发会在阳关设立沙漠堰保护地，对改善湿地生态环境、拯救濒危物种、保存野生动植物种质的遗传多样性和栖息地、推动美丽敦煌建设起到了更加有力的作用。

皇家洞白鹭保护地

皇家洞行政村隶属于湖南省宁远县柏家坪镇，位于柏家坪镇河西五村的盆地之间，河西五村有由柏家坪镇最大的山间盆地开垦出来的水田，水田内小鱼比较多；西部有几万亩山区林地。村内没有工业污染，拥有良好的自然生态环境，非常适宜鸟类如白鹭等栖息与繁衍。

为加强白鹭等鸟类的保护，2019年5月，当地志愿者向中国绿发会申请设立了白鹭保护地。在保护地建立的同时，志愿者在保护地内开挖了供白鹭栖息的水塘，修建了两个生态小岛，供鸟类栖息繁衍，扩大了鸟类的生存空间。志愿者还通过定期巡护湖南皇家洞附近的河流、湿地，开展"畅飞"鸟类、野生动物普法宣教活动，协助相关部门打击非法猎捕、售卖及破坏生物栖息地的行为，提升了当地公众保护野生动物的法律意识和爱护自然资源的积极性。

小泊湖水源保护地

小泊湖湿地位于青海湖东湖东种羊场西北约6千米处，是青海湖水位下降后遗留下来的沼泽草甸湿地。这里分布着众多泉眼，是湿地水源所在地。周围还有草原、沙丘等独特的景观。湿地及丰富的植物资源为众多野生动物提供了栖息地，其中就包括国家一级保护野生动物黑颈鹤和中华对角羚。由于人类活动的持续影响，小泊湖湿地生物栖息地环境曾不断恶化。

经过当地志愿者的努力，近20年来小泊湖湿地环境整体有所改善，不仅野生动植物资源受到保护，中华对角羚数量也在不断上升。2019年5月，为加大对小泊湖湿地的保护力度，提升公众对小泊湖湿地保护意识，当地志愿者向中国绿发会申请在小泊湖保护站一带设立了小泊湖水源保护地。2022年，青海湖景区保护利用管理局积极探索和拓宽生态价值转化路径，设置自然教育课程，成功申报小泊湖等7处"国家公园示范省自然教育基地"。

浮山岭版纳鱼螈保护地

版纳鱼螈是蚓螈目鱼螈科鱼螈属物种。全世界有蚓螈目物种200多种，而我国只有版纳鱼螈一种，主要分布在广东、广西和云南的少数地区。版纳鱼螈对生存环境要求高，栖息于多水草的山沟、田沟岸边泥土中。近几十年，在人类活动范围的不断扩大等因素的影响下，版纳鱼螈的生存环境受到破坏，种群数量和活动范围也在不断缩小。2008年国家林业局进行的调查结果显示，版纳鱼螈全国数量约10 000条。2016年，它被《中国生物多样性红色名录——脊椎动物卷（2020）》和《中国脊椎动物红色名录》列为近危物种，2021年，被列为国家二级保护野生动物。

广东西部的浮山岭，生态系统保存较完好，动植物资源丰富，多种两栖爬行动物栖息在这里，珍贵的版纳鱼螈便是其中之一。然而，浮山岭地区距离市区较近，版纳鱼螈同样面临着人类活动的干扰，如栖息地破坏、电鱼威胁、人为误杀等问题，而且部分区域还有旅游开发的计划，版纳鱼螈生存受到的干扰也将随之增加。为保护版纳鱼螈，2019年，中国绿发会批准志愿者申请，在当地设立了版纳鱼螈保护地，通过一系列行动来提升公众对版纳鱼螈的认识，扩大了公众参与保护版纳鱼螈的范围。

余姚铁皮石斛保护地

野生铁皮石斛，有"九大仙草"之首、"药中黄金"的美称，具有极高的药用价值，是国家二级保护野生植物。《本草图经》中记载："石斛：唯生石上者胜。"由于野生铁皮石斛对自然生态条件要求极其苛刻、自然繁殖率又极低，早在20世纪80年代，铁皮石斛就被国家列为重点保护的珍稀濒危药用植物。

2012年，科研人员在浙江四明山脉的鹿亭乡，首次发现野生铁皮石斛。为更好地对野生源种苗进行保护、传承及发展，相关单位与浙江大学、浙江省农业科学院等展开科研合作，对野生铁皮石斛进行炼苗培育，同时主动与宁波市农林局、森林公安局及当地政府合作，共同保护当地野生资源。2019年6月，经浙江省林业厅批准，中国绿发会在余姚设立了铁皮石斛保护地。保护地日常除了监测当地野生铁皮石斛的生长环境、生长状况外，还保护其周边生态环境，有意培育新的铁皮石斛，使其野生种群得到稳步扩大。截至2024年，保护地野生铁皮石斛数量从原来的个位数，已增长至近百株。

天津低斑蜻保护地

低斑蜻，为蜻科蜻属中体型中等的一种蜻蜓。主要分布于亚洲东部。它们抗寒性较强，是春天第一批羽化的蜻蜓，通常栖息于低海拔的湖泊、水潭、水库等水质较好的静水水域，在水面附近的挺水植物上休息。21世纪初，由于人类活动和气候变化，低斑蜻种群数量急速下降，被《世界自然保护联盟濒危物种红色名录》列为极危（CR）物种。天津作为我国低斑蜻零星分布的省份，最近的一次记录是在2005年河北区张兴庄姊妹湖发现的。2019年，志愿者又在北辰区辰泰桥下一池塘意外拍摄到了几十只低斑蜻。

为了保护低斑蜻这一极危物种，中国绿发会联合当地环保志愿者在天津设立了低斑蜻保护地。之后，志愿者虽持续关注保护地的低斑蜻的生存境况，但这片池塘生态环境并不乐观，而且水位一直在下降，尤其在2020年情况极其严重。

志愿者发现，低斑蜻通常在池塘产卵，水位过低时恐怕影响到低斑蜻卵的孵化，进而导致居群无法维持。2020年6月，保护地志愿者在观察到池塘几近干涸时，多次向当地相关管理部门反映，此处为极危物种——低斑蜻的重要栖息地，希望紧急生态补水。虽然补水工作在完成时错过了低斑蜻繁殖期，但由于保护地成立，让更多公众认识了这一物种，因而起到了对濒危物种的保护作用。

广汉鹭鸟保护地

鹭鸟是鹭科鸟类群体的统称，广泛分布于全球各地，特别是在热带和亚热带地区的湿地生态系统中更为常见。在中国，鹭鸟也是常见的鸟类之一，包括白鹭、灰鹭、夜鹭、池鹭等，它们分布在各个省份的湿地和湖泊中，维护着生态系统平衡。

在四川省广汉市南丰镇双福村、距离鸭子河自然保护区直线距离5000米处有一片人工林。这片林地是林地主人于1998年租的苗圃基地。随着苗木的长大，林地吸引来许多鹭鸟在这里安家。原本计划做苗木生意的林地主人放弃了砍伐计划，将林地定位为人工林、保育地，林地也因此彻底成了鹭鸟的栖息繁殖地。

为了守护这片林地，林地主人一家从城市搬到了乡村，做起了鹭鸟等鸟类的守护人。2019年，中国绿发会在此基础上设立了鹭鸟保护地。为更好地掌握林地状况，保护地负责人及其家人每天都会到林子里巡护，查看这些鸟类的生存状况，观察记录鸟的种类，协助落巢的幼鸟回巢等。此外，为传播生态文明理念，2022年3月，鹭鸟庄园进一步向中国绿发会申请成立了鹭鸟广汉绿少基地，面向中小学生开展各种类研学活动，包括鹭鸟科普课、自然博物小课堂、鹭鸟庄园生物多样性保育工作、捡拾垃圾、古建筑寻宝、甲骨文艺术与生活美学等。2021—2023年，保护地观测到的鸟儿种类逐年增加，已记录到80余种。

罗山断板龟保护地

断板龟，即黄缘闭壳龟，属于国家二级保护野生动物。20世纪80年代之前，断板龟曾在河南省罗山县南部山区广为分布。但由于栖息地面积的减少、人类的过度捕猎，其数量迅速下降，现在人们只能在野外林边偶然看到断板龟的出现。

实践篇

2019年8月，中国绿发会在罗山正式设立断板龟保护地。保护地成立后，为了解罗山断板龟等动物分布及周围的生态环境状况，志愿者积极配合当地政府部门、联合社会各界，定期开展与断板龟等动物保护相关的调研、巡护和宣传工作。2020年7月至2021年6月调研期间，志愿者向村民了解到，断板龟在20年前比较常见，近年在彭新天竺村、黄寨、灵山镇附近及新县卡房等处被人捡到，但都难逃被贩卖的厄运，它们在这一片地区的生存环境仍面临着人为的严重威胁。为继续保护这一珍稀濒危物种，中国绿发会支持保护地志愿者持续开展调查和巡护，努力守护好这片珍贵的断板龟栖息地。

太阳岛外滩湿地保护地

哈尔滨太阳岛国家湿地公园，位于哈尔滨市松花江北岸，总面积超过1万公顷，湿地率达70%以上，其中包括国内少有的坐落于城市中心的江漫滩湿地草原型沿江生态区。这里生长着170多种野生动物、600余种野生植物。2019年，哈尔滨志愿者向中国绿发会申请设立太阳岛外滩湿地保护地，与当地政府部门共同开展湿地保护工作。

保护地成立以来，志愿者定期前往太阳岛外滩湿地进行生态巡护、科普宣传、拾捡滩涂垃圾等工作。同时，该保护地还联合中国绿发会哈尔滨松哈大湿地保护地，围绕每年的松花江禁渔，开展护渔、巡护、清理垃圾等工作，并协助相关部门联合保护湿地生态环境，有力推动了松花江沿岸的生态保护与绿色发展。

重庆荷叶铁线蕨保护地

荷叶铁线蕨，属于铁线蕨科铁线蕨属多年生常绿草本状蕨类植物，是铁线蕨科植物在亚洲唯一分布的单叶型植物，也是长江三峡库区的特有物种，为国家一级保护野生植物。由于野生种群自身繁殖慢，加之人为干扰等因素，这一野生物种濒临灭绝。

20世纪70年代，当地中草药调查队最早发现了在重庆万州区石柱县西沱等海拔200米左右的沿江岩石上有野生荷叶铁线蕨分布点。位于重庆市石柱县西沱镇的水磨溪湿地自然保护区，地处长江一级支流水磨溪两岸两千米范围内，属于三峡库区腹地，这里曾拥有全国唯一的、分布面积最大的荷叶铁线蕨群落原生地。然而，在2019年之前，保护区不断被开发利用，直到中央督查组发现问题时，保护区已有1/4的面积变成工业园区，超5000亩的湿地丧失生态功能。

2019年10月，中国绿发会在该保护区内设立了荷叶铁线蕨保护地，以期通过全社会力量挽救和恢复荷叶铁线蕨的自然栖息地。保护地在荷叶铁线蕨分布区外的100米范围内，建立了生态缓冲保护带，并设立了铁制围网和宣传警示牌，以加强对野生荷叶铁线蕨的保护。2023年5月，保护地与重庆市药物种植研究所合作，在前期对荷叶铁线蕨的生态环境、人工抚育技术、回归方法的研究基础上，进一步优选回归技术，以培育两年的孢子苗为材料实施野生境回归，目前已回归种苗500多株。

万市古银杏保护地

杭州市富阳区万市镇境内，历来多古树，在距离万市镇中心约12千米的杨家村，全村森林覆盖率达到85%左右，尤以古银杏树居多，分布面积有700多亩，村内百年以上的古银杏树有1400余棵。

2019年11月，万市镇向中国绿发会申请设立古银杏保护地。保护地设立后，在中国绿发会指导下，全镇对所有古银杏树进行了挂牌保护，并详细落实了每一棵古银杏树的保护措施和日常维护责任人。对于镇区内沿路沿线的古银杏树，则实施了重点保护和管理。同时，保护地同镇政府一起，连续多年举办银杏文化节，让这里的古银杏不仅成为国内难得的旅游景观，而且以活历史的身份见证并造福着今天的万市人。

合浦红树林保护地

红树林是生长在热带、亚热带海岸潮间带，由陆地向海洋过渡的一种特殊的生态系统，是海岸防护林、海洋生物繁衍栖息地，在维护近海生态安全和社会经济可持续发展中起到了重要作用。然而就是具有这样重要生态价值的生态系统，由于人类活动污染环境、开发利用及气候变化等，全球红树林面积在不断减少，过去40年间，就有20%的红树林消失。

北海市合浦县是广西红树林面积分布最大的县。为加强对合浦县红树林的保护，2019年11月，中国绿发会在当地设立了红树林保护地。志愿者主要开展巡

护、调研等工作。就在保护地成立的第 2 个月，志愿者发现有企业施工使得合浦部分红树林受损而枯死。在志愿者、媒体、主管部门等多方努力下，涉事公司进行了整改，并开展异地红树林造林工作。截至 2024 年 6 月，合浦县红树林面积达到了 4130 多公顷，相较之前扩大了约 12%。

西黑冠长臂猿保护地

西黑冠长臂猿是我国国家一级保护野生动物，也是《世界自然保护联盟濒危物种红色名录》极危物种，主要栖息于东南亚热带雨林、季雨林和亚热带中山湿性阔叶林中，为典型树栖小型猿类。在中国主要分布在云南中部的无量山和哀牢山，越南和老挝的北部有少量分布。

云南无量山，位于云南省普洱市景东彝族自治县，这里被誉为"中国黑冠长臂猿之乡"。当地的土著民族以自然崇拜为民族信仰，视西黑冠长臂猿为先人，世代守护这里的西黑冠长臂猿。

2020 年 1 月，中国绿发会在景东县设立无量山西黑冠长臂猿保护地，并积极向联合国生物多样性大会推荐当地彝族青年女歌唱家世代在村寨守护长臂猿的故事，传播来自中国的生物多样性保护的声音。近年来，无量山西黑冠长臂猿的种群数量呈现出稳中有升的趋势。2021 年 10 月，第 3 次无量山西黑冠长臂猿种群数量与分布调查结果显示，无量山西黑冠长臂猿已由 2010 年的 87 群 500 多只，增长到 101 群 600 多只。

民勤蒙古扁桃保护地

蒙古扁桃，别名山樱桃，国家二级保护野生植物。主要分布于内蒙古、甘肃河西走廊及宁夏等地，是耐旱的小灌木。民勤县地处腾格里沙漠和巴丹吉林沙漠之间，位于甘肃和内蒙古交界地带，荒漠化面积达 90%，是固守河西走廊的重要屏障。蒙古扁桃是民勤的荒漠地带广泛分布的一种稀有的落叶灌木，当地人称之为野杏树。2019 年，民勤县野生动植物保护协会在民勤县红沙岗的荒漠地带栽植了 8000 株蒙古扁桃，当年成活率达 70%，秋季进行了补栽。人工种植蒙古扁桃能改善荒漠地带的生态环境、遏制荒漠化进程，具有较高的推广价值和意义。

2020 年 2 月，中国绿发会在民勤县设立蒙古扁桃保护地。2020 年 9 月，保护地收到了演员关晓彤粉丝爱心捐助的150株梭梭树苗，当月中旬，志愿者来到择定的种植地点，在腾格里沙漠南缘与民勤交界的古浪县八步沙林场，完成先期的麦草压沙，10月底开展移栽种植。此次种植梭梭，助力了腾格里沙漠地区防沙治沙工作。

2022年，保护地的蒙古扁桃开始开花结果。从2020年2月到2024年7月，保护地负责人认真管护这片蒙古扁桃，每年秋季进行补种、新种，使最初的8000株蒙古扁桃扩种至20 000余株。

北戴河鸟类保护地

北戴河作为全球鸟类迁徙路线上的国际知名观鸟胜地之一，拥有丰富的鸟类资源。丹顶鹤、遗鸥、东方白鹳、震旦鸦雀、大杓鹬、大滨鹬等国家一级、二级保护鸟类常栖息在这里，此外，还有常见的麻雀、喜鹊、鸽子等鸟类。北戴河区生态科普教育基地于2015年12月设立，其以爱鸟、救鸟，维护生态多样性为宗旨。截至2020年，已救助受伤野生鸟类1500余只，其中不乏国家级重点保护动物。2020年1月，正式成立北戴河区野生动物救助站。2020年2月，中国绿发会收到北戴河区生态科普教育基地的申请，在这里设立了北戴河鸟类保护地，以支持和助力当地野生动物保护及宣传科普寓教工作。2021年6月，秦皇岛市林业局将保护地设置为秦皇岛市鸟类收容救助站。保护地主要开展鸟类救护、收容、疫病监测和栖息地保护、鸟类和栖息地保护宣传科普教育、鸟类救护相关技术的研究与推广等相关工作。多年来，志愿者始终坚持救助野生鸟类工作，及时回应和参与当地及周边地区的救助信息和救助行动，并通过举行野生鸟类放飞活动、宣传鸟类保护知识等形式爱鸟、护鸟，号召公众积极参与到保护行动之中。

林甸丹顶鹤保护地

丹顶鹤为国家一级保护野生动物，是全球性珍稀濒危物种。全球种群数量约为3430只，主要分布于中国、俄罗斯、韩国、朝鲜和日本。在我国，丹顶鹤繁殖地分布在东北地区，包括松嫩平原、三江平原、辽河平原和呼伦贝尔草原的额尔古纳河流域。越冬于江苏沿海、山东黄河三角洲、辽宁辽河口等东部沿海地区。黑龙江省大庆市林甸县境内分布有部分扎龙国家级自然保护区，湿地资源丰

富,丹顶鹤、灰鹤、白鹤、鸳鸯、白鹳、中华秋鸭等 190 余种珍禽栖息在林甸。

为推进并落实当地丹顶鹤等珍稀濒危物种保护工作,2017 年 4 月,中国绿发会设立林甸丹顶鹤保护地,以吸纳当地农户、渔民等更多的社会力量加入志愿者队伍,共同参与对丹顶鹤等珍稀鸟类的保护。随着当地保护工作的深入,每年飞来林甸栖息繁殖的丹顶鹤数量呈上升趋势。据保护地负责人观测,2023 年繁殖季初期,到林甸繁殖的丹顶鹤数量就有 100 多只。随着丹顶鹤等鸟类数量的增加,保护地工作也越来越重要。

威宁黑颈鹤保护地

黑颈鹤,是中国特有物种,国家一级保护野生动物,被民间喻为"高原神鸟"。它是世界上唯一一种生长、繁衍在高原的鹤类,也是全球发现最晚的一种鹤类。黑颈鹤的越冬地主要集中于西藏、云南、贵州等;繁衍地集中于青海玉树、治多、扎多、曲麻莱、称多,以及西藏、四川、甘肃和新疆等。

草海湿地位于贵州省威宁彝族回族苗族自治县,地处云贵高原中部顶端的乌蒙山麓腹地,是长江支流金沙江上游的一处淡水补给湖泊,为典型的高原湿地。每年会有千余只黑颈鹤到草海越冬,它们通常以家庭为单位组成小种群,数量在几十只甚至上百只,分布在草海各个沼泽地带。这些沼泽地带大多处于人为活动无法干预的地方。

2020 年 3 月,中国绿发会设立威宁黑颈鹤保护地。保护地志愿者以黑颈鹤及其他栖息在草海湿地的候鸟为主要保护对象,积极配合当地政府治理草海生态环境,对每年前来越冬的黑颈鹤种群状况进行实时监测,并长期围绕草海湿地周边河流污染、生态环境变化等开展调查。志愿者的工作得到了当地政府部门及群众的认可和支持。2023 年 1 月,在草海越冬的黑颈鹤数量有 2588 只左右,比 2022 年初增加了 400 多只。

金沙岛鹤类保护地

金沙岛位于河北唐山乐亭县,属近岸海岛,紧邻唐山菩提岛诸岛省级自然保护区。岛上植被主要以自然演替的灌木和草本植物为主,陆域区域四周是潮间带滩涂湿地。独特的自然地理条件使这里成为水鸟,尤其是珍稀濒危鹤类的栖息地和越冬地。在此地被发现的有白鹤、丹顶鹤、白头鹤、灰鹤等鹤类的迁徙种群，以及灰鹤的越冬种群。金沙岛以前没有任何保护机制，受旅游开发、围垦养殖的威胁较大。岛上陆域地广人稀，是盗猎的高发区，经常出现利用电网、鸟网、猎犬等盗猎的不法行为，加之环岛周边潮间带的滩涂采集和捕捞海洋生物的现象也比较严重，这些问题对潮间带湿地生态功能和鸟类生存均造成一定影响。

为更好地保护金沙岛复合型湿地生态系统及重要的鸟类栖息地，2021年7月，中国绿发会设立金沙岛鹤类保护地。保护地志愿者通过定期开展鸟类调查监测、反盗猎巡护工作，针对迁徙期、越冬期和繁殖期盗猎伤害对象，制定有针对性的巡护方案，与执法部门联合行动，有力打击盗猎。同时积极开展面向民众的自然教育与社区宣教活动，提升了公众与本地社区对鹤类及其栖息地的保护意识。

曹妃甸丰年虫保护地

丰年虫，又名卤虫、丰年虾、盐水虾等，是一种世界性分布广泛、耐高盐的小型甲壳动物，属盐水丰年虫科动物。丰年虫既是全球养殖业的基础性饵料，又是野生鸟类的重要食物来源，同时还是一种能够有效净化水质的海洋生物群种。20世纪80年代，渤海湾一带适合丰年虫生存的空间在9500公顷以上。改革开放后随着社会经济发展进程加快，到2020年时，这一带丰年虫的生存空间已不足2800公顷，其中，最适宜生存面积已不到900公顷，有效生存空间主要集中在曹妃甸湿地范围内，其种群分布量占到整个渤海湾丰年虫品系的95%以上。

2020年3月，中国绿发会设立曹妃甸丰年虫保护地，以加强对丰年虫栖息地的保护和管理，防止非法占用和破坏。保护地志愿者实地调研了解曹妃甸湿地的丰年虫资源状况，制定相关保护措施，定期开展丰年虫养护与监测工作，广泛进行丰年虫生态价值和保护重要性的科普宣传，并向曹妃甸湿地保护区管理部门建言献策，使这一区域丰年虫的生存和繁殖状况得到明显改善。

漳河峡谷黑鹳保护地

黑鹳，大型涉禽，繁殖地分布于欧亚大陆，越冬地可达非洲中部、印度、中国南方。黑鹳栖息于河流沿岸、沼泽地区、池塘、湖泊及水库等水域，主要以鱼

实践篇

类为食。在俄罗斯东部和中国繁殖的种群,每年秋季9月下旬至10月初开始南迁,主要迁到我国长江以南地区越冬。黑鹳全球数量2000只左右,在中国分布1000只左右,数量比大熊猫还稀少,被《世界自然保护联盟濒危物种红色名录》和《国家重点保护野生动物名录》列为国家一级保护野生动物。

漳河峡谷,即邯郸涉县合漳乡至安阳县都里镇一段,是河北邯郸和河南安阳的界河,是"澳洲—东北亚"候鸟迁徙中线的重要通道,是典型的千年鸟道,有部分黑鹳在这里栖息。然而,漳河峡谷的黑鹳种群面临人鸟争地、争水,栖息地环境污染严重,盗猎猖獗等问题。2020年4月,中国绿发会携手安阳共同家园野生动物保护协会设立了漳河峡谷黑鹳保护地,旨在推动邯郸和安阳建立跨区域、跨流域联动保护机制,以达到保护该地块内以黑鹳为主的所有野生动物及其栖息地的目的。

保护地成立后,志愿者持续打击非法猎捕及其他破坏生态行为,尤其关注围垦湿地、挖沙采石和建设项目对漳河峡谷鸟类栖息地的影响,以确保经停鸟类有安全的觅食环境。2022年安阳开展鸟类同步调查监测工作,调查发现,漳河峡谷四季都有黑鹳出现,其中秋冬季出现的种群数量较多,最多时监测到14只黑鹳。2023年,漳河峡谷国家湿地公园开展河南省野生动物放归大自然活动,将3只被救治康复的黑鹳放归大自然。

白洋淀安新湿地保护地

白洋淀,由河北保定市、沧州市交界的143个相互联系的大小淀泊组成,是华北平原最大的淡水湿地系统,素有"华北明珠"之称,对维护华北地区生态环境具有不可替代的作用,被誉为"华北之肾"。

2002年,白洋淀被列为河北省湿地自然保护区。2019年前后,淀区内各种人类活动较为活跃,依然存在捕杀野生鸟类、偷鸟蛋、大面积盗挖芦苇、采挖野生荷花、非法捕捞鱼类等行为。2020年3月,中国绿发会批准安新县志愿者申请,设立白洋淀安新湿地保护地。

保护地成立后,志愿者与当地政府部门积极互动,在每年候鸟季前后都会组织人员对淀区越冬的野生鸟类、其他淀区重要的动植物等开展保护行动。平时,志愿者团队除在淀区周边进行多样化的生态保护宣传外,还长期与当地农业部门共同巡护淀区,一旦发现有盗挖芦苇、荷花、蒲草等自然资源者,第一时间劝阻并向相关部门举报。此外，志愿者还协同政府部门对淀区内所有的养殖户进行登记，对之进行生态保护和可持续利用与发展方面的培训，助推白洋淀区生态保护质量的持续提升。

石家庄崖沙燕保护地

崖沙燕又名灰沙燕，是国家"三有"保护鸟类。其背羽呈褐色或砂灰褐色，通常成群在接近水源的沙崖上筑巢，被称为"崖壁建筑师"。崖沙燕尤其善于捕捉接近地面和水面低空飞行的昆虫，能保护庄稼、减少害虫侵扰，维护人类粮食安全。

每年4—6月是崖沙燕的繁殖期。2020年2月，石家庄元氏县的槐河正在进行河道整治，崖沙燕居住的几处沙岛是首要的治理对象。在槐河湿地巡护的志愿者发现，有施工队已经开始准备推平沙岛，他们立即呼吁、制止并极力联系各方，希望河道治理工程能给即将回来的崖沙燕留下生存的空间。中国绿发会得知消息后积极介入，在与当地多部门交涉后争取到两个面积比较大的沙岛供崖沙燕栖息。为持续关注和保护崖沙燕，中国绿发会随后设立了石家庄崖沙燕保护地，以守护石家庄槐河、滹沱河等地的崖沙燕栖息地安全。

繁殖季到来之前，志愿者协同当地相关部门整修崖沙燕筑巢的沙岛崖壁；到了繁殖季节，加强日常巡护、宣传。在保护地志愿者的努力下，石家庄崖沙燕知名度逐渐提升。2024年上半年，保护地负责人在槐河湿地巡护时发现崖沙燕未能如期回来繁殖，中国绿发会接到反映后，于7月组织生态保护领域专家进行专题讨论，并迅速在河北、河南、北京等崖沙燕栖息地展开食源昆虫调查工作，促使问题得到较快解决。

连云港震旦鸦雀保护地

震旦鸦雀，全球性近危物种、中国特有种。因其古老、神秘，且数量极为珍稀，被誉为"鸟中熊猫"。震旦鸦雀分布于中国东部及东北至西伯利亚东南部，在中国境内有2个亚种，仅分布于黑龙江下游及辽宁芦苇地和长江流域、江苏沿海的芦苇地。在江苏连云港临洪河口湿地，多的时候一度可以形成规模上万只的鸟浪。

实践篇

为防止因耕地开垦、收割芦苇、打采苇叶及垃圾污染而使传统栖息环境继续遭受威胁，2020年4月，连云港志愿者向中国绿发会申请设立了震旦鸦雀保护地。现在保护地志愿者每年从夏季开始，依循鸟类迁徙规律集中到洪河口各大水域开展鸟类巡护工作。秋季则重点针对各种形式的捕鸟网进行清除，并跟当地林业部门、公安部门一起举办爱鸟护鸟知识讲座等科普活动，共同保护以震旦鸦雀为代表的洪河口湿地生态环境。

2022年12月，保护地志愿者在连云港市临洪河口湿地公园，一次就记录到上千只震旦鸦雀来此栖息。经过当地政府部门和保护地多年的共同努力，目前连云港临洪河口湿地的生态环境得到明显改善。

滹沱河湿地保护地

滹沱河发源于山西繁峙县，自西向东蜿蜒于太行山峡谷间，冲进华北平原，东奔入海。自20世纪80年代以来，随着经济发展，上游沿线各地用水需求剧增，河水全部被上游水库拦截，滹沱河彻底干枯。20世纪90年代末，石家庄滹沱河下游沿途的县（市）区，逐渐将生产生活污水排放到干枯的河道。随着时间的推移，污水在宽达3千米的河道上，形成一条约1米宽的水沟，每日接纳两岸约32万吨污水，河道也因此变成排污沟。

2007年11月，石家庄市启动了滹沱河段综合整治工程，一系列的有效举措改善了滹沱河流域水生态环境。2020年8月，中国绿发会设立滹沱河湿地保护地。同年11月，保护地获当地政府批准，同意成立滹沱河野生动物救助站。2022年，保护地志愿者滹沱河巡护里程近2万千米，拆除捕鸟网2000多米，救助了短耳鸮、长耳鸮、游隼、红隼、野生鸬鹚等少量国家一级、二级保护野生动物，无害化处理各种动物尸体百余只，发放宣传折页2000余册。志愿者还充分利用业余时间，开展巡河护飞、清捡垃圾、野生动物救助等系列活动，对发现的水环境污染、非法捕捞、非法采砂、非法倾倒垃圾、买卖野生动物等问题积极反映，并协助促进有关部门及时解决。

林州古腺柳保护地

腺柳，是杨柳科柳属的小乔木，而古腺柳是十分珍稀的植物，其存在对于保护生物多样性、记录文化历史、科学研究等具有重要意义。河南安阳市林州市姚村镇的三孝村，是著名河流洹河（安阳河）的源头。在三孝村村东有河南唯一的三河相交处，这里已形成一片天然湿地。2020年4月，河南省林业科学研究院古树专家董云岚带领的团队在洹河源头和三河相交处调研，发现野生腺柳（原变种）群落共有42株，其中百年以上树龄的有8株。野生腺柳群落里有最具代表性的3棵腺柳树：佛手柳、夫妻柳和三姊妹柳。2020年6月，中国绿发会在三孝村设立古腺柳保护地，2022年5月，更名为林州古腺柳保护地。

2021年6月，保护地的佛手柳被砍掉了大部分树冠，中国绿发会志愿者及时协助当地各政府部门开展联合调查，对破坏腺柳的村民进行严厉批评教育。该事件引起当地政府的重视，推动并落实了对佛手柳、夫妻柳和三姊妹柳古树名木挂牌保护的工作。2022年12月，中国绿发会致函河南安阳林州市水利局、林业局，建言在其河段整治计划中，尽可能保留腺柳野生群落所在的自然河段。之后，姚村镇政府收到林州相关部门传达的建议，并与志愿者开展了关于河道整治过程中如何保护古腺柳的讨论工作。保护地志愿者定期开展巡护、清理垃圾、科普宣传等活动，让更多的村民了解并参与保护野生腺柳及其生存的湿地自然生态系统。

中华穿山甲保护地

中华穿山甲属于穿山甲科穿山甲属，是一种珍贵的哺乳动物。全球共有8种穿山甲，在中国境内分布有3种穿山甲，分别是中华穿山甲、印度穿山甲和马来穿山甲。中华穿山甲曾在我国广泛分布，但因具有食用和药用价值而遭到猎捕，加之栖息环境遭到破坏，导致其野生种群急剧减少，现在仅点状分布在我国南方山地和丘陵中，被列为国家一级保护野生动物，也被世界自然保护联盟列为极度濒危物种。全球8种穿山甲同时被纳入《濒危野生动植物种国际贸易公约》附录Ⅰ，穿山甲及其衍生制品的一切国际贸易被严格禁止。

为进一步做好对中华穿山甲的保护，中国绿发会自2016年开始推进穿山甲保护地建设，同时开展穿山甲物种研究。2019年2月，中国绿发会与西交利物浦大学签署成立"中国穿山甲研究中心"的合作协议，围绕穿山甲的保护、救助、基因测序等开展科学研究工作。同年5月，中国绿发会在广东成立穿山甲救护康复野化中心。

实践篇

截至2024年8月，为保护中华穿山甲，中国绿发会先后建立了9个保护地，分别为麻林瑶族乡中华穿山甲保护地、广西中华穿山甲保护地、江西中华穿山甲保护地、北岸镇中华穿山甲保护地、勐腊中华穿山甲保护地、于都中华穿山甲保护地、浮梁中华穿山甲保护地、海南中华穿山甲保护地、金华中华穿山甲保护地。

江夏黑腹燕鸥保护地

黑腹燕鸥，国家二级保护野生动物，栖息于内陆河流、湖泊、水库和邻近的水田地区。在我国是旅鸟，分布在云南等地。2020年7月，中国绿发会志愿者在武汉江夏梁子湖一带发现种植的芡实吸引了大量黑腹燕鸥和长尾水雉在此栖息繁衍。志愿者从当地村民口中得知，此前这片湖区种的是莲藕，也就是近两年才改种芡实。芡实属于大型睡莲，叶面褶皱而多刺，叶叶相叠，是适宜水鸟的栖息地。2020年8月，中国绿发会在此设立了江夏黑腹燕鸥保护地。

保护地成立后，志愿者通过与当地社区充分沟通，使周边村民认识到这片湖区种植芡实带来的生态效益，共同保护这里的黑腹燕鸥和长尾水雉。2023年5月，保护地负责人与华中科技大学社会学系大学生科考团一行人来到江夏竹排咀进行科学考察，得知这片湖面因种植芡实影响水质已被禁种。此次考察记录到苇莺、竹鸡、金翅雀、水雉、小鹛鹛等鸟类，并未见到黑腹燕鸥。

北京槭叶铁线莲保护地

槭叶铁线莲是毛茛科铁线莲属小灌木，为北京特有植物种，常生于低山陡壁或山坡。槭叶铁线莲在未列入国家保护名录之前，被盗挖乱采的事件时有发生，加之山地生态环境严苛，其种群数量逐年减少，2008年它被北京市列为一级保护野生植物。

2020年，有志愿者反映，10余株长势粗壮的槭叶铁线莲被拦腰折断后带到上海某小区。中国绿发会对此高度重视，立即向北京市门头沟区和房山区公安部门，以及上海相关属地公安部门等举报反映，北京市房山区森林公安受理了此案。相关部门回应表示：因槭叶铁线莲的保护级别为北京市一级，尚未达到国家级重点保护植物，不属于森林公安管辖范围。

为进一步加强对槭叶铁线莲的保护，中国绿发会随即设立了北京槭叶铁线莲保护地。2021年,国家新发布的《国家重点保护野生植物名录》将其列为国家二级保护野生植物。2024年5月,北京林业大学沐先运教授团队在北京门头沟区斋堂镇等地开展野外调查时发现了密集分布的槭叶铁线莲,与此同时他们还与北京市有关部门联合进行了辖区内槭叶铁线莲资源本底调查工作。调查中发现,斋堂镇有5处槭叶铁线莲大面积种群,其中2处种群的个体数量均超过5000株,这一发现对保护该区域槭叶铁线莲种群具有重要意义。

绥化湿地保护地

绥化市位于黑龙江中部,松嫩平原的呼兰河流域。其东北部为小兴安岭山麓丘陵林地,西部为广阔的草原。境内水系发达,大部分区域位于松花江一级支流呼兰河流域内。充足的水资源、丰富的生态系统,孕育了多样的动植物资源,如国家重点保护动物东方白鹳、黑颈鹤、白琵鹭、大天鹅、紫貂、梅花鹿等。2021年2月,当地志愿者向中国绿发会申请设立了绥化湿地保护地。此后保护地的志愿者持续组织对陆地生态环境、水生生态环境,以及乡村人居环境等的保护工作,并积极配合当地主管部门开展护渔工作。

2023年,保护地共巡护呼兰河道约523千米,清理地笼300多个,其他网具几百条,举报多起非法捕捞案件。2024年,在黑龙江绥化禁渔期,志愿者共行驶约1万千米,清理近1000多件非法捕捞网具,解救放归渔获物累计4000多千克。保护地的工作有效维护了当地的渔业资源和生物多样性。

五常牛皮杜鹃保护地

牛皮杜鹃,又名黄杜鹃,花色独特,花朵静雅美丽。主要分布于我国东北长白山脉,是长白山高山苔原带生态系统的建群种。分布范围狭窄,野生资源极为有限。由于全球气候变化及旅游开发等人为干扰,导致牛皮杜鹃种群分布范围日渐缩小,已被列入《世界自然保护联盟濒危物种红色名录》易危物种。五常凤凰山位于黑龙江省哈尔滨市五常市,属森林生态系统类型景区,主峰海拔1696.2米,居长白山脉张广才岭之首。分布在这里的牛皮杜鹃经常受到人为干扰,牛皮杜鹃的枝叶经常受损。

2021年3月,中国绿发会在五常市设立牛皮杜鹃保护地。保护地成立后,

实践篇

志愿者定期开展巡护、监测、科普宣传等保护活动，并与当地政府联合，共同打击非法采摘、盗猎等行为，以确保牛皮杜鹃及其生存安全。每年6月，当牛皮杜鹃开始绽放时，保护地志愿者也迎来一年中最忙碌的时候，每天早出晚归不断向游客宣讲牛皮杜鹃的科普知识，这样的巡护工作一直到花期结束，大大提高了公众对这一珍稀物种的认识和自觉保护意识。

台山仙湖苏铁保护地

仙湖苏铁是国家一级保护野生植物，在《世界自然保护联盟濒危物种红色名录》中属极危物种，也被列入《濒危野生动植物种国际贸易公约》的濒危物种。仙湖苏铁，最早是由深圳仙湖植物园的王定跃博士根据该园的栽培种命名。1999年，人们首次在深圳市塘朗山发现集中分布的野生苏铁种群，这也是我国现存的面积最大的野生仙湖苏铁种群。

仙湖苏铁的野生种群，目前主要分布在广东、广西等地。由于人为过度采挖、栖息地破坏、地理隔离难以授粉等，仙湖苏铁处于极危状态，野生个体总数一度不足2000株。在广东，仙湖苏铁主要有3个分布区，分别是深圳、台山和阳江。其中，台山的仙湖苏铁是30年前由刘悦尧（现中国绿发会台山仙湖苏铁保护地负责人）在山里无意中发现的。为加强对这一区域野生仙湖苏铁的保护，2021年3月，中国绿发会在台山设立仙湖苏铁保护地。保护地负责人定期在仙湖苏铁各个分布点巡护，防止人为破坏，定期进行清除植株周边的杂草、驱除虫害等工作，促使仙湖苏铁更好地生长繁衍。近几年，保护地还与华南国家植物园合作，开展人工辅助授粉、采种、人工育苗等实验，已经成功繁育出40多株幼苗。2023年12月，保护地负责人在巡护时又新发现了7株仙湖苏铁成年个体和30多株幼苗。截至2024年3月底，台山野外仙湖苏铁单株数量约有600株。

格尔木藏羚羊保护地

藏羚羊属偶蹄目牛科藏羚属动物，是青藏高原特有的濒危物种，为国家一级保护野生动物。主要分布于我国青海、西藏和新疆地区。20世纪90年代，由于境外藏羚羊绒及其制品贸易的兴起，藏羚羊被大量猎杀并走私出境，其种群数量从20世纪60年代的100万多只下降到了90年代的6万余只。为守护这一高原精灵,我国通过建立保护区、成立保护管理机构和执法队伍、打击国际非法贸易等措施来保护藏羚羊。

格尔木位于青海省西部、青藏高原腹地,可可西里国家自然保护区就在其中。2021年,为守护这里的藏羚羊,中国绿发会设立了格尔木藏羚羊保护地,希望通过保护地带动更多的人关注并保护藏羚羊。随着我国一系列保护措施的实施及民间保护力量的参与,藏羚羊的野外种群数量已经明显恢复。

2024年4月,西藏自治区生态环境厅发布的最新数据显示,目前藏羚羊的野外种群数量已经增长至30万只以上。

杭州百丈野生杜鹃保护地

野生杜鹃,作为杜鹃花科杜鹃属的植物,是一类广泛分布于世界各地的观赏价值和生态价值兼具的植物。杭州市余杭区百丈镇千亩高山野生杜鹃林,位于海拔800多米的平天堂顶。平天堂是罗窑坞山体最高峰,高度为884.8米,登山需要从平天堂森林古道徒步。森林古道起于罗窑坞,止于九东山,主线路长度约8千米。沿着山道可见占地近千亩的杜鹃花如同赤色丝带,连接着百丈镇的泗溪村、仙岩村和溪口村。

2021年3月,中国绿发会在杭州百丈设立野生杜鹃保护地,这是对百丈镇高山野生杜鹃林进行专项保护的重要举措。保护地建立后,志愿者开展了多种多样的保护工作,如联系农林专家、设置游步道、督导和规范游客文明游览等,对更好地保护和宣传当地高山野生杜鹃林发挥了积极作用。2023年,百丈镇扎实推进美丽乡村建设,百丈杜鹃花盛开美景登上中央电视台《大美中国》栏目。2024年4月,百丈镇举办了为期一个月的"百丈看杜鹃"艺美乡村主题活动,带领游客沉浸式体验百丈之美。

刘公岛梅花鹿保护地

刘公岛位于中国东部山东半岛东端威海湾湾口,岛面积3.15平方千米,岛岸线长14.95千米,为威海市海上天然屏障。20世纪70年代初,刘公岛从外地引进了7只野生梅花鹿。这几只梅花鹿被放养在岛上,后来不断繁育成群。截至2021年7月,刘公岛上的野生梅花鹿数量已经从7只增长到了200只左右。刘公岛距离威海市较近,岛上梅花鹿被"偷渡"到市里的情况时有发生。

梅花鹿是国家一级保护野生动物,面对日益增加的鹿群,当地急需专业指导和资金保障。在此背景下,2021年7月,中国绿发会批准设立了刘公岛梅花鹿保护地,为当地提供保护野生动物的专业指导,让刘公岛成为一道美丽的城市风景线,实现人鹿和谐、生态威海。志愿者定期到岛上查看梅花鹿的生存情况,并用摄影器材记录野生梅花鹿活动实况,以期通过这些基础数据资料为刘公岛梅花鹿提供更多保障。

龙岩官庄花猪保护地

官庄花猪,因原产于福建省龙岩市上杭县官庄乡而得名,是福建省八大地方优良猪种之一,也是福建省29个地方畜禽品种之一,已列入《国家畜禽遗传资源品种名录(2021年版)》。2021年,龙岩上杭境内官庄花猪有公猪10头、能繁母猪120多头,生猪存栏700多头。但由于核心种群过小,达不到保种的最低数量要求,对长期保有该生猪品种非常不利,其遗传基因也濒临消亡的危险。经当地志愿者申请,2021年,中国绿发会在龙岩设立官庄花猪保护地。保护地成立后的首要任务,就是采取多种措施,联合当地有关部门共同开展本土猪种质资源的保护调查研究与产业扶持工作,确保官庄花猪种群的有效恢复与繁荣,做好福建农业种质资源保护,助力乡村振兴与生物多样性保护。

据上杭县农业农村局消息,截至2023年4月,当地建立了上杭傲农槐猪产业发展有限公司、上杭县官庄龙坑家庭农场和上杭县竹林人家家庭农场3个官庄花猪保种点,核心保种群由最初的6个家系6头公猪发展至11个家系17头公猪,官庄花猪的繁育保种工作进展顺利,积极扭转了官庄花猪存栏量逐年减少的局面。

连云港黄窝昆虫保护地

黄窝位于江苏省连云港市连云区。在云台山黄窝水库附近,有很多昆虫生活在这里,如蓝凤蝶、中华凤蝶、冰青绢蝶、天蛾箩纹蛾等。然而,随着昆虫爱好者、游客、昆虫收藏者等来客的干扰和捕捉,它们的数量不断减少。长此以往,将对当地的生态环境和生物多样性造成无法估计的影响。

2021年9月，中国绿发会在连云港设立了黄窝昆虫保护地，并联合当地志愿者开展生物多样性调查和收集昆虫资料的工作。保护地成立以来，志愿者定期巡护，开展宣传教育，利用照片、影片等形式，向公众展示稀有的昆虫世界，有效地提升了当地群众保护昆虫生物多样性的意识和参与保护的积极性。2022年8月，志愿者在黄窝水库用灯诱法开展了调查工作，现场观测到了12个目2000多只昆虫，此次调查填补了一些夜间活动昆虫生物多样性观测记录的空白。2024年4月，志愿者在黄窝昆虫保护地发现上万株蜈蚣兰及6只无趾弄蝶，丰富了当地的生物多样性数据库。

宾川朱苦拉咖啡保护地

朱苦拉咖啡，是法国天主教传教士田德能1904年（清光绪三十年）被派遣到云南省大理州宾川县境内传教，在到达朱苦拉村时引入种植的。朱苦拉咖啡属于云南老品种小粒波邦和铁皮卡咖啡，这种咖啡在云南已经很稀少了。

云南宾川县朱苦拉村，位于楚雄、大理、丽江3个州市的交界地，被金沙江支流鱼泡江环抱，这里有1113株古老的咖啡树，其中百年以上树龄的古咖啡树24棵。朱苦拉咖啡凝聚着百年历史文化，具有百年咖啡品牌的基因，被称为中国咖啡的"活化石"。

2021年9月，中国绿发会在云南设立宾川朱苦拉咖啡保护地，旨在挖掘好、保护好、开发好、宣传好、发展好朱苦拉咖啡文化的根与脉，通过对这一地区的生物多样性进行保护，为中国咖啡产业实现持续发展注入文化生命力，助力云南咖啡产业实现乡村振兴可持续发展。

截至2024年初，宾川县以朱苦拉为核心的咖啡产业初步形成，种植面积达到8000多亩，逐步成为山区民族地区群众脱贫与乡村振兴的优势产业。

日照中华凤头燕鸥保护地

中华凤头燕鸥，是我国国家一级保护野生动物，被《世界自然保护联盟濒危物种红色名录》列为极危物种，全球数量不超过100只，是世界上最濒危的鸟种之一。山东日照市地处黄海之滨，北接青岛，南临连云港，是鸟类迁徙通道上的重要栖息地之一。自2011年在日照首次发现中华凤头燕鸥以来，每年都会有中

实践篇

华凤头燕鸥来日照停歇,数量基本维持在10~20只。中华凤头燕鸥珍贵稀少,外表美丽,它们的到来,吸引了大批鸟类摄影爱好者前来观鸟、拍鸟。无序拍摄行为会干扰中华凤头燕鸥的正常活动。

为保护中华凤头燕鸥,2021年10月,中国绿发会在山东日照设立中华凤头燕鸥保护地,主要致力于保护以中华凤头燕鸥为代表的鸟类栖息地,提升公众对本地区候鸟的保护意识和关注度。随着当地保护工作的深入,现在日照的中华凤头燕鸥数量呈上升趋势:2022年发现了32只,2023年发现了46只,这也是近年来在日照地区观测到的最大种群。

辽阳苍鹭保护地

苍鹭,是大型水鸟,栖息于江河、溪流、湖泊等水域岸边及其浅水处,也见于沼泽、稻田、山地、森林和平原荒漠上的水边浅水处及沼泽地上,在中国几乎遍及各地。

在辽宁省辽阳市弓长岭区汤河镇瓦子沟村,苍鹭大规模在这里落户始于2017年,最开始时有百余只,到2022年已达上千只,苍鹭也成为汤河镇的标志性鸟类之一。汤河镇境内有苍鹭等鸟类140多种,其中国家一级保护野生动物2种,国家二级保护野生动物20种。每年春夏之季,大批苍鹭等鸟类云集此地,景象壮观,该镇政府于2020年7月专门设计修建了观鸟台。如今,这里已成为弓长岭区乃至辽阳市对外展示的新窗口和新名片。

2022年3月,中国绿发会在辽阳设立苍鹭保护地。截至2022年底,保护地志愿者在当地及周边区域开展护飞行动1000多次,累计巡护里程3000多千米,拆毁、处理捕鸟网、捕鱼网等设施700多处。每到苍鹭来临季节,志愿者也开始了他们的巡护、科普、宣传等工作,以守护这里的鸟类。当地政府部门和民间志愿者共同努力,维护该区域的生态环境,促进了人与鸟类的和谐共生。

池州月亮湖小天鹅保护地

小天鹅,是国家二级保护野生动物,生活在多芦苇的湖泊、水库和池塘中。在我国主要分布于东北、内蒙古、新疆北部及华北一带,在南方(湖北)越冬,偶见于台湾。

157

月亮湖湿地是镶嵌在安徽池州主城区的一颗璀璨明珠。每到冬季，大量的天鹅、长脚鹬、鹤鹬、绿翅鸭等候鸟都会前来栖息，是鸟儿们的天堂。2021年冬季，栖息于月亮湖湿地的小天鹅数量达到420只。2022年2月，中国绿发会在池州设立月亮湖小天鹅保护地。保护地成立以后，志愿者不定期组织开展对月亮湖湿地的巡护，走进湿地附近社区、小学等，结合"爱鸟周""湿地日"等重要时间节点，开展野生鸟类和湿地保护的科普宣传等活动。为减少人为干扰因素，志愿者会视情况对月亮湖湿地的小天鹅及其他野生鸟类开展救助和饲补。月亮湖湿地的鸟类数量在不同季节和年份有所变化，2023年冬季，在寒潮来临之前，监测到月亮湖湿地的小天鹅数量已达到400余只，且之后数量逐渐增加。

悠然台热带雨林保护地

悠然台位于西双版纳城北澜沧江畔，在海拔600米的山丘之上。早期的悠然台因不当的橡胶林种植，使得土壤酸碱失衡，水土流失不断加剧，导致该地生态系统遭到破坏。2003年，著名的瑞士籍生物学家博哲若来到西双版纳，租赁了这片橡胶林。经过多年的努力，博哲若运用生物学知识改变了橡胶林的面貌，让其恢复成为热带雨林群落，组成建群树种的乔木种类约300种，而其他的植物包括灌木、草本、藤本和附生植物也非常丰富。2022年2月，中国绿发会在西双版纳设立悠然台热带雨林保护地，以鼓励更多这样的生态文明建设的实践。

西双版纳悠然台热带雨林，是一个从橡胶种植园成功蜕变成热带雨林的典型案例。通过博哲若等科学家的不懈努力和辛勤探索，该地区实现了生态恢复和生物多样性保护的双重目标。如今，悠然台热带雨林已成为一个集科研、教育、旅游为一体的综合性自然保护区，为西双版纳的绿色发展之路贡献了重要力量。

开远华盖木保护地

华盖木起源于1.4亿年前，是中国特有的珍稀濒危植物，也是木兰科中最古老的单属种植物之一。因其数量稀少，被称为"植物中的大熊猫"，是国家一级保护野生植物，被《世界自然保护联盟濒危物种红色名录》列为极危物种。在我国，华盖木仅分布于云南局部地区，如西畴、马关等地。

2022年4月，中国绿发会设立开远华盖木保护地，其核心区域位于云南省

开远市昆河公路以东。保护地负责人熊学亮近10年来一直在此义务植树,后来又建立了苗木种植基地。经过多年的努力,原本光秃的荒山变成了大片绿意盎然的树林。目前基地共有40多个树种,其中不乏有很多名贵树种,华盖木就是其中之一。为保护华盖木树种资源,国家还在这一地区通过采取人工繁育和野外回归等措施加以恢复,国家林草局的监测数据显示,截至2024年3月,华盖木野外回归数量从6株增加到1.5万多株。

贾鲁河疣鼻天鹅繁殖保护地

疣鼻天鹅是国家二级保护野生动物,在我国于新疆、青海、甘肃、内蒙古等地繁殖,在长江中下游一带越冬。主要栖息在水草丰盛的开阔湖泊、河湾、水塘、水库、海湾、沼泽和水流缓慢的河流及其岸边等地。

贾鲁河是淮河的支流,也是郑州的母亲河。2020年春节前后,一对疣鼻天鹅飞临了郑州贾鲁河欢河村段,志愿者自发组织成立了疣鼻天鹅专业保护团队。为保障疣鼻天鹅安全栖息,志愿者组织开展冬季食物补给、清理违规渔具、劝停并防范人为干扰活动、轮班巡护等工作,并为它们建立人工浮岛,在河边种植芦苇、荷花和竹子等。2022年7月,中国绿发会在郑州设立贾鲁河疣鼻天鹅繁殖保护地,希望吸纳更多爱鸟人士加入贾鲁河疣鼻天鹅保护队伍。截至2023年,疣鼻天鹅在郑州北龙湖与贾鲁河繁殖成功13窝,共有疣鼻天鹅68只。保护地志愿者组织定期开展巡护、垃圾清理、科普宣传等工作,竭尽全力保障北龙湖湿地与贾鲁河生态环境稳固,为疣鼻天鹅营造良好的繁衍和栖息环境。

界首古树保护地

界首市地处安徽省西北边陲,豫皖两省交界处,是暖温带与北亚热带之间的过渡区,属于暖湿带半湿润季风气候。充足的水热条件孕育了丰富的古树名木资源。据调查统计,截至2022年11月,界首市辖区内共有44棵古树,其中国家二级古树2棵,三级古树42棵,后续资源有376棵,其中树龄最大的为270年。

古树名木在生态、历史、文化、科学、景观及经济方面均具有重要价值,但随着城市的扩张,古树名木因砍伐和保护不当等原因不断减少。为保护界首古树名木,2022年,中国绿发会批准当地志愿者申请,在界首市设立了古树保护地。

保护地成立后,当地志愿者发起了"寻找界首百年古树"及60年以上乡土后备资源树种的活动。2023年1月,保护地负责人在界首市政协会议上,提交了《关于完善辖区古树名木保护的建议》的议案,对加强古树养护、后备资源调查、保护受工程活动影响的古树及后备资源、加强相关宣传等方面提出积极建议。2023年9月,这些建议得到界首市林业局逐一回复。保护地的成立及志愿者的积极行动,为提升当地有关部门和公众对古树名木的关注度发挥了重要作用。

武穴小微湿地保护地

一秀家庭农场位于湖北省黄冈市武穴市大法寺镇,面积约1600亩。农场有一片虾稻轮作的水田,经过长时间经营,这里逐渐成为鸟儿重要的栖息地。每年10月至次年3月,有60余种鸟儿在此云集,十分壮观,其中志愿者观测记录到近万只天鹅来此栖息,同时还记录到了国家一级保护野生动物白鹤。除野生鸟类外,农场还有刺猬、黄鼠狼、狗獾、野兔、银环蛇、蜻蜓、萤火虫等野生动物,彼此之间形成了良好的生态链。

2023年2月,经由一秀家庭农场申请,武穴小微湿地保护地正式成立。保护地志愿者在守护鸟类及其栖息地的同时,还积极开展鸟类救助、生物多样性保护宣传等工作。2024年8月,志愿者在不干扰鸟类活动的前提下组织开展无声直播,与公众分享来此栖息的天鹅等各类候鸟的实时状况。

淮南鸳鸯保护地

鸳鸯,雁形目鸭科鸳鸯属鸟类,国家二级保护野生动物,是一种典型的水鸟。通常生活在清澈的山溪、湖泊等水域环境中,善于游泳和潜水,以植物和水生动物为食。作为候鸟,鸳鸯会根据季节的变化迁徙,在中国主要分布于除新疆、青海、西藏外的各省份,这些地区都有适宜鸳鸯生存的自然环境和食物来源。

鸳鸯湖位于安徽淮南市大通区园艺路东侧的采煤沉陷区,是淮南市非常典型的、由于采煤导致地表沉陷而形成的人工湿地生态系统。湖区环境优渥,舜耕山脉成片的麻栎树结下的麻栎果,给鸳鸯提供了充足的越冬食物。有观测显示,从2018年开始,鸳鸯在鸳鸯湖内栖息越冬,而且数量逐年增多,最多时达到300多只。2023年3月,中国绿发会在淮南鸳鸯湖设立鸳鸯保护地。保护地志愿者实践篇

每年与舜耕山风景区管理处和森林公安联手，定期在鸳鸯湖湿地进行巡护，特别是在鸳鸯越冬时，加强巡护力度，对鸳鸯湖周边捡拾麻栎果的群众进行劝阻，通过举办鸟类摄影展，进行野生鸟类和湿地保护的科普宣传等活动，不断吸纳更多人参与到野生鸟类保护工作中来。同时，他们还不断扩大保护地志愿者队伍，以加强守护当地的鸳鸯及其栖息的生态环境。

蔡城塘小天鹅保护地

小天鹅，雁形目鸭科天鹅属的大型水禽，属国家二级保护野生动物。每年8月末至9月初离开繁殖地前往越冬地，如长江流域及东南沿海等地，翌年3月中下旬再从越冬地返回繁殖地。在迁徙过程中，它们会选择开阔的湖泊、库塘，水流缓慢的河流和邻近的滩涂及农田作为停歇地。蔡城塘湖位于安徽省淮南市大通区孔店乡，水面面积约5万多亩，是皖北地区著名的古水利工程之一。蔡城塘湖水中鱼、虾及莲藕、芦苇等水生动植物品种丰富，周边农田、鱼塘、藕塘等生态系统多样，这些条件为天鹅及其他鸟类提供了丰富的食物来源。据志愿者记录，小天鹅从2019年10月开始在蔡城塘越冬栖息，据2021年1月统计，数量达到570只。

为保护小天鹅等鸟类，当地政府和爱鸟人士做了大量的宣传工作，但人鸟冲突仍难以避免。2023年3月，中国绿发会在淮南设立蔡城塘小天鹅保护地。保护地志愿者多次联合林业、公安等部门，积极做好小天鹅越冬的长期保护措施，对候鸟越冬栖息地的水位和水生植物进行干预，以保证越冬鸟类的生存需求。他们还定期开展蔡城塘的巡护工作，减少人为干扰等不利因素，持续开展野生鸟类保护科普宣传、野生鸟类的救助等工作，每年还配合当地林业部门组织好"爱鸟周""湿地日"专题宣传活动，这些工作为推动对当地鸟类的保护起到了重要作用。

桐柏山白冠长尾雉保护地

白冠长尾雉，鸡形目雉科鸟类，俗称长尾野鸡、地鸡等，是我国特有鸟种，属国家一级保护野生动物。它主要分布在我国大别山山系、秦岭山系及神农架山系等，常居于深山密林中，多以植物性食物为食，也吃昆虫等动物性食物。由于它们的羽毛修长且鲜艳夺目，有"森林凤凰"之美誉。近几十年，由于森林被破坏、人为盗猎等原因，白冠长尾雉的种群数量迅速下降，在《世界自然保护联盟濒危物种红色名录》中被列为易危物种，2019年被列入《濒危野生动植物种国际贸易公约》，2021年，我国将其升为国家一级保护野生动物。

2022年，中国绿发会接到志愿者反映，称在电商平台有许多销售白冠长尾雉天然尾羽的商家。经中国绿发会调查发现，这些平台有上百家商家用"京戏翎子""天然野鸡翎毛""山鸡尾羽"等字眼作为商品名，公开售卖野生白冠长尾雉天然尾羽。对此，中国绿发会呼吁各大电商平台加强管理，切实履行《中华人民共和国电子商务法》和《中华人民共和国野生动物保护法》，成功迫使电商平台下架不能提供合法人工繁育许可证和专用标识的商品。2023年4月，中国绿发会成立了桐柏山白冠长尾雉保护地，加强对栖息地的保护，通过扩大志愿者队伍，让更多的公众参与到白冠长尾雉等鸟类的长期保护行动中来。保护地成立后，志愿者团队定期进山巡护，密切关注白冠长尾雉的踪迹，使这一特有野生鸟类的数量有明显增加。

丽水毛垟乡苔藓保护地

苔藓是一种小型陆生植物，无花、无种子，以孢子繁殖。全世界约有23 000种苔藓植物，中国约有2800多种。森林面积减少、环境日益恶化，严重威胁苔藓植物的生存，也导致了部分属种的灭绝。

毛垟乡地处浙江省丽水市景宁畲族自治县西南部。当地气候常年温暖湿润，山林资源丰富，全乡森林覆盖率达80%以上。近年来，毛垟乡积极采用先进的技术手段，对多种苔藓植物进行专业化繁育，建立了智能化苔藓育苗基地、苔藓工厂化栽培基地、苔藓文创产品展示中心等产业链，以实现生态效益与经济效益共赢，推进苔藓植物多样性保护。毛垟乡还立足于自身良好的生态条件，打造了一条长约30千米的含苔藓、名贵树种、名贵药材的自然植物科普长廊，倡导人们积极参与保护工作，在推动当地生态环境保护和生物多样性保护方面起到了重要的作用。

为支持当地的苔藓植物多样性保护工作，2023年7月，中国绿发会在丽水设立毛垟乡苔藓保护地。保护地团队还组建了苔藓生物多样性建设工作领导小组，积极开展苔藓种植、科普宣传及产品推广等行动。截至2023年底，毛垟乡苔藓种植面积达450余亩，带动200余户农户就业。

迁安龙山猛禽保护地

河北省唐山市迁安的黄台湖是在滦河古道上人工开挖的、具有生态防洪和旅游休闲双重功能的景区。湖泊水面达8000亩左右，湖中有6座大小岛屿，上游为人工防护林和湿地景观，下游为露天防护林、湿地、野生林地。龙山则隔滦河与迁安市区相望，地貌险峻、植被丰富，林鸟种类繁多，其中包括金雕、猎隼、大鵟、苍鹰、红隼等猛禽。

2023年12月，中国绿发会收到了迁安市野生动植物保护协会申请，在迁安设立了龙山猛禽保护地，以加强对当地鸟类的保护与救助、宣传生物多样性等工作。2024年3月，保护地志愿者在黄台湖巡护时，发现了20多只国家二级保护野生动物斑头秋沙鸭。斑头秋沙鸭又被称为"熊猫鸭"，它们对栖息地的选择要求比较高，"熊猫鸭"的到来，显示黄台湖生态环境质量的提升。

白洋淀绿少基地

白洋淀湿地生态野保志愿者团队，是一支以白洋淀湿地生态环境保护为核心，关注湿地生物多样性保护、野生动物救助、自然科普教育的环保团队。2017年3月，该团队申请加入中国绿发会保护地体系，2018年7月，进一步申请成为中国绿发会白洋淀湿地自然科普绿少基地（简称"白洋淀绿少基地"）。白洋淀绿少基地重点面向中小学生开展丰富多彩的湿地生态探寻、生物多样性调查等亲子活动，同时积极发展绿少志愿者，让孩子们在享受自然乐趣的同时，深刻体会到保护生态环境的重要性。

2019年5月，白洋淀绿少基地开展白洋淀生态游学活动，迎接了来自北京和天津的绿少"小记者"，参观白洋淀鸟种科普展长廊，制作生态瓶，认识淀内鱼类、藻类，观察传统鱼鹰捕鱼，乘船观鸟，引导孩子们亲身感受白洋淀之美，密切接触自然生态环境，将保护环境的种子植入孩子们内心。几年来开展相关研学活动几十场，受众群体几千人。

自2020年起，白洋淀绿少基地开始关注对以牛奶盒为代表的纸基复合包装回收的探索，发起"我们集'盒'·爱护地球"牛奶饮料盒回收活动，带动本地区多所小学参与活动，推进这类包装物的回收。截至2024年4月，已累计回收约100万个牛奶盒。

北戴河生态教育绿少基地

2020年3月，秦皇岛市北戴河区翼展鸟类救养中心向中国绿发会发来设立绿少基地的申请，北戴河生态教育绿少基地于同月正式成立。

北戴河生态教育绿少基地成立后，重点开展鸟类科普知识公益宣传活动，并与北戴河区青少年校外教育中心携手成立"北戴河区青少年鸟类科普教育实践基地"，面向当地中小学生开展鸟类生态科普知识宣传和爱鸟护鸟教育。该绿少基地自成立以来，共接待学生10多万人次。先后组织承办、参加了10多次全市的大型救助鸟类放飞活动与社区全民活动周启动仪式，并被《人民日报》《光明日报》等主流媒体报道。

在开展生态自然及环保宣传、青少年生态研学、动物保护等公益事业的过程中，基地的各项工作获得省市级主管部门的认可与肯定，先后被评为河北省科普示范基地、河北省中小学研学实践教育基地、秦皇岛市中小学研学实践教育基地、北戴河区青少年鸟类生态教育科普基地。

青创生态绿少基地

青创生态绿少基地于2021年4月由北京青创生态工作室申请设立。青创生态工作室长期关注野生动物保护、守护生态环境、宣传环保知识，先后开展了保护候鸟行动、云南亚洲象保护与生态调查、长江生态保护行动、自然教育万里行、垃圾分类进社区等系列活动。

2020年3月9日，青创生态工作室在保护母亲河日与中国绿发会共同组织召开"农药塑料包装物回收处理及地膜残留污染防控讨论会"线上会议，探讨农药废弃物及农用塑料地膜回收处理问题。

青创生态绿少基地成立后，以世界森林日、世界地球日、国际生物多样性日、世界环境日、世界海洋日等节日为契机，重点组织开展面向青少年的自然教育公益活动。例如，在世界森林日组织"3·21世界森林日 徒步森林捡垃圾"活动；在世界地球日组织举办"涂出色彩 绘出未来"环保公益活动；在国际生物多样性日开展"自然教育公益活动进社区"活动；在世界环境日举办"我爱大自然"活动，带领孩子们亲近自然、感知自然，在自然中学习环保知识。

郴州香花鸟语绿少基地

2022年1月，郴州市生物多样性保护协会联合郴州吉邦研学实践教育服务有限公司兴建了香花鸟语生物多样性保护基地，设置了香花鸟语鸟类科普馆、植物馆、昆虫微生物馆、劳动教育实践馆等五大场馆，是专业从事中小学生自然科普、研学旅行、劳动教育、课外实践、教育咨询的机构。基地面向青少年环境教育的研学理念与中国绿发会绿少基地所扶持和传播的核心思想相契合。同月，郴州市生物多样性保护协会申请加入绿少基地体系，以推进建设香花鸟语自然科普绿少基地。

绿少基地设立后，基地负责人利用现已开馆的香花鸟语科普营地、传统村落、红培基地等场馆，开展生物多样性保护、科普宣传、自然教育、红色教育、休闲康旅等研学活动，传播生物多样性保护理念。

抢救老种子

民以食为天。种子是农业生产的基础，尤其是良种，对于农业丰产增收至关重要。种子关系着粮食生产、人口增减，甚至国家民族的兴衰。

老种子是指在当地自然环境条件下，经过长期自然和人为选择形成的品种。这些品种对当地环境适应性良好，对气候变化具备一定的应对能力，产品质量好，然而其产量却普遍偏低，导致近几十年里，不少农民放弃老种子种植，大量的老种子逐渐丧失。据《世界粮食和农业生物多样性状况》统计，到20世纪，全球已有大约3/4的农作物遗传多样性丧失。

2004年前后，北京、河北、河南、山东等国内10多个省份，自发出现民间"保种"力量，他们自己种植、栽培老种子作物，彼此分享各自保留的老种子，推动各地传统农业作物的种植。这些被有意识保护下来的老种子，涉及莴苣、黄心菜、箭杆白菜、雪里蕻、黑白菜等蔬菜，也包括水稻、粟、菽、玉米、黄豆、红薯等主粮作物。参与保种计划的人有企业家、农民，也有学者、科研人员和普通市民。民间"抢救老种子"行动的最终目标，就是希望尽可能多地保存下来老种子，建成属于中国人自己的种子库。

截至2024年，河南、四川、江西、吉林、湖北、北京、甘肃等地仍在持续开展"老种子"保育行动，并根据保种、繁育、推广等需要，每年不定期召开技术交流会，交流不同地区不同植物的老种子品种，以及各地不同的培育经验、老种子产品的销售及衍生文化产品。

在民间"抢救老种子"行动的影响下，国家相继出台《国务院办公厅关于加强农业种质资源保护与利用的意见》《农作物种质资源管理办法》等政策，抢救性保护了一大批珍贵、稀有、濒危的老种子资源。

建设野生动物救助站

自我国《中华人民共和国野生动物保护法》颁布以来，野生动物救助职能便由林业部门负责。但长期以来，针对野生动物救助，各基层林业部门普遍面临着专业救助人员缺乏、救助力量不足、救助场所不足等问题，不少基层地区甚至存在空白。

2016年，中国绿发会在国内率先创建各种类型的保护地后，随着专业志愿者队伍的扩大，以及长期从事一线野生动物救助经验的积累与丰富，民间救助力量加强，2017年左右，部分保护地开始筹建民间或"民间+政府"形式的野生动物救助站。这一举动，得到了当地林业部门、社会组织管理部门的支持。

河北省唐山市大清河野生动物救助站是以中国绿发会水鸟保护地负责人为核心，由唐山市野生动物保护协会、唐山市林业部门等共同组成的野生动物救助站。其对渤海湾滨海地带出现的各种候鸟、海龟、斑海豹等需要救助的野生动物进行救助，平均每年救助并顺利放归的野生动物达到几百只。同时，这里也已成为当地青少年科普教育的重要基地。此外，中国绿发会滹沱河湿地保护地志愿者在日常巡护过程中，主动救助各种受伤鸟类及其他野生动物，与当地林业部门救助人员形成共建共管、快速反应机制，成为当地野生动物救助的一支重要力量。截至2023年底，中国绿发会陆续在河北、湖北、山东等地，成立了5家野生动物救助站。

搭建两会建议交流平台

"两会"是对自1959年以来历年召开的中华人民共和国全国人民代表大会和中国人民政治协商会议的统称。作为观察中国发展和政策走向的重要窗口，全国两会的召开，备受国内外瞩目。

为践行"三服务",即服务全国两会代表委员参政议政、服务专家学者和社会群众建言献策、服务媒体传播,推动生态环保领域重点、难点问题的关注与解决,中国绿发会自2016年起至2024年止,已连续9年举办全国"两会"议/提案建议会,聚焦社会各界最为关心、最有价值的生态环保领域建议,并邀请部分全国人大代表、全国政协委员与会指导。截至2024年2月,共征集到350余份建议,建议关注领域涉及生态文明、生物多样性、绿色发展、污染防治、控烟、粮食安全、生态环境法治等7个方面,获代表委员认可与指导,以议案、提案或社情民意方式提交的建议约60份。

其中,由第十二届全国政协委员、中国绿发会理事长谢伯阳提交的《关于加强潮间带滩涂湿地保护的提案》获得"中国人民政治协商会议第十二届全国委员会优秀提案";黄河保护立法、光污染立法议案获得水利部及生态环境部积极回复;关于加快开发利用沙棘资源、推动生态文明建设的议案,获生态环境部高度赞同。

成立反电鱼协作中心

中国江河湖泊众多,生境类型复杂多样,为水生生物提供了良好的生存条件和繁衍空间,尤其是长江、黄河、珠江、松花江、淮河、海河和辽河等七大重点流域,是我国重要的水源地和水生生物宝库,维系着我国众多珍稀濒危物种和重要水生经济物种的生存与繁衍。然而近几十年来,我国乃至全球生物多样性持续下降,水生物种资源严重衰退,如不加以遏制,可能会威胁到国家生态安全。

非法捕捞(如使用电捕鱼等灭绝式捕鱼)是破坏鱼类资源、影响水生生态健康的重要因素之一。为加强水生生态环境保护,2017年3月,中国绿发会创立了"中国绿发会反电鱼协作中心",旨在抵制非法捕捞,以保护土著鱼种、水生动物和水资源等。该协作中心总部位于自贡。自成立以来,志愿者不计回报、不分昼夜、不惧危险地进行着江河保护工作。长年累月的辛苦付出让这支民间团队的力量逐渐凸显,受到了政府部门的重视和肯定。

2020年7月,央视财经频道工作人员对反电鱼协作中心做了深入的采访,并在《经济信息联播》做了详细报道。2021年,《生物多样性公约》(CBD)发布了2021年第一期"生物多样性承诺行动议程通讯",其副标题为《扭转生物多样性丧失,促进2030年前正向发展》,其中,中国绿发会反电鱼协作中心的反电鱼、保护水生生物多样性的行动案例成为唯一入选的中国行动案例。

保护野生兴安杜鹃

野生兴安杜鹃被采折后带花苞的枝条，也被称作干枝杜鹃。它的花期在早春，属于小型灌木，大多生长在山地落叶松林、桦木林下或林缘，主要分布在我国黑龙江、内蒙古、吉林。因其花色艳丽，加上互联网销售的便利，近年来该物种频繁被人为规模化盗采，已对该物种的野外生存构成极大威胁，也因此引起了当地有关部门的高度关注。

2018年元旦期间，中国绿发会志愿者前往大兴安岭兴安杜鹃主产区进行调查，发现盗采现象依然存在，而互联网销售则大多已转为线下销售。2019年2月5—10日，北京朝阳公园在举办国际风情节期间，环保志愿者发现大量的兴安杜鹃居然在公园内公开售卖，这再次提醒人们对野生兴安杜鹃的保护还远远不够。2019年中央电视台报道了兴安杜鹃被大量盗采事件，并采访了中国绿发会志愿者对兴安杜鹃的保护情况。一到冬季，就成了盗采、倒卖干枝杜鹃的高峰期。近年来随着电商的发展，网络交易更是给盗采交易带来了便利。

2021年《国家重点保护野生植物名录》将兴安杜鹃列为国家二级保护野生植物。随着其保护等级的提升，有望全面加强对兴安杜鹃植物资源的保护力度。

向塑料书皮说"不"

"向塑料书皮说'不'"，是中国绿发会减塑捡塑工作组针对中小学普遍存在大量使用塑料书皮问题开展的减塑行动。

自2018年起，中国绿发会就学生开学季使用塑料书皮的情况展开调研，同时结合收到的志愿者和学生家长反映的情况，发现各地区学生使用塑料书皮的情况十分普遍，有些学校老师还会明确要求学生把书、作业本都包上透明的塑料书皮，个别学校还将包书皮与学分捆绑起来，"不包书皮就扣分"。针对上述问题，2019年2月，中国绿发会向教育部发函，建议中小学生停止使用塑料书皮。

庞大的在校中小学生数量及每学期书本使用数量，和学习期间塑料书皮损坏换新的数量，产生的大量塑料书皮垃圾及其对生态系统造成的危害不容小觑。

中国绿发会的建议函得到了教育部的高度重视。2019年10月，教育部办公

厅、生态环境部办公厅、市场监管总局办公厅和中国科协办公厅联合发布《关于在中小学落实习近平生态文明思想、增强生态环境意识的通知》，要求各地努力实现"无塑开学季"，学校不得强制学生使用塑料书皮，尤其不能使用有问题的塑料书皮。在各级政府、媒体和公众的广泛支持下，"向塑料书皮说'不'"已陆续得到一些中小学的响应和支持。

保护松花江鱼类

中国绿发会松哈大保护地、绥化湿地保护地和太阳岛外滩湿地保护地自成立以来，持续在松花江不同的水域配合相关政府部门开展巡护行动、清网护鱼、打击各种非法捕捞行为。在提升各流域的水生态环境质量、保护渔业资源与生物多样性、促进各流域的可持续发展中发挥着重要作用。

巡护活动时常遭遇阻力，但志愿者不畏阻力，克服各种困难，依然坚持，为保护渔业资源默默付出。针对巡护中发现的冬捕严重的问题，志愿者积极与渔政部门沟通，从规范引导个人冬捕行为、加强对非法捕捞行为的监督管理、多方联动协同共护及加强水生生物资源的调查与监测等方面，平衡和保护渔业生态、促进渔业可持续发展。

经过志愿者数年的巡护和护渔宣传活动，松花江相应河段的水生资源逐渐丰富，百姓护渔的自觉性有所提高，并积极配合护渔行动，水生生态环境正逐步得到改善。

穿山甲退出《中国药典》

一只穿山甲每年吃掉 700 万只蚂蚁和白蚁，在保护森林健康方面功不可没。但因为药用市场的巨大需求，穿山甲成为全球遭受非法贸易贩卖最严重的哺乳动物。其中，中华穿山甲是我国的特有物种，长期利用穿山甲鳞片及其制品炮制入药，导致其数量迅速下降。

中华穿山甲的极度濒危，也加剧了国际市场上大量非中华穿山甲鳞片的走私和贩卖。2019 年，中国绿发会向全国"两会"提出建议：取消穿山甲药用标准，从《中国药典》中删除，今后不得再用穿山甲鳞片制药。停止核发穿山甲人工繁育许可，整顿检查现有穿山甲人工养殖场；建立科学完善的穿山甲保护性繁育管理制度，严格饲养标准，精细谱系管理，保障基因多样性的最大化，服务于放归和野外研究。

2020年6月5日，国家林草局发布关于穿山甲调整保护级别的公告，公告称：为加强穿山甲保护，经国务院批准，现将穿山甲属所有种由国家二级保护野生动物调整为国家一级保护野生动物。

保护大黄海斑海豹

斑海豹在中国主要分布于渤海和黄海海域，是唯一能在中国海域进行繁殖的鳍足目类海洋哺乳动物。渤海辽东湾结冰区是世界上斑海豹8个繁殖区中最南的一个。遗传学和生态学研究显示，辽东湾繁殖区的斑海豹与世界其他繁殖区的斑海豹缺乏基因交流，并存在生殖隔离，有独特的基因，在保护上具有重要意义。

中国绿发会承接了联合国相关机构支持的"构建黄渤海斑海豹海洋保护地网络"项目，动员并联合黄渤海区域所有中华保护地志愿者团队，推动斑海豹保护网络体系构建，减少海洋污染，增强全民海洋保护意识，带动社区居民共同参与斑海豹及海洋生物多样性保护。

大黄海斑海豹保护在北京、天津、重庆、内蒙古、安徽、浙江等全国15个地区开展多种形式的斑海豹保护宣传教育活动15场次，引导公众积极参与斑海豹保护，2900余人现场参加培训，"两微一抖"宣传累计阅读量突破14万次；公益视频传播量达到200万人次；发放《碎冰上的斑海豹》书籍2500余册。加强了学校的斑海豹科普教育，丰富了渔民、志愿者、学生等公众的斑海豹知识，提升了公众对野生海洋动物和海洋环境保护的认知水平，赢得了群众和一线志愿者的一致认同。中国绿发会实施的全球环境基金（GEF）大黄海斑海豹项目被写入官方结项报告。

守护候鸟生命线

一年一度的候鸟迁徙，是地球上最壮观的自然奇观。目前，全球共有4000多种候鸟迁徙，其主要迁徙通道有9条，其中过境中国的东亚—澳大利西亚迁徙通道，是全球所有候鸟迁徙通道中最拥挤的一条，也是我国最重要的一条鸟类迁徙通道。

实践篇

从2021年起，为保护东亚—澳大利西亚路线上以东方白鹳为主的迁徙候鸟，做到"线鸟双护"，国家电网公益基金会与中国绿发会等机构联合启动守护"候鸟生命线"项目。两年多来，"候鸟生命线"项目陆续在黑龙江、天津、河北、山东、安徽、江苏、江西鄱阳湖、河南、湖北、陕西、宁夏、甘肃张掖、四川、新疆和西藏林周等候鸟迁徙沿线的24个项目点落地，并开展了生境调研、志愿者培训、巡护救助、输电线路的生态化技术改造等工作。

截至2024年4月，"候鸟生命线"项目已在东亚—澳大利亚西候鸟迁徙通道上完成了10多个项目点的实地调研，累计救助13 000多只受保护鸟类，开展20多场生态培训，指导并组织完成120多次科普活动，开展61场科普讲座，参与或受众人数达到891万人次，相关科普传播影响人群达到1147万余人次。

建设艾雅康鸟类生态博物馆

艾雅康鸟类生态博物馆位于四川省西昌市，于2022年6月17日开馆。该博物馆也是中国绿发会鸟类多样性保护专业委员会的一项规划工作，由"6·17艾雅康世界爱鸟节"公益活动的发起人艾雅康投资建设。

博物馆秉承开放、包容、多元、科学的理念，馆内收藏有侏罗纪和白垩纪时期23块鸟类化石，以及从艾雅康在世界各地拍摄的近万幅鸟类作品中精选而来的54种珍稀鸟类几百幅珍贵图片，其中包括绿尾虹雉、彩绿雀、尼科巴鸠、白冠长尾雉、蜂鸟、极乐鸟、白腹锦鸡等。馆内还展有二叠纪、三叠纪鸟类祖先的模拟样本，以及我国上古神话中的十大神鸟的创作作品。

艾雅康鸟类生态博物馆自建成以来，全年开放，每年接待参观人数达20万人次以上，成为四川省西昌市中小学生研学基地、中国关心下一代工作委员会授予的"中国青少年鸟类科普实践教育基地"。截至2023年底，艾雅康鸟类生态博物馆已接待来自全国各地的10万名学生到馆研学。

共建内蒙古荒漠生态产业院士专家工作站

2022年7月，中国绿发会第二家低碳工坊——内蒙古荒漠生态产业院士专家工作站成立，该低碳工坊依托院士专家工作团队，紧紧围绕内蒙古自治区乃至我国荒漠生态恢复与重建及沙产业发展需求，响应国家绿色发展战略与"双碳"

目标，深耕沙漠生态系统修复与特色植物资源利用。

低碳工坊自成立以来，一直致力于沙漠生态恢复与监测评估、构建绿色低碳技术创新体系，为荒漠特色植物的可持续利用与低碳产业发展提供科学支撑。2023 年，低碳工坊专注于沙漠生态治理与罗布麻产业的绿色升级，破解罗布麻种质资源保护与扩繁难题，推动其机械化种植、加工链条的绿色化改造，实现罗布麻从田间到纺织的绿色转型，并与多方合作共建罗布麻优质生产基地，有效保护了本土罗布麻野生资源，实现了生物多样性保护与经济发展的双赢。

2024 年 2 月，低碳工坊向中国绿发会提交了发展"一沙（风积沙）一麻（罗布麻）"产业的两会提案，以"防沙治沙+风积沙无害化处理+罗布麻综合利用"生态经济产业模式为抓手，着力在新疆打造"一沙一麻"产业，形成循环经济体系。

筹建中国绿发会水与气候危机博物馆

2023 年 7 月，台风"杜苏芮"残流北上，给京津冀地区带来了极强降雨，导致北京市西部的房山、门头沟等多地山洪暴发，人员被困，超过 5000 多名群众在暴雨中被紧急转移，其中 2 名人员在洪水中遇难。其中，北京门头沟区受灾最重，全区有 178 个行政村、126 个居民小区、77% 的人口受灾，经济损失严重。大暴雨后，门头沟区迅速启动了全区整体性灾后恢复重建工作。

2023 年 9 月 3 日上午，在"2023 国际气候会议——双碳目标与环境服务"新闻发布会上，中国绿发会针对北京受台风"杜苏芮"影响而造成的巨大自然灾害，宣布将在北京门头沟地区设立"中国绿发会水与气候危机博物馆"，希望通过设立博物馆这一举措，唤起更多人的环保意识，让大家积极行动起来，共同应对未来的水危机和气候变化。

塑料管种红树林之误

2023 年 11 月，中国绿发会调研组前往广西调研红树林生态保护恢复情况，对当前国内一些地方存在在不适宜红树林自然生长的地区，通过人为干预用塑料管种红树林进行生态修复的错误做法进行了分析。

现在国内一些地区尚存在在原本不生长红树林且经过科学研判不适合种植红树林的地方规划红树林修复工程的情况。这种修复工程通过塑料管人工培育红树

实践篇

苗后种下，但成活率往往不足一半。尽管如此，这些区域仍通过持续补种的方式来累计提升总体存活数量，并将此作为一项重要生态修复工程。

中国绿发会呼吁停止这种不合时宜的做法，建议在充分尊重自然原本的生态属性、尊重不同环境的生态系统多样性的基础上因地制宜地开展生态恢复工作，而非通过人为的过度干预和改造原有的自然生态环境来进行生态修复。

2023年10月，全球红树林联盟（Global Mangrove Alliance）和蓝色碳倡议（Blue Carbon Initiative）发布的《红树林恢复最佳实践指南》，也强调了红树林成功恢复需更多地依赖于创造适宜红树林生长的自然条件，并仅在必要时通过植树来辅助或丰富自然恢复过程的实践策略，中国绿发会的建议与之相契合。

森林湿地公园建设应注意避免生态损害

2020年11月，中国绿发会就当前国内在森林湿地公园建设中存在的遵循传统工业化建设的思路和管理举措，导致建设过程中及建成后生物多样性降低的情况组织了研讨。

中国绿发会志愿者曾就森林湿地公园建设工程施工区域前后的鸟类生物多样性进行对比调研，发现施工建设前曾观测记录到的四五十种鸟类，在施工建设后下降至四五种，下降约10倍。这种情况的发生与森林湿地公园建设中未能充分考虑整体生态系统的联动与影响直接相关。

当前国内一些森林湿地公园在规划建设中，仍存在铺设人工草皮取代原有自然植被、通过喷洒农药来防治病虫害、营造人工湖及通过铺设防渗膜留住保持水位等做法，这些做法让单一的植被取代了原有的野生植被，在降低植被多样性的同时也令昆虫多样性大幅下降，导致鸟类多样性也随之下降等一系列不良反应。对此，中国绿发会建议森林湿地公园的规划和建设，要充分开展包括生物多样性在内的环境影响评价，遵循生态修复"四原则"，加强对自然原野的保护和保留。

腾格里沙漠污染案

腾格里沙漠位于内蒙古自治区阿拉善左旗西南部和甘肃省中部边境，总面积约4.3万平方千米，为中国第四大沙漠。2014年9月6日，《新京报》以《沙漠之殇》为题，独家报道了腾格里沙漠污染事件，即内蒙古自治区腾格里工业园区部分企业将未经处理的废水排入排污池，让其自然蒸发，然后将黏稠的沉淀物用铲车铲出，直接埋在沙漠里。该报道引起社会广泛关注，国务院专门成立督查组，敦促腾格里工业园区进行大规模整改。

中国绿发会历时数月，三赴腾格里腹地，对沙土、水源、植被进行全方位调查采样，于2015年8月13日，对污染腾格里沙漠的8家企业提起环境公益诉讼。中卫市中级人民法院一审、宁夏回族自治区高级人民法院二审均认为中国绿发会不具备提起环境民事公益诉讼的主体资格。中国绿发会向最高人民法院提出再审申请，2016年1月28日，最高人民法院做出最终裁定，认定："中国绿发会的宗旨与业务范围包含维护环境公共利益，符合环境公益诉讼原告主体资格。"

腾格里沙漠污染案最终由中卫市中级人民法院调解结案，该案件以5.69亿元的赔偿刷新了中国环境公益诉讼赔偿纪录。该案作为环境公益诉讼典型案例，其背后的司法意义在于环境公益诉讼主体资格认定、调解方式结案，以及体现了党和国家对环境问题严格追责的态度。中国绿发会也因此案荣获由全国普法办、司法部主办，全国人大常委会、最高人民法院、最高人民检察院、公安部、中央电视台等七部门联合颁发的"2015年度法治人物"称号。

普洱生态产品总值核算项目

普洱市地处云南省西南部，下辖10个县，是云南省面积最大的地级市。境内群山起伏，森林茂密，全市森林覆盖率超过74.59%。2013年，普洱市获批建成国家唯一的绿色经济试验示范区。

2021年，受云南普洱市发展和改革委员会委托，中国绿发会承接了普洱市绿色经济发展与生态产品总值（GEP）核算综合考评体系的研究工作。2022年底，该综合考评体系研究工作顺利通过专家评审。因绿色经济发展与生态产品总值核算体系涉及国内最前沿绿色经济发展体系的搭建，以及生态产品价值核算中会进行区域化整体经济因素与生态损耗、资源使用效率等方面的计算，工作量相当繁重，将之进行自动核算开发，变得非常必要。

2023年起，中国绿发会项目组再次对该市绿色经济发展与生态产品总值（GEP）核算综合评价体系进行自动化核算平台的开发工作。

截至2023年底，普洱市绿色经济发展与生态产品总值（GEP）核算平台开发完成，并随之进行了一系列平台功能的完善和调试工作。按照普洱市发展改革

实践篇

部门计划,这套绿色经济发展与生态产品总值（GEP）核算综合考评体系的软件系统,将在2024年底的全市综合考评中得到落地应用,以自动化核算系统来进一步助推该市经济社会的绿色可持续发展。

月饼过度包装公益诉讼案

月饼作为传统佳节的美食,长期以来受到消费者的青睐,但是,近年来,部分商家为了吸引顾客,竟然在包装上大费功夫,追求奢华包装,推出"私人定制礼盒"等,其浮夸的过度包装,不仅浪费地球资源,增加消费者负担,并对环境造成了污染和破坏,而且远离了传统节日的文化内涵。

为倡导绿色消费理念,构建节约型社会,遏制商品过度包装现象,维护社会公共利益,中国绿发会于2020年9月向上海市第三中级人民法院提交材料,针对某公司的月饼过度包装问题提起环境公益诉讼。诉讼过程中,该公司自行召回了包装超标的月饼,并当庭承诺,今后一定引以为戒,吸取教训,绝不会再犯同样的错误。

在本案的推动下,国家市场监管总局（国家标准委）于2021年8月修订并发布了《限制商品过度包装要求 食品和化妆品》（GB 23350—2021）;并于2022年5月发布了GB 23350—2021国家标准第1号修改单,专门针对粽子、月饼类产品包装层数、空隙、搭售、价值等问题设置了4项限制性条款;2022年6月7日,国家发展改革委等四部门联合发布《关于遏制"天价"月饼、促进行业健康发展的公告》,推动月饼等大众消费品回归传统文化本源,提倡节俭、反对浪费,遏制传统节日相关商品"天价"现象,促进行业健康发展。

从近两年的中秋节月饼市场可以看到,月饼包装"瘦身"明显,月饼礼盒越来越平价,中国焙烤食品糖制品工业协会发布的《2024中国月饼行业市场趋势》显示,月饼过度包装的问题得到遏制,500元以上的月饼礼盒已基本退出常规市场,月饼逐渐回归本真。

海花岛39栋违建破坏海洋生态案

海花岛,位于海南省儋州市滨海新区,号称世界最大的人工岛,是某地产集团倾力打造的集主题乐园、度假酒店、购物美食、会议会展、滨海娱乐、文化演艺等于一体的一站式国际化度假目的地。但是，该项目存在未批先建、化整为零审批等违法行为，中央第四环保督察组巡查中将其定性为"鼓了钱袋、毁了生态"。

2021年12月30日，海南省儋州市综合行政执法局发出行政处罚决定书，责令开发商在10日内拆除海花岛2号岛2-14-1地块建设的39栋违法建筑物，包含总建面约43.49万平方米。如开发商逾期不拆，该局将组织拆除。针对这一问题，中国绿发会公开提出了4项建议：①支持处罚；②支持现状研究，找到最佳解决方案，避免对自然环境造成二次负面影响；③不支持拆除；④支持认真追究环评、审批等相关部门及人员的责任。同时，针对海花岛环评报告与事实严重不符、涉嫌造假的问题，中国绿发会向最高人民检察院、公安部、生态环境部等发出书面举报，建议依法启动调查，追究某环评单位的责任，并实施相应处罚，将其列入环评失信黑名单。

2022年4月，当地政府部门就海花岛39栋楼拆除的行政复议案，依法做出了将原拆除变更为没收的决定。同时，有关部门依法启动对该事件的相关责任人员的问责程序。

肉锥花非法贸易公益诉讼案

在当前全球生物多样性丧失的严峻形势下，保护濒危物种已经成为全社会共同的责任。然而，在巨大的经济利益诱惑下，有组织的野生动植物非法贸易屡屡发生，造成了严重的生态破坏和生物多样性的丧失。其中，原产于南非西北部及纳米比亚西南部不毛之地的濒危植物——肉锥花，成为非法贸易的侵害对象。

2023年4月，中国绿发会对一家长期从事野生肉锥花属植物采集、出售、交易的单位及其法定代表人向南京市中级人民法院提起了环境公益诉讼。这起案件的被告长期从事肉锥花属植物的非法采集和交易，并且因此违法行为还曾被南非警方罚款、拘留。

在这起案件中，中国绿发会呼吁社会各界一起行动，共同保护全球生物多样性和生态环境，共建地球生命共同体。在本案的推动下，更多的社会人士参与到保护濒危植物的行动中，网络电商平台上公开售卖野生肉锥的行为消失，肉锥花跨国盗采和非法交易行为得到了有效遏制。

长治潞城厂区生态环境保护评价

山西天脊潞安化工有限公司坐落于山西省长治市潞城区西北部，距离过境河川浊漳河南源较近。作为一家新型煤化工企业，目前以生产硬蜡、软蜡、重油、轻油及液氨为主，在一定程度上解决了当地煤焦化企业产生的焦炉煤气出路问题，缓解了焦炉煤气对当地环境的污染。

2021年10月，中国绿发会受山西天脊潞安化工有限公司委托，对该公司厂区及周边进行生物多样性调查及生态环境保护评价，以期为厂区及周边生物多样性保护和生态环境健康提供基础数据支持。

调查收集到野生植物161种，其中，本土植物147种、外来入侵植物14种；野生动物44种，其中，鸟类43种，兽类1种。此次调查覆盖厂区及厂界外5.5千米范围，几乎没有重点保护植物物种，但有7种国家二级保护野生动物、11种省级重点保护野生动物。厂区在地理位置上属于我国鸟类迁徙的路线和通道，此次调查中观察到凤头麦鸡、红脚隼等猛禽集群迁徙通过厂区及周边区域的上空，说明保障这一区域的生态环境健康，对猛禽迁徙具有重要意义。

依据厂区近五年的相关数据资料，结合实际调查，中国绿发会分析得出：厂区废水总排口监测结果波动较大，出现严重超标现象；煤场和渣场的表层土壤环境良好，但重金属汞（Hg）和镉（Cd）含量对土壤质量构成威胁；废气排放存在部分超标现象；环境空气监测结果均未超标；噪声排放均达到《工业企业厂界环境噪声排放标准》（GB 12348—2008）中二类标准值，但厂界周围占标准值90%以上的噪声测量值，比例较高；现场地面硬化较完善，无明显污浊或侵蚀现象等。

调查团队依据当地的地域优势，并结合调查的厂区及周边野生动植物资源本底情况，对区域内生物多样性保护和生态环境健康做出评价，并针对性地提出了指导性建议。

卓乃湖藏羚羊产羔地沙化研究

2018年6—7月，由中国绿发会与中国科学院空天信息研究院组成的联合科考队，两次前往青藏高原可可西里国家级自然保护区，专程调查卓乃湖流域生境变迁对藏羚羊产羔地及下游湖泊的影响。

这一年，在三江源国家公园管理局的支持下，科考队深入无人区，带回了第一手科研资料。其中，面积约150万平方千米的卓乃湖周边正在发生沙尘暴。让科研人员忧心忡忡的是，通过查看2011—2021年这一区域的卫星云图发现，每年11月至次年3月在卓乃湖周边发生的沙尘暴，其烈度和影响范围正迅速扩大。

2021年1月，通过卫星监测，联合科考队再次发现结冰的卓乃湖湖面已经形成了约60平方千米的沙尘层，且仍在快速扩大之中。与此同时，卓乃湖及其下游的库赛湖、海丁诺尔湖和盐湖水位也持续处于上涨中。

为查明卓乃湖沙化原因及沙化对中下游湖泊溢水的影响，科考队于2021年3—4月第3次出发，历经四天三夜，对卓乃湖区正在发生的沙化状况进行了第一现场的科学测量。其后，科考队针对实地考察情况组织研讨会，提出了在湖口溃堤处修建水坝、从源头治理沙尘暴及流域水患、减轻下游湖泊来水压力及停止三江源地区的人工增雨措施等建议，以保护青藏高原水环境及特有物种的生存环境。

罗布泊及周边地区生物多样性调查

罗布泊是位于新疆维吾尔自治区东南部的干涸湖泊，被誉为"地球之耳"。这里曾是我国第二大咸水湖。然而由于自然条件、社会经济等的变迁及生态环境干旱化，最终这里成为"死亡之海"。但急剧的气候变化也使得这一区域发生的生态演变轨迹保存完整，被称为地球历史的活的博物馆。

自2001年塔里木河流域综合治理工程实施以来，通过水土资源的科学调配管理，其生态环境恢复显著：河流及湖泊水面增加、地下水位逐步抬升、沿河林带和湿地植被逐年恢复，塔里木河下游重现生机。区域内的这种自然演化特征和人工干预成效给予罗布泊重生的可能和希望。

2020年7月，中国绿发会发起并组织筹划了为期10年的罗布泊及周边地区科学考察（2020—2030）项目。科学考察旨在揭示罗布泊及其周边生态系统的演替规律，探寻当前及未来区域内生态环境的恢复趋势，为新疆塔里木河流域特别是南疆地区的生物多样性保护、生态环境保护与资源利用、绿色可持续发展提供科学依据。

截至2024年5月，科考队已先后3次深入罗布泊腹地，对该区域河流流域、生态环境和生物多样性进行全面考察。科考共调查121个植物群落，按照优势种

确定，主要有胡杨林群落、芦苇群落、多枝怪柳群落等；发现蓝枝麻黄、灰胡杨、胀果甘草、罗布麻、大叶白麻、白麻、塔里木沙拐枣等种子植物74种，并将种子植物的51个自然属归入11个分布类型；共调查137个样地，发现80余种野生动物（含鸟类、兽类、两栖类和爬行类）。此外，还重点对该区域的地质、地表水和地下水进行调查监测，为研究暖湿气候下罗布泊及周边地区生态-水文过程演变规律及其对区域生物多样性的影响提供了基础资料。

中冶美利生态林区生物多样性调查

中冶美利生态林区地处中卫市市区西北部，紧邻腾格里大沙漠，是中冶美利西部生态建设有限公司在2002—2012年大规模种植的速生林，占地面积约16.4万亩。该公司引黄河水进行灌溉，并对林区投入人力、物力进行养护，将百余平方千米的沙漠地带变成了绿洲。该生态林形成一道天然生态屏障，阻挡了腾格里沙漠的南侵，成为我国西部治沙造林、改善生态环境的典型。

2021年，中国绿发会组织开展中冶美利生态林区生态产品总值核算及生物多样性调查。林区生态产品总值核算指标由生态系统物质产品价值、调节服务价值和文化服务价值3项共10个指标构成。结果显示，林区生态系统调节服务方面有显著的优势，主要表现为气候调节、空气净化和固碳释氧等方面。通过对中冶美利生态林区的生态产品总值核算，充分说明其具有的生态效益，更直观地反映林区生态环境状况和生态价值，推进当地生态文明建设。

同时，实地调查收集到北沙柳、沙拐枣、梭梭、兴安胡枝子、多花怪柳、芨芨草等植物种类共130种；环颈雉、黑水鸡、红嘴鸥、花背蟾蜍、荒漠沙蜥、蒙古兔等陆生野生脊椎动物50种；维氏漠王、皮步甲等昆虫类95种，1种未辨认出来，以鞘翅目昆虫为主。调查显示，林区人工林植物种类较少，乔木层以杨树人工林为主，林下灌木层和草本层植物缺乏，林分结构不稳定，且林区赖以生存的动物种类和数量也相对较少，这表明调查区域的整体生物多样性程度仍较低，生态系统功能有待进一步提升。

截至2024年，林区形成已有近20年，对当地的气候、生态环境也产生了潜移默化的积极影响，为当地野生动植物造就了新的、适宜的栖息地环境，也为当地生物多样性保护做出了贡献。

杭州仓前街道生物多样性调查

仓前街道隶属于浙江省杭州市余杭区，地处余杭区中部偏南，总面积46.29平方千米。境内分布多种地貌类型，典型的如山川、丘陵、平原、湿地等；河流密布、水网纵横，水位随季节变化波动大，两条大的河流分别是天然水系东苕溪、人工河道余杭塘河，它们连接着大大小小的天然或人工河流；自然植被有常绿落叶阔叶混交林、阔叶林、人工竹林、灌草丛等类型。

2021年，余杭区发布杭州市首个区级的《余杭区生物多样性保护工作实施方案（2020—2022年）》。同年底，余杭区人民政府仓前街道办事处启动本辖区主要生态功能区的生物多样性调查工作。

基于上述背景，2021年11月底至12月初，中国绿发会在杭州市余杭区仓前街道开展了该年度秋冬季的邻里生物多样性调查。调查选择在仓前典型生境，包括梦想小镇、吴山、寡山、东苕溪、闲林港和城市自然地，调查并收集到野生或栽培植物225种，其中，有喜旱莲子草、落地生根、风车草、一年蓬、野老鹳草、少花龙葵、苏门白酒草等外来入侵植物22种；陆生野生脊椎动物47种，其中，黄胸鹀、北红尾鸲、黄喉鹀、暗绿绣眼等鸟类共45种。

仓前街道的发展是城镇化的一个缩影，它保留了一定的原生生境，这些城市中的自然生境，为本土生物物种提供了丰富的栖息环境。通过深入调查，摸清仓前街道区域内陆生生物资源家底，可为后期仓前街道的整体城市发展区域规划、城市典型或关键生态系统空间保留及本土生物多样性保护提供决策依据，在本区域范围内构建人与自然和谐发展的新格局。

西昌高海拔鸟类资源调查

西昌市位于四川省西南部，是凉山彝族自治州的州府所在地，也是攀西地区的政治、经济、文化及交通中心，辖区面积2882.9平方千米。因其独特的自然地理条件，该地拥有丰富的野生动植物资源。这些生物资源是当地实现可持续发展的重要基础。2022年1月四川省人民政府印发的《四川省"十四五"生态环境保护规划》中明确提到，对横断山南段、岷山—横断山北段、羌塘三江源、大巴山、武陵山五大生物多样性保护优先区域开展重点生物物种专项调查和评估。

实践篇

2022年2月，中国绿发会受西昌市林草局委托，开展西昌市高海拔地区鸟类及绿尾虹雉种群资源及分布状况调查工作。调查团队先后于2022年2月、4月两次进入西昌市海拔3000米以上区域，重点对西昌市高海拔地区的鸟类及绿尾虹雉种群资源的分布状况进行实地调查与评估，摸清西昌市高海拔地区冬春季鸟类资源名录、绿尾虹雉种群分布情况及生存生境现状，并针对绿尾虹雉物种现状进行分析和评估，提出相应的管理保护建议。

调查团队先后两次、历时20余天的实地调查，共记录西昌市高海拔地区鸟类资源167种，其中黄喉雉鹑、红喉雉鹑、红腹锦鸡、白腹锦鸡、血雉、勺鸡等国家级重点保护动物25种，但没有在野外发现我国特有的高山雉类——绿尾虹雉。调查结果显示，在高海拔地区所记录鸟类种数超过西昌市鸟类资源的相关历史记录，更新了地区鸟类资源分布状况，对西昌市的鸟类保护，尤其是珍稀濒危鸟类保护与区域可持续发展，具有指导性作用。

北京沙河湿地野生动植物调查

沙河水库位于北京市昌平区沙河镇，河长2052米，面积201平方千米，是离市中心比较近的一块小湿地，计划建成一处湿地公园；水库东边有一个沿着自然水域而建的公园。对沙河水库采取了清淤扩容、建立湿地、种植水生植物、建立污水处理厂等一系列改善水环境的措施，库区水面扩大，水质逐步好转，水草丰富了，水生态也渐显生机，吸引了众多候鸟在此聚集。

2021年4月1日，沙河湿地公园项目正式开工建设。2022年6月13—19日，中国绿发会组织调查团队，在沙河水库未施工区域开展动植物本底调查，以期分析沙河湿地公园建设对其原生生境的影响。

调查记录到植物资源177种，其中野生植物142种。在发现的植物中，野大豆是国家二级保护野生植物，花蔺和黑三棱是北京市二级重点保护野生植物。野生动物资源调查以鸟类为主，共发现鸟类65种，其中，黄胸鹀是国家一级保护野生动物，红隼、游隼、红脚隼是国家二级保护野生动物，有24种是北京市重点保护野生动物。这些调查数据，将为即将建成的沙河湿地公园生物多样性保护工作提供数据支持。

黑龙江伊春矿区生物多样性调查

伊春鹿鸣矿业有限公司是一家集钼矿开采、洗矿、选矿、精加工等于一体的大型有色金属矿山企业。其所在矿区位于黑龙江省伊春市铁力林业局鹿鸣林场，地处小兴安岭腹地，自然环境优越。为全面建设绿色安全矿区，2022年9月，中国绿发会受伊春鹿鸣矿业有限公司委托，对该公司矿区周边区域开展生物多样性调查，以期为矿区建设及其周边生物多样性保护与生态修复提供决策依据。

2022年9月22—27日，中国绿发会组织团队开展实地调查。在矿区周边区域调查时，发现野生高等植物140种，其中，红松为国家重点保护植物，胡桃楸、蒙古栎、五角槭和刺五加为省级珍稀濒危植物；野生动物收集到鸟类38种、鱼类10种及两栖爬行类4种，其中鸟类普通鵟、日本松雀鹰、雀鹰、灰脸鵟鹰和红隼5种，鱼类雷氏七鳃鳗、细鳞鲑2种均为国家二级保护野生动物。

矿区在地理位置上属于小兴安岭西坡，此次调查观察到该区域分布有国家重点和省重点保护动植物，但由于矿区采用露天开采方式生产，严重影响着矿区及周边的土壤、地表植被、动物资源等，极易造成周边生态环境破坏与生物多样性丧失。调查团队结合这次调查的矿区及周边野生动植物资源情况，对区域内生物多样性保护和生态环境健康进行评价，并针对性地提出了指导性建议。

黄河湿地调查

黄河湿地总面积约390.20万公顷，其湿地生态系统对保护水源、净化水质和保持水土具有重要作用。但由于受气候变化和人为活动的影响，黄河流域天然湿地逐年萎缩，生态系统功能退化。

为协同促进黄河全流域生态保护上新台阶，填补国内关于黄河流域湿地研究、缺乏对其生态环境状况进行系统调查分析的不足，中国绿发会制订了2023—2026年黄河湿地调查计划，主要对青海黄河源区、四川若尔盖草原区、宁夏平原区、内蒙古河套平原区、陕西毛乌素沙漠地区、三门峡库区及下游河道、山东黄河三角洲等重点湿地生态区开展实地调研，旨在系统分析湿地保护工作中存在的不足，提出具体的保护和管理对策建议。

2023年6—8月，中国绿发会项目组先期赴青海省海南藏族自治州兴海县黄河源区及山东东营黄河三角洲地区开展了地形地貌、土壤、河流流量、河流水质、植被类型与分布、动植物物种、河流底栖无脊椎动物及其栖息区域底质类型的调研工作。其他相关地区的调查工作正陆续展开。

云桥湿地生物多样性恢复

云桥湿地位于成都市郫都区，占地332.6亩，地处成都市主要水源地徐堰河、柏条河流域，成都市自来水六厂取水口上游约50米处，大部分位于生态红线保护范围内，是重要的水源涵养湿地，生态环境较为敏感脆弱。云桥湿地曾由于缺乏持续性的管理维护，以及受2020年李家岩水库次输水管道安装工程施工影响，湿地生态系统被破坏，无正常引排水。根孔区植物有生态入侵趋势，40%生态湖表面漂浮枯枝败叶，同时湿地功能区内水道堵塞，导致生态湖内水质恶化成劣V类水质。

2022年起，郫都区遵循水系"自然恢复为主，人工修复为辅"的基本原则和"再野化"先进理念，采取基于自然力的湿地生态修复技术体系对湿地部分区域实施修复，修复面积61亩，湿地生态功能和生物多样性平衡体系得到恢复。2023年，云桥湿地保护成效入选全国生物多样性优秀保护案例。2024年4月，中国绿发会依据《生物多样性保护与绿色发展示范基地评价标准》和《生物多样性保护与绿色发展示范基地评估指标体系》对云桥湿地进行评估，云桥湿地各项指标表现优秀，获评中国绿发会生物多样性保护与绿色发展示范基地。

鼎湖山国家级自然保护区

鼎湖山国家级自然保护区位于广东省中西部的肇庆市，成立于1956年，是我国建立最早的自然保护区。全区面积1133公顷，代表性植被为南亚热带常绿阔叶林，以自然林为主，其森林覆盖率达78.8%。因处在北回归沙漠带上，又有"北回归沙漠带上的绿色明珠"的美称。

保护区内蕴藏丰富的动植物资源。鼎湖山自然保护区内所拥有的植被类型包括属于本气候区的地带性顶级植被——季风常绿阔叶林及多种过渡植被类型，是开展森林生态系统及植被演替研究极为理想的基地。全区内生长着约占华南地区植物种类1/3的高等植物。其中，桫椤、紫荆木、土沉香等国家重点保护野生植物达68种。野生动物有兽类43种、鸟类267种、两栖类23种、爬行类54种、蝶类 117 种、已鉴定的昆虫 713 种，其中，国家重点保护野生动物 62 种。已鉴定的大型真菌 836 种，占广东省大型真菌总种数的 70%，其中，华南特有种和模式标本种 48 种。

鼎湖山国家级自然保护区的森林生态系统具有完整的演替系列和垂直分布带，保存着丰富的生物多样性，被生物学家称为"物种宝库""基因库"。它作为我国首个自然保护区，不仅保护着这里的生态和生物多样性，同时对我国自然保护区建设和发展方向起到了示范引领作用。

浙江天目山国家级自然保护区

天目山国家级自然保护区位于浙江省杭州市临安区境内，建于 1956 年，面积 4300 公顷。保护区有古老的森林植被和丰富的文化积淀，是我国不可多得的"物种基因库"和"文化遗产宝库"。区内有高等植物 2160 种，其中以"天目"命名的有 37 种，列为国家保护的 35 种；兽类 75 种，鸟类 148 种，两栖类 20 种，爬行类 44 种，昆虫 4209 种，其他蛛形类、多足类、鱼类数以万计，其中有 34 种为国家级保护动物。

1986 年 7 月，天目山国家级自然保护区被国务院列为全国第一批国家级森林和野生动物类型自然保护区；1996 年被联合国教科文组织吸纳为"人与生物圈计划"（MAB）成员，并相继被命名为"全国科普教育基地"、"全国青少年科技教育基地"、"全国生物多样性保护示范基地"和"全国示范保护区"，也是中国绿发会"生物多样性与绿色发展示范基地"之一。

近年来，天目山国家级自然保护区管理局不断提升保护区的保护能力，以促进天目山森林生态系统健康稳定发展，打造科研、科普、教育及资源合理利用协同发展的多功能示范区，还带动了周边社区经济发展，在传承保护区功能、传播林业文化等方面做出了积极的探索和有益的实践。为加强保护区的保护和管理，当地还制定了《浙江天目山国家级自然保护区条例》，并在 2024 年 6 月杭州市十四届人大常委会第十八次会议上高票通过。

西双版纳国家级自然保护区

西双版纳国家级自然保护区始建于 1958 年，是我国建立较早的自然保护区。保护区位于云南省南部的西双版纳傣族自治州境内，由地域上互不相连的勐养、勐仑、勐腊、尚勇、曼稿5个子保护区组成，总面积24.25万公顷，是以保护热带森林生态系统和珍稀野生动植物为主要目的的大型综合性自然保护区。

保护区热带森林生态系统保存比较完整、生物资源极为丰富，是我国面积最大的热带原始林区。保护区森林覆盖率达95.7%，野生珍稀动植物荟萃，珍稀、濒危物种众多。维管束植物至少有2779种，脊椎动物有818种。其中，珍贵的野生植物有望天树、篦齿苏铁、云南苏铁、藤枣、四数木、山桂花、红椿、土沉香等；珍稀野生动物有亚洲象、麋鹿、印度野牛、苏门羚、豹、蜂猴、灰叶猴、绿孔雀、白鹇、犀鸟等，特别是亚洲象，西双版纳国家级自然保护区是我国亚洲象种群数量分布最多和较为集中的地区之一。

保护区生物多样性丰富、物种繁多，素有"生物基因库"之称。60多年来，保护区管护局还充分利用自然资源禀赋积极开展科普宣教工作，并先后被国家部委、省级部门授予"全国科普教育基地""全国林业示范自然保护区""国家生态文明教育基地""中国最美森林""云岭楷模"等诸多荣誉称号。这些工作的开展对当地乃至全国生物多样性保护及自然科普教育等具有重要作用。

卧龙国家级自然保护区

卧龙国家级自然保护区，位于四川省阿坝藏族羌族自治州汶川县西南部，邛崃山脉东南麓，始建于1963年。保护区总面积约20万公顷，横跨卧龙、耿达两乡，其主要保护目标为西南高山林区的自然生态系统及大熊猫等珍稀动物。保护区内，森林茂密，动植物资源丰富，共分布有100多只野生大熊猫，其种群数量占全国野生大熊猫数量的10%，因此又被称为"熊猫之乡"。

该保护区在成立之初，便着眼于建设国内一流的自然保护区，积极推动保护、科研、社区建设等多项工作齐头并进。1980年，保护区在加入联合国教科文组织"人与生物圈"保护区网后，即与世界自然基金会合作，成立了中国保护大熊猫研究中心，开展大熊猫人工繁育研究。经持续不懈地努力，保护区大熊猫研究中心成功攻克大熊猫人工繁育的技术难关，2024年前后共繁育出48胎、72仔的熊猫幼仔，使保护区圈养熊猫总数达到80多只、野外种群数量达到149只，这一物种的濒危状态得到扭转。同时，保护区将关键物种的研究与生态旅游相结合，以科学研究带动生态保护与社区生态旅游，使卧龙自然保护区生态保护成效

显著，保护区范围内的社区民众收入也得到稳定增长。

梵净山国家级自然保护区

梵净山国家级自然保护区，位于贵州省东北部的江口、松桃、印江三县交界处，建于1978年，总面积4.19万公顷。其原始生态保持完好，是贵州省第一个成立的自然保护区。1986年，保护区被国务院批准为国家级自然保护区，主要保护对象为亚热带森林生态系统及黔金丝猴、珙桐等珍稀动植物。

梵净山是乌江与沅江水系的分水岭，是武陵山脉的主峰，山体庞大，地势高耸，最高峰凤凰山海拔2572米，四周逐层散布着低中山、低山和丘陵等各种地貌类型。这种独特的地理自然特征使得保护区内垂直气候变化多样，生物多样性十分丰富，植物种类达到2000余种，列入国家保护的野生植物种类达到311种，拥有近3000种野生动物，包括国家一级保护野生动物黔金丝猴、豹、白颈长尾雉等。

保护区成立以来，先后与国内外相关单位合作开展了多学科科学研究，如中美梵净山环境监测、月亮山林区科学考察、麻阳河黑叶猴自然保护区科学考察等；以及围绕黔金丝猴保护，独立主持并完成了黔金丝猴野外生态调查、黔金丝猴人工驯养及繁殖技术研究等课题，这些研究对科学保护这一区域的亚热带森林生态系统起到了重要作用。

2018年7月，梵净山获准被列入《世界自然遗产名录》，成为中国拥有的第53项世界遗产。今天的梵净山国家级自然保护区已经成为地球同纬度上原始植被保存最完好的一颗"绿色明珠"，是国家林草局野生动植物保护优秀集体，也是国家生态环境科普基地，而且正在被打造成贵州全省的6个世界级旅游目的地之一。

陕西佛坪国家级自然保护区

佛坪国家级自然保护区以大熊猫及其森林生态系统为主要保护对象，始建于1978年，位于秦岭中段南坡的陕西省佛坪县，地处东洋界和古北界的交汇地带，属暖温带山地气候。保护区地理位置独特，孕育了丰富的生物多样性资源。据监测，区内有种子植物1271种，其中国家重点保护植物10种（未计兰科）；

有脊椎动物338种（亚种），其中国家重点保护动物46种；已鉴定的昆虫1353种，国家重点保护昆虫2种。

据了解，佛坪国家级自然保护区是全球野生大熊猫种群分布密度最大，也是大熊猫生活环境最优良的区域。2004年，保护区加入"人与生物圈计划"（MAB）；2014年，被陕西省林业厅列为"青少年科普探秘线路"，开展面向适龄青少年的环境教育活动。除具备自然保护功能，保护区还是全国青少年科普教育基地、陕西师范大学野外教学实验基地、中国绿发会"生物多样性与绿色发展示范基地"等，保护区也与多个研究单位开展了多层次、多方位的合作。保护区的建立，对我国珍稀动植物保护、科学研究及科普宣传等具有重要意义。

哈纳斯国家级自然景观保护区

哈纳斯国家级自然景观保护区位于新疆维吾尔自治区阿勒泰地区布尔津县和哈巴河县境内，北与哈萨克斯坦、俄罗斯接壤，东邻蒙古国。保护区建于1980年，1986年经国务院批准晋升为国家级，规划面积10 030平方千米，主要保护对象为寒温带针阔叶混交林生态系统、珍稀野生动植物资源和冰川湖泊。

保护区受第四纪冰川和北冰洋气候的影响，形成特殊的自然景观和植被类型，区内森林、草原、草甸相间交错呈垂直分布，顶峰保存有完整的第四纪冰川遗迹。

保护区属寒温带气候，也是中国唯一的欧洲—西伯利亚动植物区系的分布区，代表树种为西伯利亚红松；森林多为原始林，高等植物540多种，是中国温带草原区域中植物种类最多的地区。寒温带及荒漠区动物有100多种，其中，国家重点保护动物有雪豹、盘羊、丹顶鹤、天鹅、猞猁、紫貂等；湖中有鱼类10余种。

保护区自然生态系统保存完整，是我国唯一的欧洲—西伯利亚生物区系的代表，具有重要的保护价值和科研价值。

河南宝天曼国家级自然保护区

河南宝天曼国家级自然保护区位于南阳市内乡县辖区内，总面积9304公顷，其中核心区面积为3040公顷、缓冲区面积为1214公顷、实验区面积为5050公顷，属森林生态系统类型自然保护区,主要保护对象为过渡带森林生态系统及珍稀动植物。1980年建立,1988年升级为国家级自然保护区。2001年,获联合国教科文组织批准加入世界生物圈保护区网络。2016年,保护区成为中国绿发会"生物多样性保护与绿色发展示范基地"。

河南宝天曼国家级自然保护区是北亚热带和暖温带地区天然阔叶林保存最为完整的地段,森林类型多,植被属暖温带落叶林向北亚热带常绿阔叶林过渡的典型代表。保护区内动植物资源丰富,是河南省首批国家级自然保护区、中原地区唯一的世界生物圈保护区。

保护区处于我国第二级地貌阶梯向第三级地貌阶梯过渡的边缘,海拔1830米,是伏牛山向东南延伸的最高山体,也是中原地区唯一保存完整的过渡带森林生态系统区域,是中国南北森林动植物的交界地。

保护区森林覆盖率达97.3%,汇集和保存了大量比较完整的天然原始次生植物和生物群落,有高等植物2900多种,国家重点保护植物有连香树、太白冷杉、铁杉等。区内已发现的野生动物有380多种,鸟类153种,昆虫3000多种,其中国家重点保护动物29种,如金钱豹、云豹、斑羚、穿山甲等。特用经济树种有漆树、油桐等。

车八岭国家级自然保护区

车八岭国家级自然保护区位于广东省东北部的粤赣交会处,始建于1981年,1988年晋升为国家级自然保护区。保护区总面积7545公顷,地处亚热带常绿阔叶林集中分布区,是世界同纬度带原生性较强、面积较大的亚热带常绿阔叶林,为南亚热带向中亚热带过渡的典型代表。区内生物多样性资源极为丰富,有"物种宝库,岭南明珠"之称。

截至2021年底,车八岭国家级自然保护区共发现有野生高等植物1949种,其中国家重点保护植物27种;野生动物1686种,包括脊椎动物465种、昆虫1221种,其中国家重点保护野生动物77种;此外,还有大型真菌699种,已知食用菌117种、药用菌39种、毒菌34种。

经过40多年的保护与发展,车八岭国家级自然保护区在生态保护、科研监测、自然教育、可持续发展等方面取得了可喜成就,先后荣获全国林业信息化示范基地、中国生态科普教育基地、中国生物圈保护区网络野生动物智能监测示范

实践篇

保护区等10多项国家级荣誉称号。

神农架国家级自然保护区

神农架国家级自然保护区地处湖北省、重庆市交界的长江、汉水之间，周边与神农架林区、房县、兴山县、巴东县、竹山县和重庆市的巫溪县接壤。1982年经湖北省人民政府批准，神农架正式建立自然保护区。1986年7月经国务院批准，升为国家级森林和野生动物类型自然保护区。1990年，神农架国家级自然保护区加入联合国教科文组织"人与生物圈"保护区网。

保护区属大巴山系，地势西南高东北低；区内最高峰神农顶海拔3105.4米，是华中地区最高点，被称为"华中屋脊"。保护区地貌类型复杂，主要有山地、流水、喀斯特（岩溶）和第四纪冰蚀地貌。

神农架国家级自然保护区的主要保护对象为北亚热带山地森林生态系统及特有珍稀物种，如珙桐、金丝猴等。截至2002年11月，保护区内有高等植物1800多种，包括中国特有的双盾木；野生动物500多种，其中鸟类400余种。

神农架是中国首个获得联合国教科文组织人与生物圈自然保护区、世界地质公园、世界遗产三大保护制度共同列入的"三冠王"遗产地。

盐城湿地珍禽国家级自然保护区

江苏盐城湿地珍禽国家级自然保护区地处江苏中部盐城市沿海，辖东台、大丰、射阳、滨海和响水五县（市）的滩涂，区域面积为247 260公顷。1983年成立省级沿海滩涂珍禽自然保护区，1992年升级为国家级自然保护区，2007年更名为盐城湿地珍禽国家级自然保护区，主要保护对象为丹顶鹤等珍稀野生动物及其赖以生存的滩涂湿地生态系统。在这里，每年约有300万只候鸟停歇、繁殖和越冬，是东亚—澳大利西亚候鸟迁徙路线的中心节点。

盐城湿地珍禽国家级自然保护区，是我国面积最大、西太平洋保存最完整的海涂湿地类型保护区，因其丰富的生物多样性和突出的全球普遍价值，2019年被列入《世界遗产名录》，是我国第一处滨海型湿地类型的世界自然遗产地，保护区的设立对沿海淤长型海岸带及栖息其上的迁徙水鸟和其他众多稀有动物的保护和研究具有重要意义。

截至2012年,保护区有植物450种,鸟类402种,两栖爬行类26种,鱼类284种,哺乳动物31种,堪称生物资源的基因宝库。其中,国家一级保护野生动物有14种,如丹顶鹤、白鹤、东方白鹳、中华秋沙鸭、遗鸥、大鸨、金雕、白尾海雕、麋鹿等,国家二级保护野生动物有85种,如獐、黑脸琵鹭、大天鹅、小青脚鹬、鸳鸯、灰鹤等。

阿尔金山国家级自然保护区

阿尔金山国家级自然保护区于1983年设立,地处新疆巴音郭楞蒙古自治州东南部,位于若羌、且末两县境内,属藏北高原昆仑山中部地区,平均海拔4580米,面积4.5万平方千米,是青藏高原生态系统的重要组成部分,是中国设立最早、受保护面积最大的高原荒漠生态系统自然保护区。阿尔金山地形平坦开阔,属高海拔的中温带大陆性气候,终年严寒。植被具有中亚荒漠区向青藏高原区过渡带的特征,有大片的天然草场和较丰富的水源,是世界上不可多得的"高原野生动物基因库"。

为加强阿尔金山国家级自然保护区的建设和管理,保护典型的高原生态系统和珍贵的自然资源,根据《中华人民共和国自然保护区条例》《新疆维吾尔自治区自然保护区管理条例》及有关法律、法规,结合保护区实际,新疆维吾尔自治区政府于1997年专门制定了《新疆维吾尔自治区阿尔金山国家级自然保护区管理办法》。阿尔金山国家自然保护区管理局工作人员每年深入保护区开展正常巡护和科研调查工作,在保护区设立检查站,加强对采矿、采金、旅游和探险等的管理。

经过40多年的努力,保护区生态环境逐年向好。藏羚羊、野牦牛、藏野驴三大有蹄类野生动物种群数量已达12万头(只);雪豹、黑颈鹤等珍稀野生动物种群数量也在逐年上升。

高黎贡山国家级自然保护区

高黎贡山国家级自然保护区,地处云南省怒江傈僳族自治州泸水市境内、怒江的西岸,总面积40.55万公顷,于1983年建立,是云南省面积最大的自然保护区。高黎贡山是中国国家级自然保护区、世界生物圈保护区、三江并流世界自

实践篇

然遗产的重要组成部分，是重要的陆地生物多样性关键地区，是我国乃至世界都极为罕见的生物资源宝库，也是全球三大生物多样性中心之一，被誉为"物种基因库，活的博物馆"。

该保护区属森林和野生动物类型的超大型自然保护区，主要保护以中山湿性常绿阔叶林和高山温性、寒温性针叶林为主的垂直自然景观，生物多样性完整的森林生态系统，以及区内的珍稀动植物和特有物种。1974—2020年，先后在保护区内发现了戴帽叶猴、贡山麂、怒江金丝猴、独龙叶尾蚣、天行长臂猿、红鬣羚、亚洲金猫、云豹、滇桐、顶果木、中华双扇蕨、印缅石蝴蝶、无柄醉鱼草等珍稀动植物的分布。截至2024年7月，保护区已知有种子和变种植物5135种，其中382种为高黎贡山特有种；脊椎动物582种。有喜马拉雅红豆杉、云南红豆杉、长蕊木兰、光叶珙桐国家一级保护野生植物4种；怒江金丝猴、天行长臂猿、高黎贡羚牛、豹、云豹、白尾梢虹雉等国家一级保护野生动物21种。

高黎贡山国家级自然保护区也是中国灵长类动物分布最集中的地区之一。保护区内有怒江金丝猴、戴帽叶猴、菲氏叶猴、熊猴、藏酋猴、短尾猴、普通猕猴和天行长臂猿等8种灵长类，占中国灵长类种类数量近1/3。

高黎贡山国家级自然保护区在极为有限的范围内，富集了极其丰富的生物多样性资源，不但是我国生物种类最为丰富的地区之一，也是举世瞩目的生物多样性保护关键区域。保护区内一直以来，不断有新物种或新分布记录种被发现，可以预见，在保护区保存完好的原始森林中，还有很多新种、新分布记录种待发现，极具潜在的保护科研价值。

天津古海岸与湿地国家级自然保护区

天津古海岸与湿地国家级自然保护区，是一处以贝壳堤、牡蛎礁构成的珍稀古海岸遗迹和湿地自然环境及其生态系统为主要保护对象的国家级海洋和海岸生态系统类型的自然保护区，1984年经天津市人民政府批准建立，1992年10月晋升为国家级保护区。保护区范围，涉及天津市滨海新区、宁河区、津南区和宝坻区的部分区域；其保护对象是近1万年以来渤海成陆的海洋遗迹。随着渤海海退，这些保护对象已脱离了与海的联系，保护区成了全国唯一一个不涉及现代海岸线的海洋类型自然保护区。

为加强天津古海岸与湿地国家级自然保护区的管理，依据《中华人民共和国自然保护区条例》和有关法律、法规，结合天津市实际情况，2011年3月，天津市人民政府公布《天津古海岸与湿地国家级自然保护区管理办法》，后经四次修改不断完善。

2009年9月，国务院批准天津古海岸与湿地国家级自然保护区范围调整的申请，调整后的保护区由11处贝壳堤区域和1处牡蛎礁、七里海湿地区域等组成，总面积359.13平方千米。2014年2月，保护区全部区域经天津市人大常委会批准为天津市永久性保护生态区域，实施永久性保护。

从2016年起，中国绿发会相继在天津古海岸与湿地国家级自然保护区外围建立起遗鸥保护地、东方白鹳保护地、低斑蜻保护地等，围绕该区域的典型物种及生境开展长期的保护行动，包括消除保护区及外围的非法捕捞、滩涂挖蛤及综合提升湿地管理水平等，参与到这一典型海岸及海洋型自然保护区的保护中。

北京麋鹿苑

北京麋鹿生态实验中心位于北京城南大兴区境内的南苑至廊坊公路东侧，又名北京生物多样性保护研究中心、北京南海子麋鹿苑博物馆，简称北京麋鹿苑。

麋鹿，俗称"四不像"，似鹿非鹿，似驴非驴，似牛非牛，似马非马，为国家一级保护野生动物，是中国特有的珍稀物种。20世纪初，中国野生麋鹿灭绝了。1985年，为迎接中国麋鹿回归，国家成立中国麋鹿基金会，即中国生物多样性保护与绿色发展基金会的前身。同年11月，英国乌邦寺公园将第一批22只麋鹿送还给中国，国家在北京大兴区南海子原清朝猎苑的旧址专门成立了麋鹿生态实验中心，辟出近千亩土地，建成麋鹿苑。此后，中国先后于1986年、1987年分批引进共79只麋鹿，通过人工繁育、野化放归、迁地保护等措施恢复重建其野外种群。截至2024年，麋鹿重新引入回国已有39年，麋鹿种群数量已经增长到12 000只左右（包括野外和圈养），其中北京麋鹿苑拥有160余只麋鹿，全国的野生种群数量已超过5000只。中国对麋鹿的迁地保护成果得到了全世界的认可，被誉为"世界野生动物保护的中国样板"。

麋鹿苑作为麋鹿国家保护研究中心、国家二级博物馆、全国科普教育基地、北京市爱国主义教育基地、北京市生态文明教育基地、中国生物多样性保护示范基地等，其在科学研究和科普教育方面发挥着重要作用。

实践篇

大丰麋鹿国家级自然保护区

大丰麋鹿国家级自然保护区位于江苏省东部的黄海之滨，为典型的黄海滩涂型湿地，占地面积4万亩。创建于1986年，1997年晋升为国家级自然保护区，2002年被列入《国际重要湿地名录》，是世界上占地面积最大、野生麋鹿种群数量最多、并拥有最大麋鹿基因库的自然保护区。

由于得到有效保护，该湿地的生态系统日趋完整，保护区的生物圈逐年扩大，生物数量不断上升，鸟类的种类和数量也在不断上升。例如，丹顶鹤、黑嘴鸥、震旦鸦雀等珍稀鸟类的栖息数量比建区时增加了数十倍，被列入《中华人民共和国政府和日本政府保护候鸟及其栖息环境的协定》保护的鸟类有93种。此外，保护区内拥有兽类12种、两栖爬行类27种、鱼类156种、昆虫599种、植物499种。保护区内的麋鹿数量已由1986年建区时的39只发展到现在的5681只，其中野生麋鹿有1820只。麋鹿的成功野放及繁衍，为人类拯救濒危物种提供了成功的范例。

该保护区是中国绿发会"生物多样性保护与绿色发展示范基地"之一。为更好地保护麋鹿，拓宽对其迁地保护和亲缘关系的研究，2015年5月，江苏省大丰麋鹿国家级自然保护区管理处与中国绿发会签订了《麋鹿物种保护科普科研合作意向书》，并在麋鹿回归30周年暨中国绿发会成立30周年之际，无偿赠送中国绿发会30只麋鹿，以共同建设北京永定河物种迁地保护基地，双方就麋鹿保护、科普宣传、国际交流、业务培训、学术交流等方面开展工作。

湖北石首麋鹿国家级自然保护区

湖北石首麋鹿国家级自然保护区位于湖北省石首市，地处长江与天鹅洲故道的夹角处，总面积为1567公顷。保护区内主要河流为长江天鹅洲故道。天鹅洲故道是1972年湖北石首一带实施长江自然裁弯取直工程形成的，由遗留的长江故道、故道围绕的小岛和故道外的边滩组成。保护区位于其边滩中，属典型的近代河流冲积物沉积而成的洲滩平原。

保护区于1991年11月经湖北省政府批准建立，1998年经国务院批准晋升为国家级自然保护区。保护区主要任务是在麋鹿原生地恢复自然种群，并保护其赖以栖息的湿地生态环境。

保护区属中亚热带湿润季风气候。保护区内现有高等植物238种，脊椎动物320种，昆虫321种，浮游动物124种，底栖动物33种。其中，国家一级保护野生动物有麋鹿、黑鹳、大鸨3种；国家二级保护野生动物有窄脊江豚、水獭、小灵猫、白琵鹭、大天鹅等31种。

麋鹿喜欢沼泽湿地环境，以青草和水草等为食。保护区自然环境优越、土地肥沃、水质良好、牧草丰茂，是麋鹿栖息的理想场所。经过多年的努力，保护区麋鹿种群不断壮大，由1993年、1994年分两批引进的64头发展到现今的1000余头。目前，在保护区生活的麋鹿已全部实现了自然繁衍，恢复了野生习性。

南岭国家级自然保护区

广东南岭国家级自然保护区成立于1994年，位于南岭山脉中段南坡、广东省北部，为珠江的发源地之一。地跨乳源瑶族自治县、乐昌市、阳山县、连州市，总面积58 368.4公顷。属于森林生态系统类型的自然保护区，主要保护对象为中亚热带常绿阔叶林和珍稀濒危野生动植物及其栖息地。

南岭国家级自然保护区内生物多样性丰富，是我国14个生物多样性热点地区之一，保存着完整的亚热带山地森林生态系统和原生植被垂直带，分布有广东省面积最大的一片原始森林，被誉为"物种宝库，南岭明珠"。保护区内记录有野生高等植物3892种，其中，国家重点保护野生植物68种；脊椎动物643种，其中兽类98种、鸟类333种、爬行类100种、两栖类47种、硬骨鱼类65种；昆虫3195种，其中蝶类529种、蛾类2082种、鞘翅目昆虫584种；国家重点保护野生动物96种。

除了保护功能，保护区还是"全国科普教育基地""国家林业科普基地""广东省科普教育基地"，是全国首批"中国天然氧吧""广东十大最美森林""广东十佳观鸟胜地""广东省自然教育基地"，也是中国绿发会"生物多样性与绿色发展示范基地"之一。根据《广东省绿美保护地提升行动方案（2023—2035年）》，当地正在积极推进创建南岭国家公园。

珠穆朗玛峰国家级自然保护区

珠穆朗玛峰国家级自然保护区，位于中国西藏自治区与尼泊尔交界处，地跨

实践篇

定日县、聂拉木县和定结县，总面积为 33 819 平方千米，有"物种基因库"之称。1988 年自然保护区成立，1994 年晋升为国家级自然保护区。

珠峰自然保护区全部处于喜马拉雅地层、地质构造区，是距今为止地球上最年轻的造山运动——喜马拉雅构造运动所形成的冰川、湖泊、河流等复杂地表形态的典型代表。喜马拉雅山脉共有 11 座超过 8000 米的高峰，其中有 5 座分布在珠峰保护区范围内，它们分别是世界第一、第四、第五、第六、第十四的高峰，分别为珠穆朗玛峰、洛子峰、章子峰、卓奥友峰等著名雪山，它们共同构成了高喜马拉雅段。

此外，保护区内还有着西藏生物多样性最丰富的陈塘沟、嘎玛沟、绒辖沟、樟木沟、吉隆沟，这些深切的山谷让部分从印度洋来的暖湿气流沿山势低洼处、从西往东沿喜马拉雅山脉攀升，形成与北坡迥然不同的亚热带气候和垂直气候带。而在保护区喜马拉雅山脉的北坡，则多分布有大小不同的高原湖泊，其气候为温凉半干旱的大陆性高原气候。可以说，涵盖了高山生态系统、山地森林生态系统、灌丛草原生态系统的保护区，地理地质上是地球上最具特色、最独一无二的保护区，其物种资源十分丰富，也是全球独特而丰富的物种基因库，其中珍稀濒危物种、新种及特有种较多。

目前，保护区共划分为核心保护区、科学实验区和经济发展区三大部分：核心保护区为物种资源的储源地；科学实验区是为确保核心保护区免受人类活动影响而建立的缓冲带；经济发展区集中了保护区 70% 以上的人口，面积占保护区的 48%。

从 2012 年至今，保护区持续对本保护区的自然生态本底进行调查研究。调查结果显示：保护区内共分布有熊猴、长尾叶猴、狼、赤狐、藏狐、棕熊、黑熊、小熊猫、黄喉貂、雪豹、猞猁、盘羊等珍稀物种，有藏雪鸡、黑颈鹤、蓝喉太阳鸟等鸟类 206 种。保护区独一无二的生态系统，不仅具有重大科学研究价值，对我国乃至全球的生物多样性保护都有着不可替代的重要意义。

可可西里国家级自然保护区

可可西里国家级自然保护区，位于青海西南部的玉树藏族自治州境内，是羌塘高原内流湖区和长江北源水系交汇地区，被誉为"世界第三极""青藏高原珍稀野生动物基因库"。

1995年，可可西里被列为省级自然保护区，1997年12月升级为国家级自然保护区。保护区总面积4.5万平方千米，是中国最大的无人区之一，也是21世纪初世界上原始生境保存较好的自然保护区，还是中国已建成自然保护区中，面积最大、海拔最高、野生动物资源最丰富的自然保护区之一，既是藏羚羊、野牦牛、藏野驴、藏原羚等野生动物的栖息地，又有着独特的高原景观，在生物多样性保护、科学研究与生态探险旅游方面，具有重要价值。

可可西里国家级自然保护区地势西高东低，中部较低缓，基本地貌类型除南北边缘为大中起伏的高山和极高山外，广大地区多为中小起伏的高山和高海拔丘陵、台地和平原；保护区内，河流湖泊众多，其中湖泊面积在200平方千米以上的有6个，大于1平方千米的有107个，1平方千米以下的则有7000多个，因此被称为"千湖之地"。

2011年9月，可可西里腹地的卓乃湖溃决，引起国内科学界的高度关注。2018年起，中国绿发会与中国科学院空天信息创新研究院等单位一起，先后多次深入可可西里，针对卓乃湖的水资源及沙化现象进行研究，并提出针对性解决方案。

2017年，可可西里国家级自然保护区在第41届世界遗产大会上，获批准成为中国第51项世界遗产。目前，该保护区是三江源国家公园的组成部分。

铜陵淡水豚国家级自然保护区

铜陵淡水豚国家级自然保护区，位于安徽省铜陵市郊区，坐落在大通镇和悦洲与铁板洲之间的夹江上，总面积31 518公顷，是世界上首座利用半自然条件对白鱀豚、江豚等进行易地养护的场所。该保护区前身为1993年建成的铜陵白鱀豚养护场；2006年晋升为国家级自然保护区。

该保护区属内陆淡水湿地类型，其主要任务是保护长江中下游三江口至获港江段现存的江豚、中华鲟、达氏鲟、胭脂鱼等国家一级、二级保护水生珍稀动物。特别是江豚，作为国家一级保护野生动物，有"水中大熊猫"之称，因其嘴角微微上扬，又被称为长江里的"微笑天使"。在铜陵淡水豚国家级自然保护区内，有江豚悠然栖息，据2023年经综合科学考察项目发现，保护区江段野生江豚数量超60头，较2012年增加50%，成为江豚密度最高的江段之一。截至2023年4月，保护区内的迁地保护基地江豚数量达到12头。

实践篇

铜陵淡水豚国家级自然保护区先后获"中国科学院水生生物研究所鲸类科学研究基地""全国水生野生动物保护网络理事单位""中国生物圈保护区网络成员单位""长江湿地保护网络成员单位"等殊荣。

三江源国家公园

三江源国家公园是中国第一个国家公园体制试点，于2021年10月正式成为我国首批国家公园之一。三江源国家公园，位于中国西部、青海省西南部，平均海拔3500~4800米，总面积19.07万平方千米，处于青藏高原的腹地，是长江、黄河和澜沧江的发源地，被誉为"中华水塔"。三江源区域同时也是世界高海拔地区生物多样性最集中、面积最大的地区，是亚洲、北半球乃至全球气候变化的敏感区和启动区，是中国乃至世界生态安全屏障极为重要的组成部分。

三江源国家公园的高寒生态系统典型独特、脆弱敏感、类型多样，主要有冰川雪山、高寒草甸、高寒草原、高寒湿地、森林灌丛和高寒荒漠等。园内有森林、灌丛、草甸、草原、荒漠、高山冻原与稀疏植被、沼泽和水生植被（湿地）7个植被型组，33个群系。截至2023年9月，三江源国家公园记录有野生种子植物832种，其中有唐古红景天、喜马红景天、羽叶点地梅、水母雪兔子等11种国家二级保护野生植物；野生脊椎动物310种，其中有雪豹、藏羚、黑颈鹤等24种国家一级保护野生动物，有兔狲、大鵟、大鲵、重口裂腹鱼等60种国家二级保护野生动物。

三江源国家公园是我国生物多样性保护优先区域之一，它的设立和建设，对于保护我国重要生态安全屏障、推动生态文明建设、促进绿色发展及提高民众环保意识等都具有重要意义。

大熊猫国家公园

大熊猫国家公园，位于中国西部地区，跨越四川、陕西和甘肃三省，涉及岷山片区、邛崃山—大相岭片区、秦岭片区、白水江片区，最高海拔5588米，最低海拔595米，总面积27 134平方千米，整合各类自然保护地80余处。2021年10月，大熊猫国家公园被列入第一批国家公园名单，保护以大熊猫为代表的生物多样性及亚热带山地和高山森林生态系统。

大熊猫国家公园森林面积19 556平方千米，森林覆盖率72.07%。植被垂直分布明显，随着海拔升高，依次是典型亚热带常绿落叶林、常绿落叶阔叶混交林、温性针叶林、寒温性针叶林、灌丛和灌草丛、草甸。公园记录的种子植物有3446种，其中有红豆杉、南方红豆杉、独叶草、珙桐4种国家一级保护野生植物，有31种国家二级保护野生植物；脊椎动物641种，其中有大熊猫、川金丝猴、云豹、金钱豹、雪豹等22种国家一级保护野生动物和94种国家二级保护野生动物。

第四次全国大熊猫野外调查数据显示，纳入大熊猫国家公园范围内保护的野生大熊猫有1340只，占全国野生大熊猫种群总数的71.89%。为修复大熊猫破碎的家园，提高局域种群的遗传多样性，降低微小种群灭绝风险，国家公园规划建设了大熊猫走廊带。截至2023年11月，大熊猫国家公园已完成9条大熊猫走廊带和7处野生动物通道建设，恢复植被128.5平方千米，为大熊猫相互隔离的小种群交流创造了有利条件。

大熊猫国家公园的设立，对于保护大熊猫及其栖息地、维护生物多样性、创新自然资源保护管理体制、促进人与自然和谐共生及提升国家形象和国际影响力等，都具有十分重要的意义。

东北虎豹国家公园

东北虎豹国家公园，位于吉林、黑龙江两省交界的长白山支脉老爷岭南部，是中俄朝三国交界的连接地带，最高峰老爷岭海拔1477.4米，总面积1.46万平方千米，区域内包含12个自然保护地。2021年10月，东北虎豹国家公园被列入第一批国家公园名单，保护以东北虎豹为旗舰物种的生态系统。

东北虎豹国家公园，是我国生态系统金字塔最完整的地区之一，也是中国境内野生东北虎、东北豹的唯一集中分布区。区域内森林面积136.36万公顷，森林覆盖率93.32%，主要植被类型是温带针阔叶混交林。据不完全统计，园内高等植物达到数千种，包括大量的药用类、野菜类、野果类、香料类、蜜源类、观赏类、木材类等植物资源，其中，有东北红豆杉和长白松2种国家一级保护野生植物，有红松、钻天柳、水曲柳等8种国家二级保护野生植物；记录有陆生野生脊椎动物363种，其中有虎、豹、梅花鹿、原麝、紫貂等11种国家一级保护野生动物，斑羚、獐、马鹿、水獭、黑熊、棕熊等41种国家二级保护野生动物。

到 2022 年 7 月，东北虎豹国家公园内的野生东北虎、东北豹数量已由 2017 年的 27 只、42 只分别增至 50 只、60 只。2024 年 5 月，东北虎豹国家公园管理局最新监测数据显示，稳定生活在公园内的野生东北虎数量达到 70 只左右，野生东北豹数量达到 80 只左右。

东北虎豹国家公园的设立，对保护东北虎、东北豹野外种群栖息繁衍，维持生态系统原真性、完整性，实现重要自然资源国家所有、全民共享、世代传承，推动珍稀濒危物种跨境保护合作具有重要意义。

海南热带雨林国家公园

海南热带雨林国家公园位于海南岛中部，于 2021 年 10 月被批准设立，是中国首个涵盖热带雨林生态系统的国家公园。区划总面积 4269 平方千米，森林覆盖率高达 95.86%。

园区位于海南岛中部山区，是南渡江、昌化江、万泉河等海南岛主要江河的发源地。区内分布着我国最集中、类型最多样、保存最完好、连片面积最大的大陆性岛屿型热带雨林，是热带生物多样性和遗传资源的宝库。园内有高等植物 4367 种，其中有国家重点保护植物 149 种、特有植物 846 种；野生脊椎动物 651 种，其中 134 种为国家重点保护野生脊椎动物，23 种为海南特有。

近年来，海南热带雨林国家公园生态保育工作不断取得新成果，海南长臂猿种群数量持续恢复，圆鼻巨蜥等珍稀濒危野生动物，以及尖峰水玉杯、海南小姬蛙等 50 余种新物种在国家公园中陆续被发现。

海南热带雨林国家公园的设立，为众多生物、特别是珍稀濒危物种提供了重要的栖息地，为生物多样性和生态学研究提供了理想的自然实验室，为自然生态科普教育提供了重要的场所。

武夷山国家公园

武夷山国家公园位于闽赣交界武夷山脉北段，总面积 1280 平方千米，涉及福建、江西两省，南平、上饶两市，武夷山市、建阳区、光泽县、邵武市、铅山县 5 县（区、市）12 乡（镇），其中福建省域内面积 1001.41 平方千米，占总面积的 78.2%。

园区有210.70平方千米原生性森林植被未受到人为破坏，是世界同纬度保存最完整、最典型、面积最大的中亚热带森林生态系统。区内自然环境多样，孕育了丰富的生物多样性。植物种既有大量亚热带物种，又有从北方温带分布至此及南方热带延伸至此的种类。除此之外，还有众多古树名木，如武夷宫880年树龄的古桂、坑上980年树龄的南方红豆杉等。堪称"天然植物园"，园区共记录有高等植物2799种，野生脊椎动物690种，昆虫6913种。物种丰富度居世界大陆区系前列，被中外生物学家誉为"鸟的天堂""蛇的王国""昆虫的世界""研究亚洲两栖爬行动物的钥匙"。国家公园体制试点以来，园区内还发现了雨神角蟾、福建天麻、武夷凤仙花、武夷山对叶兰、武夷山孩儿参等5个新物种。

除了丰富的生物多样性，武夷山还是一座历史文化名山，是我国世界文化和自然双重遗产之一。武夷山国家公园的建设，无疑对保护武夷山亚热带森林生态系统生物多样性及其文化具有重要意义。

中国山水工程

中国山水工程，是自然资源部会同相关部门指导各地稳步推进山水林田湖草沙一体化保护和修复的工程。该工程旨在践行山水林田湖草生命共同体理念，计划在2030年实现恢复1000万公顷自然生态系统的功能的目标。

2016年以来，自然资源部等部门通过山水工程，统筹部署、多措并举，集成整合相关资金和政策，对山上山下、地上地下、陆地海洋及流域上下游进行整体保护、系统修复、综合治理，取得了显著的生态效益、经济效益和社会效益，如2022年启动的陕西秦岭北麓山水工程。

秦岭是我国南北气候的分界线和重要的生态安全屏障，被称为"中央水塔"和中华民族的祖脉。但近20年来，由于秦岭违建别墅项目，当地生态资源系统遭到严重破坏。秦岭山水工程启动后，坚持以自然恢复为主导方向，经过各方共同努力，截至2024年8月，秦岭北麓已完成生态修复面积2.88万公顷。

2022年12月，"中国山水工程"成功入选联合国首批世界十大生态修复旗舰项目，被称为"全世界最有希望、最具雄心、最鼓舞人心的大尺度生态修复范例之一"。据统计，在国家生态安全屏障、区域生态安全屏障关键节点部署实施的52个山水工程项目，到2024上半年，已完成的重要生态系统修复面积超过666万公顷。

内蒙古恩格贝生态示范区

恩格贝位于内蒙古自治区鄂尔多斯市达拉特旗西部，地处库布其沙漠中段北部，总面积约30万亩，其中沙漠18万亩，草场12万亩。恩格贝长期受沙漠化、洪水和严重的水土流失困扰，直接危及黄河和周边广大农牧民生产生活安全。1977年起，恩格贝拉开防沙治沙生态建设序幕，植树造林、引洪治沙、澄地造田。2012年成为生物多样性保护与绿色发展示范基地。

经过40多年的持续治理，曾经黄沙漫漫的沙漠变成了由湖泊、乔灌木林地、草地、宜耕农田和沙地等多种生态景观要素组成的人造"沙漠绿洲"。区域内植被覆盖率达到78%，森林覆盖率达到41%，动植物种类由原来的20余种增加到600余种，动植物生物链、生物种群得到有效恢复。现有各种树木100多万株，水库、水塘面积1万余亩，天然矿泉水1处，响沙2处。恩格贝成为集沙漠珍禽动物观赏、大漠风景观赏、生态农业观赏、沙生植物观赏和游客休闲度假综合服务为一体的沙漠生态旅游区。

恩格贝的沙漠治理和开发受到钱学森、宋平等老一辈无产阶级革命家的关注。中国科协原副主席、中国绿发会名誉理事长刘恕对恩格贝的沙产业建设多次给予高度评价。2022年，内蒙古恩格贝生态示范区修复治理案例入选生态环境部生物多样性优秀案例。

库布其沙漠亿利生态治理区

库布其沙漠亿利生态治理区位于内蒙古自治区鄂尔多斯市杭锦旗。库布其沙漠是中国第七大沙漠，总面积1.86万平方千米。30多年前，库布齐沙漠曾是沙尘暴肆虐、植被覆盖率不足3%的贫困沙区。

1999年，杭锦旗建成第一条穿沙公路，当地政府和居民开始有组织地种树护路。库布其治沙人创造了从"沙进人退"到"绿进沙退"的防沙治沙绿色奇迹。

库布其沙漠亿利生态治理区引导支持企业研发治沙科技，开展规模化、产业化治理，创新了林草生态治沙与立体光伏治沙融合发展模式，构建了生态修复、生态光伏、生态工业、生态健康、生态旅游一体发展的绿色低碳产业链，带动农牧民治沙致富。目前，库布其沙漠已有1/3变成绿洲，沙尘灾害减少了90%以上。治理区还创造性地提出了"政府政策性支持、企业产业化投入、农牧民市场化参与、科技持续创新、生态成果共建共享"的库布其治沙模式。

2018年生态环境部授予库布其沙漠亿利生态治理区"绿水青山就是金山银山"实践创新基地称号。联合国环境规划署授予库布其治沙人"地球卫士奖"。

截至2024年，该治理区建设林草生态1386.46万亩。森林覆盖率和植被覆盖度分别由2000年的7.23%、16.2%，提高到2023年的18.08%、65.0%。

国家生态文明建设示范区

国家生态文明建设示范区是贯彻落实习近平生态文明思想、统筹推进"五位一体"总体布局、加快推进人与自然和谐共生的美丽中国建设的示范样板。2014年3月，为支持福建省深入实施生态省战略，加快生态文明先行示范区建设，增强引领示范效应，国务院发布《关于支持福建省深入实施生态省战略加快生态文明先行示范区建设的若干意见》。2014年5月，环境保护部根据《关于推进生态文明建设的指导意见》《关于大力推进生态文明建设示范区工作的意见》等规定，授予江苏省扬州市等37个市（县、区）"国家生态文明建设示范区"称号，大力推进我国的生态文明建设。

2016年1月，为贯彻落实中共中央、国务院关于加快推进生态文明建设的决策部署，鼓励和指导各地以国家生态文明建设示范区为载体，以市县为重点，全面践行"绿水青山就是金山银山"理念，积极推进绿色发展，不断提升区域生态文明建设水平，环境保护部制定了《国家生态文明建设示范区管理规程(试行)》和《国家生态文明建设示范县、市指标（试行）》。2024年2月，对其进行修订并发布《生态文明建设示范区（市）建设指标》《生态文明建设示范区（县）建设指标》《生态文明建设示范区管理规程》。

截至2023年10月，生态环境部共公布了7批生态文明建设示范区名单，共572个生态文明建设示范区。

国家化学物质环境保护行动

化学物质在现代社会中扮演着重要角色，广泛用于各个行业，对人类社会发展起到了重要作用。但是，一些有毒有害化学物质如果管理不当，就会对生态环境、人体健康构成威胁。

为营造安全健康的生活环境，我国于20世纪80年代中期开始化学品环境管理，经过多年的努力，初步建立了一些化学品环境管理相关政策法规与标准规范等。近几年，我国相关部门先后起草、修订了《化学物质环境风险评估与管控条例（征求意见稿）》（2019年）、《新化学物质环境管理办法》，制定、编制了《新污染物治理行动方案》（2022年）、《化学物质环境风险评估与管控技术标准体系框架（征求意见稿）》（2024年），不断更新《中国现有化学物质名录》等，对我国化学物质环境管理起到了重要引导作用。

中国绿发会长期关注危险化学品的环境风险、污染防治问题，以尽可能减少有毒有害化学品对环境和人体健康的危害。2019年，中国绿发会正式加入国际民间化学品网络联盟，成为国际化学品三公约缔约方大会的观察员。此后，每年中国绿发会在国际化学品三公约缔约方大会申请举行多场边会，如"在化学品和固废管理中的公众参与""2050展望零塑星球""化学品和农业生物多样性"等。此外，还积极向国家发布的有关政策法规、标准等建言献策。例如，针对《化学物质环境风险评估与管控条例（征求意见稿）》《国家危险废物名录（修订稿）（征求意见稿）》等，组织召开了讨论会议，向有关部门提交了相关建议。

深圳大鹏新区美丽海湾建设

2021年6月，中国绿发会应邀参加深圳"大鹏新区高品质美丽海湾规划"项目开题咨询会，以及"大鹏新区海岸带区域生态环境评估与对策研究"项目中期咨询会。在发言讨论中，中国绿发会提出，该项目应加强生态文明建设和生物多样性保护相关内容，建议调整部分工作实施计划，应厘清本地生态家底，对海岸带区域生态环境进行评估，同时关注全球生物多样性信息服务网络（GBIF）平台，并为项目前期基础调查提供决策参考。在后期的工作中，应加强在生物多样性方面的工作，推进深圳大鹏新区美丽海湾建设。

2022年，深圳大鹏湾入选全国首批"美丽海湾"提名案例，探索形成了一线发达城市和人口聚集区建设"美丽海湾"的示范样板。在《广东省海洋生态环境保护"十四五"规划》中，明确提出了要将深圳大鹏湾打造成美丽海湾典范。2024年6月，生态环境部印发《美丽海湾建设提升行动方案》，重点推进110余个海湾建设美丽海湾，探索推进厦门等7个城市全域建设美丽海湾。

共存篇

水中奔跑的麋鹿。麋鹿又称四不像,原产于中国,后于野外灭绝。中国绿发会成立之初,便以麋鹿重引回国为己任,逐渐推进种群复壮。世界自然保护联盟发布的《物种引进指南》认为,中国麋鹿回归是全世界最成功的物种重引进项目之一。

朱瞰摄

◗ 在青海的沙漠草莽间，濒危物种中华对角羚留下一串串足迹。
葛玉修摄

◗ 被列入《中国生物多样性红色名录——高等植物卷》的极危植物五小叶槭。
鲁成代摄

◗ 在肯尼亚，一大群火烈鸟将水面"染"成了粉红色。
张春悌摄

生物多样性百科
Encyclopedia Biodiversity
共存篇

共存篇

湟鱼濒危等级下降

青海湖裸鲤又称湟鱼,是青海湖特有的珍稀物种,是湖中重要的生物因子和食鱼鸟类赖以生存的物质基础。但是,青海湖裸鲤成熟期较晚、繁殖力较低,加之生存湖区生态系统结构脆弱、稳定性差,使得其种群补充能力较弱,如果遭到破坏就难以自然恢复。20 世纪六七十年代,受利益驱使、人为大量捕杀、河道萎缩、繁殖水域退化等影响,青海湖裸鲤数量锐减,2002 年青海湖裸鲤资源蕴藏量仅为 2592 吨。

1964 年,青海湖裸鲤被列为国家重要和名贵的水生经济动物;1994 年,《中国生物多样性保护行动计划》将其列入鱼类优先保护物种二级名录;2003 年,被列为青海省重点保护水生野生动物。

1980 年,青海省政府颁布了《青海水产资源繁殖保护条例实施细则》;2001 年 1 月至 2020 年 12 月,青海省政府相继实施了 5 次封湖育鱼,累计增殖放流 1.56 亿尾裸鲤。在明确要求零捕捞的同时,加大力度打击湟鱼偷捕、贩运、加工等违法行为。

经过数十年持续不断的保护,2024 年初,青海湖裸鲤资源蕴藏量已达 12.03 万吨,较 2002 年初期的 2592 吨增长超 45 倍,并在《世界自然保护联盟濒危物种红色名录》中从濒危物种降为易危物种,共生态链趋于平衡。

中华鲟种群数量回升

中华鲟是鲟形目鲟科鲟属的鱼类动物,最早出现在 1.5 亿年前的中生代,是一种稀有的"活化石",有"水中大熊猫"之称。它在中国分布较广,从海域的辽东湾一直到珠江口都有其踪迹,同时也分布于日本、韩国和老挝等国。在中国,该物种曾在黄河、长江、珠江、闽江和钱塘江中被发现,但现在已在黄河、闽江、钱塘江和珠江及长江三峡大坝的上游灭绝,仅分布于长江中下游及黄东海沿岸(长江水系)。

世界自然保护联盟和长江水产研究所中华鲟课题组的信息显示,在 20 世纪 70

年代，长江中的中华鲟数量曾经超过1万尾，20世纪80年代数量骤减至2176尾，到2014年野生繁殖群体估算只有57尾。

自2009年起，中华鲟研究所和长江水产研究所相继取得了中华鲟全人工繁殖技术的突破，成功实现了在淡水人工环境下维持中华鲟种群的自我繁衍。这一成果为扩大中华鲟人工种群和保护自然种群奠定了基础。长江水产研究所先后向长江流域放流不同规格的中华鲟300余万尾，为中华鲟种群的延续做出了重要贡献。各沿江省市也积极组织中华鲟放流活动。2022年4月9日，在湖北省宜昌市胭脂园长江珍稀鱼类放流点，共放流23万尾子二代中华鲟苗种。

中国胭脂鱼就地保护及迁地保护

中国胭脂鱼是鲤形目胭脂鱼科胭脂鱼属鱼类的一种，是中国特有的鱼类，主要分布在长江江苏段及通江湖泊，也见于长江中上游和闽江水系中。历史上，它曾是长江上游的重要经济鱼类之一。

葛洲坝截流后，长江中下游的亲鱼无法逆流到上游的沱江和岷江产卵。尽管在坝下江段仍有繁殖群体存在，但由于过度捕捞，自然环境中的中国胭脂鱼野生群体数量依然在下降。环境污染和自身特性问题（如胚胎发育时间过长、孵化期死亡率高等）进一步加剧了其数量的减少。中国胭脂鱼被列为国家二级保护野生动物，并被收录在《中国濒危动物红皮书》中。

为保护这一稀有物种，长江上、中、下游的各个地区都采取了多项措施，并取得了明显成效。重庆同时开展了就地保护及迁地保护工作，先后建立了北碚胭脂鱼自然保护区、长江上游珍稀特有鱼类国家级自然保护区及彭水乌江—长溪河鱼类自然保护区。四川省万县地区水产研究所等机构通力合作，成功实现了胭脂鱼的内塘移养和人工繁殖。

长江十年禁渔助力江豚恢复

江豚是鲸目海豚科江豚属哺乳动物，分布于自南非到印度洋沿岸及西太平洋沿岸，北达日本中部近海，在中国渤海、黄海、东海、南海沿岸和长江中下游及洞庭湖也能看到其身影。

由于环境污染、渔船无意间捕捉及过度捕捞，渔业资源减少，江豚的食物逐渐减少。此外，沿江修建的闸坝阻断了江河中鱼类洄游到产卵场的通道，对江豚的生存和繁殖构成了威胁，江豚种群快速衰减。根据世界自然保护联盟的数据，截至2017年，长江江豚的数量只剩下1000头左右，被世界自然保护联盟列为极危物种。

农业部于2016年发布了《长江江豚拯救行动计划（2016—2025）》，指出要基本维持长江干流和两湖中长江江豚自然种群相对稳定，自然种群的衰退速度要明显下降。自2021年1月1日开始，长江流域实行全年禁渔，为期10年。同时，政府加大对江豚栖息地的保护巡护力度，加强科学考察和研究。此外，通过环境治理和污染防控改善长江的水质，江豚生活环境得到改善，生存率和繁衍能力逐渐恢复。

2022年，农业农村部发布了2022年长江江豚科学考察数据，最新的种群数量为1249头，与2017年的1012头相比，5年间江豚数量增加了23.42%，保护措施初见成效。

扬子鳄放归工作稳步进行

扬子鳄是短吻鳄科短吻鳄属爬行动物，野生扬子鳄曾广泛栖息在长江中下游广阔地区。这片区域的土地随着人口增长和近百年来的快速发展逐渐被改造成耕地和鱼塘等农业用地，导致扬子鳄的栖息地不断缩减，种群数量急剧减少。20世纪90年代前大量人为捕杀也严重威胁了扬子鳄种群。

世界自然保护联盟的数据显示，扬子鳄的野外种群数量在很长时间内少于300条。世界自然保护联盟将其列为极危物种，中国政府将其列为国家一级保护野生动物。

1982年，安徽省成立扬子鳄省级自然保护区，1986年晋升为国家级自然保护区，保护对象为扬子鳄及其栖息地。此外，20世纪70年代末，安徽省在宣城市建立了扬子鳄繁殖研究中心，并在此后的40年内成功实现了扬子鳄规模化人工繁育。自2003年起，试验性野外放归陆续启动。

截至2023年，扬子鳄繁殖研究中心已陆续在安徽扬子鳄国家级自然保护区放归人工繁育的扬子鳄1500余条。根据2023年野外调查结果估算，扬子鳄野外种群数量接近1200条。另外，上海崇明东滩湿地公园的放归工作也在稳步推进中。

斑海豹救助

斑海豹又名西太平洋斑海豹，是食肉性哺乳动物，每年都会在黄海、渤海和西太平洋之间迁徙。近些年来，因人类活动频繁、环境污染严重，其数量锐减。到 20 世纪末，辽东湾斑海豹的数量已从 30 年代的 7100 多头急剧下降至 1000 余头。

为全方位守护斑海豹，中国政府采取了一系列措施。在水域总面积超过 156 万公顷的广阔区域内，设立了多个保护区，包括山东长岛保护区、大连斑海豹保护区和辽宁双台河口国家级自然保护区。科研机构还加大了对斑海豹的人工救助和繁育力度，并借助成熟的繁育技术，培育出多只健康的幼崽。这些幼崽在经过野化训练后，已被成功放归自然。不过，随着海洋馆的兴起，针对斑海豹的盗猎也时有发生，其中 2019 年辽宁警方破获的 100 头斑海豹被非法猎捕的案件，曾震惊全国。

为加强对斑海豹在国内繁殖期间的巡护和救助，中国绿发会先后在辽宁盘锦等 6 个地区建立斑海豹保护地，联合当地志愿者开展保护行动。2019 年，中国绿发会关于将斑海豹由国家二级保护野生动物提升至国家一级保护野生动物的建议获全国人大代表支持，并提交至全国两会审议。

2021 年新调整的《国家重点保护野生动物名录》将斑海豹的保护级别由原来的国家二级升级为国家一级，这标志着斑海豹在中国野生动物保护体系中的地位得到了进一步提升。据农业农村部最新统计，截至 2021 年，在全社会的共同努力和有效保护下，中国斑海豹的种群数量已成功回升至约 2000 头。

海草床的保护和修复

海草是生活在海水中的唯一一类被子植物，广泛分布于浅海和河口水域，从潮间带到潮下带，最大水深可达 90 米。海草床具有极高的生态价值，为众多海洋生物提供重要的栖息地，同时还有固碳、缓解海水酸化、护堤减灾等多种生态功能。然而，随着人类活动的不断增多，海草床面临着衰退的危机。

自 1990 年以来，全球海草床以每年 7% 的速率减少，约有 29% 的海草床已消失。中国近岸海域超过 80% 的海草床已经消失。海草床的衰退主要受海岸工程建设及围填海活动、陆源污染、渔业活动、大型藻类暴发、互花米草入侵等的影响，同时还受气候变暖和台风等极端气候事件的威胁。海草床消失后，海洋二氧化碳吸收减少，埋存于沉积物中的碳也会被释放出来，成为新的碳释放源，并加剧海洋酸化。

为了保护和修复海草床，中国已经采取了一系列措施。例如，制定了《海洋生态修复技术指南　第4部分：海草床生态修复》国家标准，规定了海草床生态修复的基本原则、总体流程、分析诊断、方案制定和方案实施等技术要求，为海草床生态修复工作提供了科学依据和技术支撑。科研人员和当地居民也在积极开展海草床修复工作，如植株移植、种子播种等，目前已经取得了显著成效。

百山祖冷杉野外回归

百山祖冷杉是松科冷杉属的一种乔木植物，原产于中国，是20世纪60年代发现的珍稀濒危树种，特产于浙江庆元百山祖自然保护区。因其数量过少、自然生存繁殖能力弱，外加全球气候变化下气温升高、当地人烧荒驱兽等多种原因，自然生长的百山祖冷杉仅存3株。1987年国际物种生存保护委员会将百山祖冷杉公布为世界上最受严重威胁的12个濒危物种之一。百山祖冷杉在《世界自然保护联盟濒危物种红色名录》中属于极危物种，是国家一级保护野生植物。

为保护这个稀有的树种，1985年，百山祖成立了省级自然保护区，1992年升级为国家级自然保护区，并不断尝试扦插、嫁接，但结果均不理想。2017年，浙江大学与保护区合作，将百山祖冷杉未成熟的胚珠组培成功。到2021年，自然授粉的种子在原地散播，已经长出了400余株幼苗。

经过多年保护，截至2024年，被发现时仅存3株的百山祖冷杉，已野外移栽4000多株。

人工培育银杉苗木野外回归

国家一级保护野生植物银杉，是中国特有珍稀植物，仅存于贵州、重庆、湖南、广西等地。因数量稀少，被称为"植物界的大熊猫"。由于天然银杉林生境严酷、生殖障碍大，种子产量少、发芽率低，幼苗保存率低、幼树竞争力弱，银杉天然更新十分困难。

2020年，全国的天然银杉不到4000棵，其中贵州省大沙河省级自然保护区有866棵。为了保护银杉，避免物种灭绝，从2000年开始，大沙河省级自然保护区着力开展银杉的监测、繁殖和保护工作，对受损或病虫害的天然银杉个体实施特殊的人工救护，采取清除竞争激烈植物、建生物围栏或简易集水池、松培、加固或病虫害防治等一系列保护措施。

此外，贵州大学等高校和科研院所积极合作，对银杉的种子繁殖开展研究，不断攻克苗木培育和种植栽培技术难关。经过20多年的不断培育试验，研究人员对部分银杉苗开展了野外回归试验，人工培育银杉苗木野外成活达4000余株，分别于2022年、2023年分批就银杉原生分布点实施银杉野外回归"增强计划"，并建立起银杉保育和长效跟踪监测机制。

华盖木野外移栽回归自然

华盖木是木兰科常绿大乔木，是地质时代第三纪留存下来的古老独特树种，仅分布于中国云南地区。华盖木被《世界自然保护联盟濒危物种红色名录》列为极危物种，在1999年被《国家重点保护野生植物名录》确定为国家一级保护野生植物。

由于华盖木自身自然更新较慢，加之生境退化或丧失，其野生种群数量一度仅剩50余株。为保护这一珍稀物种，云南昆明植物园采取了必要的就地保护措施，并通过人工繁殖技术和迁地保护，保存了该树种约70%的遗传多样性。除了人工繁殖外，研究人员还开发了组织培养技术，实现了快速获取高质量苗木的目标。此外，研究人员将人工繁育并达到一定苗龄的华盖木移栽到原生地，使其恢复到合理数量，能够开花、结果，形成自然更新的种群，从而回归自然。

多措并举已初见成效。截至2021年，我国已实现华盖木野外移栽1.5万余株。2022年4月，中国绿发会在云南红河成立华盖木保护地，并成功移栽华盖木。

肉锥清网行动助力种群恢复

肉锥花为番杏科肉锥花属植物的统称，有280个原始生种，其中绝大多数品种原产于南非。在2022年7月发布的《世界自然保护联盟濒危物种红色名录》中，有210种多肉植物因非法采集和气候变化的双重威胁而首次被列入名录，这些物

共存篇

种中的大多数属于肉锥花属植物。肉锥花属共有97%的物种被列入3个受威胁类别之一，而45%的物种被列入最高类别——极危，这意味着它们正处于灭绝的边缘。

为保护肉锥花属植物，中国绿发会植物园工作委员会于2023年3月9日发起"肉锥清网行动"，通过净化线上交易平台的非法野生植物交易，打击非法的野生生物贸易活动，尤其是跨国盗采和非法多肉植物贸易，保护生物多样性、共建地球生命共同体。该行动得到了公众、自然保护人士、园艺界人士和企业的支持。"肉锥清网行动"已推出超100期文章，对肉锥花属植物的保护宣传起到了积极作用。

崖柏种群从濒危到稳定

崖柏为中国特有的柏科崖柏属常绿乔木，树高可达20米，具有重要的科研价值。然而在19世纪末至20世纪末一直无法寻找到崖柏，该物种一度被认为已经灭绝。直到1999年重庆市林业局组织专家开展国家重点保护野生植物调查时，才在重庆城口县大巴山腹地重新发现了该物种。由于崖柏野生种群数量有限，林下天然更新不良，种群处于极度衰退状态，2003年，世界自然保护联盟将其评定为濒危物种。

为了保护这一濒危物种，相关单位和保护区开展了大量研究。2005年，科研人员在雪宝山进行了崖柏的扦插繁殖试验的初步阶段，探索了最适宜的扦插时间、土壤条件等关键因素。到了2012年，崖柏群体首次结籽，扦插繁殖试验取得了显著成效。科研人员在实验基地采集了崖柏的种子，并进行了育苗工作，使崖柏的种群得以进一步扩大。

为了扩大崖柏的生存空间，科研人员于2023年启动了迁地保护工作，选择云南高黎贡山、内蒙古大青山等地作为试验性的迁地保护点。通过多年的科研与保护工作，崖柏的种群数量显著回升。迁地保护与试验性栽培工作为崖柏提供了更广阔的生存空间，使其逐步从濒危迈向了稳定。

五小叶槭保护进展显著

五小叶槭是槭树科槭树属落叶乔木，自然生长于海拔2200~3000米的四川雅砻江河谷地带，为中国特有种。由于集中放牧、砍伐薪柴、公路和水电站设施建设等人类活动，野生五小叶槭的原生环境遭到严重破坏，种群数量锐减。据实地考察统计，野生五小叶槭仅有 500 株左右，被《世界自然保护联盟濒危物种红色名录》正式列为极危植物。

中国绿发会自 2014 年成立五小叶槭专项小组以来，多次前往四川进行实地考察和研究，了解五小叶槭的种群数量、土壤环境、分布范围和所面临的威胁。2015 年，中国绿发会提起了全国首例预防性公益诉讼，以保护濒危植物五小叶槭。该公益诉讼指出了水电站修建后可能淹没珍贵的濒危野生植物五小叶槭的生长地。此外，中国绿发会还通过设立五小叶槭保护地等，在甘肃天水、兰州和内蒙古兴安盟等地进行了迁地保护试验和人工栽培。

中国绿发会的这些保护行动使得五小叶槭这一极危野生树种有机会在野外和园林中继续生长，有助于人们更好地认识、保护这一物种，从而达到人与自然和谐共生。

全球 98% 白鹤在鄱阳湖越冬

白鹤是鹤形目鹤科鹤属鸟类，分布于中国东北、长江下游、河北及新疆等地，印度、俄罗斯也有分布。白鹤在《世界自然保护联盟濒危物种红色名录》中被列为极危物种，濒临灭绝。中国将其列为国家一级保护野生动物。

该物种在不同地方面临的威胁不同，但主要威胁还是来自人类用水、农业发展、油田开发等导致的越冬地和集结地的湿地丧失和退化。

以鄱阳湖的白鹤种群为例。白鹤主要以苦草为食，近年来，由于鄱阳湖夏季水位上升，湖区内苦草生长不足，对鄱阳湖周边的白鹤构成了食物短缺的威胁。此外，当地的螃蟹养殖也可能会限制白鹤种群进入高质量的觅食栖息地。

为了解决这一问题，江西省动物保护部门与相关民间组织积极采取行动，规划并建立了专门的白鹤保护区，在该保护区内种植莲藕，并在湖区附近预留了水稻种植区，以供白鹤食用。随着鄱阳湖地区栖息地质量的提升，白鹤的种群数量也在上升。监测数据显示，白鹤在鄱阳湖区的数量已经占据了全球白鹤数量的 98%。鄱阳湖区水草丰美、碟形湖洲滩广阔的特点，使其成为亚洲最大的越冬候鸟栖息地之一。

人工招引东方白鹳的中国经验

东方白鹳是鹳形目鹳科鹳属的大型涉禽,偏好在浅水湿地中生活,是一种珍稀鸟类,被誉为"鸟中国宝"。三江平原是东方白鹳的重要繁殖地,在这里东方白鹳面临着湿地开发、人为活动干扰等挑战,其繁殖地不断缩小,繁殖种群数量明显减少。

人工招引是保护东方白鹳的一种有效手段。早期的人工招引尝试虽然遭遇了一些困难,如筑巢树干枯腐烂导致人工巢毁坏等,但这些经验为后续的保护工作提供了宝贵的参考。

位于三江平原的黑龙江洪河自然保护区在1993年开始开展东方白鹳的人工招引工作。通过搭建人工巢并提供适宜的繁殖环境,东方白鹳的繁殖数量逐年增长。2008年的统计数据显示,该地区东方白鹳繁殖数量已达56只,夏季集群数量达157只,占全球东方白鹳种群数量的6.28%。此后,中国绿发会和国家电网公益基金会在全国24个项目点实施"候鸟生命线"项目,通过保护东方白鹳自然巢、增设人工巢等方式,助力东方白鹳野外种群数量持续增长。据央视网2022年4月报道,东方白鹳种群数量达到9000余只。

这一举措反映了人工招引作为保护措施的有效性,也为其他濒危物种的保护提供了有益的借鉴。

丹顶鹤的野化放归

丹顶鹤是鹤科鹤属的一种大型涉禽,是国家一级保护野生动物,同时也是世界自然保护联盟认定的濒危物种。近年来,丹顶鹤面临着多种威胁,如被毒杀和栖息地被破坏等,其种群数量明显下降,保护形势十分严峻。

为了改善丹顶鹤的生存状况,中国建立了多个自然保护区,其中黑龙江省西部的扎龙国家级自然保护区是最具代表性的一个。该保护区不仅是世界上最大的野生丹顶鹤繁殖栖息地,还是最大的丹顶鹤人工繁育种群再野化基地,被誉为"丹顶鹤的故乡"。

为了逐步壮大野生丹顶鹤种群,扎龙国家级自然保护区经过40多年的探索和实践,形成了两种人工繁育鹤的野化路径,即"散养鹤繁育"和"放飞逃逸"。通过这两种方式,该保护区已经成功野化了约380只丹顶鹤。

除了野化放归，保护区还采取了其他多种措施来改善丹顶鹤的生存环境。例如，通过长效补水、核心区居民搬迁等措施，保护区内的苇塘、水域面积逐渐增大，为丹顶鹤和其他珍稀鸟类提供了更适宜的栖息地。同时，芦苇、鱼类资源的增多也为丹顶鹤提供了丰富的食物来源。

朱鹮从濒临灭绝到逐步恢复

朱鹮是鹈形目鹮科朱鹮属鸟类，曾广泛分布于中国东北、华北、陕西等地，国外分布于俄罗斯、朝鲜半岛和日本。20世纪以来，由于环境变化和人类活动干扰，朱鹮栖息地面积不断缩小，种群数量锐减，一度被认为已经灭绝。

1981年，中国科学家在陕西省洋县发现全球仅存的7只野生朱鹮，随即拉开朱鹮的抢救性保护大幕。保护初期，因朱鹮种群基数小，加上技术能力不足，种群恢复较为缓慢，始终未能突破20只，面临灭绝的危险。在1989年颁布的《国家重点保护野生动物名录》中，朱鹮被列为国家一级保护野生动物。世界自然保护联盟将朱鹮的濒危等级定为极危，灭绝风险极高。

随着野外保护措施的改进，人工繁殖的成功，1991—2000年，朱鹮的种群数量突破100只。2000年，朱鹮受威胁等级从极危调整为濒危。

近年来，朱鹮繁育和野化放飞技术不断取得新突破，其种群数量逐年上升。截至2021年底，朱鹮种群数量已发展到7000余只。

麋鹿绝迹后的重引进

麋鹿曾在我国广泛分布，分布范围北起辽宁省康平，南至海南岛，西起陕西渭河流域，东至我国沿海平原地区。麋鹿偏爱温暖湿润的水域沼泽，而这些区域恰好也是支撑社会经济发展的热点区域，长期以来，社会经济发展造成湿地大量流失，以及人为猎捕、战乱等原因，到清末时，这一物种仅剩下200余只，被豢养在北京南海子皇家园林。1900年之后，麋鹿这一物种在中国本土灭绝。

1985年，中英两国签订《麋鹿重引进中国协议》，同年5月，中国麋鹿基金会（中国绿发会前身）成立，负责麋鹿重引进工作。1985年11月，首批22只麋鹿从英国辗转回归北京故里南海子。1986年8月，国家林业部与世界自然基金会合作，再次从英国伦敦7家动物园引进39只麋鹿，运抵江苏盐城大丰市，

共存篇

使其回到它们祖先栖息的沿海滩涂。

如今，经过近40年的科学研究和有效保护，麋鹿这一度在其原产地灭绝的物种，在中国重新得到了繁衍复壮，种群数量达到12 000多只，其中5000多只为野生种群，主要分布在江苏大丰、湖北石首、湖南洞庭湖、江西鄱阳湖和内蒙古大青山等地。麋鹿种群的重建是中国物种重引进的成功范例，也是中国生物多样性保护的一个缩影。

海南坡鹿种群数量回升

海南坡鹿为偶蹄目鹿科坡鹿属中型鹿类，外形与梅花鹿类似。在中国仅分布于海南省，栖息于热带低海拔地势平缓的落叶季雨林和稀树草原中，以嫩树枝叶、青草等为食。20世纪50年代前海南坡鹿的种群数量相对丰富，总数在300只左右。随着人口增长及当地开发活动的加剧，对该物种的影响逐渐显现。尤其是野生动物滥捕乱杀现象的盛行，导致海南坡鹿数量急剧减少。

为了保护海南坡鹿，海南邦溪省级自然保护区自东方大田陆续引入了18只鹿仔进行驯养。如今，该保护区的坡鹿数量已经增至200多只。采取的保护措施包括种植优质牧草、人工清除劣质植物、开挖储水池及采用火烧法更新植被等。

多年来，坡鹿保护者们不断探索并实施一系列科学有效的保护举措，从而改善了坡鹿的生存环境。同时，通过开展社区共管和宣传教育活动，保护区周边居民的生态环保意识也在不断提升。2022年4月23日，海南坡鹿入选《海南热带雨林国家公园优先保护物种名录》。

黑叶猴种群数量稳步提升

黑叶猴是灵长目猴科乌叶猴属哺乳动物，又称乌猿、黑蛛猴等。历史上，该物种广泛分布在越南北部省份和中国南部部分地区，但栖息地的破坏和偷猎导致了黑叶猴种群急剧减少。根据世界自然保护联盟2007年发布的数据，黑叶猴的中国种群数量一度减少了约70%，从6000～7000只减少到约1600只。黑叶猴为中国国家一级保护野生动物，被《世界自然保护联盟濒危物种红色名录》列为濒危物种。

由于乱砍滥伐，黑叶猴的栖息环境急剧缩小、破碎化，导致种群隔离；偷猎、捕杀也导致其种群数量严重下降。为此，我国有关部门采取了综合性的保护措施，加大对非法捕猎和贩卖野生黑叶猴的执法力度，加强枪支管理，并在各个保护区加强巡护；改变能源利用方式，如改用天然气、沼气等代替砍伐树木，以保护黑叶猴的栖息地植被；建立了21个黑叶猴保护区，其中3个为国家级保护区，以保护黑叶猴的生存环境。同时，加强对黑叶猴的人工繁育及野外放归的准备。

2017年11月6日上午，5只人工繁育的黑叶猴在广西南宁大明山国家级自然保护区成功放归山林，这是全球第一次野化放归人工繁育的黑叶猴。

随着保护行动的逐步落实，黑叶猴种群数量也逐步稳定，并获得小幅提升。2024年3月，重庆金佛山国家级自然保护区黑叶猴种群数量整体提升，从150余只增加至180余只。

黔金丝猴保护区与人工繁育

黔金丝猴属于灵长目猴科仰鼻猴属，是群居动物，也是中国的特有物种。它们仅分布于中国贵州东北部铜仁市境内的梵净山国家级自然保护区。由于偷猎、误伤、栖息地的退化和破坏等因素的影响，黔金丝猴的生存环境受到了威胁，被《世界自然保护联盟濒危物种红色名录》列为极危物种。

1978年，贵州建立了梵净山自然保护区，旨在保护黔金丝猴和珍稀动植物，以及维护森林生态系统。1986年，该保护区被批准为国家级自然保护区。保护区的建立使黔金丝猴的生存得以保障，同时严惩乱砍滥伐和盗猎者，进一步强化了保护工作。1984年对一起猎捕2只黔金丝猴的案件进行了立案，涉案人员受到了法律的制裁。通过宣传教育和法规的实施，当地群众保护珍稀动物的认识提高了。

此外，黔金丝猴的人工繁育研究一直在进行中。从2002年至今，梵净山国家级自然保护区管理局共成功繁殖了13只黔金丝猴，雌雄比接近1∶1。

野牦牛栖息地恢复

野牦牛是偶蹄目牛科牦牛属哺乳动物。分布于中国的青藏高原及北部地区，包括新疆的昆仑山和阿尔金山。其中青藏高原估计有2万～3万头，阿尔金山自

共存篇

然保护区内的数量不足8000头。野牦牛被《国家重点保护野生动物名录》列为国家一级保护野生动物，是《世界自然保护联盟濒危物种红色名录》中的易危物种。

偷猎被视为对野生牦牛最严重的威胁。青藏高原地区有关部门已经对威胁野生牦牛的武器进行了没收，并加大了巡护、处罚力度，减少了偷猎对野牦牛种群的威胁。然而，野牦牛对于人类和牲畜的干扰容忍度有限，它们通常会远离放牧地区，牲畜数量的增加及牧场利用强度的提高减少了野牦牛的栖息地。

为保护野生动物栖息地，多地开展了退牧还草等生态修复行动。既为野生动物保留了栖息地家园，也为青藏高原保留了灵动与生机。三江源、祁连山等地不断出现野牦牛大群，标志着栖息地恢复取得了一定成效。

藏羚羊种群恢复

藏羚羊是偶蹄目牛科藏羚属哺乳动物，主要分布于以羌塘为中心的青藏高原地区。作为一种生活在高寒地带的珍稀动物，曾经面临着种群数量锐减、生存环境恶劣等严重威胁。近年来，为保护高原的动物和环境，可可西里共设置了5个自然保护区。在保护区工作人员的努力下，藏羚羊的数量从20世纪90年代末的6万~7万只增长到了如今的30万~40万只，其保护级别也从濒危降为易危。

这一成就得益于中国政府对野生动物保护的高度重视和巨大投入。1981年中国加入《濒危野生动植物种国际贸易公约》，严禁一切贸易型出口藏羚羊及其产品；1988年《中华人民共和国野生动物保护法》颁布后发布的《国家重点保护野生动物名录》将藏羚羊定为国家一级保护野生动物，严禁非法捕猎。这些都为藏羚羊保护工作提供了法律保障。同时，当地成立了专门的保护管理机构和执法队伍，定期进行巡护和监测，加大打击盗猎和非法加工利用的力度。此外，多个保护区的建立和管理为藏羚羊提供了安全的环境和充足的食物来源，社会各界也积极参与保护工作。

2024年7月，陕西省动物研究所、西藏自治区林草局、那曲市安多县林草局组成的16人科考队在各拉丹冬峰西部发现了我国第二大藏羚羊产仔地，种群数量达到8万~10万只。这一发现不仅有助于研究中国藏羚羊整体迁徙和分布的状况，还可以帮助人们了解藏羚羊分布区之间的相互联系。

中华对角羚数量上升

中华对角羚是偶蹄目牛科原羚属哺乳动物，又称滩羊等，是我国特有物种。目前仅分布在青海湖周边的部分地区。历史上，中华对角羚曾广泛分布于内蒙古、宁夏、新疆、甘肃和青海等地，栖息在海拔高度为3200～3500米平坦的半荒漠草原地带，种群数量达数万只。20世纪六七十年代，由于栖息地面积的缩小和破碎化、家畜冲突、种群隔离、过度捕猎等原因，其种群数量迅速减少，中华对角羚数量下降至150余只。

随着种群数量持续减少，中华对角羚于1988年被《国家重点保护野生动物名录》列为国家一级保护野生动物，1996年世界自然保护联盟将其评定为极危（CR）级；原中国国家林业局曾将其列入2000—2005年重点保护野生动植物十五大工程之一。

2002年前后民间枪支收缴，盗猎行为得到遏制。通过逐步拆除或降低网围栏、打通迁徙通道、建立中华对角羚特护区等保护措施的落地，中华对角羚的生存状况得到改善，到2008年种群数量逐渐恢复到1000多只，世界自然保护联盟将其保护等级由极危下调为濒危。2016年，中国绿发会设立中华对角羚·青海湖保护地，呼吁并动员民间力量参与保护中华对角羚。

青海湖国家级自然保护区管理局2022年的监测数据显示，中华对角羚数量达到2560多只。

普氏野马种群逐步恢复

普氏野马是奇蹄目马科马属哺乳动物，又称蒙古野马、准噶尔野马，分布于中国新疆及蒙古国的干旱荒漠草原地带，是有着6000万年进化史的野生动物"活化石"，属于国家一级保护野生动物、全球濒危大型野生动物。20世纪六七十年代，因人类无情猎杀、栖息地生态环境的恶化等多重原因，蒙古国与中国曾先后宣布普氏野马野生种群灭绝。

1985年，中国启动"野马返乡计划"，从一些还有人工圈养的普氏野马的国家引进了24匹野马，在新疆野马繁殖研究中心和甘肃濒危动物保护中心进行繁育保护，并计划从适应性饲养开始，慢慢扩群，再到半散放、自然散放，最终完全野化。

共存篇

在逐步恢复普氏野马野生特性后，新疆卡拉麦里山自然保护区和甘肃西湖国家级自然保护区分别设立放归基地，对普氏野马进行野化，并已取得显著效果。

在新疆卡拉麦里山自然保护区，最初从国外引进的24匹普氏野马已繁育出数百匹野马，近交系数平均控制在0.2以下，平均繁殖成活率超过90%，居世界前列。

2010年和2012年，28匹普氏野马在甘肃西湖自然保护区被分批放归，进行自然散放试验。经过10多年的自然繁育，截至2023年7月底，保护区内的野马数量达到16个种群102匹，已经超过了所在区域的承载量。西湖自然保护区计划两年内陆续放归这些普氏野马，在保护区野外生活的普氏野马数量预计未来达到200匹，将有力促进普氏野马野生种群重建。

雪豹种群数量提升

雪豹是一种猫科豹属的大型食肉动物，分布于青藏高原、帕米尔高原、天山山脉、阿尔泰山脉及中国西部和中亚东部的其他高山地区，处于高原生态食物链的顶端。根据世界自然保护联盟2016年的数据，全球野生雪豹种群数量有7400~8000只，中国的野生雪豹数量约占全球的40%。

雪豹种群面临的主要挑战包括人为活动、经济开发导致的栖息地面积缩小与破碎、过度放牧挤占野生动物生存空间、气候变暖引发的适宜生境压缩和低海拔食肉类的竞争压力等。此外，非法偷猎和报复性猎杀直接危及雪豹种群的发展，非法贸易中对雪豹骨和皮毛的需求也对其构成了严重威胁。

《濒危野生动植物种国际贸易公约》2023年将雪豹列为附录Ⅰ物种，禁止其进入国际贸易。中国政府从1988年起将雪豹列为国家一级保护野生动物，相继在有雪豹分布的地区建立或筹建了一批自然保护区，如祁连山国家级自然保护区（甘肃）、塔什库尔干保护区（新疆）。三江源国家公园和祁连山国家公园的建立对雪豹保护起到了关键性作用。

此外，中国绿发会联合荒野新疆等公益组织在天山设立雪豹保护地，开展雪豹保护科普及人兽冲突调查等活动，在减少雪豹与牧民冲突、社区参与保护行动、提高人们对雪豹及其栖息地的认识等方面加强了对该物种的保护。

华南虎保护与复育进展

华南虎是猫科豹属动物,是中国特有的虎亚种,典型的山地林栖动物,仅在中国中南部分布。20世纪50年代,华南虎数量曾超过4000只。由于屡次袭击牲畜和人类,而成为当时政府除害运动的目标。大规模的华南虎根除运动加上广泛的栖息地丧失导致华南虎数量急剧减少。尽管从20世纪70年代开始华南虎受到了特别保护,但1986年其数量仍只有150~200只。根据世界自然保护联盟公布的信息,华南虎自1996年以来一直处于极度濒危状态,2012年被宣布野外灭绝。

华南虎的圈养已成为拯救该物种的主要方式。20世纪70年代,中国的上海动物园和贵阳黔灵动物园共有6只已记录的圈养华南虎。80年代,中国圈养华南虎的数量迅速增加,从13只增加到49只。然而,近亲繁殖导致幼崽的存活率显著下降。

为了拯救这一物种,中国动物园协会于1995年成立了华南虎协调保护委员会,并制作了华南虎的家谱,以尽可能选择远亲的个体作为配偶,从而避免近亲繁殖。据粤北华南虎驯养繁殖研究中心的数据显示,截至2022年,华南虎的种群数量已增至259多只,但距离目标数量500只(以保留演化潜力)还有一定差距。

东北虎跨境保护

东北虎是猫科、豹属动物,虎的亚种之一,是体重最大的猫科动物。分布于亚洲东北部,即俄罗斯远东地区和中国东北的吉林和黑龙江,在朝鲜北部可能也有分布。由于栖息地被破坏与偷猎,世界上仅存野生东北虎500多只,被《世界自然保护联盟濒危物种红色名录》列入濒危等级。

栖息地被破坏和偷猎导致了东北虎赖以生存的马鹿、野猪等大型猎物面临绝迹的危机。在俄罗斯境内,东北虎直接面临盗猎的威胁,而在中国境内,大量未清除的猎套导致东北虎被误伤。此外,人类活动和栖息地被破坏等因素导致东北虎的分布区被割裂成多个孤立的"岛屿",各分布区之间缺乏基因交流,甚至在一些分布区内仅有个别个体,无法进行有效繁殖。

近年来,中国持续实施野生东北虎保护措施,包括设立东北虎豹国家公园等重要举措。俄罗斯也在俄罗斯豹地国家公园等地不断加强野生东北虎的保护工

作。自2010年中国、俄罗斯签署"中俄东北虎及远东豹跨境保护"合作协议以来，双方共同努力，形成了合作保护东北虎的合力，虎豹种群在国境线两侧呈快速增长态势。

穿山甲保护升级

穿山甲是鳞甲目穿山甲科穿山甲属地栖性哺乳动物的统称，分布在亚洲和非洲的热带及亚热带地区。在我国，主要分布在福建、广东、广西、云南、贵州等地，属夜行性动物。因其食用和药用价值，致人类滥肆捕杀、贸易，加之栖息地被破坏，其种群数量急剧下降。世界自然保护联盟等相关国际组织认为，穿山甲是目前全世界最常被走私贩卖的哺乳动物之一。所有穿山甲都面临巨大的生存危机。其中，中华穿山甲和马来穿山甲被世界自然保护联盟评估为极危物种。《国家重点保护野生动物名录》将穿山甲列为国家一级保护野生动物。

为了保护这一物种，中国已经采取了多项措施，包括加强穿山甲栖息地的保护和恢复，防止其生存环境进一步恶化；开展人工繁育及野化放归的研究，穿山甲保护研究中心和基因库的建设也在稳步推进中。

中国绿发会等公益组织也在穿山甲保护工作中发挥着重要作用。2019年1月，中国绿发会提出"将国家二级保护动物穿山甲保护等级提升为一级"的建议，并获全国人大代表认可提交至全国两会。此外，中国绿发会还通过呼吁取消穿山甲鳞片入药、对全国首例穿山甲死亡提起公益诉讼、对非法猎捕售卖穿山甲提起环境公益诉讼、在全国范围内建立多个穿山甲保护地等方式，运用法律力量及公众参与保护穿山甲。

2020年，中国将穿山甲的保护级别从国家二级提升至国家一级，野外猎捕穿山甲和商业性进口穿山甲及其制品被全面禁止，同时各级政府部门加大了对破坏穿山甲资源的犯罪行为的打击力度。这意味着穿山甲在中国将受到更有效的保护。

大熊猫濒危等级下降

大熊猫属于熊科大熊猫属哺乳动物，被誉为"活化石"和"中国国宝"，是中国独有的珍稀动物，主要栖息在四川、陕西和甘肃的山区。

过去的一个世纪，由于人类活动、矿产开发、森林砍伐等原因，大熊猫的栖息地大幅减少。20世纪80年代，大熊猫野外种群数量锐减至1100只。2008年，世界自然保护联盟将其列为濒危物种。

为拯救大熊猫，中国实施了天然林保护和退耕还林还草等生态工程，加强对其野外种群和栖息地的保护。这些举措确保了大熊猫野外种群的安全和种群数量的可持续发展。

从20世纪60年代开始，中国致力于大熊猫的人工繁育，并在21世纪初解决了发情、配种和育幼等难题，使圈养大熊猫种群逐渐扩大。

2003年，中国启动了大熊猫的野化培训和放归自然研究，成功放归了12只经过训练的大熊猫，存活10只，并建立了完善的野化培训和放归技术体系。同时，研究机构开创性地进行了圈养大熊猫的野外引种研究，成功实现了野生和圈养种群的血缘交换，提高了圈养种群的遗传多样性。

另外，自20世纪90年代以来，中国与20个国家合作开展大熊猫保护研究，成功繁育了41胎68仔。截至2023年底，旅居国外的大熊猫总数达56只。这些国际合作不仅培养了专业人才，还推动了全球野生动植物保护水平的提升。

截至2024年，中国大熊猫野外种群数量增至1900只，世界自然保护联盟将其受威胁等级由濒危降为易危，标志着大熊猫保护工作取得了重大进展。

云南亚洲象北迁南返

亚洲象是长鼻目象科亚洲象属哺乳动物，是亚洲大陆最大的陆生哺乳动物，主要栖息于东南亚和南亚热带地区。在中国境内，主要分布在云南无量山、哀牢山以南的西双版纳、普洱和临沧一带。亚洲象具有重要的生态价值和科研价值。受栖息地丧失和退化、非法盗猎及人象冲突等多种因素的影响，世界野生亚洲象的分布和数量已经大幅减少，1997年被世界自然资源保护联盟列为濒危物种。

2020年3月，16头野生亚洲象从西双版纳国家级自然保护区开始向北迁移，抵达普洱市思茅区和宁洱县。同年12月，象群途径普洱市墨江县，数量增加至17头。2021年4月，17头亚洲象再次启程，其中15头持续向北迁移，另外2头中途返回。这次迁移，象群穿越了3个州（市）和8个县（市、区），最后抵达昆明市晋宁区。北移期间，一头离群的亚洲象于2021年7月通过麻醉方式安全送返，至9月，其余亚洲象也全部返回。有专家推测，象群迁徙可能由寻找食

物、迷路或太阳磁暴等引起。

为了保护亚洲象及其栖息地，中国采取了一系列重要措施：建立自然保护区等自然保护地，长期开展野外巡护、栖息地维护，切实保障亚洲象核心种群及关键栖息地的安全；实施野生动植物保护与自然保护区建设等重大工程。这些措施有效遏制了栖息地缩减的趋势，逐步改善了亚洲象生存环境。1990—2020年，云南野生亚洲象数量由150头左右增长至300头左右，取得了阶段性成果。

绿孔雀保护成效显著

绿孔雀是鸡形目雉科孔雀属鸟类，是中国唯一的本土原生孔雀，也是最为珍稀濒危的野生动物物种之一。由于野生数量稀少且分布范围有限，绿孔雀已被列为国家一级保护野生动物。2013年，世界自然保护联盟将绿孔雀的濒危等级定为濒危。

为了有效保护这一物种，中国近年来采取了一系列措施，包括建立完善的自然保护体系、实施专项拯救工程、开展科研监测和加强宣传教育等，使绿孔雀栖息地的生态环境得到明显改善。

在云南省，绿孔雀被列为极小种群物种，得到了特别的保护。该省制定了专门的绿孔雀保护实施方案，并投入了大量资金用于拯救保护绿孔雀。多个自然保护区将绿孔雀作为主要保护对象，建立了栖息地共管区，由村民组成巡护队进行守护。同时，还建设了绿孔雀人工繁育基地，并与相关科研单位合作开展人工繁育研究，初步建立了纯种人工种群。

最新的监测数据显示，绿孔雀的种群数量正在稳步恢复，现有555～600只。专家表示，将继续开展绿孔雀的保护和野化放归工作，同时提升监测和科学研究能力，构建更加完善的保护网络。此外，还将推进绿孔雀繁育中心、种源繁育基地和遗传资源基因库的建设，以进一步加强绿孔雀的保护工作。

人类与北海狮冲突减少

北海狮是海狮科北海狮属的哺乳动物，是海狮科中最大的一种。北海狮分布于太平洋北美洲西海岸、阿拉斯加湾和阿留申群岛、堪察加半岛等海域，也出现在白令海峡附近。在中国，仅见于江苏启东的黄海海域和辽宁大连的渤海海域。

北海狮素有"海狮王"的美称，是一种应用价值很高的动物，无论是在科学还是军事上都占有重要角色。它天资聪明，与海豚不相上下。据美国国家海洋渔业局的报告，北海狮的最大威胁是在20世纪50年代和60年代阿拉斯加东南部和加拿大的捕杀。这些做法在20世纪70年代初被叫停。尽管在商业捕鱼作业中仍然会有一定数量的海狮被无意杀死，但自美国和加拿大制定禁止捕杀海狮的联邦法律生效以来，北海狮种群数量逐渐恢复。

从20世纪90年代初到2015年，美国和俄罗斯北海狮的数量总体增加了86%。2015年，欧美地区的北海狮总数量估计为79 929只，其中美国为55 791只，俄罗斯为24 138只。自1979年起，北海狮的数量以每年3%以上的速度增长，其两个亚种在100年后灭绝的可能性均小于10%。

美洲河狸数量逐渐回升

美洲河狸又称北美河狸、加拿大河狸，是河狸科河狸属的一种啮齿类动物，原生于北美洲，现已被引进南美巴塔哥尼亚及欧洲部分地区，是加拿大的"国兽"。

美洲河狸是半水栖动物，栖息于溪流、池塘和湖泊附近，有在水道"筑坝"的习性，是北美生态的基石物种。各种生物因河狸建造水坝扩大栖息地范围而受益。

美洲河狸在过去曾因其皮毛和身上独特的香气而被大量猎杀，其皮毛被用来制作衣帽，使得美洲河狸在20世纪前一直处在濒临绝种的状态，甚至一度锐减至数千只左右。19世纪末和20世纪初，狩猎和诱捕美洲河狸受到国家层面的管制。美洲河狸数量逐渐回升至1000万～1500万只，但数量仍较皮草贸易前1亿～2亿只减少了约90%。

长须鲸重回原先栖息地

长须鲸是鲸目须鲸科须鲸属哺乳动物，广泛分布于各大洋中，以南极水域数量最多。在中国，见于渤海、黄海、东海和南海。因长须鲸全身各部位利用价值极高，是世界捕鲸业的重要种类，所以被大量捕杀。尤其在19世纪初至20世纪末捕鲸的"黄金时代"受到了严重迫害。被《世界自然保护联盟濒危物种红色名录》列为易危物种,中国《国家重点保护野生动物名录》将其列为国家一级保护野生动物。

国际捕鲸委员会渔获物统计显示,1904—1976 年,商业捕鲸者在南极海杀死了约 72.5 万头长须鲸,使其数量减少到捕鲸前的 1%。自 1976 年以来,长须鲸在南半球和北太平洋得到了充分保护。

在捕鲸活动受到严格限制后,部分长须鲸种群逐渐回到原来的栖息地。德国汉堡大学海洋生态系统与渔业科学研究所等机构的研究表明,长须鲸回到了南极海——它们原先的觅食地,并在此聚集成大群觅食。这种高密度、历史行为的重建和回归栖息地的行为被视为种群复苏的迹象,为其他种群的恢复提供了参考:采取科学的保护行动对种群恢复是有效的。

然而,世界自然保护联盟的评估结果显示,由于捕鲸的长期影响和缓慢的恢复率,即使到 2100 年,南部亚种恢复后的数量预计也不到捕鲸前种群的 50%。截至 2018 年,它仍被《世界自然保护联盟濒危物种红色名录》列为易危物种。

蓝鲸禁捕后数量趋于平稳

蓝鲸是须鲸科、须鲸属的一种海洋哺乳动物,被认为是已知地球上生存过的体积最大的动物,长达 33 米,重达 181 吨。分布于从南极到北极间的南北两半球各大海洋中,尤以接近南极附近的海洋中数量较多。

20 世纪初,在世界上几乎每一个海域中都有相当数量的蓝鲸。然而 40 年后,捕鲸者疯狂的猎杀使它们近乎灭绝。在高峰期的 1930—1931 年,全世界一年就捕杀蓝鲸近 3 万头。未开发前蓝鲸至少有 20 多万头,根据国际捕鲸委员会 1989 年发表的统计报告,蓝鲸仅存 200～453 头,已经濒临灭绝。

1966 年国际捕鲸委员会宣布蓝鲸为禁捕的保护动物。该物种也得到了持续性、综合性的保护,被《世界自然保护联盟濒危物种红色名录》列为濒危等级,被《国家重点保护野生动物名录》列为国家一级保护野生动物,也被列入《濒危野生动植物种国际贸易公约》附录Ⅰ中。

世界自然保护联盟的统计显示,自禁止捕鲸以来,全球蓝鲸的数量基本保持不变,维持在 3000～4000 头,未来全球蓝鲸数量可能有所增长。

帝王斑蝶的迁徙保护

帝王斑蝶属鳞翅目蛱蝶科斑蝶属，又称为黑脉金斑蝶、君主斑蝶，是北美地区最常见的蝴蝶之一，也是地球上已发现有远距离迁飞习性的蝴蝶，主要生境包括森林、灌木丛、草地、湿地（内陆）等。由于农药的滥用和越冬栖息地遭到破坏等，在过去10年中帝王斑蝶的数量减少了23%~72%。2022年7月21日，帝王斑蝶首次出现在《世界自然保护联盟濒危物种红色名录》内。

帝王斑蝶受到的威胁来自多个方面，包括住宅和商业开发、农业和水产养殖、生物资源利用、入侵物种和其他有害物种、基因和疾病、污染、气候变化等。为此，美国、墨西哥等国家已通过划定保护区、加强监测等方式保护其种群。

2024年3月最新版的《世界自然保护联盟濒危物种红色名录》显示，帝王斑蝶已从濒危降级为无危。

加蓬烧毁象牙保护大象

为打击偷猎和非法野生动物贸易，加蓬政府在2012年6月27日烧毁了其持有的库存象牙，总重达4.8吨。加蓬也因此成为非洲中部地区第一个公开销毁象牙的国家，充分显示了加蓬在打击非法野生动物贸易方面的坚定立场和"零容忍"政策。

时任加蓬总统阿里·邦戈在公开场合点燃象牙堆，并明确表示，加蓬将进一步加强和完善相关法律制度，确保这些政策的有效实施。同时指出打击野生动物犯罪需要周边国家的协同配合，呼吁加强区域合作。

据销毁前审计，加蓬的象牙库存总量达到了4825千克，这一库存包括了1293块未经加工的象牙原料及17 730件已经加工过的象牙制品。这些象牙的总量大致相当于从850头大象身上可获取的数量。

此举起到了良好的示范效应，2016年4月30日，肯尼亚总统乌胡鲁·肯雅塔在公开场合点燃了105吨象牙。这次大规模的象牙焚烧活动，不仅销毁了大量的非法象牙库存，也表达了肯尼亚政府根除象牙贸易、保护大象种群的坚定决心。

阿拉伯剑羚从野生灭绝降级

阿拉伯剑羚是偶蹄目牛科长角羚属哺乳动物。阿拉伯剑羚原本生活在阿拉伯半岛东南端的干燥平原及沙漠地区，喜群居，以野草和植物根茎为食。

阿拉伯剑羚曾因羚羊肉、毛皮和漂亮的四肢对人类有极高的价值而被捕杀以至于1972年在野外灭绝。值得庆幸的是，1962年野生动植物保护国际组织、有关国家就开始了对其圈养及人工繁育工作。通过人工繁育和重新引入计划，使阿拉伯剑羚免于灭绝。阿拉伯剑羚也成了有史以来第一个在《世界自然保护联盟濒危物种红色名录》中从野外灭绝降级为易危的动物。

澳大利亚悉尼大学的研究表明，全世界有 6000～7000 只圈养的阿拉伯剑羚，几乎都生活在保护区内，且保护区内有专业的管理措施。

白纹牛羚数量恢复

白纹牛羚是哺乳纲、牛科、转角牛羚属的一种羚羊，主要分布在南非和莱索托等国家。这种动物曾因被过度猎杀，数量骤减到17只。1837年，一位名叫亚历山大·范德·瓦·比利的荷兰农民为了保护这最后的17只白纹牛羚，建了一个围栏将它们集中保护起来，使白纹牛羚免遭灭绝的厄运。

1931年，南非专门在布列大司多建立了一个国家公园来保护白纹牛羚，避免偷猎偷盗行为，白纹牛羚数量开始逐渐恢复。20世纪60年代，该国家公园内的白纹牛羚遭遇了一系列健康问题，包括蠕虫感染、缺铜症及其他疾病，导致其中近一半个体不幸死亡。1961年，公园管理部门决定将白纹牛羚迁移至斯韦伦丹地区的高山硬叶灌木群落，那里被认为更适合白纹牛羚生存。

到1969年，白纹牛羚的数量已增加到了国家公园所能承载的极限数量。保护人员开始将这些动物转移至南非的其他国家公园和私人保护地，以分散种群压力并促进更广泛的物种保护工作。根据世界自然保护联盟2017年评估，白纹牛羚成熟个体数量已达到55 000只，被评估为无危物种。

禁用杀虫剂助力褐鹈鹕重引进

褐鹈鹕是鹈形目鹈鹕科鹈鹕属鸟类，是鹈鹕家族中体型最小的成员，主要栖息于沿海沼泽地带及河川、湖泊等处，分布于加勒比、加拉帕戈斯群岛，北美洲、中美洲和南美洲的海岸。

褐鹈鹕数量的下降可能始于20世纪。猎人为了获取它们的羽毛而进行捕猎，水域过度的捕捞导致了褐鹈鹕食物减少，再加上杀虫剂对它们繁殖能力的影响等，褐鹈鹕的数量锐减。杀虫剂的使用，不仅毒害了成鸟，还使它们的蛋壳变薄易破裂，严重损害了褐鹈鹕繁殖孵化的成功率。

1970年，佛罗里达州褐鹈鹕的巢穴数量减少到只有7690个，当时褐鹈鹕被正式列为濒危物种。为了尽快恢复褐鹈鹕的种群数量，路易斯安那州和佛罗里达州的生物学家合作，将1276只幼褐鹈鹕重新引入路易斯安那州的3个地点。在禁止使用滴滴涕（DDT）的新联邦法规的帮助下，褐鹈鹕筑巢的成功率提高，从而帮助该物种恢复。

到2009年，美国内政部将褐鹈鹕从濒危物种名单中移除，因为其全球种群数量已达到约62万只。

释放圈养的游隼帮助重建种群

游隼是隼科隼属鸟类，中型猛禽，别名花梨鹰、鸭虎、青燕等，除了酷寒极地、非常高的山、大多数热带雨林及新西兰外，游隼几乎存在于地球的任何角落。游隼包括18个亚种，中国分布有3个亚种。

全球范围内，游隼曾面临严重威胁，其数量急剧减少。导致这种现象的主要原因是全球范围内农药的滥用。游隼捕食含有农药的猎物后，其生殖系统受损，致使产卵率和胚胎存活率下降。更为严重的是，包括游隼在内的许多猛禽，在脑部血液中都检测到微量农药，一旦达到中毒水平，游隼会丧失飞行能力。20世纪中叶，游隼在美国东部几乎灭绝，并于1970年被列为濒危物种。

禁止使用DDT的新联邦法规及科学的恢复计划帮助游隼恢复了自然状态下的数量。1975年，美国鱼类和野生动物管理局任命东部游隼恢复小组来制订和实施恢复计划。恢复策略的一个关键部分是释放圈养的游隼到野外。

1975—1985年，共有307只圈养的游隼从弗吉尼亚海岸平原及马里兰州、特拉华州和新泽西州的多个地点被释放。这些种群极大地促进了东部游隼种群的繁殖，以至于它们被美国联邦濒危和受威胁野生动物名单除名。

共存篇

公民科学家助力笛鸻保护

笛鸻是鸻形目鸻科鸻属小型涉禽，体形如麻雀的小型水鸟。通常沿海岸线、河道迁徙，喜欢在沿海或沿湖的沙滩或石滩上觅食筑巢。在北美五大湖被列为濒危，在其余的地方则被列为近危。干旱、不适当的水和海滩管理、天然气/石油工业疏浚作业和海滩娱乐的干扰是笛鸻面临的主要威胁。美国及加拿大采取了多种措施来减少人为干扰，笛鸻数量有所上升。但由于气候变化及海平面上升所造成的繁殖地丧失，这种滨鸟仍然面临生存威胁。

为了更好地追踪和保护笛鸻种群，美国相关机构对笛鸻进行了标记，呼吁并邀请大西洋沿岸的研究人员、观鸟者和海滩游客等，共同帮助寻找和跟踪带有粉红色旗标的笛鸻的活动轨迹和健康状况，并报告相关机构。追踪这些滨鸟在东海岸的迁徙中途停留情况，对更好地了解和恢复这些濒临灭绝的小型滨鸟的数量至关重要。

经过不懈努力，到2018年，北美五大湖区已经有了67对繁殖的笛鸻。笛鸻的数量虽有增加，但如何让这些濒危鸟类继续繁衍生息，仍是摆在人类面前的一道难题。

美国栗树种群恢复

美国栗树是落叶乔木，原是美国东部的主要树种，树高最高可达30米。所结果实与中国板栗类似，可食用。20世纪初，一场由真菌引发的栗疫病，对北美栗树种群造成了毁灭性打击，数十亿棵栗树死亡，这种疾病使得栗树无法繁殖迁移或适应气候变化，其功能性几乎灭绝。现存的约4亿棵栗树，大多只剩下树冠基部的萌芽，种群自然繁殖能力极其有限，而且面临长期的生存危机。

栗疫病之后，美国为恢复栗树种群努力了近1个世纪。美国栗树基金会自20世纪70年代起开展了一系列恢复行动，重点是培育抗病的转基因栗树，并将美国栗树与中国板栗树杂交，以期培育出更耐病的品种。同时，该基金会还在"美国栗树研究与恢复项目"中，尝试引入氧化酶基因，来进一步提高抗病能力。但这些基因改良品种在遗传和适应性、多样性上仍显不足。尽管已引入部分野生栗树的适应性变异，但这些变异对品种适应性的实际影响还不清晰。

为更好地了解美国栗树的遗传多样性，2024年7月，弗吉尼亚理工大学的研究人员与美国栗树基金会合作，通过对美国东部阿巴拉契亚山脉范围内的栗树进行基因组测序，揭示了栗树对不同环境条件的遗传适应性，即北部地区的栗树含有更多耐寒基因，南部地区的栗树含有更多耐热基因。这项新的研究成果，为栗树未来的恢复工作提供了重要指导。研究人员还建议，在育种过程中，应充分考虑栗树的遗传多样性，优选出适应不同环境条件的栗树种群，以提高栗树在面对未来环境变化时的生存能力。

维龙加国家公园

位于刚果（金）的维龙加国家公园成立于1925年，起初名为阿尔伯特国家公园。它是非洲大陆上建立的第一个国家公园，主要是为了保护生活在维龙加山脉森林中的山地大猩猩。最初建立时，其范围仅限于南部的3座火山，但后来向北进一步扩展，纳入了别的平原、湖泊和山脉。1979年，维龙加国家公园被联合国教科文组织列入《世界遗产名录》。该国家公园对于生物多样性的保护具有重大意义。在该地区政治动荡的年份（1994—2004年），甚至在2007—2008年的困难时期，维龙加国家公园的护林员坚定而无畏地站在保护野生动物、自然资源和周边社区的前线。他们经常面临恶劣的自然条件、疾病、受伤甚至死亡，先后有200多名护林员在执行任务时丧生。仅在2022年，维龙加国家公园的护林员就进行了4500多次巡逻，步行达25 800千米。

经过一代代保护工作者的共同努力，维龙加国家公园的生物多样性日益丰富，大象、黑猩猩和低地大猩猩，以及獾狮狓、长颈鹿、水牛和许多地方性鸟类栖息其中。截至2024年，维龙加国家公园共生活着218种哺乳动物（包括22种灵长类动物）、706种鸟类、109种爬行动物、78种两栖动物。

哥斯达黎加国家公园系统

哥斯达黎加国家公园系统，是哥斯达黎加环境与能源部国家保护区主管的全国国家公园事务管理系统，于1970年建立，截至2023年12月，该系统管理着该国共30个国家公园。这些国家公园的建设，使哥斯达黎加保护区面积占到国土面积的25%，成为世界上保护区面积占比最大的国家之一。

哥斯达黎加的第一个国家公园建设于哥斯达黎加国家公园系统设立之前，是

共存篇

成立于 1955 年的波阿斯火山国家公园。该公园为丰富的野生动植物提供了栖息地，如木兰属植物、褐背鸫、黑镰翅冠雉、凤尾绿咬鹃、蜂鸟、唐纳雀、巨嘴鸟、北美郊狼等。

于 1975 年建设的科尔科瓦多国家公园是哥斯达黎加最大的国家公园，面积 424 平方千米，拥有世界上最大的低地热带雨林保护区和大量独特奇异的哥斯达黎加特有动植物物种。该公园植物种类丰富，如紫心木、亚马孙榄仁树、巴内克木、乳树等。植被的多样性孕育了野生动物的多样性，栖息着五彩金刚鹦鹉、寄居蟹、鹈鹕、蜘蛛猴、小食蚁兽、美洲狮、巴拿马卷尾猴、细纹黑啄木鸟、南美浣熊等。该公园的水域生物多样性丰富，海岸是座头鲸的越冬地和繁殖地，还是布氏鲸、伪虎鲸、虎鲸、长吻原海豚、糙齿海豚等季节性迁徙物种的栖息地。曼努埃尔安东尼奥国家公园则是哥斯达黎加最小的国家公园，面积仅为 19.93 平方千米。该公园是濒危物种灰冠巴拿马松鼠猴的栖息地之一，也是诸多海鸟的栖息地。

丰富多样的国家公园的设立，对保护哥斯达黎加美丽的生态环境和为子孙后代留下丰富的动植物资源提供了有力保障。

全球篇

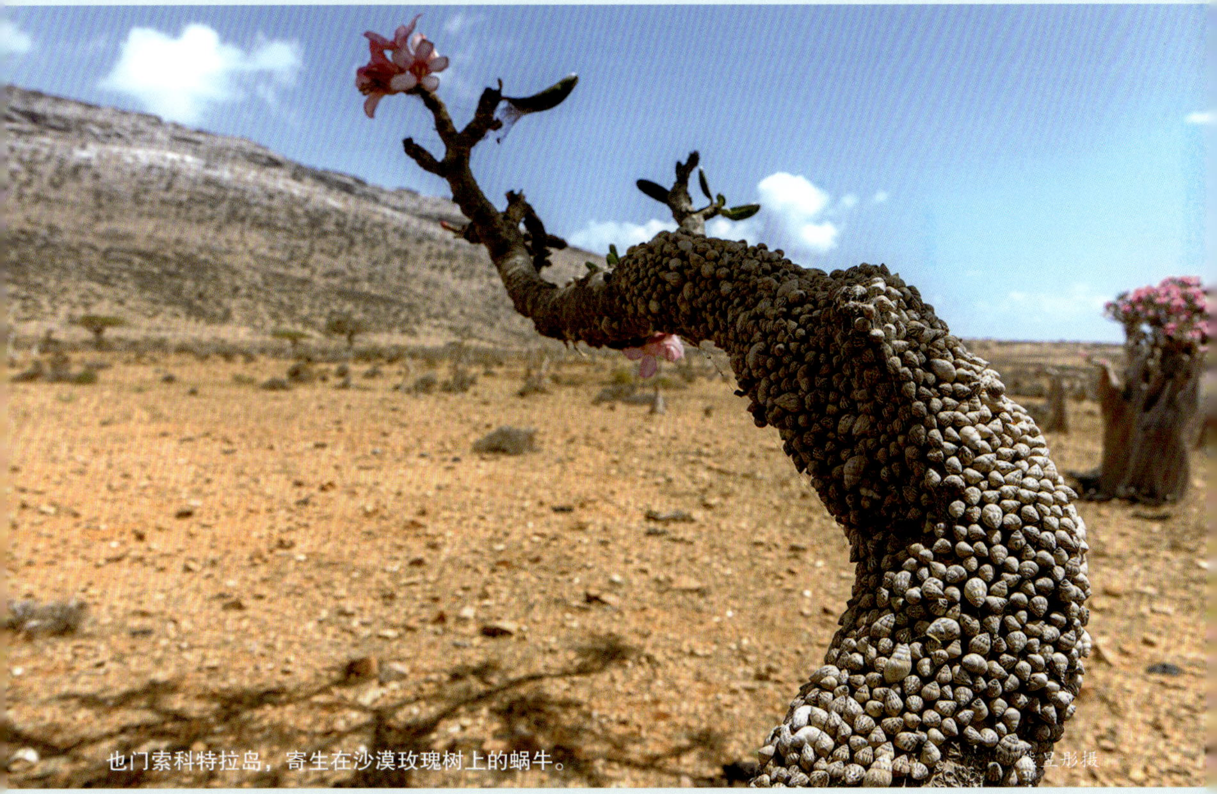

也门索科特拉岛,寄生在沙漠玫瑰树上的蜗牛。

- 青海省久治县，红花绿绒蒿正含苞待放。
  熊昱彤摄

- 来到黄河湿地越冬的国家一级保护野生动物大鸨正在觅食。
  宋克明摄

- 白鱀豚是中国长江中下游特有物种，2007年被宣布"功能性灭绝"。
  王翯摄

生物多样性百科
Encyclopedia Biodiversity
全球篇

中华穿山甲在中国大陆地区功能性灭绝

中华穿山甲原产于中国,历史上曾广泛分布于长江以南的各省。但由于对中华穿山甲的药用和食用需求,盗猎中华穿山甲的行为一直屡禁不止,再加上人类活动导致中华穿山甲适宜栖息地的逐渐丧失,其数量一直呈持续下降状态。

《濒危野生动植物种国际贸易公约》2018年发布的数据显示,中华穿山甲在过去的20年里数量减少了90%,许多地区已难觅其踪影。2019年,中华穿山甲被世界自然保护联盟(IUCN)列为极危物种。

2019年6月,中国绿发会穿山甲工作组正式宣布中华穿山甲在中国大陆地区已功能性灭绝。

根据中国绿发会穿山甲工作组在中华穿山甲传统分布区域的实地调研情况和中国绿发会穿山甲保护项目合作伙伴、志愿者的野外记录和走访情况,2016—2019年在中国大陆地区仅有效记录并查证到11只中华穿山甲,且长期未监测到中华穿山甲野外种群的存在。除中国台湾地区有1.5万～2.0万只中华穿山甲外,我国其他地区均未见或仅见零星个体。据此,中国绿发会穿山甲工作组宣布中华穿山甲种群在中国大陆地区已呈功能性灭绝状态。

小鸨全球分布缩小

小鸨是鹤形目鸨科的地栖鸟类,世界性珍禽。它的外形似鸡,但仅具3趾;飞行姿态似野鸭,双翅在背的下方扇动。繁殖于欧洲南部和东部、北非、西亚和中亚,越冬区在西亚和南亚一带。其分布区不断缩小,种群数量急剧减少,已从阿尔及利亚、奥地利、捷克、斯洛伐克、匈牙利、南斯拉夫、罗马尼亚和保加利亚等地绝迹。还有一些国家分布,如摩洛哥、葡萄牙、西班牙、法国、意大利、土耳其、伊朗和俄罗斯等,其种群数量也日趋下降。中国境内仅在甘肃、宁夏和新疆有分布记录,且种群数量极少。

小鸨数量下降的主要原因在于草原过度开垦和过度放牧导致其栖息地被破坏和分布区域缩小。此外,环境污染、农业机械化和农药的广泛使用,也直接威胁到了小鸨在繁殖期的生存，包括幼鸨及鸨卵的安全。

根据国际鸟盟于2015年统计，欧洲小鸨种群在2015—2046年可能会下降30%～49%。中亚地区的种群也可能面临与西欧地区相似的威胁。

综合来看，小鸨在全球范围内的数量正在迅速减少。这可能导致生态系统失衡、生物多样性进一步下降及草原生态功能的削弱，进而影响生态环境的稳定和可持续发展。

大鸨濒危等级上升

大鸨是一种大型的地栖鸟类，原属于鹤形目，现归类于鸨形目鸨科鸨属。在中国，大鸨被列为国家一级保护野生动物，并且在世界自然保护联盟（IUCN）的评估中，大鸨的濒危等级已经从易危升级至濒危。

大鸨在中国有两种亚种，分别是分布于新疆的大鸨指名亚种和在东北、内蒙古草原繁殖的大鸨普通亚种。欧亚大鸨联盟的研究显示，全球范围内的大鸨普通亚种数量估计仅约2000只。中国绿发会统计称，2022—2023年，约932只大鸨野生种群在中国境内越冬，全部为东方亚种。预计未来种群下降速度将会加快，因此大鸨的濒危等级在2024年1月从易危调整为濒危。

大鸨是典型的草原鸟类，其栖息地主要是开阔的平原、干旱草原、稀树草原和半荒漠地区。然而，由于农业集约化和工业扩张（包括能源开发）导致的栖息地丧失、退化和破碎化，农药的大量使用也直接威胁繁殖期的大鸨、鸨卵及幼鸨，致使大鸨的数量急剧下降。此外，非法捕杀、捕食率上升和人为干扰也导致了该物种数量的下降。气候变化也加剧了这些影响。中国绿发会通过设立大鸨保护地动员民间力量加强大鸨栖息地保护，但其物种整体情况仍不容乐观。大鸨数量的持续下降，可能导致草原生态系统食物链的失衡和生物多样性下降，进而削弱生态系统的稳定性和功能。

黄胸鹀由无危到极危

黄胸鹀是雀形目鹀科鹀属的小型鸣禽，又名黄胆、禾花雀，喜食植物种子，是典型的河谷草甸灌丛草地鸟类。分布于欧亚，夏季繁殖于欧洲、俄罗斯及中国北部，冬季迁往南方。每年春秋迁徙期间，中国大部分地区都能发现它们的踪影,因此其在中国有着很多的俗称。

黄胸鹀在植被高大、灌木丛散落的湿草地、河边灌木丛和次生灌木丛中繁殖,在耕地、稻田和草地中成群结队地越冬,喜欢在灌木丛密布的干水稻田中觅食,在芦苇丛中栖息。作为食物链中的一环,黄胸鹀对于维持生态平衡发挥着重要作用,如加快生态系统的物质循环、有助于植物的传粉和种子的传播等。

近年来,黄胸鹀的数量大幅减少。2004 年,黄胸鹀的濒危等级还是无危等级。2017 年,《世界自然保护联盟濒危物种红色名录》再次调整,将黄胸鹀的濒危等级从 2008 年的濒危上升为极危,黄胸鹀面临野外灭绝风险。

世界自然保护联盟认为,除了农业活动和栖息地受影响等因素外,黄胸鹀物种数量大幅减少的主因还是人类为了食用黄胸鹀而进行的过度捕猎。

勺嘴鹬栖息地缩小

勺嘴鹬属鸻形目鹬科勺嘴鹬属鸟类,被称为"鸟中大熊猫",每年都会在西伯利亚和中国东南部、东南亚、南亚之间迁徙,途经中国东南沿海的滩涂湿地。在中国,勺嘴鹬主要见于江苏、浙江、上海、福建、广东、海南等地。

根据 2023 年 5 月中央广播电视总台(CCTV)《地理·中国》的报道,勺嘴鹬对栖息地的选择非常"挑剔":形如麻雀,且不会游泳,只能在滩涂湿地生活;铲状喙部,要求滩涂湿地坡度小,且底栖生物非常丰富;此外,栖息地需要视野开阔,可躲避天敌。

近年来,勺嘴鹬的生存环境面临着极为严峻的考验。由于迁徙地滩涂面积的大量减少和在越冬地的过度捕猎,种群数量大幅下降。被《世界自然保护联盟濒危物种红色名录》列为极危物种,预估成熟个体数为 240~620 只。2021 年 2 月被《国家重点保护野生动物名录》列为国家一级保护野生动物。

国内外研究认为,勺嘴鹬数量急剧下降的主因是繁育地生态环境及迁徙中转站的破坏。例如,填海造地等人为活动。国际鸟盟预计,如果整体情况没有改善,勺嘴鹬可能在未来踏上灭绝之路。

勺嘴鹬在生态系统中扮演着重要的角色,是东亚—澳大利亚迁飞区内长距离迁徙的涉禽之一,对于维护生态平衡和生物多样性具有重要意义。

北京雨燕遭遇生存困境

北京雨燕属夜鹰目雨燕科雨燕属，是全世界唯一以"北京"命名的迁徙鸟类，也是北京的标志性物种，北京人又称其为"楼燕儿"。北京雨燕属于攀禽，由于跗跖很短，脚趾四趾都向前，这导致它们落地后很难支撑起身体，也不能在平坦的地面走动，适合在崖壁攀缘。有研究表明，北京雨燕一生几乎不落地休息。北京雨燕的口裂宽大，一只北京雨燕每天能捕食近万只昆虫，是著名的食虫益鸟，对维护生态平衡起着重要作用。

北京雨燕喜欢在高大的建筑上筑巢，北京中轴线上的古建筑或仿古建筑的横梁缝隙往往是它们的首选。北京城区也是它们的主要繁殖地。不过，由于传统建筑的减少，大量有玻璃外墙的新建筑不再适宜筑巢，北京雨燕数量一度下降。此外，城市绿化养护通常采用喷洒农药的方式去解决病虫害问题，也使得北京雨燕的食物来源大量减少，对北京雨燕的数量产生不利影响。监测显示，2006年北京雨燕的数量只有3000多只。

2024年4月，中国绿发会邻里生物多样性保护工作组启动"燕子恢复计划"，其中包括北京雨燕恢复计划，以保护这种迁徙鸟类。随着北京雨燕筑巢巢址的增多、湿地面积的不断增加，昆虫等小型生物在湿地中繁衍，北京雨燕的生存环境将得到显著改善。

中华秋沙鸭数量仍在减少

中华秋沙鸭是雁形目鸭科秋沙鸭属鸟类，在地球上已经生存1000多万年，成为活化石般的孑遗动物。中华秋沙鸭是中国特有的野鸭种类，主要繁殖于中国东北部的黑龙江、吉林、内蒙古、俄罗斯东南部及朝鲜。由于中华秋沙鸭的栖息繁殖地呈孤岛状，破碎化严重，中华秋沙鸭在《世界自然保护联盟濒危物种红色名录》中被列为濒危等级，同时也被列为中国国家一级保护野生动物。

世界自然保护联盟的信息显示，自20世纪六七十年代以来，该物种在俄罗斯的据点繁殖使其数量增加了1倍多，但此后一直保持稳定。中国长白山脉繁殖种群可能正在增加，但西部种群（中国兴安和俄罗斯结雅-布列亚）正在迅速减少。全球中华秋沙鸭种群数量不足2000对。

根据国家林草局的数据，2020年在中国繁殖的中华秋沙鸭种群约160对，

全球篇

其中吉林省的繁殖种群约 145 对。中国绿发会通过在吉林长白山、湖南常德设立中华秋沙鸭保护地，加强对该物种的保护。

迁徙鸟类红腹滨鹬保护等级上调

红腹滨鹬是鹬科、滨鹬属的小型涉禽。红腹滨鹬繁殖期主要栖息于环北极海岸和沿海岛屿及其冻原地带的山地、丘陵和冻原草甸，冬季主要栖息于沿海海岸、河口，迁徙期间也深入内陆河流与湖泊，属长距离迁徙鸟类，中国黄渤海地区是其在东亚—澳大利西亚迁徙路线上重要的停歇地。

马里兰大学的研究人员对澳大利亚和新西兰各地的监测数据进行分析发现，使用该迁徙路线的两个红腹滨鹬种群都经历了严重的种群下降，估计在三代中下降了 57.4%。总体而言，全球红腹滨鹬种群数量估计在三代中以约 25% 的速度下降。其在《世界自然保护联盟濒危物种红色名录》中的保护等级也由"无危"调整为"近危"。

栖息地丧失与破坏，尤其在黄海地区还有过度开采使食物如贝类等减少，河流筑坝和污染，再加上非法猎捕、游客干扰、气候变化等多种因素的综合影响，导致红腹滨鹬数量快速下降。这可能引起生态系统失衡、生物多样性下降，并对文化、经济和科学研究产生负面影响。

中华凤头燕鸥生存状况堪危

中华凤头燕鸥属鸻形目鸥科凤头燕鸥属鸟类，是中国一级保护野生动物，被《世界自然保护联盟濒危物种红色名录》列为极危物种。因其嘴的尖端是黑色，又称黑嘴端凤头燕鸥。中华凤头燕鸥的主要生境包括海洋浅海层、海潮间带、海岸。

2018 年，世界自然保护联盟指出，中华凤头燕鸥每年繁殖的成年个体数量各不同，从 2012 年的 12 只到 2014 年的 43 只。鉴于此，中华凤头燕鸥的成熟个体总数可能少于 50 只，最有可能是 30～49 只。由于极为罕见，踪迹神秘，又经常混杂在凤头燕鸥鸟群中不易观察，因此中华凤头燕鸥又被称为"神话之鸟"。据历史资料记载，中华凤头燕鸥在我国东部沿海一带繁殖，在印度尼西亚、菲律宾附近海域越冬。

中华凤头燕鸥种群的主要威胁是滥采鸟蛋、非法捕猎、栖息地环境污染及破坏（包括住宅和商业开发、气候变化等）。

海鸟是海洋生态系统的重要组成部分，对于维持海洋生态系统的平衡至关重要。而极度濒危的中华凤头燕鸥对于海洋生态系统的健康程度更是具有"风向标"作用。

大鲵保护仍有空缺

大鲵俗称"娃娃鱼"，是有尾目隐鳃鲵科大鲵属两栖动物，为中国特有物种，也是世界上现存最大的两栖动物，具有重要的科研、生态与经济价值，在动物演化研究中占有重要地位。原生于长江、黄河和珠江中上游山涧溪流内，分布于山西、陕西、河南等地山区宽阔、水流平缓的河流，大型流溪的岩洞、石穴或深潭中，具有冬眠习性。

中国各地大鲵数量大范围减少，主因在于长期被大量捕杀和栖息地环境的破坏，包括人类活动导致水质污染严重、矿山开采、森林砍伐、修建水库等。非法捕捞等也对大鲵及其饵料资源造成破坏。《世界自然保护联盟濒危物种红色名录》将其列为极危。

为保护该物种，自1975年以来，所有大鲵属物种都被列入《濒危野生动植物种国际贸易公约》（CITES）附录Ⅰ。由于其进化历史和全球濒危性，该属被认为是全球优先保护的物种。

2002年以来，中国一直在实施将大鲵重新引入野外的国家行动计划，截至2022年，大鲵放流数量累计超过27万条。此外，20世纪80年代至2015年，我国已经建立以大鲵为主要保护对象或与大鲵相关的自然保护区47个，这些保护区大多分布在大鲵的原产地。同时，我国也建立了一些非原产地大鲵保护区，作为迁地种群保护的种质资源储存库。然而，根据世界自然保护联盟的统计，大鲵分布区仅有约21%在保护区内，表明大鲵还存在相当大的保护空缺区。

儒艮功能性灭绝

儒艮是海牛目儒艮科草食性海洋哺乳动物，俗称"海牛"，以海草为主要食物，曾广泛分布在中国南海水域。2022年8月，国际科学家团队宣布儒艮在中

国功能性灭绝。

中国科学院和伦敦动物学会科学团队于 2022 年 8 月 27 日发表在《皇家学会开放科学》期刊上的研究宣布，由于栖息地的破坏，包括工业污染、沿海开发、过度捕捞和气候变化等因素，儒艮在中国已经功能性灭绝。功能性灭绝是指尽管某种生物的个体可能仍然存在，但其种群数量已降至无法维持自然繁殖的水平。从长远和宏观角度来看，儒艮的功能性灭绝不仅会破坏生物链，还可能对人类产生不利影响。

儒艮在中国的功能性灭绝是由多种因素共同导致的。除了栖息地退化，捕鱼和船只撞击也对儒艮的生存造成了威胁。1988 年，儒艮被中国列为国家一级保护野生动物，但自 2008 年以来再也没有儒艮在中国出现的记录。

绿海龟因人类活动濒危

绿海龟是龟鳖目海龟科绿海龟属爬行动物，分布于大西洋、太平洋和印度洋温水水域，在中国分布于山东、浙江、福建、广东、台湾的沿海地区，寿命可达 100 年以上。

绿海龟和其他海龟物种一样，从卵到成年的所有生命阶段都容易受到人为影响，包括人为捕捞、意外威胁（如渔业活动）、栖息地退化（如巢穴和海洋栖息地）、光污染及疾病等。这些因素导致了绿海龟种群数量的下降和生境质量的恶化，可能进一步危及其生存。绿海龟被《世界自然保护联盟濒危物种红色名录》列为濒危物种，被列入《濒危野生动植物种国际贸易公约》（CITES）附录Ⅰ，被《中国国家重点保护野生动物名录》列为国家一级保护野生动物。

中国绿发会曾联合厦门大学对绿海龟等重点物种在西南海域开展濒危物种生态调查与数据库建设，并提出海洋物种"大生境"的保护设想和措施。2022 年 7 月，中国绿发会保护地将救助的 5 只绿海龟成功放归大海。根据国家林草局的报道，经过多年保护，我国珍稀濒危物种数量实现稳中有升，已人工繁育幼龟 1 万多只，但全球范围内绿海龟数量仍处于下降状态。

野生蝾螈面临生存威胁

蝾螈是有尾目蝾螈科蝾螈属两栖类动物的统称，与爬行类的蜥蜴很像，主要分布于北半球的温带潮湿区域。蝾螈的成虫可以消灭农田中的害虫和蚊子，也是较好的观赏和实验动物。它对科学至关重要，科学家们对其进行研究，以寻找脊椎动物骨骼发育、肢体和器官再生及毒理学的线索。

在有尾目的472个物种中，有353种被列入《世界自然保护联盟濒危物种红色名录》，其中包括中国大蝾螈、日本大蝾螈等十几种蝾螈属濒危动物。农业发展对栖息地环境的改变是蝾螈面临的主要威胁。

以极危的呈贡蝾螈为例，该物种面临的主要威胁是栖息地的丧失和退化。湿地被排干用于农业和人类居住地的开发及城市化的扩张，导致稻田和湿地的消失；水稻种植中使用的农用化学品污染了剩余的天然湿地，从而导致了湿地的退化。这些因素使野生蝾螈面临着生存威胁，并可能导致其从该地区消失，对当地生态系统造成潜在的影响。

金斑喙凤蝶面临局部灭绝风险

金斑喙凤蝶属鳞翅目凤蝶科喙凤蝶属昆虫，是中国特有种，世界最珍稀的蝴蝶之一，具有极高的观赏价值，主要分布在福建、海南、广东、广西等少数地区。1989年被列为国家一级保护野生动物，被拟定为中国的"国蝶"，被《世界自然保护联盟濒危物种红色名录》列为数据缺乏物种。

金斑喙凤蝶一般生活在海拔1000米以上的阔叶、针叶常绿林带，以木兰科植物的花蜜为食。在自然界野生的金斑喙凤蝶数量极少，雌蝶更是少之又少。其珍稀的原因，主要是其分布地区狭窄，雌雄比相差悬殊。另外，因其稀有和具有观赏价值，蝴蝶研究者、收藏家和蝴蝶爱好者热衷于捕采，甚至有人不惜重金收购，刺激了狂捕滥采，致使该物种种群数量锐减。

2012年，江西农业大学等高校的研究结果显示，在自然选择作用下，金斑喙凤蝶对其阔叶林生境的适应性行为特征非常显著。然而，生境破坏（砍伐等）或人类干扰（林下层垦殖等）将使这些适应性行为失效，并威胁到该珍稀蝴蝶种群的繁衍生息，甚至导致局部灭绝。

苏铁的内外交困

苏铁又名铁树、避火蕉，属苏铁目苏铁科苏铁属，是地球上现存最古老的种

子植物，具有"植物活化石"的美誉，在地质历史中曾广泛分布于全世界，但现今主要局限于中低纬度地区。苏铁是一种裸子植物，人们常称之为苏铁科植物或苏铁类植物，共保存约110种。苏铁主要分布在南北半球的热带及亚热带地区，中国野生的有约10种，分布于云南、广东、福建、台湾、贵州、湖南、海南等地。

苏铁能提供重要的"生态系统服务"。苏铁的根茎叶花皆可入药；还具有吸收二氧化硫、一氧化氮等有害气体的功效。除了碳和氮对土壤的直接贡献外，苏铁的化学变化还创造了生态位生境，从而增加了原始森林的空间异质性。但由于其自身种群小、生长速度缓慢、更新能力弱，加之栖息地遭到破坏、人为采挖收购贩卖及全球气候变化等，苏铁濒临灭绝。

鉴于苏铁重要的学术价值、经济价值，国内外非常重视对它的保护，中国已经把苏铁的所有种类都列为国家一级保护野生植物。

绒毛皂荚极度濒危

绒毛皂荚是豆目豆科皂荚属的落叶乔木，是国家一级保护野生植物，被《世界自然保护联盟濒危物种红色名录》列为极危物种，主要生境是山地、疏林及路旁。

绒毛皂荚的濒危原因主要是自身繁殖能力弱。它是雌雄异株植物，荚果成熟后难以开裂，种子发芽率很低，因此在自然状态下更新能力很弱。

目前，全世界仅存9株绒毛皂荚，为中国南岳衡山特有，因此绒毛皂荚被称为植物界的"熊猫树"。这9株绒毛皂荚已经被当地重点保护，具体措施包括提高和扩大巡护监测的频次与范围、悬挂保护标识牌、防治病虫害、修剪病枯枝和周边藤条等。2019年，南岳衡山国家级自然保护区建立了绒毛皂荚原地种质资源保存库，开始通过人工繁殖扩大种群数量，促进绒毛皂荚野生种群更好地延续。

绒毛皂荚具有重要的园林观赏价值。此外，它是豆科中比较原始的种类，对分类系统的研究有着重要意义。

野骆驼生存环境恶劣

野骆驼又称野驼、野生双峰驼，属偶蹄目骆驼科骆驼属，有"沙漠之舟"之称。它还是世界上仅存的野生双峰骆驼，生活在环境恶劣的沙漠和半沙漠地区，被《世界自然保护联盟濒危物种红色名录》列为极危物种。它们的主要生境包括中国西北部和蒙古的戈壁沙漠，有季节性迁徙的习性。

因为人类活动的影响，野生双峰驼的栖息地面积不断缩小，种群数量也不断下降。全世界现存野生双峰驼约1200余峰，仅分布于中国新疆、甘肃和蒙古国。根据2021—2022年的野外考察结果，野生双峰驼面临的主要威胁为生境破碎化和隔离。

野骆驼是荒漠生态系统的旗舰物种，保护野骆驼就是保护整个生态系统。

日本蝠鲼面临数量剧减危机

日本蝠鲼是蝠鲼科、蝠鲼属的一种鱼类，分布于西太平洋日本、朝鲜半岛海域和中太平洋夏威夷群岛海域，在中国分布于南海、东海。目前尚没有关于日本蝠鲼全球丰度的估计，其种群在世界范围内分布广泛但零散。2015年，蝠鲼信托与其他一些机构怀疑，在捕鱼压力持续加大的地区，蝠鲼发生区域性灭绝。世界自然保护联盟公布的信息显示，在2018—2056年，全球范围内日本蝠鲼数量预计将进一步减少。

日本蝠鲼面临濒危的原因主要包括渔业活动造成的过度捕捞和意外捕获、栖息地的退化等。尽管在一些地区渔业捕捞压力较低、渔业管理措施也较为完善，但在大多数地区，捕捞导致的蝠鲼濒危状态仍然严重，需要采取紧急措施来保护这一物种。

普通锯鳐走向灭绝

普通锯鳐是锯鳐科、锯鳐属鱼类，生活在热带、亚热带和暖温带的浅海沿岸水域，主要分布于澳大利亚、苏里南、印度、巴西等地。

在全球范围内，普通锯鳐的记录数量在严重下降。澳大利亚和巴布亚新几内亚的种群可能是最后的普通锯鳐种群。世界自然保护联盟公布的信息显示，由于栖息地退化，普通锯鳐的数量在1953—2021年减少了80%以上。被《世界自然保护联盟濒危物种红色名录》列为极危物种。

造成普通锯鳐濒危有多重因素，主要威胁来自过度捕捞，栖息地的丧失和退

化，特别是淡水和近岸栖息地的减少，使得普通锯鳐的生存环境受到严重威胁，而气候变化更加剧了这一物种的生存压力。

2014 年，所有锯鳐被列入联合国《保护野生动物迁徙物种公约》（CMS），该公约要求缔约方在国内采取行动并开展地区间的合作，以切实保护这些物种。尽管有这些国际条约的约束，但很多国家由于基本法规不完善或者执法不力，对普通锯鳐仍然缺乏充分的保护。

长鳍真鲨受捕鱼业威胁

长鳍真鲨是真鲨科、真鲨属的一种大型鲨鱼，栖息于大洋上层，偶可见于沿海水域。广泛分布于世界各海洋的温带和热带海域。目前还没有关于长鳍真鲨全球种群规模的数据。但世界自然保护联盟的相关信息显示，在所有海洋中，其数量急剧下降，其中西北大西洋和中西大西洋记录的下降数量尤为严重，因此被《世界自然保护联盟濒危物种红色名录》列为极危物种。

过度捕捞是该物种面临的最严峻的威胁。海洋长鳍真鲨是全球商业和小型渔业捕捞的目标物种，同时也是金枪鱼捕捞的兼捕物。它也可能被沿海延绳钓、刺网、拖网误捕获，特别是在大陆架狭窄的地区。该物种具有好奇的天性，这增加了其可捕性。

长鳍真鲨的保护行动仍然不够。长鳍真鲨被列入《濒危野生动植物种国际贸易公约》（CITES）附录Ⅱ，要求缔约方的出口产品必须附有许可证，证明其来源于合法和可持续的渔业。但考虑到其极危的物种状态，应当禁止捕获长鳍真鲨，并需要迫切采取行动，尽量减少副渔获物死亡率，促进安全释放和改进副渔获物处理方法。

北大西洋露脊鲸困境加剧

北大西洋露脊鲸属鲸偶蹄目露脊鲸科真露脊鲸属，是一种以浮游生物，尤其是小型甲壳类动物为食的大型鲸类，体重达数十吨。因其脑袋又大又宽，常被人们称作"大头鲸"。主要分布在北大西洋，特别是在美国东海岸和加拿大东海岸的冷水域，是大洋冷温性稀有须鲸类。被《世界自然保护联盟濒危物种红色名录》列为极危物种，预估成熟个体数为 200～250 头。

这一濒危物种面临着多种威胁，包括过度捕捞。北大西洋露脊鲸因游速缓慢、性情温顺而较易捕获，是最早被猎捕的鲸类之一。此外，船只碰撞、渔具缠绕、噪声污染等也威胁着该物种的生存。人类活动导致的全球气候变暖也进一步加剧了它们的生存困境。

北大西洋露脊鲸是海洋生态系统不可或缺的一部分，对于维护海洋生物多样性和生态平衡具有重要意义。例如，北大西洋露脊鲸通过其迁徙行为分散养分，维持海洋生态系统的健康。此外，北大西洋露脊鲸的死亡可以形成"鲸落"，为深海生物提供丰富的食物来源，促进深海生态系统的健康和稳定。

塞鲸的艰难生存之路

塞鲸属鲸偶蹄目须鲸科须鲸属的哺乳动物，是世界上第三大须鲸，仅次于蓝鲸和长须鲸，也是所有须鲸中最不为人知的物种之一，被《世界自然保护联盟濒危物种红色名录》列为濒危物种，预估成熟个体数为50 000头。

塞鲸主要分布在近海，包括北大西洋、北太平洋和南半球，冬季在热带和亚热带纬度之间迁徙，夏季在温带和亚极地纬度之间迁徙，主要停留在8～18 ℃的水域。塞鲸在海洋生态系统中扮演着重要的角色，主要体现在其对海洋环境的整体健康、食物链的维持及生态平衡的维护上。

19世纪以来，因为人类无节制的捕杀和海洋生态环境的恶化，塞鲸的数量锐减，甚至濒临灭绝。此外，它们还受到气候变化的威胁。为了获取更多的食物，它们会从寒冷与副极地海域移动到温暖的副热带的海域。

1986年以来，国际捕鲸委员会（IWC）正式停止了所有商业捕鲸活动。但日本仍将该物种列为"科研捕鲸"的对象而进行捕杀。

蓝鳍金枪鱼生存堪忧

蓝鳍金枪鱼被称为"金枪鱼之王"，属鲈形目鲭科金枪鱼属，广泛分布于北半球的大西洋和太平洋海域中。大西洋蓝鳍金枪鱼是金枪鱼族中体型最大的鱼种。大西洋蓝鳍金枪鱼被《世界自然保护联盟濒危物种红色名录》列为无危物种；太平洋蓝鳍金枪鱼被列为近危物种；南方蓝鳍金枪鱼被列为濒危物种。蓝鳍金枪鱼肉质丰腴细腻、富含多种营养元素，深得不少食客喜爱。

由于生长缓慢和过度捕捞，如今，全球蓝鳍金枪鱼的数量已经大大减少。欧盟渔业专家警告说，如果不限制捕捞，蓝鳍金枪鱼可能会灭绝。每年的6月12日是中国绿发会设立的"蓝鳍金枪鱼日"，旨在呼吁人们不要食用这一濒危物种，保护蓝鳍金枪鱼。

蓝鳍金枪鱼是海洋生态系统中食物链上的重要一员。如果它灭绝，相关海域的生态平衡可能遭到破坏。

加湾鼠海豚仅存十余只

加湾鼠海豚是鼠海豚科鼠海豚属的哺乳动物，是鲸豚类中体型最小者，是加利福尼亚湾北部的特有物种。因其可爱的外观和活泼的行为而备受人类喜爱。加湾鼠海豚分布范围极窄，易被渔网缠绕和捕捞。据圣安德鲁斯大学等研究机构的研究人员1997年估算，加湾鼠海豚数量为567只；据美国国家海洋渔业局等研究机构的研究人员2008年、2015年估算，加湾鼠海豚数量分别为245只、59只。这3次数量估计表明，加湾鼠海豚种群数量正在发生灾难性地下降。

人类的过度捕捞和水污染是加湾鼠海豚濒临灭绝的主要原因。在大量非法捕鱼过程中广泛采用的"流刺网"对加湾鼠海豚的杀伤力极强。水污染导致加湾鼠海豚捕食区域的鱼类资源锐减，也使它们难以觅食。毫无疑问，只有保护好加湾鼠海豚的栖息地和食物链，才能实现整个生态系统的平衡。

国际鼠海豚救援会长期呼吁应尽一切可能支持加利福尼亚湾的渔业安全，并推动可行的替代计划的发展。不过，加湾鼠海豚的保护计划的成功与否，则取决于海域、渔业和海产品业的管理措施是否能够得到严格执行，以及当地社区是否支持可持续渔业的发展。

雪蟹集中死亡

雪蟹是软甲纲十足目沙蟹科动物，主产于美国阿拉斯加。2018—2021年，阿拉斯加海岸的雪蟹数量急剧下降，约100亿只雪蟹消失，占该地区种群数量的90%左右。这一消失数量几乎是1977—2022年捕捞的雪蟹数量总和的4倍。

雪蟹的生长通常需要低于2℃的冷水环境。然而，雪蟹的栖息地阿拉斯加是全美国变暖速度最快的州，每年都有多达几十亿吨的冰融化。连年升高的水温让白令海底的冷水栖息地急剧缩小，这也导致了疾病和寄生虫在种群内的快速传播。

尽管雪蟹可以在更温暖的条件下生存，但温暖的水会加快雪蟹的新陈代谢，导致雪蟹需要更多能量。一些雪蟹开始往北方温度更低的俄罗斯水域迁徙，但是大部分雪蟹还留在原地，甚至为了填饱肚子开始自相残杀，以同类为食。这些因素共同导致了雪蟹数量惊人的下降。

雪蟹数量的下降不仅是一个地区性问题，也与全球气候变化密切相关。气候变化导致海洋温度升高，这不仅影响了雪蟹，还对其他生物产生了重大影响。这个问题需要全球共同努力来解决，包括采取措施减少温室气体排放、保护海洋生态系统及改变渔业管理方法等。

加岛环企鹅的濒危状况加剧

加岛环企鹅是企鹅目企鹅科环企鹅属鸟类，又称加拉帕戈斯企鹅。加岛环企鹅生活在厄瓜多尔以西太平洋海域赤道附近的加拉帕戈斯群岛上，是所有企鹅中分布于最北端的企鹅，也是唯一的赤道区企鹅，被《世界自然保护联盟濒危物种红色名录》列为濒危物种。

根据华盛顿大学的相关研究，2007年加拉帕戈斯企鹅数量为1009只，仅为1970年（2020只）和1971年（2099只）的近一半。牛津大学的研究人员预测，如果在未来气候变化的情景下，强厄尔尼诺事件发生的概率从5%增加至10%，未来100年内加岛环企鹅数量将减少80%以上。

加拉帕戈斯企鹅的整个种群都栖息在加拉帕戈斯国家公园和加拉帕戈斯海洋保护区内。该保护区由加拉帕戈斯国家公园管理局管理，进入繁殖地受到严格管制，任何捕食成年企鹅或企鹅蛋的行为都是被禁止的，研究也必须获得特别许可。尽管如此，仍然迫切需要对企鹅种群进行长期监测，改善渔业管理，并提高加拉帕戈斯海洋保护区内企鹅繁殖地区的保护水平。

里海海豹大量死亡

里海海豹是属海豹科海豹属的一种动物，仅分布于世界最大的咸水湖——里海。历史上，里海海豹的数量曾超过100万只，2013年大约仅有6.8

万只生殖系统成熟的个体，利兹大学的研究人员通过年龄结构模型得出的总种群数量在 10.4 万 ~ 16.8 万只。

导致里海海豹大量消失的因素不仅有自然界的天敌，还有人类活动带给它们的死亡。其中，人类活动仍是该种群面临的主要威胁。人类猎杀、工业废水倾泻、杀虫剂使用、气候剧变等都是海豹死亡的重要原因。里海生态系统的退化和人类对主要食物资源的过度开发也对里海海豹构成威胁。2008 年，《世界自然保护联盟濒危物种红色名录》将里海海豹列为濒危物种，并在 2021 年将里海的 3 个地区指定为重要的海洋哺乳动物保护区。

2022 年底，俄罗斯里海沿岸发现 2500 余具海豹尸体。海豹大量死亡的具体原因并没有确定，有人猜测是有毒燃料泄漏导致，但没有确切证据。这已经不是里海海豹第一次集中死亡事件，2022 年春季曾在哈萨克斯坦曼格斯套地区发现 832 具海豹尸体，夏季又在哈萨克斯坦海岸发现 837 具海豹尸体。

北极熊生存受到威胁

北极熊是世界上最大的陆地食肉动物，又名白熊，是食肉性最强的物种。主要生活在北极圈冰层覆盖的水域。近年来，全球变暖对北极熊的生存环境产生了严重的影响。

气候变化引起的全球变暖导致北极冰层的大规模融化。北极熊依靠冰层来猎食、繁殖和休息，但当冰层融化时，它们的生存环境受到严重威胁。冰层的丧失不仅导致了北极熊栖息地的缩小，也使得它们难以找到适当的猎食地点。北极熊的主要猎物是海豹，而海豹则靠冰层进行捕食。冰层融化不仅减少了北极熊的栖息地，也减少了它们的主要食物来源。

冰层融化还导致北极熊的迁徙距离变得更长。当冰层消失后，北极熊不得不游更长的距离来寻找食物和新的栖息地。长时间的游泳极大地消耗了它们的能量，并增加了疲劳和死亡的风险。冰层的消失减少了北极熊和猎物之间的隔离，它们也更容易遭遇人类开发活动和捕猎行为的影响。

阿尔伯塔大学研究人员预测，北极海冰融化可能导致许多北极熊最早在 2040 年出现饥饿和繁殖失败。在人类的有生之年，北极熊这种处在食物链顶端的食肉动物可能会在 21 世纪全部灭绝。

大堡礁珊瑚大规模白化

2016年3月，澳大利亚大堡礁经历了历史上最严重的珊瑚白化事件。这次事件主要是由于异常高温的海水引发，当海水温度超过31 ℃时，珊瑚容易发生白化。这种高温的原因与多种因素密切相关，包括潮汐、天气、波浪、海流、海底地形地貌、纬度及珊瑚物种等，同时也与人类活动、海底的光线强度有关。当这些不同因素叠加在一起时，珊瑚白化的风险大大增加。此外，尽管低水温也可能引起珊瑚白化，这通常表现为代谢障碍或某种未知的疾病，但这种情况不如高温白化常见。

在随后的几年里，大堡礁的情况进一步恶化。2017年，虽然白化程度较轻，但南部区域也受到了影响。2020年和2021年的珊瑚白化事件被认为比2016年的更为严重。2020年的珊瑚白化事件主要影响了大堡礁的中部和南部区域，而2021年的珊瑚白化事件则加剧了珊瑚的白化和死亡。

尽管国际社会和澳大利亚政府采取了多种保护措施，但珊瑚礁的恢复依然面临严峻挑战。一系列的珊瑚白化事件不仅突显了气候变化对大堡礁生态系统的严重威胁，也推动了对全球气候行动的紧迫呼吁。这些事件强调了减缓全球变暖和加强海洋保护措施的紧迫性，并促进了全球对海洋生态系统保护的关注。

黑冠鹭鸨种群衰落

黑冠鹭鸨隶属于鹤形目鸨科鹭鸨属，生活在印度及巴基斯坦东部，栖息于草原等生境中，成小群活动，以植物的嫩叶、种子等为食。2021年，世界自然保护联盟的报告显示，黑冠鹭鸨正处于灭绝的边缘，仅剩50～249只。

从历史上看，广泛狩猎使黑冠鹭鸨种群衰落，当地人可能把黑冠鹭鸨作为食物，或仅仅为了一项运动狩猎黑冠鹭鸨。在巴基斯坦，高强度的偷猎活动仍在继续。2008年的研究显示，在巴基斯坦发现的63只黑冠鹭鸨中，有49只在4年时间内被猎杀。印度的一些偷猎活动也在继续。

黑冠鹭鸨受到的主要威胁来源于人类的猎杀、农业扩张、基础设施开发、采矿和工业化等人类活动。尤其是农业扩张到原本的干旱-半干旱草原上引发了土地使用模式的转变，从传统季风作物转变为不适宜于当地物种觅食的经济作物，如甘蔗、葡萄等，减少了黑冠鹭鸨的食物资源并压缩了黑冠鹭鸨的生存空间。

黑冠鹭鸨数量的持续下降可能导致其栖息地生态系统的失衡，影响其他依赖相同栖息环境的物种，同时也会减少生物多样性和破坏生态系统的稳定性。

非洲兀鹫数量持续下降

非洲兀鹫是隼形目鹰科兀鹫属鸟类，其分布范围西至塞内加尔、冈比亚和马里，东至萨赫勒、埃塞俄比亚和索马里，南至莫桑比克、津巴布韦、博茨瓦纳、纳米比亚和南非。

根据国际鸟盟的数据，全球非洲兀鹫的数量约为27万只。然而，这一种群在1980—2020年减少了81%。

2021年，世界自然保护联盟对西非秃鹫进行了评估，认定其为极度濒危物种，联合国《濒危野生动植物种国际贸易公约》将其列入附录Ⅱ，物种的国际贸易须在严格的监管下进行，以确定其可持续性和合法性。

在非洲东部地区，主要导致非洲兀鹫濒临灭绝的原因是中毒。误食野生动物或家畜的毒死体是导致中毒事件的常见原因，有约25%的非洲兀鹫因此死亡。

而在非洲南部地区，非洲兀鹫的灭绝则主要归因于传统的祭祀活动引发的非法贸易。在过去6年中，作为南非秃鹫贸易的首选种类，非洲兀鹫的记录交易数量超过了900只。

入侵老鼠导致特岛信天翁濒危

特岛信天翁是鹱形目信天翁科信天翁属鸟类，是南大西洋特里斯坦—达库尼亚群岛的特有物种。自2000年起，特岛信天翁就被列为《世界自然保护联盟濒危物种红色名录》的濒危物种，但研究人员在随后的研究中发现，当地家鼠的入侵及延绳捕鱼对特岛信天翁的威胁远远超出预期，导致其种群数量大幅减少。因此，特岛信天翁在2008年被提升至极危物种级别。

信天翁成鸟虽然体型很大，但也会受到老鼠等小型哺乳动物的威胁。研究人员自2004年开始的监测显示，在一些小岛屿上，非本地物种的家鼠会吃信天翁幼鸟，有时甚至吃成年信天翁。极度濒危的特岛信天翁在每个季节平均有一半的雏鸟死于老鼠的捕食。

根据世界自然保护联盟公布的信息，特岛信天翁的总数量实际上已经减少了

2000多只。

澳大利亚鼠灾

2021年5月,澳大利亚新南威尔士州暴发了澳大利亚近40年来最严重的鼠灾,对澳大利亚造成至少上亿美元的损失。

导致这次鼠灾的老鼠是来自欧亚大陆的褐家鼠、黑家鼠等外来入侵物种。它们在18世纪和19世纪,随着澳大利亚和欧洲之间往来船只登陆澳大利亚,由于当地缺乏天敌,再加上食物充足,老鼠在这里扎根生存了下来。

老鼠的繁殖能力惊人,数据显示,在食物充足的情况下,只需要几个月的时间,2只老鼠就可以发展成数十万只。自1871年在澳大利亚暴发第一次大规模鼠灾以来,每5~10年便发生一次鼠灾,给当地的农业、生态和公共健康造成严重威胁。

2020年,澳大利亚农作物大丰收,加之天敌的减少,老鼠疯狂繁殖,在农田、仓库、马路甚至居民家中出没。2021年5月,新南威尔士州政府宣布用5000 L灭鼠药展开大面积灭鼠行动。但大范围投放灭鼠药易造成二次中毒,殃及野生鸟类和其他动物并污染农作物,导致捕食中毒老鼠的野生动物面临威胁甚至死亡。毒素不仅容易在环境中累积,这些动物的死亡又将让老鼠种群数量变得更加难以控制,进而让整个生态系统变得更脆弱。

此外,2019年澳大利亚爆发超大规模山火,造成30亿只动物死亡,被烧死的动物中有很多老鼠的天敌。而气候变化导致澳大利亚冬季更暖、夏季更热,这也为老鼠繁殖提供了更适宜的温度,老鼠数量增加将不可避免。

倭黑猩猩种群下降

倭黑猩猩,也称侏黑猩猩或小黑猩猩,是灵长目人科黑猩猩属的一种哺乳动物。倭黑猩猩分布于非洲中部,仅限于刚果(金),生存在刚果河与卡塞河之间的湿润森林中。人类与黑猩猩共享了99%的DNA,从而使其成为与人类最近的"亲戚"。

倭黑猩猩受到的主要威胁是偷猎、战争及人类活动引起的栖息地改变,如农业生产、商业伐木等。

据各非政府组织对包括刚果盆地南部及卡塞河以南地区的调查,1980年倭

黑猩猩种群数量还有10万只，而到2012年已经只剩下不足1万只。倭黑猩猩已被《世界自然保护联盟濒危物种红色名录》列为濒危等级，被列为《濒危野生动植物种国际贸易公约》附录Ⅰ级保护动物。

尽管已经实施保护措施，仍然无法有效逆转倭黑猩猩种群数量的下降趋势。未来需要采取更严格的保护措施，并努力提高机构能力、与当地参与者加强协商与合作、提高认识、开展研究和监测活动等，以保护人类最近的"亲戚"——倭黑猩猩。

两种长臂猿野外灭绝

白掌长臂猿和北白颊长臂猿分别属于灵长目长臂猿科长臂猿属和黑冠长臂猿属哺乳动物，主要分布于中国西南部、缅甸、老挝等地。2022年9月6日，中华人民共和国濒危物种科学委员会在发布的《中国灵长类动物濒危状况评估报告2022》中指出，中国分布的白掌长臂猿和北白颊长臂猿已被确认野外灭绝。这两个物种在其自然栖息地中未曾被观察到，符合国际公认的野外灭绝标准。

白掌长臂猿和北白颊长臂猿的野外灭绝反映了中国灵长类动物保护工作面临的严峻挑战。这一状况表明，尽管存在一些保护措施，依然未能阻止栖息地被破坏、非法狩猎和其他威胁对这2个物种的影响。野外灭绝意味着这些物种的最后个体只存在于圈养环境中或需要经过野放计划才能使其回归自然环境。这一发现不仅对中国的生物多样性保护工作提出了更高的要求，也引发了对濒危物种保护策略的广泛关注。

黑白柽柳猴面临生存困局

黑白柽柳猴属灵长目卷尾猴科柽柳猴属，又称黑白花狨、裸面柽柳猴，身体主要是黑、白、褐三色，是一种濒危的灵长类动物。黑白柽柳猴主要分布于巴西的亚马孙河流域，栖息在低地森林和森林草原地带，被《世界自然保护联盟濒危物种红色名录》列为极危物种。

黑白柽柳猴在自然界中扮演着重要的角色，尤其是在热带森林的恢复和保护方面。黑白柽柳猴是杂食性动物，主要以果子、昆虫为食，它们会有意识地把附近森林里的果实种子扔在遭到砍伐的区域，以促进新的植物的生长。根据研究人员对亚马孙某一片区域进行的追踪调查，大概有9.6%的种子是由黑白柽柳猴从另外一片森林里散布过来的。

黑白柽柳猴面临的主要威胁来自森林砍伐和栖息地破碎化，这些都与人类的生产活动有关，而这些情况在黑白柽柳猴集中分布的亚马孙州首府马瑙斯附近尤为显著。

此外，黑白柽柳猴还经常被捕获用于宠物贸易。2017年，巴西联邦政府环境部通过了一项试图拯救15种生活在亚马孙地区的灵长类濒危动物的行动计划，其中包括黑白柽柳猴。这项行动计划是根据巴西全国生物多样性目标而制定的。根据该目标，到2020年巴西应大幅减少动物灭绝的可能性。

长颈鹿数量下降迅速

长颈鹿是偶蹄目长颈鹿科长颈鹿属的一种反刍偶蹄动物，也是世界上现存最高的陆生动物。站立时，由头到脚可达6~8 m。长颈鹿主要生活在非洲稀树草原地带，以树叶和小树枝为食。2017年，世界自然保护联盟宣布将标志性动物长颈鹿从无危列为易危。

在过去的几十年里，长颈鹿数量下降的问题被偷猎大象、犀牛及穿山甲的非法贸易掩盖了。长颈鹿的总数已从1985年的15.7万只急剧下降到2015年的9.75万只，下降了约40%。

不仅如此，长颈鹿实际上可能已经分化成为4个隔离且基因独特的物种。如果世界自然保护联盟接受这种新的分类，那么这4个长颈鹿物种都会被认为是濒危物种，一些还会是极危物种。

长颈鹿面临多重困境。首先是栖息地退化和碎片化，导致其生存空间受限；其次是食物和水资源减少，使其更加脆弱。此外，非法狩猎令长颈鹿数量急剧减少。人类活动，如砍伐、采矿和基础设施建设影响了长颈鹿的食物供应和流动性，其生存环境更加恶化。气候变化进一步影响长颈鹿的生存，尤其是降雨增加可能导致食物质量下降。

中南大羚面临灭绝风险

中南大羚为偶蹄目牛科中南大羚属下的单型种动物，分布于东南亚的老挝和越南，又被称为"亚洲独角兽"。中南大羚于1992年在越南安南山脉首次被发现，它的发现当时被认为是20世纪最惊人的动物物种发现之一。中南大羚种群数量十分稀少，面临灭绝，被《世界自然保护联盟濒危物种红色名录》列为极危物种。

中南大羚行为隐秘，难以在茂密、崎岖和偏远的森林栖息地进行直接观察，几乎没有来自其活体的测量数据。此外，生物学家很难获得政府许可以进入老挝的部分物种范围进行调查。世界自然基金会的项目对中南大羚的数量进行了研究，粗略估计，总数不超过750只，可能还会更少。

中南大羚生存面临的最大威胁来自狩猎，包括猎狗的追捕、陷阱捕捉等。栖息地的破坏也严重威胁到该物种的生存。萨奥拉山脉的森林因小规模农业、商业农业的发展，木材开采，矿产和水力发电开发及栖息地内人口的增长而遭到破坏或退化，未来几年中南大羚栖息地丧失的可能性会更大。此外，直到现在，萨奥拉山脉都没有形成有效的反狩猎措施。

野生鹿瞪羚现已非常罕见

鹿瞪羚属偶蹄目牛科瞪羚属食草动物，喜欢在稀树草原、灌木丛、沙漠地带活动，食物主要为草、树叶，主要分布于撒哈拉和萨赫勒地区。鹿瞪羚也是许多在平原上生活的食肉动物的食物来源，在自然界中扮演着重要的角色，它们是非洲大陆生物多样性的一部分，与其他野生动物和植物形成了错综复杂的生态网络。

2016年发布的《世界自然保护联盟濒危物种红色名录》将其列为极危物种，并预估该种群野生成熟个体仅剩100～200只。鹿瞪羚已经从大部分原来的栖息地消失，自然种群仅保留在乍得、马里和尼日尔。该物种面临的主要威胁包括不受控制的狩猎（游牧民、军队和其他人员的狩猎）、由于过度放牧而导致的栖息地丧失和退化等。

美洲豹面临消失风险

美洲豹是食肉目猫科豹属哺乳动物，仅分布在中美洲和南美洲的北部到中部一带的热带雨林、稀树草原、灌木丛林和湿地。善攀爬、游泳，以鹿、野猪、水蟒等中小型兽类为食。因其体形似虎，又被称美洲虎。

美洲豹种群的主要威胁来自栖息地丧失和破碎化、非法交易、人兽冲突等。

自 20 世纪 70 年代中期以来，反毛皮运动和《濒危野生动植物种国际贸易公约》（CITES）的发布急剧减少了商业性狩猎和诱捕美洲豹以获取其毛皮的行为。然而，美洲豹爪子、牙齿和其他产品的需求仍然存在，尤其是在当地市场，犬科动物仍然被视为有趣的珠宝。除此之外，越来越多的拉丁美洲人、亚洲人开始将美洲豹视为传统药物中虎骨的替代品。对美洲豹的偷猎和走私活动一直没有被有效制止。2011 年，墨西哥对全国美洲豹普查估计，美洲豹种群数量为 4000～5000 只，但随着当地栖息地缩小和破碎化，美洲豹已从以前被发现的地方消失。

保护美洲豹的道路是艰难的，可能的措施包括：减少掠夺和相关的美洲豹报复性杀戮；提高人们对管理野生动物狩猎的法律和采用可持续狩猎做法的必要性的认识；监测和保护美洲豹核心种群；通过多方共同参与强化生态廊道保护行动，保持国家和地区的连通性。

喀麦隆大象屠杀

部分非洲国家的非法盗猎行为一度非常猖獗。2012 年，喀麦隆包巴恩吉达国家公园内发生了一起大规模的大象盗猎事件。一支由上百人组成的偷猎团伙在国家公园内进行了长达 3 个月的残忍杀戮，导致约 650 头大象丧生，而他们的目标就是象牙。

这个团伙装备精良，配备了军用级武器，包括 AK-47 自动步枪和便携式火箭助推榴弹发射器。他们不仅对成年象下手，就连小象也不放过。甚至为了捕捉成年象，不惜用刀刺伤小象的小腿，通过折磨小象来迫使大象靠近。为了避免惊动周围的村民，偷猎者有时会用毒矛作为工具，当大象因中毒而无法动弹时，他们便用刀逐步剜出象牙。这对于大象来说是一个漫长而痛苦的死亡过程。

该事件引起了世界各国媒体的关注，喀麦隆政府采取行动加强保护区的安全保卫工作，其中包括增派 60 名生态巡护员，以保卫国家公园、巡护公园内的野生动物。然而目前，由于当局治理能力不足、立法和执法力度不够等原因，防范盗猎的工作仍然存在隐患。

全球篇

犀牛盗猎与非法贸易

长期以来，犀牛盗猎与非法贸易事件在非洲时有发生，严重阻碍当地对旗舰物种的保护工作。世界自然保护联盟非洲与亚洲犀牛专家组和国际野生物贸易研究组织的报告显示：自 2018 年以来，虽然犀牛的总体盗猎率有所下降，但盗猎仍使这些旗舰动物面临严重的威胁。

2018—2021 年，非洲各地至少有 2707 头犀牛被盗猎。其中，南非占所有盗猎记录的 90%，大部分牵涉到克鲁格国家公园内生活的白犀牛——克鲁格国家公园是世界上白犀牛种群的最大栖息地。在此期间，非洲大陆的白犀牛总数从 18 067 头下降到 15 942 头，下降了近 12%。

非法犀牛角贸易是导致犀牛盗猎的主要原因。尽管犀牛受到多份国际公约的保护，但针对犀牛的盗猎时有发生。尤其是在南非、纳米比亚等犀牛栖息国，盗猎仍是影响犀牛种群恢复的主要威胁因素。国际市场对犀牛角的需求威胁着所有犀牛的生命，也刺激着盗猎者的疯狂杀戮。遏制、取缔犀牛角非法贸易是阻止盗猎的有效手段，正所谓没有买卖就没有杀害。保护犀牛等野生动物的生命安全，还需要国际社会共同、持久的努力。

非洲偷猎狂潮

在 20 世纪五六十年代，欧洲各国难以继续维持对海外殖民地的控制。与此同时，世界各地的民族独立运动风起云涌，非洲大陆上的许多国家在这一时期成功摆脱了殖民统治，赢得了独立。

尽管这些新独立的国家大多保留了由欧洲殖民者制定的禁猎法规，但偷猎行为并未因此而停止。一方面，当地居民为了获取食物，即所谓的"丛林肉"，继续进行偷猎；另一方面，为了商业利益，非法偷猎和野生动物贸易依然屡禁不止。在 20 世纪七八十年代，受国际贸易高速发展影响，非洲的大象和犀牛被大量捕获，形成了一阵"非洲偷猎狂潮"。

为国际贸易而进行的偷猎活动比为获取食物进行的盗猎对生物多样性有着更大的威胁。"非洲偷猎狂潮"给非洲大陆的大象和犀牛种群带来了毁灭性的打击。如今，随着非洲各国严格禁猎法规和保护措施、加强执法、打击非法贸易、提高公众意识及推动替代生计项目等一系列举措的开展，盗猎泛滥的情形已有所好转。然而，大象和犀牛的保护工作仍然是一个长期而艰巨的任务，需要持续的国际合作和努力。

非洲野犬处在灭绝边缘

非洲野犬，属于食肉目犬科非洲野犬属哺乳动物，又称非洲猎犬，也有"杂色狼"之称。分布于非洲东部、中部、南部和西南部一带，栖息于开阔的热带疏林草原或稠密的森林附近。性凶猛，以各种羚羊、斑马等为食，奔跑速度仅次于猎豹。自然界中仅存2000～3000只，处在灭绝边缘。在《世界自然保护联盟濒危物种红色名录》中的保护等级为濒危。

导致非洲野犬数量减少的因素有很多，包括栖息地破碎化、与牲畜和狩猎农民的冲突、在陷阱和道路事故中被人意外杀害及传染病等。不过，主要原因与人类对非洲野犬栖息地的侵占有关。

这些不利影响至今仍没有停止，如果想要改变就需要人们采取更加积极的举措，如在更大的地理范围内调查野犬种群分布状况，采取适当和有效的手段，减少野犬与农民之间的冲突，确定野犬免受疾病侵害最有效、最可持续的技术手段等。

非洲蝗灾带来生态危机

发生在非洲的蝗灾是一种严重的生态灾难，对生物多样性产生了深远影响。沙漠蝗虫具有强大的繁殖能力和迁徙性，能在短时间内形成大规模蝗群。大批蝗虫所经之处，植株往往被啃食殆尽。

非洲的蝗灾历史悠久，最早可以追溯到古埃及法老时代。20世纪以来，非洲有5次沙漠蝗大灾害事件，每次都波及三四十个国家和地区，数百万公顷作物和草原因此受到毁灭性打击，并导致了严重的饥荒。

非洲蝗灾的发生与气温、降水或土壤湿度等环境条件有密切关系。如全球变暖造成了东非干旱地带长期的高温多雨，成了蝗群数量爆发的自然条件。蝗虫的大量繁殖和迁移会对生物多样性构成威胁。一方面，打破了正常的生态系统循环，严重威胁其他生物的生存；另一方面，为了防治蝗灾，人们会往环境中投放大量化学药剂，会带来严重的环境污染，影响生物多样性。对于非洲蝗灾的防

全球篇

治，目前人们主要采取的措施包括使用杀虫剂、改变种植作物、引进天敌等，但效果并不理想。

澳大利亚森林大火

2019年初，澳大利亚爆发了大规模的森林火灾，成为当年最严重的自然灾害之一。火灾起初在新南威尔士州和维多利亚州迅速蔓延，最终影响了整个澳大利亚东南部地区。火灾蔓延的原因包括长期干旱和极端高温，气候变化被认为是加剧火灾的关键因素。整个火灾持续了数月之久，直到2020年初才逐渐得到控制。

这场大火对澳大利亚的生态系统造成了深远的影响。数百万公顷的森林和草原被烧毁，导致数百万只动物的死亡，其中包括考拉和袋鼠等物种。大量动物失去了栖息地，生态平衡被严重破坏。火灾还对植物和昆虫种群健康造成了冲击，导致生物多样性大幅下降。

火灾突显了气候变化对生物多样性的威胁，引发了国际社会对气候变化和自然灾害之间关系的广泛讨论。澳大利亚大火的影响促使各国更加关注气候变化对生态系统的潜在风险，并加强了对火灾应对和恢复能力的研究和投入。这场火灾成了世界各国气候变化对自然界影响的重要案例，强调了采取紧急行动以保护生物多样性的必要性。

印度尼西亚森林大火

1997年，印度尼西亚遭遇了一场严重的森林火灾，其原因包括厄尔尼诺现象导致的气候异常干燥、因发展农业而进行大规模的森林砍伐及农业烧荒。这些因素共同作用导致了火势失控并迅速蔓延，最终烧毁了约800万公顷的森林。

火灾产生的浓烟不仅影响了当地空气质量，还随着季风扩散至整个东南亚地区，对社会经济和环境造成了深远的影响。大规模的森林砍伐，导致森林覆盖率下降，降低了森林抵御火灾的能力，减弱了森林生态系统服务功能。火灾烧毁了大片的森林资源，破坏了生态系统的完整性和稳定性，导致许多野生动物被烧死且失去了栖息地，动植物种群减少，甚至濒临灭绝。据世界环保专家预测，要恢复印度尼西亚大火之前的森林生态环境，可能需要300~500年时间，这次森林大火甚至影响了全球的气候。

印度尼西亚森林大火被生态专家称为"世纪大火",是东南亚历史上最为严重的一次森林火灾。这场大火持续了近一年,产生的浓烟笼罩了整个东南亚地区,对区域内生态、环境造成的损失难以估量,也给东南亚各国的经济发展和人民健康造成了严重的破坏。

加拿大森林大火

2023年,加拿大森林大火是一场规模庞大、影响深远的自然灾害。火灾主要集中在加拿大的西部和北部森林地区,造成火灾的主要原因包括天气异常、干燥的森林环境、非法砍伐、野外露营者乱扔火种等因素。

根据加拿大跨机构消防中心的最新数据,截至2023年10月6日,加拿大全国范围内林火的过火面积已经扩大至1840万公顷,累积的火灾次数超过6500起。这些火灾还导致了超过15亿吨的CO_2排放量。

此外,加拿大森林大火约有1/8发生在冻土区,促进了储存在冻土中的甲烷释放,也会导致某些未知病毒的扩散。大火导致植被被大量破坏,不仅造成生物多样性损失,还导致动物失去栖息地和食物来源。林火还破坏了植被覆盖层,导致土壤表层裸露,从而加剧了土壤侵蚀、水土流失和山体滑坡等次生灾害发生频率。

加拿大森林大火造成的环境污染还通过大气环流作用,对北半球广大地区产生显著影响。

尼日尔石油开采威胁生态

自1952年以来,尼日尔河三角洲开始进行石油勘探,1956年在奥洛伊比成功开采出第一桶石油。在20世纪90年代早期,尼日尔河三角洲的石油工业已经相当发达,拥有349个油井、22个集油站及1个中转油库。

石油开采为尼日利亚带来了巨量财富,但也使得环境遭受了难以逆转的损害。石油管道破裂引发的原油泄漏事件频发,数以百万计桶的原油流入尼日尔河三角洲,严重污染了该地区的土壤、河流及近海水域。这些泄漏的石油时常自燃,导致大面积的农作物和森林被焚毁,对空气、土壤和河流造成了污染。此外,原油开采过程中伴随的天然气无序燃烧,也极大地恶化了当地的空气质量。

全球篇

在石油开采活动开始之前,当地居民依赖自然生态,以农业、渔业和狩猎为生。然而,如今他们的水源、土地和庄稼遭受破坏,传统的生计方式难以为继,生活面临严峻挑战。广泛的污染也摧毁了红树林,并威胁到海洋和陆地物种,包括鱼类、鸟类和哺乳动物。

货轮漏油致毛里求斯环境危机

2020年7月25日,一艘载重高达20万吨的日本"若潮"号货轮,在前往巴西的航程中在毛里求斯蓝湾海洋公园附近触礁搁浅。8月6日,这艘货轮开始泄漏燃油。大量的油污迅速扩散,覆盖了附近的海面和海滩,形成了一片黑色的油污带。附近海域大批的螃蟹、鱼类、海豚等海洋生物因无法适应污染的环境而死亡。

"若潮"号货轮漏油之地有大量珍稀物种,是世界级的海洋生态保护区,也是毛里求斯主要的度假旅游点之一。燃油污染严重破坏了当地的旅游资源,危害了当地的生态环境,也使众多的珍稀濒危物种面临严峻的生存危机。据统计,受漏油事故影响的物种中包括了《联合国生物多样性公约》中列出的1700个物种,其中有800种鱼类、17种海洋哺乳动物和2种龟类。

为应对突发情况,毛里求斯政府宣布全国进入"环境紧急状态"。当地居民也采取行动,阻止燃油进一步扩散。在该国的中资企业共向毛里求斯环保部捐赠价值约137万卢比、总量超过30吨的清污用物资,并积极组织员工参与海滩清污志愿者活动。截至2020年8月28日,毛里求斯燃油污染海域已有38只海豚死亡。2021年12月27日,毛里求斯路易港一家地方法院以危害航行安全罪判决"若潮"号漏油事故货轮船长及大副20个月监禁。

地中海石油泄漏

2021年2月,一场强风暴和异常高的海浪之后,数十至数百吨焦油被冲上以色列160千米的海岸线上。焦油沉积物也严重影响了黎巴嫩南部的海滩。许多海洋动物如鱼、海龟和海鸟被冲上岸,它们身上被覆盖着一层黑色的黏性薄膜。

以色列自然公园管理局称,此次焦油泄漏事件是该国历史上"最严重的生态灾难之一"。黎巴嫩提尔海岸自然保护区有大约2吨焦油,其中大部分隐藏在沙子下面。该保护区是濒危红海龟和绿海龟的重要筑巢地。黎巴嫩南部许多其他受损的海滩也是海龟等生物的重要栖息地。当时参与大规模清理行动的志愿者中也有人因吸入有害物质后感到不适而被送往医院。

以色列海岸的焦油泄漏事件不仅严重威胁到生态系统和物种的多样性，也对人类健康构成了威胁。

切尔诺贝利核泄漏事故

1986年4月26日，由于操作人员违规操作和错误判断、反应堆设计缺乏安全壳保护，切尔诺贝利核电站的第4号反应堆功率急剧上升，最终导致了堆芯熔化、蒸汽爆炸和石墨燃烧、大量放射性物质泄漏的严重事故。该事故被认为是历史上最严重的核电事故。2005年，联合国、国际原子能机构、世界卫生组织等机构的联合报告显示，该事故造成约9000人死亡，6万多平方千米的土地受到污染，840万人受到核辐射侵害。

事故发生后，各国审慎制定核能规划，国际社会筹建防辐石棺，欧洲一些国家强制实行了食物限制。联合国在1990年通过了第45/190号决议，倡导国际合作。1991年，联合国设立了切尔诺贝利信托基金。2009年，联合国启动了国际切尔诺贝利研究和信息网。2016年12月8日，联合国大会将每年的4月26日定为"国际切尔诺贝利灾难纪念日"。

切尔诺贝利核泄漏事故后，尽管放射性物质对生态系统造成了严重的破坏，但大自然展现出了强大的恢复能力。许多物种在极端环境下找到了生存之道，并逐渐重建起一个相对稳定的生态系统。2006年4月，切尔诺贝利论坛发布的《切尔诺贝利的后果、健康、环境及社会经济影响》称，除了反应堆附近还处于封闭状态，其他封闭的湖泊、森林的辐射状况大多数已经恢复到可接受的水平。根据2015年贝尔法斯特女王及多所大学和机构的联合研究和长期监测，切尔诺贝利野生动物种群丰富，失去人为干扰的隔离区内麋鹿、狍子、野马和野猪的数量显著上升，狼的丰度是以前的7倍以上，生境质量有所改善。

福岛核污染水排海

2011年3月11日，日本东北太平洋地区发生里氏9.0级地震，继而引发海

啸，导致福岛第一、第二核电站受到严重影响。3月12日，日本经济产业省原子能安全和保安院宣布，受地震影响，福岛第一核电站的放射性物质发生泄漏；4月12日，将福岛核事故等级定为核事故最高分级7级，与切尔诺贝利核泄漏事故同级。4月13日，日本政府决定，将福岛第一核电站上百万吨核污染水排入大海。其间，福岛第一核电站又发生多起安全事故。

福岛第一核电站内储存了超过130万吨的核污染水。日本政府和福岛核电站所有者——东京电力公司以核电站内大量储水罐妨碍废堆作业为由，决定将经"多核素处理系统"处理并稀释后的核污染水排放入太平洋。尽管这一决定在日本国内外都出现了强烈的反对声音，但日本政府和东京电力公司仍于2023年8月24日启动了核污染水排海计划。

自2023年8月启动核污染水排海计划以来，日本已进行了7次核污水排海，累计排放量约5.46万吨，第8次核污染水排海已于当地时间2024年8月7日开始，持续到25日，排放量约为7800吨。若将总量超过130万吨的福岛核污染水排入太平洋，预计将持续排放30年左右。

福岛核污染水排海引发了全球范围内的广泛担忧和抗议。从生态环境的角度来看，排入海洋的核污染水，即使经过处理，仍可能残留放射性物质，对海洋生态系统造成长期影响，威胁海洋生物的生存，进而影响整个海洋食物链。

2023年8月24日，中国海关总署宣布全面禁止日本水产品进口。中国香港特别行政区政府和中国澳门特别行政区政府自8月24日凌晨起，禁止日本10个县（都）的所有水产品及其他食品的进口。

俄亥俄危险化学品列车脱轨

2023年2月3日晚上9点，在美国俄亥俄州东部城镇东巴勒斯坦镇，诺福克南方铁路公司一列141节车厢的火车脱轨，火车脱轨引发大火和爆炸。其中50节车厢偏离轨道，20节车厢装有氯乙烯、丙烯酸乙基己酯和丙烯酸丁酯等危险化学品，有5节油罐车载有极易燃的液态氯乙烯危险化学品。氯乙烯是强致癌物，对人类和大多数动物都危害性极大，对环境也会产生永久性破坏。它不仅极度易燃，且燃烧过后其致癌性更强。

2月6日，诺福克南方公司对上述5节油罐车厢进行了受控释放，将液态氯乙烯排入事先准备好的坑道中并引爆。此次事故导致周围大量动物死亡，当地居民也出现了不同程度的疾病症状。2023年9月，在东巴勒斯坦镇的溪水里检测出15种有害化学物质都存在超标，但俄亥俄州环保部门却表示没有任何迹象表明当地的空气、水体和土壤中还有化学物质污染。

事故一年后，肯塔基大学的一项健康跟踪研究发现，自脱轨事件以来，现场周围地区64%的成年人和63%的儿童出现了新的上呼吸道症状，其他症状包括皮疹、恶心、眼睛刺激、头痛、咳嗽、嗜睡和呼吸急促。有上呼吸道症状的人中，80%居住在距事故发生地一英里范围内。目前，事件调查没有更多进展。

据美国媒体报道，当地时间2024年4月3日，美国联邦环境保护局（EPA）表示，2023年在俄亥俄州东巴勒斯坦镇发生的"毒列车"脱轨事故不属于公共卫生紧急事件，因为并未记录到广泛的健康问题和持续的化学物质暴露问题。

欧洲奥德河生态灾难

2022年七八月份，大量化学废物疑似被排放到流经波兰和德国的界河——奥德河中，导致鱼类等野生动物大规模死亡，该事件被两国称为"生态灾难"。该事件最终造成奥德河流域内约360吨鱼类死亡，并对500千米河段的生态环境产生了严重影响。

奥德河发源于捷克，流经波兰西部并构成波兰与德国间的一段边界，是一条位于中欧的国际河流。不仅是重要的水运通道，也为沿岸地区提供了丰富的淡水资源，在区域经济和生态系统中扮演着重要角色。这次事件，导致波兰弗罗茨瓦夫市直至什切青市的数百千米河段被污染，波罗的海的生态也可能受到影响。

2023年，德国某研究所研究人员在奥德河中游河段的科学捕捞结果显示，奥德河生态没有任何恢复迹象，重要鱼类物种几乎消失。同年，欧盟发布了《2022年奥德河生态灾难分析》报告。该报告称：有迹象表明，该事件的原因在于320千米外的奥波莱（波兰），排放了一种化学物质"均三甲苯"。均三甲苯对鱼类有毒，不过鱼类需要在一定浓度的（有毒）水中，暴露大约4天才可能致死。

截至2024年8月，奥德河生态灾难已过去了2年，当地尚无公开的应对或治理方案出台。

全球篇

罗马尼亚蒂萨河污染事件

2000年1月30日，罗马尼亚一金矿的污水沉淀池因积水暴涨而漫坝，导致120吨含有氰化物、铜和铅等重金属的污水流入多瑙河的最大支流——蒂萨河。污水迅速向下游扩散，影响了下游长达500多千米的水域。匈牙利境内的蒂萨河80%的鱼类因此死亡，地下水受到污染，鸟类、浮游生物和哺乳动物大量死亡，植物枯萎，一些特有生物物种面临灭绝危险。

面对这一环境危机，匈牙利政府立即关闭了以蒂萨河为水源的自来水厂。罗马尼亚和匈牙利两国政府联合成立了一个专家委员会，负责调查污染情况，并提出赔偿和清除污染的方案。

作为一场因工业废水泄漏导致的重大跨国河流污染事件，蒂萨河污染事件对区域河流的生态系统造成了毁灭性的打击，不仅污染了匈牙利境内的蒂萨河，还使匈牙利东南部所有河流的生态环境遭到破坏，波及塞尔维亚和罗马尼亚，引发了严重的国际环境纠纷。

为了提升多瑙河流域的环境保护水平，多瑙河保护国际委员会自2001年起，每6年对流域进行一次全面的水质和污染情况调查。经过多年的治理和修复，多瑙河的点源污染治理取得了显著成效，污染得到了有效控制。

巴布亚新几内亚采矿污染事件

1984年，位于巴布亚新几内亚的奥克泰迪矿区的尾矿坝系统，由于地震而发生了坍塌。鉴于当时铜矿价格低迷，开采公司和当地政府为保证项目的经济可行性，未用安全的储存和处理方式处理废矿石，而是直接将废弃物倾倒入河流。

随着铜矿开采规模的扩大，矿山平均每年向河流中倾倒超过8000万吨废石。在此之后的将近30年的时间里，大约有20亿吨未经处理的矿业废弃物被排入奥克泰迪河。大约120个村庄超5万人生活受到了影响，尤其是住在矿山下游的居民，包括他们赖以为生的农业和渔业也受到了影响。

矿山废弃物的排放对周围生态系统也造成了广泛影响，约1588平方千米的森林遭到破坏，水体的污染还导致了鱼类的大量死亡。河床被抬高引起的洪水还在洪泛平原留下了被污染的泥浆，破坏了农田。此次采矿污染事件对当地的环境、生物多样性及居民生活都产生了重大负面影响。

印度剧毒物质泄漏

1984年12月3日凌晨,印度博帕尔市美国联合碳化物公司旗下的农药厂发生异氰酸甲酯泄漏。异氰酸甲酯是一种剧毒液体,极易挥发,是生产制造西维因、滴灭威等农药的重要原料之一。本次事故共导致数十万人伤亡。《大西洋月刊》认为这是世界上最严重的工业化学事故。

美国联合碳化物公司执行长沃伦·安德森于1986—2012年在美国面对多起民事和刑事诉讼,但均被驳回,转交给印度法院处理。2010年6月,7名印度籍员工及前主席以玩忽职守致他人死亡罪被判两年徒刑及罚款约2000美元,判决后被判人员均获被保释。

在博帕尔事件过去约40年后,旧化工厂所在地的土壤和地下水依然遭受着污染,不仅对周边的居民造成了严重影响,也对当地环境和生物多样性造成了不可逆转的严重影响。重金属被当地河流吸收,导致河水无法饮用,鱼类中毒,许多农作物也被认为不能安全食用。

恒河水污染形势严峻

恒河是印度次大陆最大的河流,一直是印度教徒的圣河。为印度11个邦约40%的人口提供水源。据估计,恒河服务着5亿人口,服务人员比世界上其他任何河流都多。然而,多年来持续不断的污染对人类健康和环境构成了重大威胁。20世纪中叶以来,印度开始经历快速的工业化和城市化进程,城市和工厂纷纷在恒河流域建立,城市污水和工业废水开始大量排入恒河,加重了水体污染。

恒河豚是世界上为数不多的淡水豚物种之一,被列为濒危物种。恒河沿岸的水力发电和灌溉大坝阻止了恒河豚在恒河上下游间的互动,这被认为是其数量下降的主要原因。恒河鳖生活在有泥床或沙床的深河、溪流、大运河、湖泊和池塘中,它们很容易受到重金属污染的影响,而重金属污染是恒河的主要污染类型之一。对沿流域采集的各种样本进行汞分析的结果表明,一些鱼类肌肉倾向于积累高浓度的汞。恒河水造成的传播疾病也与在河中洗澡、洗衣、洗涤、进食、清洁餐具和刷牙之间显著关联,易造成痢疾、霍乱、肝炎感染及严重腹泻等,而严重腹泻仍然是印度儿童死亡的主要原因之一。

恒河被认为是世界上污染最严重的河流之一,超过600千米的河段被认为是生态死区。

越南河静省水污染

2016年4月6日起，人们发现越南河静省的海滩上有鱼尸体被冲上岸。直到2016年4月18日，河静省和其他3个省份（广平省、广治省和承天顺化省）海岸都发现了大量死鱼的尸体。2016年5月1日，出于水污染导致的海洋生物遭到大规模毒害，越南一些城市的公民举行抗议活动，呼吁创造更清洁的环境并要求调查，过程透明。

经过调查，越南中北部河静省台塑河静钢铁公司通过排水管道将有毒工业废物非法排放到海洋中，导致周边鱼类死亡，对当地渔业和居民健康安全造成巨大影响。该企业于2016年6月30日承认对鱼类死亡事件负责。该次污染事件使得约44 000个家庭成为污染的直接受害者，严重影响了居民生计。许多家庭不得不停止捕鱼营生，导致约3000人失业。

到2016年11月，河静等4个省的失业率急剧上升，83%的居民收入减少。事后，污染企业被越南政府判罚数亿美元。时至今日，越南因工业造成的水源污染事件仍时有发生。

莱茵河污染事件

1986年11月1日，位于瑞士巴塞尔市的桑多兹化学品公司仓库发生火灾，导致共计1246吨化学品，包括杀虫剂、除草剂、除菌剂、溶剂和有机汞等，灭火时，这些化学品用水被冲入莱茵河。此后的11月21日，德国巴登市苯胺和苏打化学公司的冷却系统出现故障，导致2吨农药流入莱茵河，河水中的有毒物质含量超标200倍。

这两次严重的污染事件对莱茵河的生态系统造成了毁灭性打击，导致约160千米范围内的鱼类大量死亡、约480千米流域内的井水受到污染，无法饮用。

作为对这一事件的回应，桑多兹化学品公司向法国渔民和政府支付了3800万美元的赔偿金，并设立了"桑多兹—莱茵河基金会"；向世界野生生物基金会捐款730万美元，用于支持一项为期3年的莱茵河动植物恢复计划的实施。法国、瑞士和德国共同组建了一个工作组，并就如何预防莱茵河污染事故及减轻污染损害达成了共识。各国采取控制污染源的措施，建立了众多污水处理厂，并通过立法确保河流治理工作的有效实施。

到 1992 年，莱茵河的污染物排放量实现了超过 50% 的消减，部分污染物排放甚至减少了 90%。到 2003 年，莱茵河的水质明显改善，水中溶解氧的饱和度达到了 90% 以上。

俄罗斯和哈萨克斯坦洪灾

2024 年 4 月，快速融化的冰雪导致俄罗斯乌拉尔南部、西伯利亚西部及哈萨克斯坦北部的河流达到前所未有的水位，奥尔斯克的大坝决堤，俄罗斯中部和哈萨克斯坦北部遭遇了至少 70 年来最严重的洪灾。在俄罗斯奥伦堡州、库尔干州等地已有超过 1 万栋民房被洪水淹没。俄罗斯当局共疏散了 7700 多人，其中大部分来自受灾最严重的奥伦堡地区。而哈萨克斯坦表示，截至 4 月 10 日，已有约 10 万民众被疏散。估计俄罗斯 37 个地区有 10 500 所房屋被淹。

事实上，事发前一个月当局就获悉，奥伦堡地区即将发生特大洪水。专家认为，通过提前放水调整乌拉尔河水位、为伊里克林斯基水库的洪水腾出空间，可以减少洪水造成的损失。然而，由于当局错过了排水时机，被迫从水库放水泄洪，奥尔斯克的大坝无法阻挡洪水。

气象专家认为，导致此次洪灾的主要原因是当地气温回暖，气温急剧上升，河流迎来了春汛期，水位上升异常。1900—2020 年，俄罗斯发生融雪型洪水灾害 44 次。气候变暖也导致高山区的冰冻圈融化加剧，造成融雪径流增多，导致洪灾的次数增加。

东非洪水致农业系统崩溃

随着全球气候变暖，大气中能够容纳更多的能量和水分，加剧暴雨和洪水的风险。2024 年 4 月，肯尼亚、坦桑尼亚、布隆迪等东非多国遭遇了持续暴雨进而引发洪水和泥石流灾害，导致 200 多人死亡。这种灾害通常由季节性降雨和气候变化引发，导致大量人口流离失所，严重影响了当地社会、经济和生态系统的正常运行。

东非洪水对当地的生态系统稳定性造成了极大破坏：洪水改变了土壤结构，

给树木等植被带来灭顶之灾，破坏了动物的栖息地，从而对生态系统的平衡产生负面影响。由于水源的污染，水传播疾病的风险相应增加。同时，洪水也可能改变媒介生物（如蚊子）的生存环境，增加媒介传播疾病（如疟疾）的风险。此外，农田被长期淹没也造成了土地侵蚀，影响土壤肥力，导致农业生态系统崩溃。

截至2024年7月，数千万人正面临着严重的粮食安全问题。

美国大盐湖生态危机

美国大盐湖是北美洲最大的内陆盐湖，西半球最大的咸水湖，也是世界上含盐度最高的内陆湖之一。位于犹他州西北部，东面是落基山，西面是沙漠，湖水主要靠雨水和河水补给。截至2024年，其面积为3525平方千米，而1873年其面积为6200平方千米。

自1986年起，为减少洪水影响，大盐湖的部分湖水被抽到大盐湖西南部的洼地中，以有效降低大盐湖水位。近年来，由于该地区过度用水，加之湖水的蒸发量远超过河流的补给量，该湖面积缩小了一半，实际水量下降了约70%，同时湖水盐度不断上升，威胁着湖中无脊椎动物的生存。而这些无脊椎动物为数百万来到湖中的鸟类提供食物。湖泊的某些区域与主体水体隔绝后，已经功能性死亡。这一切导致了美国大盐湖生态危机。

随着湖水的消失，湖床暴露，附近工业积累的毒素和砷等自然产生的元素可能会干燥成灰尘，随风传播，使该地区本已很差的空气质量进一步恶化。2022年和2023年，犹他州立法机构总支出近10亿美元用于节水和基础设施项目；2024年，立法机构延续了这一趋势，继续加大力度保护犹他州大盐湖等水资源。

维多利亚湖污染

维多利亚湖是非洲最大的湖泊，是世界第二大淡水湖、最大的热带湖泊，也是尼罗河的主要水库。它位于非洲中东部，湖体大部分在坦桑尼亚和乌干达境内，是坦桑尼亚、乌干达与肯尼亚三国的界湖。这里也是非洲人口最密集的地区之一。

由于人类活动或自然因素，致使湖水中的物理、化学或生物特性发生改变，造成对维多利亚湖水的持续污染，直接导致了该湖泊水生生物多样性减少，食物链断裂，生态系统失衡，是非洲环境治理中一个备受关注的议题。

面对维多利亚湖日益恶化的水体状况，肯尼亚、坦桑尼亚和乌干达三国政府采取了积极的措施。2001年，三国设立了专门机构——维多利亚湖流域委员会，负责对湖泊进行系统研究和监测，以掌握污染现状和成因。维多利亚湖流域委员会还制定了一系列减少污染排放的策略和措施，并推动湖岸地区的扶贫与可持续发展。

经过多年的努力，维多利亚湖的水质有了明显改善，生态系统逐步恢复，生物多样性也得到了一定程度的恢复和保护。

埃及阿斯旺高坝引发生态问题

阿斯旺是坐落于埃及尼罗河第一瀑布之下的城市，见证了两座宏伟大坝横跨尼罗河的壮丽景象。

由于原有的坝体设计无法有效应对洪水的威胁，自1960年以来，埃及政府便着手兴建一座更为雄伟的高坝，旨在为沿河的居民、农田及棉花田提供更为坚实的保护屏障。

新的阿斯旺高坝于1970年竣工，其拦河而成的纳赛尔湖也成为世界第七大水库。阿斯旺高坝的建设虽然带来了诸多益处，但也引发了一系列环境问题。高坝令尼罗河上游肥沃的泥沙淤积于水库内，最终使水库完全失去蓄水功能。由于大坝阻断了尼罗河上游沉积物的自然输送，下游的农田和海堤逐渐遭受侵蚀。这也导致尼罗河三角洲的地面沉降，进而影响该地区稻米的种植。

地中海的渔业资源也受到了影响。特别是地中海东部海域的沙丁鱼和凤尾鱼长期以来依赖尼罗河河水带来的、富含硅酸盐和磷酸盐的"淤泥浆"作为重要的营养来源。大坝的建成，使这些营养物质的供应大幅减少，导致该地区的渔获量在建设期间几乎减少了一半。如今，尼罗河三角洲土地肥力的减退，对依赖尼罗河泥沙的传统红砖制造业造成了严重打击，同时东地中海沿岸的侵蚀现象也日益显著。

苏伊士运河扩建引生态担忧

苏伊士运河是亚洲和非洲的分界线，是沟通欧亚非三大洲的交通要道，也是

世界上最重要的海运通道之一。埃及政府表示，对苏伊士运河进行扩建，有利于埃及的经济贸易发展并为民众提供就业机会。

最初的扩建工程是在原有苏伊士运河的基础上进行的，其中包括新苏伊士运河的开凿，该运河分支连接了地中海与红海；还包括建设六条穿越运河的通道，并计划在运河两岸约 76 000 平方千米的区域内打造一个集国际物流、商业和工业于一体的综合区域。苏伊士运河的扩建始于 2014 年 8 月 25 日，并于 2015 年 8 月 6 日开始运营，于 2016 年 12 月 9 日全面竣工。

一些海洋生物学家曾对这一扩建计划表示担忧，他们认为埃及政府在未进行充分的环境风险评估的情况下推进项目是不科学的。18 位科学家在《生物入侵》期刊上指出，增加的船只交通和新开辟的 35 千米深水道可能会促进入侵物种在地中海与红海之间的迁移。

一些因扩建工程而引入的外来物种已经带来了严重问题，如绯鲵鲣已经取代了原本具有经济价值的本土红鲣，而富有侵略性的水母则堵塞了进水道。为缩短运输时间，避免这条占全球海上贸易 12% 的水道出现可能的堵塞情况，埃及正在对再一次扩建苏伊士运河进行可行性研究。

卡霍夫卡水电站大坝溃决事件

卡霍夫卡水电站位于乌克兰南部赫尔松州，建于 20 世纪 50 年代末，是乌克兰南部能源供应的主要来源，目前由俄方控制。2023 年 6 月 6 日凌晨，水电站大坝发生溃决。尽管溃决的确切原因尚未明了，但俄乌双方互相指责对方破坏了大坝。

一些分析指出，内部爆炸可能是导致大坝溃决的原因之一，特别是大坝基部的检修通道。此外，春季的高水位和大坝在冲突中遭受的攻击也可能加大了溃决的风险。

这次灾难导致的严重洪水，迫使数千人撤离，淹没了多个城镇和村庄。洪水破坏了农田和基础设施，对当地经济和农业造成巨大损失，并引发了生态和人道主义问题。例如，卡兹科瓦迪布罗瓦动物园被洪水淹没，导致 300 只动物死亡。大量有害物质包括至少 150 吨发动机油和化学原料，泄漏到第聂伯河和黑海，对水质和生物健康构成长期威胁，影响居民的水源和生活，以及农业灌溉和水产养殖。全球粮食安全也受到了影响。预计该水域的生态系统需要 7~10 年才能恢复。

俄罗斯方面报告称，新卡霍夫卡市等地的洪水已经退去，而乌克兰方面则认为这一事件对全球粮食安全构成了打击，并将影响乌克兰南部的灌溉系统。

超强台风雷伊

超强台风"雷伊"于2021年12月16日抵达菲律宾中部省份，截至12月23日，"雷伊"造成当地375人死亡，568人受伤，47人失踪，房屋道路受损、数以万计居民遭遇停电，是近几年侵袭菲律宾最致命的暴风之一。据当时的报道，10个受灾区有上百个城市停电，并且由于当时粮食短缺和卫生状况不理想，导致许多儿童患病。

台风"雷伊"还对当地的森林造成了严重的破坏，不仅损害了当地的生态系统，还影响了当地人的生活，导致上万人受灾。

由于其造成的灾难性破坏，2023年3月举行的第55次台风委员会会议上把"雷伊"从台风命名表中除名。

气候变化加剧了极端的洪涝天气，会引发更多毁灭性的台风。有调查和研究表明，在全球变暖的情况下，海水温度较高会使台风持续的时间变长。因此，气候变化的加剧可能会导致类似的极端事件越来越频发，不仅对人类生活造成灾难性的影响，也会对生态系统和生物多样性造成毁灭性的打击。

热带气旋弗雷迪

热带气旋"弗雷迪"是2023年在南印度洋生成、"寿命"超长的热带气旋。它于2023年2月7日生成到3月13日减弱为热带低压，生命史长达35天，并维持超强台风级别长达7天之久，成为当时有气象记录以来全球最长寿的热带气旋。

"弗雷迪"在非洲马达加斯加、莫桑比克、马拉维等多国造成严重灾害。截至2023年3月22日，根据马拉维灾害管理事务局公布的数据，热带气旋"弗雷迪"在马拉维致507人死亡，另有1332人受伤。截至2023年3月29日，该热带气旋引发的强降雨和泥石流共造成马拉维至少676人死亡、538人失踪。

这场灾难对非洲东南部的生物多样性产生了深远影响，扰乱了生态系统，并日益威胁栖息地的适宜性。大量的降雨和洪水破坏了栖息地，干扰了自然界正常的物质和能量循环。此外，灾难性的气候事件还将改变生态系统的结构和功能，进一步影响生物多样性。

致命飓风丹尼尔

飓风"丹尼尔"是一场历史上最致命的地中海热带气旋之一。它于2023年9月在利比亚东部地中海沿岸登陆并引发了毁灭性的洪灾。

根据中国国家卫星气象中心监测分析，该飓风于9月10日袭击利比亚东北部，9月11日开始影响埃及，至9月13日逐渐消散。仅在利比亚东部的德尔纳市，"丹尼尔"就造成了数千人死亡，上万人失踪。为此，利比亚政府宣布所有受灾城市哀悼3天，并在公共场所降半旗志哀。

飓风"丹尼尔"的形成主要受到气候变化影响，不但对生态系统固有的平衡带来了巨大的短期冲击，也对当地的生物多样性产生了重大且深远的影响。飓风带来的大量降水导致了洪水发生和水源污染，并进一步导致土壤侵蚀，改变了河流和湖泊生态系统，原有的水循环与能量循环被打破，使得物种栖息地失衡，客观上加剧了生物多样性的丧失。

在国际社会的帮助和多方协作下，恢复工作有效展开，重点是确保恢复工作的可持续性和有效性，重建一个更加抗灾的生态环境，而资金投入对于生态系统的长期恢复至关重要。

北太平洋热浪怪圈

"热浪怪圈"是指自2013年秋季起在北太平洋东部海域出现的一个显著海洋热浪现象。这一现象由高压脊引发，该高压脊抑制了正常的冬季风，从而导致海洋表面温度异常升高。随着时间推移，这种温度异常逐渐扩展，最终形成了一个巨大的温度热点，被称为"热浪怪圈"。

到2014年秋季，"热浪怪圈"已覆盖了从阿拉斯加湾到墨西哥的下加利福尼亚州的广泛区域，海洋表面温度比正常水平高出约4℃。这一异常温度对海洋生态系统产生了深远的影响，甚至比同期预测的强厄尔尼诺现象造成的影响更为显著。一些通常在夏季繁殖的鱼类开始在冬季繁殖，鲑鱼的迁徙路线也发生了改变。温带物种（如金枪鱼和剑鱼）出现了在其典型分布范围之外的情况。

此外，"热浪怪圈"还导致了其他严重的生态问题。2015年，西海岸出现了前所未有的毒藻暴发，迫使西海岸的蟹渔业停业，造成了数百万美元的经济损失。紧接着，海鸟大量死亡、鲑鱼数量锐减及加州海狮幼崽因饥饿而漂流上岸等问题也随之出现。

西伯利亚高温

西伯利亚以北半球冬季气温最冷而闻名。但自2020年1月以来，该地区的温度一直异常温暖。2020年上半年的平均气温比1981—2010年同期高出5 ℃以上，创下最高纪录；多个区域5月地表温度比往年平均水平高出多达10 ℃。北部的维尔霍扬斯克市6月20日曾经出现过38 ℃，刷新了北极圈内的最高气温纪录。西伯利亚高温的原因之一是冬季的高速气流较强，导致该地区未能积攒足够多的冷空气。

罕见高温导致越来越大范围的山火、冻土融化及一系列次生灾害。该地区落叶落入土壤并积累了上千年，在泥炭和土壤中储存了大量的碳。西伯利亚大部分地区气温异常升高，加剧了土壤中水分的蒸发，使长期冻结的沉积物容易受到火灾的影响，火灾将碳从地面转移到大气中，并导致全球温室气体的浓度升高。持续高温下，西伯利亚地区2020年已经发生300多场林火，烧毁的森林面积超1400多平方千米。2020年6月中旬以来，俄罗斯西伯利亚和美国阿拉斯加部分地区起火点数量和过火面积都有所增加，导致6月二氧化碳排放量达到5900万吨，创下2003年有记录以来的最高值。

南极半岛拉森冰架崩解事件

拉森冰架位于南极半岛边缘、威德尔海西北方，从南极半岛东岸的渴望角延伸至赫斯特岛南方的世界第四大冰架。面积5.5万平方千米，冰层平均厚度大约300米。由于气候持续变暖，西南极冰盖和冰架在过去几十年中一直处于加速融化和崩解状态。

拉森冰架从北到南依次被细分为3块不同的冰架区域是：拉森A、拉森B、拉森C。其中，拉森A在约4000年前的间冰期中期形成，于1995年1月崩解消失。已稳定存在超过1.1万～1.2万年的拉森B在2002年崩解，崩解的冰体面积约3250平方千米。2017年7月10—12日，拉森C冰架也发生断裂，其面积缩小了12%。

拉森C冰架的分裂将带动恶性循环，导致冰架更加脆弱，原本受到拉森C冰架保护的更深层的冰层，预期会变得更容易消融和解体，特别是随着气温升高，大冰架在失去它的支柱后，也将变得不稳定。南极冰盖也会向冰架流动，最终导致海平面上升。

海平面上升将对沿海生态系统产生一系列影响。其直接影响结果包括海岸线后退、沿海侵蚀、风暴潮频率和强度加强、污染性物质释放、生物栖息地改变、湿地变迁等。

南极洲康格冰架崩塌

康格冰架是南极洲东部冰架，位于威尔克斯地，面积约为1200平方千米，其所在的地区长期以来都被视作"相对稳定"的区域，受气候变化影响较小。

然而21世纪00年代中期以来，人们观察到康格冰架逐渐收缩，并且自2020年初以来收缩速度加快。2022年3月15日前后，存在数千年的康格冰架崩塌。在冰架崩塌前后一段时间，南极洲东部异常升温，位于南极冰穹的研究基地——康宏站记录的最高温度达-11.8 ℃，较常年平均气温高了40 ℃。这是气象记录史上首次在南极东部"寒冷地区"发生冰架崩塌。

南极冰川被称为"地球气候稳定器"，由于南极冰川的海冰反照率较高，可以反射大量太阳辐射，南极的巨大冰体具有吸热储热功能，可以稳定全球大气能量平衡。然而冰川融化会导致对太阳反射减少，造成全球气温进一步升高，并陷入恶性循环，引发的海平面上升将带来难以估量的生态问题。

中美洲的壶菌病暴发

壶菌病是由壶菌引起的、一种两栖类动物传染病。这种病原体会感染两栖动物的皮肤，导致严重的健康问题，如脱水和死亡。在20世纪90年代末至21世纪初，中美洲经历了一次严重的壶菌病暴发。这一传染病主要发生在哥斯达黎加、巴拿马和洪都拉斯等国家，造成该地区多种青蛙和蟾蜍种群数量急剧减少。

20世纪90年代末期，壶菌病在中美洲地区首次被记录，之后迅速扩散。壶菌病的暴发对该地区的青蛙种群造成了毁灭性的影响，尤其是一些本地特有的青蛙物种面临灭绝的危险。科学家们观察到，受影响的青蛙种群不仅数量大幅减少，而且种群结构和生态功能也受到了严重影响。

中美洲壶菌病的暴发被认为是全球两栖动物健康危机的一个重要例证，突显了壶菌病对生物多样性的威胁。这也引起了国际科学界和环保组织的广泛关注，研究者们开始加紧对壶菌病的监测与研究，以寻求有效的防控措施，并探讨如何保护受影响的两栖动物种群及其栖息环境。这一事件也推动了对两栖动物疾病的国际合作与应对，进一步促进了对壶菌病及其影响的科学理解。

尼帕病毒暴发

尼帕病毒是一种新型的人兽共患病毒，首次于1998年在马来西亚暴发。此次疫情起源于马来西亚的霹雳州，病毒主要通过感染猪只再传播给人类。最初的暴发造成了猪只的大规模死亡，并迅速导致人类感染。感染尼帕病毒的症状包括高烧、头痛、呕吐和神经系统症状，严重时可导致脑炎或急性呼吸道感染，病死率较高。

此次疫情有超过100人感染，其中约40%的人因此死亡，同时也使得马来西亚的猪只产业遭受重大经济损失。为了控制疫情，马来西亚政府实施了大规模的猪只扑杀和隔离措施，并采取了严格的生物安全措施。

2004年，尼帕病毒在孟加拉国和印度再次暴发。这次暴发主要通过感染的水果蝙蝠传播给人类。水果蝙蝠是尼帕病毒的自然宿主，人类通过直接接触或食用被感染蝙蝠排泄物污染的水果而感染病毒。这一波疫情导致了数十人感染和死亡，同时也引发了对病毒传播途径的进一步研究。

尼帕病毒的暴发引起了世界各国公共卫生界的关注。研究者们开始致力于开发有效的疫苗和治疗方法，同时加强对病毒传播途径和流行病学特征的研究。尼帕病毒的暴发突显了对新兴传染病的监测和应对的重要性，也加强了国际上对类似病毒的合作与研究。

北美洲蝙蝠白鼻综合征暴发

蝙蝠白鼻综合征是一种由真菌引起的蝙蝠疾病，受感染蝙蝠鼻部和面部出现

全球篇

白色霉斑，因此得名"白鼻综合征"。受感染的蝙蝠常表现出异常的行为，如频繁地从冬季栖息地飞出，导致能量消耗过度和体重下降，从而增加了冬季死亡的风险。该病菌通常在冬季蝙蝠栖息地中生长繁殖，对蝙蝠造成严重危害。

蝙蝠白鼻综合征首次于2006年在美国纽约州的一个蝙蝠洞穴中被发现。之后，疾病迅速传播，影响了美国东部和中部的多个州，并向加拿大蔓延。到2010年，病害已经导致蝙蝠大量死亡，其种群数量急剧下降。蝙蝠在控制昆虫种群和促进植物授粉方面发挥着重要作用。此病害对北美蝙蝠种群造成的严重危害，也极大地影响了生态系统的平衡和经济发展。

为应对蝙蝠白鼻综合征，美国国家公园管理局、美国鱼类和野生动物服务局及多个科研机构开展了大量的研究和保护工作，包括研究病原体的生物学、开发疫苗和治疗方法，以及采取措施减少疾病传播等。科学家们还在监测蝙蝠种群的健康状况，并采取措施保护蝙蝠栖息地。尽管目前已有一些关于控制疾病传播和保护蝙蝠种群的策略，但蝙蝠白鼻综合征依然对北美蝙蝠种群构成持续的威胁。

海胆瘟疫全球蔓延

海胆是棘皮动物门海胆纲动物的统称，分布于全球海域，印度洋和西太平洋种类最多，垂直分布范围从潮间带至5000米深海。海胆是珊瑚礁上的重要食草动物，可调节藻类生物量并促进珊瑚的生长。

2022年初，特拉维夫大学的研究人员首次在加勒比海发现了一种名为冠海胆的海胆大规模死亡现象。经研究发现，这一现象是由一种单细胞生物引起的，这种生物带有称为纤毛的毛发状附属物，曾在鲨鱼、鱼类和甲壳类动物中引发疾病。随后，类似的病原体在亚喀巴湾等地迅速传播，导致其他海胆物种的死亡。

到2022年7月，希腊海岸也开始出现海胆死亡事件。在短短4个月内，地中海东部沿岸线近1000千米的区域都经历了大规模海胆死亡。2023年4月，红海西奈半岛的海域也发现了大量死亡的海胆；同年8月，西印度洋留尼汪岛附近海域也有大量死亡海胆被冲上海岸。海胆数量的突然下降有可能导致海洋生态系统中藻类过度生长，破坏珊瑚礁和其他底栖生物的栖息地，从而影响整个生态系统的平衡和生物多样性。

为了遏制病原体的传播，需了解其传播途径。特拉维夫大学的研究认为，一个可能的传播途径是船舶压载水。因此，检测压载水或许可以成为一种有效的遏制策略。

巴布亚企鹅感染禽流感

巴布亚企鹅是企鹅目企鹅科阿德利企鹅属鸟类，又名白眉企鹅，是企鹅家族中游泳速度最快的种类，也是继帝企鹅和王企鹅之后体形最大的企鹅物种。分布于南极半岛和南大洋中的岛屿上，在南大西洋海中觅食。马尔维纳斯群岛因其常年气温在5 ℃而成为巴布亚企鹅的主要栖息地。

2024年初，南极研究科学委员会的研究人员在南大西洋的马尔维纳斯群岛发现了35只死亡的巴布亚企鹅。他们从其中两只企鹅身上提取样本，经检测H5N1型禽流感病毒呈阳性。截至2024年1月30日已经有200多只巴布亚企鹅幼雏和少数成年企鹅死亡。

南极的企鹅可能对这种致病病毒没有任何免疫力。它们的种群密度较高，如果一只企鹅被感染，病毒可能迅速传播。除此之外，栖息于南极半岛霍普湾的棕贼鸥、南极贼鸥和黑背鸥也出现了疑似感染的个体。这一发现标志着高致病性禽流感病毒首次出现在南极洲。

该病毒极有可能是通过迁徙的鸟类传播到南极的。自2021年H5N1型禽流感暴发以来，以席卷之势在洲际传播，截至2024年初，除大洋洲外所有的大洲都未能幸免，已造成数百万的鸟类死亡。如果病毒在企鹅栖息地中大肆传播，这或将成为现代最严重的生态灾难之一。

新冠病毒暴发引发生态思考

新冠病毒暴发后，各国实施了严格的限制措施，导致人类活动减少，对环境的直接影响也显著减弱。在这种大规模的社会隔离和经济活动减缓期间，部分地区的生态系统出现了短暂的恢复迹象。例如，在印度和中国的一些城市，空气质量显著改善，二氧化碳排放量降低，水体污染水平有所下降。一些野生动物在城市环境中出现了更多的活动。例如，在美国加州，由于疫情期间的封锁措施减少了海滩上的人类活动，海豹和海狮在加州沿海地区的出现频率增加；在意大利威尼斯，因游客减少、水上交通活动频率大幅降低，运河水变得更加清澈，水中鱼类和底栖生物的活动也变得清晰可见。

全球篇

尽管这些环境改善现象在疫情初期较为明显，但随着经济活动的恢复和新冠病毒的持续传播，这些积极的环境变化也面临着反复和挑战。新冠病毒暴发的环境影响突显了人类活动与自然环境之间的关系，促使世界各国对可持续发展和环境保护问题进行更加深入的思考，并进一步激发了对未来生态恢复和环境保护政策的讨论。

法规篇

辽宁省盘锦市红海滩,黑嘴鸥与红色的碱蓬草形成生态互动景观。

熊昱彤摄

雪地里的绿尾虹雉，国家一级保护野生动物。
艾雅康摄

在广东台山发现的国家一级保护野生植物仙湖苏铁，目前已在华南国家植物园人工繁育成功。
刘悦尧摄

西藏嘎玛沟珠穆郎卓峰下的红景天。　熊昱彤摄

生物多样性百科
Encyclopedia Biodiversity
法规篇

生物多样性公约

为应对人类活动影响而导致的全球众多物种快速灭绝、全球生物多样性及生态系统严重减少或丧失等威胁，联合国环境规划署组织制定了《生物多样性公约》。该公约是一项保护地球生物资源、具有法律约束力的国际性公约，于1992年6月5日在联合国环境与发展大会上开放签署，1993年12月29日正式生效。加拿大的蒙特利尔为常设秘书处，联合国缔约方大会（COP）是理事机构，通过定期会议做出的决定推进公约的执行。截至2024年9月，公约缔约国共计196个，已举行15次缔约方大会。

《生物多样性公约》包括42个条款和2个附件，同时明确了3个主要目标，即生物多样性的保护；生物多样性组成部分的可持续利用；公平和公正地分享利用遗传资源产生的惠益。公约设定了生物多样性、遗传资源、就地保护等生物多样性相关规范性定义，确定了原则及管辖范围，对缔约国保护和持久使用方面的一般措施设定要求。同时设定查明与监测、就地保护、移地保护、生物多样性组成部分的持久使用、影响评估和尽量减少不利影响、遗传资源的取得、技术的取得和转让、信息交流、技术和科学合作、生物技术的处理及其惠益的分配、资金、财务机制等详细举措，规范各缔约国生物多样性保护工作的内容及范围。

《生物多样性公约》为全球各方在生物多样性保护领域达成了一个全面、有力度、可执行的法律框架，为国家间在生物多样性合作保护方面提供了国际法律依据。

生物多样性公约缔约方会议

《生物多样性公约》缔约方会议，简称缔约方大会，是《生物多样性公约》的理事机构，通过其定期会议上做出的决定推进公约的执行。

截至2024年9月，缔约方大会已经举行了15次常会和2次特别会议。1994—1996年，该会议每年举行常会，自1996年缔约方大会召开以后，缔约方大会召开的频率有所降低，在2000年修改议事规则后，每两年召开一次会议。

第十五次缔约方大会首次提出"生态文明：共建地球生命共同体"创新理念，推动制定"2020年后全球生物多样性框架"。中国是《生物多样性公约》第十五次缔约方大会（COP15）的主席国。2021年10月11—15日，第十五次缔约方大会第一阶段会议在中国昆明举办，各国达成了《昆明宣言》。2022年12月7—19日，第十五次缔约方大会第二阶段会议在加拿大蒙特利尔举办，通过了《昆明-蒙特利尔全球生物多样性框架》。2023年10月19—20日，第十五次缔约方大会第二阶段会议续会在肯尼亚内罗毕召开。

历届缔约方大会会对生物多样性保护工作提出创新性观点或保护理念，缔约方大会对按计划推进公约的执行、保证各国生物多样性保护进展提供了动力。

昆明宣言

《昆明宣言》是在2021年10月13日于昆明举办的联合国《生物多样性公约》第十五次缔约方大会第一阶段会议上通过的政治文件，是第十五次缔约方大会的主要成果。

宣言由中国提出，全面回顾了过去进程，强调通过生物多样性保护应对生物多样性丧失、气候变化、土地退化和荒漠化等全球危机的紧迫性和必要性，是各国为扭转生物多样性丧失趋势达成的承诺。

宣言本着开放透明的态度向各国征集意见。宣言承诺，确保制定、通过和实施一个有效的"2020年后全球生物多样性框架"，以扭转当前生物多样性丧失趋势，并确保最迟在2030年使生物多样性走上恢复之路，进而全面实现人与自然和谐共生的2050年愿景。同时，宣言还做出加强和建立有效的保护地体系，积极完善全球环境法律框架，为发展中国家提供实施"2020年后全球生物多样性框架"所需的资金、技术和能力建设支持等承诺。

宣言展现了世界各国在解决生物多样性丧失问题及相关问题上采取更有力行动的决心，为生物多样性保护提供了阶段性的目标指导。

昆蒙框架

《昆明-蒙特利尔全球生物多样性框架》，简称《昆蒙框架》，是在《生物多样性公约》第十五次缔约方大会（COP15）第二阶段会议通过的全球生物多样性战略。此会议于 2022 年 12 月 7—19 日在蒙特利尔举办；第一阶段会议于 2021 年 10 月 11—15 日在中国昆明举办，并通过了《昆明宣言》。

《昆蒙框架》以《2011—2020 年生物多样性战略计划》及其他相关多边环境协定的经验和成果为基础，以平衡兼顾的方式全面落实《生物多样性公约》的 3 项目标。它描绘了"至 2030 年转变人类社会与生物多样性的关系，并确保到 2050 年实现人与自然和谐共生"的愿景。其核心内容是，为 2050 年确立了侧重于保护生态系统和物种健康的 4 个总体目标，并提出到 2030 年需要实现的 23 个具体目标。23 个具体目标包括保护 30% 的陆地、海洋和内陆水域，恢复 30% 的退化生态系统，实现入侵物种的引入减半，以及每年减少 5000 亿美元的损害生物多样性的补贴等。《昆蒙框架》在会上获通过时，所有缔约方均承诺制定执行该框架的国家目标，同时邀请所有其他行为者制定和交流其自己的承诺。

此外，第十五次缔约方大会第二阶段会议上还通过了《〈昆蒙框架〉的监测框架》《规划、监测、报告和审查机制》《资源调动》《能力建设与发展和科技合作》《遗传资源数字序列信息》等一揽子文件，这些文件将对《昆蒙框架》目标的实现提供支持。

《昆蒙框架》的制定，为全球生物多样性保护设定了明确的目标和路径，通过国际合作和国内行动的共同推进，有望实现生物多样性的有效保护和可持续利用。2023 年 12 月，中国牵头发起《昆蒙框架》实施倡议，旨在打造一个多方合作平台，推动《昆蒙框架》全面落实。联合国开发计划署、气候债券倡议组织、世界经济论坛等合作伙伴已加入倡议。

卡塔赫纳生物安全议定书

《生物多样性公约卡塔赫纳生物安全议定书》，简称《卡塔赫纳生物安全议定书》或《生物安全议定书》，是《生物多样性公约》的一项补充协议。

随着生物技术产品产业化水平不断提高，生物技术的安全问题受到国际社会和各国政府的广泛关注和重视。出于对部分国家在处理生物技术产品环境安全方面能力的考虑，以及对转基因生物及其产品贸易安全的考虑，2000 年 1 月 29 日，《生物多样性公约》缔约方大会通过该议定书，2003 年 9 月 11 日生效。截至 2024 年 9 月底，共有 173 个缔约方。中国于 2005 年 9 月 6 日正式成为该议定书缔约方。该议定书自 2011 年 4 月 6 日起适用于香港特别行政区，暂不适用于澳门特别行政区。

《生物安全议定书》旨在保护生物多样性不受由转基因活生物体带来的潜在威胁。共设40条、3项附件，明确越境转移范围不适用于由其他有关国际协定或组织予以处理的、用作供人类使用的药物的改性活生物体。规定对拟直接作食物或饲料或加工之用的改性活生物体的跨境转移需进行明确说明。议定书建立了一个预先知情协议（AIA）以确保各国在同意进口此类生物体之前能够获得做出知情决定所需的信息，同时建立了一个生物安全信息交换所（BCH），以促进关于改性活生物体的信息交流，并协助各国执行。

《生物安全议定书》是一项国际协定，在考虑对人类健康的风险的基础上，为有可能对生物多样性造成不利影响的改性活生物体的安全转移、处理和使用提供了明确的法律框架。

名古屋议定书

《名古屋议定书》全称为《〈生物多样性公约〉关于获取遗传资源和公正公平分享其利用所产生惠益的名古屋议定书》。2010年10月29日第十次缔约方大会通过了该议定书，2014年10月12日生效。截至2024年9月底，《名古屋议定书》共有141个缔约方。中国于2016年6月8日加入，该议定书于2016年9月6日起在中国生效，暂不适用于香港和澳门特别行政区。

生物遗传资源是生物产业的物质基础，属于各国的战略资源。因为各国遗传资源存在巨大差异，部分发达国家不断从发展中国家获取遗传资源以促进本国生物产业的发展。这些发达国家往往利用生物勘察的名义，在未经批准和许可的情况下，收集、利用发展中国家的遗传资源，研究和开发出创新性药品、保健品等生物产品，最终借助知识产权制度垄断市场，侵害发展中国家的利益。为了公平、公正地分享、利用生物遗传资源所产生的惠益，《名古屋议定书》应运而生。

该议定书的内容主要包括目标、范围、惠益分享、获取、监测与检查、能力建设等6个方面，共36条、1项附件。该议定书适用于生物遗传资源、衍生物，以及与生物遗传资源相关的内容。

该议定书是对《生物多样性公约》在公平合理地分享利用遗传资源所产生的惠益方面的补充，进一步完善了对全面推进生物多样性保护的法律保障。

名古屋-吉隆坡补充议定书

《名古屋-吉隆坡补充议定书》全称为《卡塔赫纳生物安全议定书关于赔偿责任与补救的名古屋-吉隆坡补充议定书》，是《卡塔赫纳生物安全议定书》的补充协定。

由于国际上缺乏详细的、关于改性活生物体造成损害的赔偿责任和补救的规则，《生物多样性公约》缔约方大会考虑制定相关补充协议。《卡塔赫纳生物安全议定书》第27条为在明确的时限内，完成对改性活生物体造成损害的赔偿责任和补救规则问题的审议，建立一种正式进程奠定了基础。该议定书于2010年10月15日在日本名古屋举行的《卡塔赫纳生物安全议定书》缔约方大会第五次会议上获得通过，2018年3月5日生效。

该议定书通过了一项行政性办法，以解决一旦源于越境转移的改性活生物体可能给生物多样性保护和可持续利用造成损害时可以采取的应对措施；规定了改性活生物体破坏进口方生态系统时的补救和赔偿方法。

该议定书为一旦出现失误、生物多样性遭受损失或有可能遭受损失的情况规定了补救规则或应对措施，进一步推动了从改性活生物体的潜力中获得最大好处的有利环境。

国际植物保护公约

《国际植物保护公约》，简称《国际植保公约》（IPPC），截至2024年9月已有185个缔约方。该公约旨在通过防止有害生物的传入与扩散来保护栽培植物和野生植物。

由于世界范围内的重要植物病虫害不断发生，对植物造成的危害越来越严重。联合国粮农组织（FAO）于1951年通过了该公约，1952年4月3日正式生效。该公约在1979年和1997年进行了两次修订。2005年10月20日，我国向联合国粮农组织递交了关于加入经1997年修订的《国际植物保护公约》的申请书，成为该公约第141个缔约方。

该公约共设23条，主要内容包括国家植物保护机构责任设定，植物检疫证明的规范，对限定有害生物的处理，植物、植物产品及限定物入境的管制，国际合作等，以推进实现保护主要作物在内的植物及植物资源免受有害生物侵害,为日益饥饿的世界提供食物;通过履约国际植物检疫标准促进货物贸易安全,减轻有害生物对环境、经济和生计的负面影响;保护植物和植物资源免受气候变暖的影响,减少入侵性物种的引入与扩散,从而保护环境和生物多样性。

植物检疫措施委员会(CPM)是该公约的管理机构,每年召开一次缔约方代表大会以促合作,以帮助实现该公约目标。

该公约协调各缔约方通过实施有效的行动保护世界植物资源,防止有害生物的引入和传播,推进了国际植物资源的安全贸易。

世界保护益鸟公约

近年来,由于环境污染、乱捕滥猎等原因,鸟类资源遭到破坏,世界范围内的鸟类种群、数量持续下降,甚至濒临灭绝。为了保护这些珍贵的生物资源,1950年10月国际上成立了《世界保护益鸟公约》,又称《国际鸟类保护公约》。

《世界保护益鸟公约》旨在加强世界各国对野生鸟类的保护,通过限制人类开发和破坏栖息地行为,有效减少栖息地的丧失,保护其繁殖和生存环境,防止野生鸟类种群灭绝。该公约禁止非法捕杀和鸟类贸易活动;强调国际合作对鸟类保护的重要性。作为跨国迁徙的动物,需要国际合作来保护它们的迁徙通道和栖息地;需要各国加强信息交流,共同制定保护政策,保护鸟类的生存环境。

该公约共设置11条,规定了至少应在繁殖、迁徙阶段对鸟类进行保护,对于有物种灭绝风险的鸟类,应当实行全年保护;禁止进口、出口、运输、占有、购买、贩卖活体或死体鸟类,或任何鸟类组成部分;禁止使用毒饵、陷阱等鸟类抓捕工具与形式;对鸟巢和鸟蛋、鸟类栖息地进行保护等重要内容。

该公约为各国及部分区域的鸟类保护提供了可参照的法律依据。依据该公约设立的4月1日"国际爱鸟日"及宣传活动,进一步提升了人们重视与关怀鸟类及自然环境的自觉意识。

野生动物迁徙物种保护公约

迁徙是许多野生动物的一种生活方式。它们会随季节的不同而寻找适宜的栖息地、繁殖地和食物。但随着人类活动的加剧和环境的破坏，许多迁徙野生动物面临严重威胁。为促进作为迁徙地的各国的跨国界协作，保护迁徙野生动物及栖息地，国际社会制定了《野生动物迁徙物种保护公约》，又称《保护野生动物迁徙物种公约》（CMS 公约）。公约于 1979 年 6 月通过，1983 年正式生效。缔约方大会是此项国际协议的主要决策机构，每 3 年召开一次。截至 2024 年 9 月，已有 133 个缔约方，中国尚未加入此公约。

该公约要求缔约方努力保护野生动物，减少迁徙障碍，控制可能危及它们的其他因素。该公约还规定了缔约各方应采取的措施，包括建立保护地、制订保护计划、加强监测和研究等。鼓励各方加强国际合作，共同推动迁徙野生动物保护工作。公约包含两个附录，分别是濒危迁徙物种、应列入协定的迁徙物种。

该公约为保护移栖物种及其生境和移栖路线的缔约各方提供了一个国际合作平台，对促进各缔约方的交流与合作起到了重要的桥梁与纽带作用。

捕鱼及养护公海生物资源公约

《捕鱼及养护公海生物资源公约》，又称《公海生物资源捕捞及养护公约》，是规范各国在公海捕鱼和保护公海生物资源的国际公约。于 1958 年 4 月 29 日在联合国大会通过并开放签署，1966 年 3 月 20 日生效。

鱼类等海洋生物资源是人类食物的重要组成部分，随着海洋生物资源捕捞、开发技术的发展，各国对公海鱼类等海洋生物资源进行了掠夺式开采，导致部分公海生物资源，尤其是鱼类资源因过度开发而接近枯竭。考虑到需要国际法规规范各国对鱼类种群等公海生物资源的养护和可持续利用，各国间需合作进行公海生物资源的养护，《捕鱼及养护公海生物资源公约》与《领海与毗连区公约》《公海公约》《大陆架公约》一起于 1958 年在日内瓦召开的海洋法会议上签订，被称为"日内瓦海洋法公约"体系。

该公约共设 22 条，通过设置各国在公海的捕鱼规则及捕鱼冲突解决措施，特设委员会权利及裁定规则，为公海生物资源养护提供支持，以此满足世界繁殖人口的食物需要及公海生物资源养护平衡。

该公约对各国在公海的捕鱼进行了规范，解决了国际捕鱼所面临的一些争端，通过养护鱼类等海洋生态资源，进一步保护了海洋生物多样性和海洋生态系统。

国际植物新品种保护公约

植物新品种保护是市场经济发展的需要。20世纪60年代初,欧美一些国家在巴黎签订了《国际植物新品种保护公约》(UPOV公约),1961年12月2日在巴黎通过,并于1968年8月10日生效,是一项保护育种者权益的重要的国际性法律协议。该公约分别在1972年、1978年和1991年进行了修订,以反映植物育种的技术发展和应用公约所获得的经验。1991年文本扩大了新品种保护门类,在对育种者权益和植物新品种进行更加有效的保护方面增加了有关规定,该文本于1998年生效。

《国际植物新品种保护公约》适用于所有植物属和种的育种过程,旨在通过授予植物新品种培育者知识产权、承认和保证符合条件的植物新品种育种者及其继承者权利的保护形式,鼓励育种者开发新的植物品种,促进植物新品种的发展,建立一个有效的植物品种保护体系。

同时成立的政府间国际组织——国际植物新品种保护联盟的宗旨是协调各成员国之间在植物新品种保护方面的政策法规技术及实施步骤。

截至2024年9月,该公约有79个成员,包括2个区域组织。1999年我国正式加入公约(1978年文本)并成为总部设在瑞士日内瓦的"国际植物新品种保护联盟"(UPOV)成员国,但目前未加入1991年文本。

该公约的制定和执行,为植物育种、植物新品种的发展,以及种质资源保护工作提供了重要的法律支持,为保护育种者权益提供了国际范围的法律保障。

濒危物种国际贸易公约

《濒危野生动植物种国际贸易公约》(简称《CITES公约》)是根据1963年世界自然保护联盟(IUCN)成员会议通过的一项决议起草的国际协议。

20世纪60年代,每年国际野生动植物贸易估值在数十亿美元,造成老虎和大象等许多著名物种濒危。基于此,关于由国际监管野生动植物贸易的想法形成。为了监管野生动植物跨国贸易,保护部分物种免遭过度开发,1973年3月3日在美国华盛顿通过了《濒危野生动植物种国际贸易公约》,该公约于1975年7月1日生效。截至2024年9月,公约共有184个缔约方。中国于1980年12月25日正式成为该公约的缔约方,1981年4月8日该公约在中国正式生效,适用

法规篇

于香港、澳门两个特别行政区。

公约旨在通过对濒危野生动植物种及其制品的国际贸易实施控制和管理，确保野生动植物种国际贸易不会危及物种本身的延续，促进各国保护和合理利用濒危野生动植物资源。

该公约管制国际贸易采用的是物种分级与许可证的方式，根据物种保护程度分别列于3个附录：附录一包括濒临灭绝的物种，只有在特殊情况下才允许交易这些物种的标本；附录二包括不一定濒临灭绝的物种，但必须控制其贸易，以避免与其生存状况不符的利用；附录三是各国视自身需要，区域性管制国际贸易的物种，包含至少在一个国家受到保护的物种，并且这个国家已要求其他该公约缔约方协助控制贸易。

目前，已有超过40 900种物种，包括6610种动物和34 310种植物受到该公约的保护，避免了国际贸易带来的种群灭绝。

湿地公约

《湿地公约》全称为《关于特别是作为水禽栖息地的国际重要湿地公约》（RAMSAR），又称《拉姆萨尔公约》。

为阻止湿地被逐步侵蚀及更多湿地的丧失，保护湿地内包含水禽在内的动植物的生存环境，1971年来自18个国家的代表在伊朗拉姆萨尔共同签署了一项旨在保护和合理利用全球湿地的公约，即《湿地公约》。该公约于1975年12月21日正式生效，截至2024年9月已有172个缔约方。中国于1992年加入该公约。

公约共设置12条，根据《湿地公约》的定义：湿地是指天然或人工、长久或暂时的沼泽地、泥炭地或水域地带，带有静止或流动的淡水、半咸水或咸水水体，包括低潮时水深不超过6米的水域。水禽是指生态学上依赖湿地的鸟类。

湿地被称为"地球之肾""天然水库"，具有涵养水源、净化水质、调蓄水量、调节气候、维持碳循环等生态功能，是许多珍稀野生动植物赖以生存的基础。对维护生态平衡、保护生物多样性具有重要意义。保护湿地已成为一个世界性的问题。为此，《湿地公约》倡导各缔约国将各国内重要湿地纳入《国际重要湿地名录》，并提出设置湿地自然保护区、湿地及其动植物资料的交换等举措，以确保在对湿地养护的同时，对湿地动植物物种，特别是水禽迁徙种群进行养护、管理和合理利用。其宗旨，就是通过各成员国之间的合作加强对世界湿地资源的保护和合理利用，以实现生态系统的可持续发展。该公约为世界各国保护和合理利用湿地及其资源提供了法律框架。

世界遗产公约

《世界遗产公约》全称为《关于保护世界文化和自然遗产公约》，于1972年11月16日在联合国教科文组织（UNESCO）大会第17届会议上通过，1975年生效，截至2024年9月共有196个缔约国。中国于1985年12月12日加入该公约。

国际社会注意到，文化遗产和自然遗产不断受到更深程度破坏的威胁，为防止全世界遗产枯竭，联合国教科文组织决定采用公约形式，为集体保护具有突出的普遍价值的文化和自然遗产，建立一个根据现代科学方法制定的永久性的有效制度，由此制定该公约。

公约共设置38项条款，主要规定了文化遗产和自然遗产涵盖的范畴，文化和自然遗产的国家保护和国际保护措施等条款；规定了可以考虑列入世界遗产名录的自然或文化遗产的种类；为加强《世界遗产名录》的可信度、确保世界遗产的有效保护，促进制定了有效的能力建设措施；通过交流提高公众对世界遗产的认识、参与和支持等。

公约的管理机构是联合国教科文组织的世界遗产委员会，该委员会于1976年成立，同时建立世界遗产名录。被世界遗产委员会列入《世界遗产名录》的地方，将由其所在国依法严格保护。

粮农遗传条约

《粮农遗传条约》全称为《粮食和农业植物遗传资源国际条约》（ITPGRFA），又称《国际种子条约》，于2001年11月3日在联合国粮食和农业组织大会第31届会议上通过，2004年6月29日正式生效，截至2024年9月有152个条约缔约方，包括一个成员组织（欧盟）。

植物遗传资源是构成所有作物品种基础的原材料，包括植物源遗传物质，可用于开发新品种或提高作物质量和产量。农业通过培育和利用植物多样性，供养了数十亿人，同时保护了自然资源和环境。植物遗传多样性为应对极端和多变环境等不利条件提供了保障。

法规篇

为保护及可持续利用粮农植物遗传资源、公平公正地分享其利用所产生的惠益、促进粮食安全和农业可持续发展而缔结的《粮农遗传条约》，共设有35项条款，主要包括保护农民享有粮食和农业植物遗传资源权益；建立全球系统，为农民、植物育种者和科学家提供获取植物遗传材料的渠道；确保接收方与遗传材料原产国分享遗传材料使用产生的惠益；设立"惠益分享基金"等方式，保障全球粮食和农业植物遗传资源。

条约是缔约国成员之间为保护、利用和管理全球粮农植物遗传资源达成的重要国际协议，为保护、利用和管理全球粮农植物遗传资源提供了一个国际法律框架。

国际捕鲸管制公约

《国际捕鲸管制公约》简称《国际捕鲸公约》（ICRW），于1946年12月2日签署，1948年11月10日生效。

鲸类作为自然资源，是各国共享但富有争议的资源。鉴于各地区及不同种类鲸被滥捕的历史，国际社会认为有必要保护一切种类的鲸，防止对所有种类鲸鱼的继续滥捕。同时，各国达成一致，认为在不对经济或食物资源造成广泛不良影响的情况下，尽快实现鲸类资源达到最适当的水平是各国共同的利益，因此起草并签署了该公约。

该公约共设11条及附件，旨在适当、有效地保护鲸类和鲸类资源，从而使捕鲸渔业有序发展。其中附件对鲸鱼保护种类、准捕范围、禁渔期、禁渔水域、使用渔具等保护方式进行了规定。公约主要内容还包括设立国际捕鲸委员会（已于1949年设立），负责对鲸类资源、捕鲸活动等进行调查、研究和统计。

1980年9月24日我国决定加入《国际捕鲸管制公约》及国际捕鲸委员会，同时申明，台湾当局盗用中国名义对上述公约的承认和加入申请是非法无效的。1980年9月24日我国正式成为公约当事国。

公约施行期间，通过防止对所有种类鲸鱼的过度捕猎，为有效保护鲸鱼种类的生存和繁衍提供了法律依据。

国际热带木材协定

20世纪中后期，部分国家为发展经济，无序过度采伐热带林木出口给消费国，造成大量热带森林的退化消失及国家利益的受损。国际社会探讨并商定以协定的形式确认热带林木生产国、消费国的权利义务，以保护热带林业的可持续发展。

《国际热带木材协定》（ITTA）的主要目标是为所有成员国就世界木材经济的一切有关方面开展磋商、合作和制定相关政策等工作提供有效的框架和平台，以保护热带林业的可持续发展和热带木材经济的长久发展。国际热带木材组织（ITTO）作为协定的实施与管理机构，同时确定成员包括生产国和消费国，明确了各自的权利义务关系。该协定共有1983年版、1994年版、2006年版3个版本。

1983年版于1983年11月18日在日内瓦签订，1985年4月1日生效，中国于1986年7月2日加入该版本协定。

1994年版于1994年1月26日在日内瓦签订，1997年1月1日生效，中国于1996年2月22日签署了该版本协定。该版本协定确定并重申了成员对其自然资源的主权；要求国际木材贸易公平交易，成员国恢复林地，实现国际热带木材资源的永续经营。

2006年版于2011年12月7日生效，取代了1994年版协定，中国于2008年5月28日在日内瓦签署了这一版本协定。此版本协定的目标是，促进扩大来自可持续经营森林的和合法采伐的热带木材国际贸易并使之多样化，并且促进热带用材林的可持续经营。

截至2024年9月，此版协定作为生产方的缔约国共有37个，作为消费方的缔约国有39个（其中欧盟作为单独缔约国计算）。

保护臭氧层维也纳公约

《保护臭氧层维也纳公约》，简称《维也纳公约》，是第一个以保护臭氧层名义签署的公约，于1988年生效，2009年实现普遍批准。截至2024年9月，共有198个缔约国。中国于1989年9月11日正式加入该公约，该公约于1989年12月10日对中国生效。

臭氧层是一个脆弱的气体保护层，可以保护地球免受太阳光线有害部分的损害，有助于保护地球上的生命。逐步淘汰消耗臭氧层物质以及减少有关物质的使用，不仅有助于保护臭氧层，还有助于限制有害的紫外线辐射到达地表，保护人类健康和地球生态系统。1985年，由于臭氧层消耗严重，世界各国认识到

法规篇

臭氧消耗对人类健康和环境的危害。1985年3月22日，28个国家在维也纳通过并签署了《保护臭氧层维也纳公约》。

《保护臭氧层维也纳公约》共设21条、两个附件。该公约规定了许多缔约方商定的原则。其中，附件一对臭氧层变化可能导致的、包含人体在内的生物变化及可能影响天气气候进行了说明，同时就研究及系统观测方向方式进行了细化规定，在进一步强调合作的基础上，对影响臭氧层的物质进行细化及归类；附件二对资料交换进行了说明。

该公约推动了决策者采取措施打击造成臭氧消耗的活动，为国际社会共同治理臭氧层消耗提供了法律框架。

蒙特利尔议定书

《蒙特利尔议定书》全称为《关于消耗臭氧层物质的蒙特利尔议定书》，是在《保护臭氧层维也纳公约》的原则下制定的一项逐步淘汰对臭氧层产生直接破坏作用的化学品，以及管控臭氧层消耗等具体措施以保护地球臭氧层的全球协议。该议定书于1987年签署，并于1989年生效。中国于1991年6月14日加入该议定书。截至2024年9月，该议定书共有198个缔约方。

该议定书的缔约方每年举行一次会议，做出确保成功执行该议定书的决定。该议定书自问世以来，已做了6次调整或修正。最近的修正案是2016年通过的《基加利修正案》，呼吁逐步减少氢氟碳化物的使用。这些氢氟碳化物被用作原议定书所淘汰的一批臭氧消耗物质的替代品。虽然它们不会消耗臭氧层，但属于效果强烈的温室气体，是造成气候变化的重要因素。

该议定书的主要目标是，通过控制臭氧消耗物质的全球生产总量与消费总量来保护臭氧层，最终通过科学技术的发展彻底淘汰使用这些物质。议定书以几组臭氧消耗物质为基础，按照化学家族进行分类，并将其列入议定书附件。淘汰计划既涉及消耗臭氧层物质的生产，也涉及其消费。

世界自然宪章

《世界自然宪章》是1982年10月28日在联合国大会通过的全球自然保护的纲领性文件。

早在1980年6月，扎伊尔（刚果民主共和国）认为人类生活、文化离不开自然系统及各种生物，遂向联合国建议将"世界自然宪章草案"项目列入联合国大会第35届会议议程。1981年11月《世界自然宪章》草案形成，并于1982年10月28日通过。

《世界自然宪章》共3章24条，分为一般原则、自然生态系统的功能、实施3个章节。《世界自然宪章》旨在引导人类尊重并不得损害大自然，应对生物物种、生境及遗传要素加以保护，对濒危物种及其生境进行特别保护，确保人类利用的生态系统及生物资源的完整与可持续利用，避免自然及生态系统因战争或其他人类活动而退化。自然生态系统功能一章提出了通过规划确定生物资源及各地用途，提倡节约生物资源及其他资源，控制可能影响自然的活动，避免向自然系统排放污染物等保护修复自然的具体方向。实施章节明确各国通过法律制定、传播教育、资金技术保障、各国合作交流等方式，对自然生态加以保护工作。

《世界自然宪章》推动了生物多样性及生态系统在全球的保护工作。

联合国海洋法公约

《联合国海洋法公约》（UNCLOS），又称《海洋法公约》，于1982年12月10日在牙买加的蒙特哥湾签署，1994年11月16日生效。截至2024年9月，共有168个缔约方，包括167个国家和欧盟。

20世纪中叶，一些国家企图强行扩大对近海资源的主权管辖范围；同时，捕鱼对鱼类种群造成的损害，以及载有有毒货物并航行于世界各地的运输船和邮轮所产生的污染和废弃物带来的威胁受到沿海国家的广泛关注。从60年代起，有关海底资源归属问题也成为焦点。

联合国曾于1956年、1960年先后召开过两次海洋法会议，但都没能取得令发展中国家认可的结果。1972—1982年举行的第三次海洋法会议，是一次所有主权国参加的全权外交代表会议，还有联合国专门机构的成员参加，也是迄今为止联合国召开的时间最长、规模最大的国际立法会议。《海洋法公约》就是第三次会议产生的关于海洋权益、过境自由及海洋环保等的国际协定，于1982年12月10日缔结。

公约共包含17部分，9个附件。主要内容包括对内水、领海和毗连区，用于国际航行的海峡、群岛国、专属经济区、大陆架、公海、岛屿、闭海或半闭海

法规篇

等海洋组成部分的权属、权责进行定义界定，同时对海洋环境的保护和保全、海洋科学研究、海洋技术的发展和转让等进行了细化规定。对当前世界各处的领海主权争端、海上自然资源管理、污染处理等具有重要的指导和裁决作用。

公约被视为"海洋宪章"，构建了一个以海洋为主体保护对象的法律框架，为海洋生态及海洋生物提供了全方位保护的法律依据。

联合国鱼类种群协定

《联合国鱼类种群协定》全称是《1982年12月10日〈联合国海洋法公约〉有关养护和管理跨界鱼类种群和高度洄游鱼类种群的规定执行协定》（UNFSA），于1995年8月4日在纽约签署，2001年12月11日正式生效。截至2024年9月，缔约方共计93个。中国于1996年11月6日签署此协定，并对部分条款做出理解声明。

1950—2014年，公海捕鱼量从50万吨增长到430万吨，致使高度洄游鱼类种群和跨界鱼类种群数量逐渐减少，部分鱼类面临濒危灭绝风险。为了确保跨界鱼类种群和高度洄游鱼类种群的长期养护和可持续利用，结合此类渔业的跨界性质，需要国际合作进行养护和管理，《联合国鱼类种群协定》正是一项管制主要渔业的国际协定。

该协定分为13部分，共50条，两个附件。着重从跨界鱼类种群和高度洄游鱼类种群的养护和管理角度，对国际合作机制进行规定；同时，对非成员和非参与方的活动范围与义务、船旗国的义务、和平解决争端、赔偿责任、审查会议进行了规定。

该协定就跨界鱼类种群和高度洄游鱼类种群的养护和管理提供了更细化的保护措施，为海洋洄游鱼类种群的保护提供了坚实的法律基础。

海洋养护和利用协定

《海洋养护和利用协定》全称是《〈联合国海洋法公约〉下国家管辖范围以外区域海洋生物多样性的养护和可持续利用协定》（BBNJ）。

长期以来，各国依据《联合国海洋法公约》仅对本国管辖范围内的水域开展保护和可持续利用，导致公海污染和不可持续的捕鱼活动等破坏性程度逐步加重，导致海洋部分物种的濒危及部分海域生物多样性的丧失。该协定于2023年6月19日正式通过，并于2023年9月20日至2025年9月20日在纽约联合国总部开放、供所有国家和区域经济一体化组织签署，将在60个国家批准后生效。中国于2023年9月20日签署了该协定。

该协定旨在加强对各国管辖范围以外、覆盖全球2/3以上的海洋区域的海洋生物多样性的保护、养护和可持续利用，力求维护海洋生态系统的完整性，保护海洋生物多样性的固有价值。

该协定共计76条及2个附件，内容主要解决以下4个问题：海洋遗传资源，公平公正地分享惠益；包括海洋保护区在内的区域管理工具等措施；环境影响评价；能力建设和海洋技术转让。

该协定为各国和其他利益攸关方之间的跨部门合作提供了一个重要框架，以促进海洋及其资源的可持续发展，并解决海洋面临的多方面压力，是具有里程碑意义的、具有法律约束力的海洋生物多样性协定。

联合国气候变化框架公约

20世纪80年代以来，人类逐渐认识并日益重视气候变化问题。为应对气候变化，联合国大会于1992年5月9日在纽约联合国总部通过了一项具有法律约束力的公约，即《联合国气候变化框架公约》（UNFCCC），并于1994年3月21日生效。截至2024年9月，共有198个缔约方。公约自1994年3月21日起对中国生效并适用于澳门特别行政区，自2003年5月5日起适用于香港特别行政区。

公约由序言及26条正文组成，其终极目标是将大气温室气体浓度维持在一个稳定的水平，在该水平上人类活动对气候系统不发生干扰。根据"共同但有区别的责任"原则，公约对发达国家和发展中国家规定的义务以及履行义务的程序有所区别。公约要求发达国家作为温室气体的排放大户，采取具体措施限制温室气体的排放，并向发展中国家提供资金以支付他们履行公约义务所需的费用。而发展中国家只承担提供温室气体源与温室气体汇的国家清单的义务，制订并执行含有关于温室气体源与汇方面措施的方案，不承担有法律约束力的限控义务。公约建立了一个向发展中国家提供资金和技术、使其能够履行公约义务的机制。

公约的制定，为温室气体的减排设立了目标，形成了应对气候变化的国

际合作框架，促进了国际合作以应对气候变化。

京都议定书

《京都议定书》全称是《联合国气候变化框架公约京都议定书》，是落实《联合国气候变化框架公约》的重要法律文件。议定书于1997年12月11日在日本东京都通过，2005年2月16日生效。截至2024年9月，议定书共有192个缔约方。

议定书共设28条及2个附件，以《联合国气候变化框架公约》的原则和规定为基础，并遵循其基于附件的构架，要求缔约方在2008—2012年（第一承诺期）内，将温室气体在1990年排放水平基础上平均减排5%，工业化国家和转型经济体根据商定的具体目标和排放限制减少温室气体（GHG）排放，各国必须通过国家措施来实现其减排目标。根据"共同但有区别的责任和各自能力"原则，要求发达国家承担更多责任，同时要求各国必须监控其实际排放量，并对所进行的交易进行精确记录。通过建立严格的监测、报告和核证系统以及遵约系统，以确保透明度并向缔约方问责。

《京都议定书》建立了3个主要的国际合作机制，以帮助各国实现减排目标。这3个机制是国际排放交易机制、清洁发展机制（CDM）、联合履行机制（JI）。附件A列明了主要温室气体类型、行业及其排放源类别。附件B中为37个工业化国家和转型经济体及欧盟设定了具有约束力的减排目标。

议定书为减少温室气体排放和实现可持续发展提供了框架和机制保障。

多哈修正案

《〈京都议定书〉多哈修正案》，于2012年12月8日在卡塔尔多哈通过，是对缔约方在《京都议定书》第二个承诺期内落实温室气体减排工作的一项具体安排。截至2020年10月28日，147个缔约方交存了批准文书，达到了修正案生效所需的144份批准文书的门槛。该修正案于2020年12月31日生效。

修正案的主要内容包括：缔约方将在第二承诺期需报告温室气体修订清单；对《京都议定书》若干条款的修正，具体提到了与第一承诺期有关的问题，这些问题需要在第二承诺期更新。在第一承诺期，37个工业化国家和转型经济体及欧盟承诺将温室气体排放量减少到比1990年平均低5%的水平。在第二承诺期，缔约方承诺将温室气体排放量比1990年水平至少减少18%。第二承诺期的缔约方组成与第一承诺期不尽相同。

修正案为《京都议定书》的达成提供了更为准确的目标，为各国减少温室气体排放提供了可操作的依据。

巴黎协定

《巴黎协定》全称是《巴黎气候变化协定》，是一项为实现《联合国气候变化框架公约》目标设定的、具有法律约束力的国际条约。在2015年12月12日巴黎举行的《联合国气候变化框架公约》第21次缔约方会议上获得通过，并于2016年11月4日生效。2016年9月3日经全国人大常委会批准，中国正式加入该协定。截至2024年9月，已有195个缔约方加入该协定。

该协定共设29条，包括目标、减缓、适应、损失与损害、资金技术、能力建设、透明度、全球盘点等内容。该协定明确了全球应对气候变化的共同目标，即将全球气温升幅控制在工业化前水平以上低于2℃，最好是将温度上升幅度限制在1.5℃之内。为了实现这一温度目标，该协定为向有需要的国家提供资金、技术和能力建设支持提供了一个框架，以便各国尽快达到温室气体排放全球峰值，在21世纪中叶实现全球碳中和。

《巴黎协定》是多边气候变化进程中的一个里程碑，是历史上首个聚集了所有国家为应对气候变化和适应其影响采取行动的国际协定。协定自生效以来，已经催生了低碳解决方案和新市场。越来越多的国家、地区、城市和公司正在设立碳中和目标。零碳解决方案在占排放25%的经济领域变得越来越有竞争力。到2030年，零碳解决方案可能在占全球排放量70%以上的行业具有竞争力。

防治荒漠化公约

《防治荒漠化公约》全称是《联合国关于在发生严重干旱和/或荒漠化的国家特别是在非洲防治荒漠化的公约》(UNCCD)，是联合国制定的防治荒漠化公约。于1994年6月17日在法国巴黎外交大会通过，1996年12月26日生效。中国于1994年10月14日签署该公约，该公约于1997年5月9日对中国生效。截至2024年9月，共有197个缔约方。缔约方会议是其主要决策机构，自2001年以

法规篇

来，每两年举行一次缔约方会议，共举行了14届会议。

荒漠化是一个全球问题，超过100个国家和地区存在荒漠化困扰，它严重影响生物多样性、生态安全、社会经济稳定和可持续发展。防治荒漠化和干旱、修复退化土地，需要世界各国的共同努力。为此，联合国起草并通过了该公约。

该公约也是联合国环境与发展大会框架下的三大重要环境公约之一。该公约的核心目标是由各国政府共同制定国家级、次区域级和区域级行动方案，并与捐助方、地方社区和非政府组织合作，以应对荒漠化挑战。该公约共设40条，4个附件，其中附件1～4分别是对非洲、亚洲、拉丁美洲地区和加勒比区域、地中海北部区域为防治荒漠化和干旱做出的规划、行动方案及援助形式专设附件。

该公约是为解决荒漠化和干旱影响而建立的唯一具有法律约束力的框架。基于参与、伙伴关系和权力下放的原则，该公约旨在减轻严重干旱或荒漠化的国家土地退化的影响，特别对非洲防治荒漠化、缓解干旱提供帮助，协助受影响的国家和地区实现可持续发展。

巴塞尔公约

《巴塞尔公约》全称是《控制危险废物越境转移及其处置的巴塞尔公约》，于1989年3月22日在瑞士巴塞尔通过，1992年5月5日生效，中国是公约缔约国之一。截至2024年9月，该公约共有191个缔约方。

该公约的提出是为打击发达国家将工业生产产生的危险废物出口至非洲等发展中国家及其他地区，以逃避危险废物对发达国家造成危害。

其主要内容包括对有害废物诸如电池、废油、废涂料、废农药、废医疗制剂等进行了明确定义；强调减少危险废物产生的重要性，并鼓励国家采取废物减少、回收和再利用的措施；促进对危险废物的无害环境管理，限制危险废物的越境转移；还规定了有害废物跨境转移的程序和管理，规定了应该采取哪些措施来确保废物转移的安全和环境友好等内容。其适用范围涵盖根据其来源或成分或特性被定义为"危险废物"的各种废物，以及被定义为"其他废物"的两类废物：生活垃圾和焚烧残渣。

《巴塞尔公约》的主要目标是保护人类健康和环境免受危险废物的不利影响，防止有害废物的非法转移和不当处置。

斯德哥尔摩公约

《斯德哥尔摩公约》全称是《关于持久性有机污染物的斯德哥尔摩公约》（POPs），在联合国大会2001年5月22日关于持久性有机污染物的斯德哥尔摩公约全权代表会议上通过，并开放给各国签字、批准和加入。2004年5月17日生效。2004年8月13日，中国政府向联合国交存了批准、接受、核准和加入书。2004年11月11日该公约正式对中国生效，并适用于香港特别行政区、澳门特别行政区。截至2024年9月，《斯德哥尔摩公约》共有186个缔约方。

持久性有机污染物具有毒性、难以降解、可产生生物蓄积等生物放大作用，可对生物造成严重的健康影响，包括出生缺陷、免疫和生殖系统功能障碍及中枢和外周神经系统损伤等。因为持久性有机污染物可以远距离迁移，所以任何一个政府都不能"独善其身"，单独保护其公民或环境免受持久性有机污染物的危害。《斯德哥尔摩公约》是保护人类健康与环境，使其免受持久性有机污染物危害的全球行动，它要求其缔约方采取措施消除或减少持久性有机污染物向环境中的释放。

公约共设26条条款及6个附件。主要内容包括减少或消除源自有意生产和使用的排放措施；减少或消除源自无意生产的排放措施；确保由持久性有机污染物构成、含有此类污染物或受其污染的库存和废物得到安全和无害环境的管理等。

公约在全球范围内削减、消除和预防持久性有机污染物的污染，维护全球生态环境安全和人类健康等方面发挥了重要作用。

鹿特丹公约

《鹿特丹公约》全称是《关于在国际贸易中对某些危险化学品和农药采用事先知情同意程序的鹿特丹公约》（PIC），于1998年9月通过，2004年2月24日生效。截至2024年9月，已有包括中国在内的166个缔约方签署了该公约。

化学品生产和贸易的急剧增长引起了人们对危险化学品和农药所带来潜在风险的关注，尤其是缺乏监测这些化学品进口和使用的适当基础设施的国家特别容易受到这些化学品的影响。1992年里约地球首脑会议通过的《21世纪议程》呼吁，在2000年前通过关于采用知情同意程序的具有法律约束力的文书，最终形成该公约。

该公约由30条正文和7个附件组成，核心内容是要求各缔约方对公约管制的化学品未来是否同意进口做出决定，并要求各缔约方通报本国出于人类健康和环境的原因而禁止或严格限制使用的化学品；在出口这些化学品前要通知进口方，出口时附带相关健康安全和环境的最新数据资料等。

该公约推动了控制某些危险化学品和农药在国际贸易中可能存在的健康和环境影响，加强了各国在国际贸易中对危险化学品的技术、经济和法律等信息的交流，促进了缔约方在此类化学品的国际贸易中分担责任和开展合作。

汞公约

《汞公约》全称为《关于汞的水俣公约》，又称《水俣公约》，2013年10月10日在日本熊本县签署，2017年8月16日起正式生效。截至2024年9月，该公约共有151个缔约方。

日本水俣镇在20世纪中期曾发生严重的汞污染，致使大约5万日本人受到不同程度的影响，确认了2000多例"水俣病"患者。这就是日本的"水俣病事件"，俗称"水银中毒事件"，水俣病就是由含有大量汞金属的工业废水排放污染造成的公害病。为了保护人体健康和避免环境受汞及其化合物的人为排放和释放的影响，2013年1月9日，联合国环境规划署通过了旨在全球范围内减少汞排放的《水俣公约》，即《汞公约》。

公约就实现上述目标做出了详细具体的规定，包括对汞的供应和贸易实行控制，其中规定对初级汞开采等特定的汞来源实行限制；对添汞产品和使用汞化合物的制造工艺，以及手工和小规模采金业采取控制措施；针对汞的排放和释放订立不同条款；针对汞的环境无害化临时储存、汞废物和受污染场地订立措施；需向发展中国家和经济转型国家提供财政和技术支持等。

该公约遵循并借鉴了《巴塞尔公约》《鹿特丹公约》和《斯德哥尔摩公约》，并与这些公约构成了一个全面实现化学品和危险废物健全管理的全球性制度。同时，通过制定的一系列措施控制和减少了全球汞排放，保护了环境和人类健康。

保护黑海免受污染公约

《保护黑海免受污染公约》，又称《布加勒斯特公约》，是一项保护黑海的区域性公约。

黑海是欧洲与亚洲之间的内陆海，沿岸有6个国家。随着沿海地区人口的增加，海上运输、旅游业和工业化的发展等人为活动的加剧，黑海海洋环境和生态系统面临严重威胁。为避免黑海海洋环境和生物资源受到污染，该公约于1992年4月在布加勒斯特签署，并于1994年初由保加利亚、格鲁吉亚、罗马尼亚、俄罗斯、土耳其、乌克兰6个黑海沿岸国家的立法议会批准生效。

公约由基本框架和《保护黑海海洋环境免受陆源污染议定书》《关于在紧急情况下合作防止石油和其他有害物质污染黑海海洋环境的议定书》等5个具体议定书构成。公约要求各缔约方防止公约及附件规定的物质来污染黑海。具体内容包括控制陆源污染；防止、减少和控制倾倒废弃物；发生事故（如溢油）时的联合行动。其中，对有害物质、陆源污染、船舶污染、倾倒废弃物、危险废弃物转运等污染的防治进行了规范说明。

公约的实施由保护黑海免受污染委员会负责，常设秘书处位于伊斯坦布尔。

公约及其议定书为保护黑海免受污染提供了明确的执行依据，为缔约国合作和协调保护黑海提供了法律框架。

东北大西洋海洋环境公约

《保护东北大西洋海洋环境公约》简称《奥斯巴公约》或《OSPAR公约》，是一项旨在保护海洋环境和生态系统的区域性公约。1992年9月22日在巴黎开放供签署，1998年3月25日生效。英国、爱尔兰、西班牙、挪威等东北大西洋沿岸国家签署了该公约。

该公约的目标是，保护东北大西洋地区的海洋和生态系统免受任何形式的污染，并对海洋生物资源的可持续利用提供指导。

该公约由正文、附件和附录三部分组成，共设立34条、5个附件和3个附录。该公约要求缔约国充分认识东北大西洋海洋环境在全球海洋环境中的重要作用，采取一致行动防止和消除海洋污染，实现海洋区域的可持续管理。5个附件内容分别是：防止和消除陆源污染、防止和消除倾倒或焚烧污染、防止和消除海上来源污染、海洋环境治理评估、保护和养护海洋区域生态系统和生物多样性。3个附录则对公约特定条款进行定义和说明。

公约的实施促进了沿岸各国在海洋环境保护方面的合作与协调，为区域内的

法规篇

海洋生物多样性保护提供了法律框架。

养护鲸目动物的协定

《养护鲸目动物的协定》全称是《关于养护黑海、地中海和毗连大西洋海域鲸目动物的协定》，是《保护地中海海洋环境和沿海区域公约》《关于地中海特别保护区和生物多样性的议定书》《野生动物迁徙物种保护公约》《保护欧洲野生动物与自然栖息地公约》《保护黑海免受污染公约》几个公约秘书处协商的结果，协定于1996年11月24日签署，2001年6月1日生效，截至2024年9月有24个缔约方，是约束这些区域国家共同努力保护鲸目动物的第一份协定。

该协定是一项力图通过国家间合作提高对鲸目动物现有认识、保护鲸目动物及其栖息地、减少对鲸目动物的威胁的法律保护工具。协定要求沿岸国家执行比规定更严格的措施、保护协定区域内的所有鲸目动物及其栖息地。

该协定区域包括黑海、地中海和直布罗陀海峡以西毗连大西洋的所有海域，包括由法国、意大利和摩纳哥建立的专门保护西北地中海海洋哺乳动物的海洋水层保护区，并将海洋活动可能危及鲸目动物养护的非沿岸国纳入其内。2010年，协定区域的地理范围扩大到西班牙和葡萄牙的专属经济区。

该协定为保护和恢复地中海及其毗连大西洋海域的鲸类动物和其他海洋生物的生态环境提供了措施，促进了区域内的生态平衡和可持续发展。

南极条约

为了缓解19世纪末以来各国因科学探索和资源开发导致的国际关系紧张和南极领土主张的问题，1959年12月1日，阿根廷、澳大利亚、比利时、智利、法国、日本、新西兰、挪威、南非、苏联、英国和美国等12个国家在华盛顿签署了《南极条约》，并于1961年生效。截至2024年9月，条约共有57个缔约国，其中有29个国家因在南极开展实质性科研活动而成为拥有决策权的协商国。中国于1983年加入该条约，1985年成为该条约协商国。

该条约共14条，适用于南纬60°以南的地区，包括所有冰架。条约将南极洲确立为一个非军事活动地区，鼓励国家间合作、和平解决冲突和交流科学信息，规范了各国对领土主权的主张，规定禁止在南极洲进行任何核爆炸和处理放射性废料。

协商会议是根据条约建立的定期议事机制，是南极国际治理中重要的政府间多边会议。根据《关于环境保护的南极条约议定书》成立的环境保护委员会与协商会议同期召开会议。

该条约确立了南极治理的基本法律框架，开创了人类合作协商南极事务、开展南极科学和管理领域前所未有的国际合作时代。该条约协商国科研中关注到南极环境的重要性和南极环境保护问题，为保护南极的环境及南极生物物种提供了重要的科研数据。

南极海豹保护公约

早在19世纪末，人类为获取油脂、毛皮开始大量捕杀南极的海豹、海狮等哺乳动物，导致南极大陆周围海豹的数量急剧下降。为了有效制止大规模破坏性捕杀南极海豹行为，保护和合理开发南极海豹种群及生物资源，1972年6月1日，《南极条约》协商国起草并签署了《南极海豹保护公约》（《CCAS公约》）国际协议，1978年3月11日正式生效。

公约共设16条、1个附件，明确保护南纬60°以南海域的南方象海豹、豹斑海豹、韦德尔氏海豹、食蟹海豹、罗斯海豹、南方长毛海豹等六大种群的南极海豹。附件中明确了不同种类海豹的允许捕获量，将南方象海豹、罗斯海豹、南方长毛海豹列为受保护物种，禁止捕杀。同时，通过订立禁猎海豹时间、设置封闭区、划定海豹繁殖区并禁止在繁殖区捕杀海豹、捕猎海豹信息交流等严格的保护措施，对南极海豹进行养护。

公约为确保南极海豹免受因商业开发而引发的大规模捕杀，平衡了保护南极海豹生物资源和促进对南极海豹的科学研究、商业利用的矛盾，对南极乃至全球海洋生物多样性保护做出了贡献。

南极条约环境保护议定书

《关于环境保护的南极条约议定书》（简称《马德里议定书》），是《南极条约》下设立的环境保护议定书。1991年6月23日签订于马德里，并于1998年1月14日生效。中国于1994年加入，该协定书于1998年1月14日对中国生效。

法规篇

该议定书共设 27 条，从保护南极环境及其生态系统的角度出发，限制规划和从事在《南极条约》规定的南极地区的活动对南极环境及依附于它的、与其相关的生态系统的不利影响，要求禁止从事矿产资源活动；明确各国合作与协助的方式及范围，为所有活动的环境影响评估提供指导方针等。同时，设置环境影响评价、保护动植物、废物处理及废物管理、防止海洋污染 4 个附件，细化附件 4 个领域的具体保护措施。

该议定书将南极指定为自然保护区，仅用于和平和科学；将南极的内在价值认定为荒野形态的价值、美学价值，同时强调南极环境作为全球环境研究不可缺失的地域的科研价值。

南极海洋生物资源养护公约

《南极海洋生物资源养护公约》（简称《CAMLR 公约》），是为了保护南极海洋生物资源、实现南极海域生态平衡和资源可持续利用、维护人类共同利益而形成的一项区域性公约。属于《南极条约》体系中的一项重要公约。公约于 1980 年 5 月 20 日签署，1982 年 4 月 7 日生效，截至 2024 年 9 月共有 37 个缔约方。2006 年 9 月 19 日，我国申请加入该公约，2006 年 10 月 19 日该公约对我国生效。

该公约宗旨是保护和合理利用南极海洋生物资源，防止过度捕捞对生态系统造成损害，加强对南极海洋生态系统的科学研究及有关国际合作。

该公约共 33 条和 1 个附件，是对《南极条约》中保护的生物资源与保护领域的补充，适用于南纬 60° 以南和该纬度与南极辐合带之间区域的所有南极有鳍鱼类、软体动物、甲壳类动物和海鸟种群，管理的海洋资源不包括鲸鱼和海豹。

该公约规定了任何捕捞活动都必须遵守的 3 项保护原则，即防止任何被捕获的种群数量减少到低于确保其稳定补充的水平；维持被捕捞种群、依附种群和相关种群之间的生态关系，恢复枯竭种群；防止海洋生态系统的变化或尽量减少这种变化的风险，因为这种变化在 20~30 年不可能被逆转。

公约的制定为国际合作、共同防止过度捕捞对生态系统造成损害、保护和合理利用南极海洋生物资源提供了依据，进一步加强了社会对南极海洋生态系统的科学研究。

北冰洋不管制公海渔业协定

北冰洋公海区域因常年冰层覆盖而没有任何国家在此区域捕鱼。但近些年，由于此区域冰层覆盖的减少，国际社会对北冰洋公海区域可能面临的过度捕捞问题产生担忧。

2018年10月3日，由中国、加拿大、丹麦、欧盟、冰岛、日本、挪威、韩国、俄罗斯、美国10方签署了《预防中北冰洋不管制公海渔业协定》（简称《北冰洋不管制公海渔业协定》），并宣布该协定在2021年6月25日生效。该协定有效期为16年，之后每5年为一个延长期。

该协定共设15条，在对协定区域、商业捕鱼、试探性捕鱼进行定义的同时，规定除因科学研究和试探性捕鱼之外，禁止缔约国在北冰洋公海区域进行商业捕鱼。该协定还对缔约方联合进行区域内生物资源和海洋生态系统的科学研究和监测进行了细化规定。

该协定旨在通过预防性养护和管制措施来预防中北冰洋公海区域的不管制捕鱼，以保护区域内海洋生态系统，养护和可持续利用区域内鱼类种群。该协定填补了北极渔业资源管理、海洋生态系统治理的空白，是北极国际治理和规则制定的重要进展，对促进北极生态环境保护和可持续发展具有重要意义。

狭鳕资源养护与管理公约

1982年《联合国海洋法公约》签署后，由于专属经济区的限制，许多远洋捕鱼国从原本的捕鱼活动区域转移到公海区域进行捕鱼活动。美国和苏联认为在白令公海的捕捞作业危及了两国专属经济区的狭鳕资源，影响和损害了本国渔民的利益，因此向各捕鱼国提出减少捕捞量和停止在公海捕捞狭鳕的要求。经过数年谈判，终于在1994年签订了《中白令海狭鳕资源养护与管理公约》。中国于1994年6月16日签署该公约，1995年12月8日该公约在中国生效。目前，公约缔约国有中国、日本、韩国、波兰、美国、俄罗斯6个国家。

该公约共设20条及1份附件，通过设立年会、建立科学技术委员会达到公约目标。包括养护、管理并合理利用狭鳕资源，恢复并维持白令海狭鳕资源的产量水平，收集和分析白令海的有关狭鳕和其他海洋生物资源的真实信息等。该公约适用范围为白令海沿海国划定领海宽度的基线起200海里以外的白令海公海区域；如从事科学活动，可在白令海内扩展到公约适用区域外。

该公约为白令海内的狭鳕资源保护提供了国际法律意义上的保护，也为公海渔业管理提供了范例。

保护地中海免受污染公约

《保护地中海免受污染公约》（简称《巴塞罗那公约》），是地中海沿岸国家为了保护地中海区域的海域及沿海区域免受污染而缔结的重要公约，于1976年2月16日通过，1978年2月12日生效。1995年《保护地中海海洋环境和沿海区域公约》进行了修正并更名为《保护地中海免受污染公约》，经修正的公约于2004年7月9日生效。截至2024年9月，缔约方为21个地中海国家和欧盟。

该公约下共有7项议定书，该公约及其议定书都需要批准、接受、核准或加入。该公约及其议定书的执行情况通过缔约方国家执行情况报告反馈、以履行缔约方报告义务；2008年设立的遵约委员会作为促进执行公约及其议定书的附属机构。

该公约共设24条，涉及具体措施、技术要求、标准和规格，以减少并逐步淘汰和消除来自不同陆地和海上来源的海洋污染，保护海洋和沿海生物多样性及生态系统，并适用沿海区综合管理原则和相关工具。

该公约为保护地中海的海洋和沿海环境及其资源的可持续利用建立了一个独特和先进的多边法律框架。

地中海生物多样性议定书

《关于地中海特别保护区和生物多样性的议定书》（简称《SPA/BD议定书》），是《保护地中海免受污染公约》下的议定书之一，于1995年通过，1999年生效，并取代了1986年生效的《地中海特别保护区议定书》。

该议定书要求各缔约方通过建立特别保护区或地中海重要特别保护区（SPAMIs）来保护具有特殊自然或文化价值的地区，并保护其附件中所列的受威胁或濒危动植物物种。该议定书的附件还包括建立地中海特别保护区的共同标准，以及受议定书管制的物种清单。附件由缔约方会议更新，反映了物种状况的变化和新的地中海重要特别保护区的建立情况。

议定书制订了区域行动计划，其中包括采取具体行动保护、保存和管理议定书所列物种；解决软骨鱼类的保护问题等。针对物种引进和入侵物种及黑暗生境的行动计划也补充了议定书的执行。特别保护区区域活动中心协助缔约方履行其在该议定书中的义务。议定书为地中海生物多样性的保护和可持续利用提供了区域性的框架。

欧盟自然恢复法

近年来，欧盟的自然环境状况日益严峻，超过80%的栖息地状况不佳，并有不断恶化的趋势。欧盟认识到恢复退化的生态系统和促进生物多样性的重要性，并将其视为实现气候目标和履行国际承诺的关键一步。因此，启动了《自然恢复法》的立法程序。2024年6月17日，欧盟27个国家的环境部长在卢森堡会议上投票通过了《自然恢复法》。

《自然恢复法》是首个覆盖整个欧洲大陆的综合性法律，旨在遏制欧盟退化的生态系统和生物多样性丧失问题。《自然恢复法》确立了欧盟范围内生态恢复的总体目标和路线图，即到2030年恢复至少20%的退化生态系统，并在2050年实现所有生态系统的恢复，并提出了明确且具体的解决方案。

《自然恢复法》不仅为欧盟的自然生态保护工作提供了法律保障和制度支撑，还为全球生物多样性保护和生态系统恢复树立了新的标杆和典范，将显著改善欧盟的自然生态本底，提升生态系统的生物多样性、稳定性和服务功能，为应对气候变化、保障粮食安全、维护公共卫生安全等提供重要支撑。

伯尔尼公约

随着工业化和城市化进程的加速推进，环境污染日益严重，欧洲的野生动植物与自然栖息地也正面临前所未有的威胁。为了保护这些珍贵的资源，欧洲各国于1979年9月19日签署了《保护欧洲野生生物和自然栖息地公约》，旨在促进对野生动植物的保护和对自然栖息地的管理。该公约又称《欧洲野生生物和自然生境保护公约》《伯尔尼公约》，1982年6月1日正式实行。

该公约共9章、24条和4个附录，从栖息地保护、物种保护、迁徙物种保护、设立机构等方面进行了规范，包括建立保护区、保护繁殖和休息场所，以及

法规篇

管制对野生物种的打扰、捕获、猎杀和贸易。同时，附录一列出了需要严格保护的约700种植物物种；附录二列出了需要严格保护的710种动物物种；附录三列出了受保护的动物物种；附录四列出了禁止的杀戮、捕获和其他剥削形式的方法和手段。

该公约是世界上第一个通过加强欧洲各国的合作来保护野生动植物物种（尤其关注濒危和脆弱物种、包括附录中规定的濒危和脆弱迁徙物种）及其栖息地的区域性公约。已经有49个国家和欧盟签署了该公约，并承诺促进国家保护政策、考虑规划和发展对自然环境的影响、促进关于保护的教育和信息及协调研究。

法国生物多样性法令

从20世纪60年代起，法国开始关注生物多样性保护，并通过《自然保护法令》对物种进行保护，在对生物多样性逐步重视及欧盟有关指令的要求下，法国不断更新生物多样性保护法律。2016年8月法国宪法委员会正式审查通过《生物多样性恢复、自然与人文景观法令》，即《生物多样性法令》。这是法国40年来对《自然保护法令》的一次重要修订。

法国《生物多样性法令》共设生物多样性的原则、生物多样性治理、法国生物多样性机构、水政策的治理、获得遗传资源和公正公平地分享惠益、自然空间和物种保护、景观7篇，174条内容。其主要内容包括保护自然栖息地和生态系统；促进生物多样性资源的可持续利用；加强物种保护；开展科学研究、监测与评估，以及推动国际合作等。该法令具有法律约束力，违反者将受到相应的法律处罚。

修订的法国《生物多样性法令》纳入了生态损害的概念，对生物多样性概念的外延进行了扩展，并设立了生物多样性局等，在法国国内生物多样性保护方面取得多方面突破，标志着法国在生物多样性保护方面的决心和努力，有助于推动全球生物多样性保护的进一步发展。

法国生物多样性战略

法国是全球生物多样性最丰富的国家之一，也是拥有《世界自然保护联盟红色名录》中濒危物种数量第六多的国家。在法国评估的12 500多种物种中，超过2700种受到威胁，其中1/4是严格意义上的特有物种。目前，只有1/5的栖息地和1/4的欧盟共同关注的物种在法国处于良好的保护状态。

法国政府于2023年11月27日推出的法国《2030国家生物多样性战略》，旨在保护和恢复生态系统，扭转生物多样性下降的书面，全面应对全球生态危机。该战略也是法国推动落实《昆蒙框架》的具体国家战略和行动计划。

法国《2030国家生物多样性战略》包括40项措施和200项行动。其主要目标是到2030年将10%的国土面积置于"强化保护"之下，并创建第12个专门致力于湿地的国家公园；控制土地开发，到2030年对自然、农业和森林面积的消耗减半；种植10亿棵适应气候的树，10年内恢复50 000公顷湿地，启动一个草原计划；减少塑料垃圾，淘汰94个沿海垃圾填埋场，在沿海地区开展"无塑料海滩"行动等。该战略还提出，将从2024年起制订一个重新引导或淘汰对生物多样性有害的补贴计划。

为确保这些目标的实现，法国政府计划再投入超过10亿欧元用于保护自然和水资源；到2027年，法国将在全境开展第一次详尽的生物多样性普查，逐步建立各类物种的开放式数据库。

加拿大2030年自然战略

在加拿大，生物多样性丧失和生态系统崩溃也是其面临的最紧迫的威胁之一，加拿大1/5的受评估物种目前处于危险之中；如果不加以解决，清洁空气、水和食物供应等都将受到威胁，并将导致重大的经济损失和社会不稳定。为此，加拿大政府承诺采取行动，保护和恢复自然，使人们能够在健康的环境中生活。

2024年6月13日，《2030年自然战略：遏制和扭转加拿大生物多样性丧失》由加拿大政府发布。这是加拿大政府与各省、地区、原住民群体和利益相关者合作，以加拿大地区和部门的现有举措为基础制定的一项反映加拿大观点和问题多样性的战略。

该战略为加拿大在国内实施《昆明-蒙特利尔全球生物多样性框架》指明了道路，明确了行动领域，同时确定了在加拿大各地现有一系列举措的基础上需要进一步采取的行动。

战略涉及《昆明-蒙特利尔全球生物多样性框架》提出的所有23项目标，

并列出了5项主要行动计划，包括到2020年保护加拿大30%的土地和水域；通过"泛加拿大濒危物种保护转型方法"，从努力恢复濒危物种转向基于多物种和生态系统的计划等。

巴西生物多样性保护法

巴西是地球上生物多样性最为丰富的国家之一，22%的地球物种是在巴西发现的。由于缺乏生物多样性保护意识和有效的监管措施，巴西的环境和生物物种遭到灾难性破坏。从1980年起，巴西政府加强了生物多样性保护的立法工作，在1995年、2004年相继颁布了两部《生物安全法》，为生物多样性保护法的颁布奠定了基础。

2015年5月20日，巴西新的《生物多样性保护法》颁布，对巴西国家内遗传遗产资源的权属范围进行了界定，同时对生物多样性、遗传资源、保护和利用生物多样性的技术、与遗产资源有关的传统知识等保护目标、方法进行了设定，该保护法同时规定相应保护措施兼顾经济发展，考虑利益分配。

巴西生物多样性保护法共9章50条，包含一般规定；机构能力和任务；相关传统知识；获取、复制和经济探索；福利救济会；行政处罚；国家福利分配基金和国家福利分配方案；关于适用和管制的过渡性规定、最后条款等，对生物多样性保护、特别是基因资源领域的科研活动和提高生物资源利用效率等方面进行了规定。

印度生物多样性法案

印度是世界上生物多样性和遗传资源最为丰富的国家之一，在1994年《生物多样性公约》批准后就启动了生物多样性的立法进程，用以保护印度的生物资源在本国人不能分享惠益的情况下不被外国人所利用。

作为《生物多样性公约》的签署方，印度于2002年颁布了印度《2002生物多样性法案》，简称印度《生物多样性法法案》。

该法案共设立12章、65条，对生物多样性获取的监管；国家生物多样性管理局；国家生物多样性管理机构职能；国家生物多样性管理局的行政许可；国家生物多样性委员会、相关机构的财务、会计、审计、中央及邦政府职责；生物多样性基金等方面做出了规定。其主要目标是，保护生物多样性，可持续使用其组成部分，以及公平公正地分享通过生物资源利用所产生的惠益。

印度国家生物多样性管理局是负责实施该法的主管机构。

南非生物多样性法

长期以来，南非以美丽的风光和生物多样性资源而受到国际社会的关注。为了科学管理南非生物多样性资源的获取和调查，应促进当地社区生物多样性的利益均等分配；保护传统知识、不同的生物区及国家稀有和濒危物种；采取措施控制外来物种的入侵；重点控制转基因生物的扩散，2004年6月2日，南非总统签署了南非《生物多样性法》。该法规定，南非环境事务与旅游部是唯一的国家主管部门，环境部部长有权命令对任何转基因生物进行全面的环境评估。

南非《生物多样性法》共设10章、106条。主要包括对生物多样性的保护管理、对生物多样性规划的介绍；规定了国家生物多样性框架及框架内容，规定了受威胁或受保护的生态系统和物种，以及对外来物种、入侵物种及其他威胁本地生物多样性情况的管理；对生物勘探、获取和利益分享的管理等内容。

日本生物多样性基本法

作为一个岛屿国家，日本十分重视海洋生物多样性的保护。2008年5月28日，一项以保护多样的生物、实现与自然共生的社会为目标的日本《生物多样性基本法》提案得到众院环境委员会的一致通过，并经参院审议后在国会获得通过，在公布当日起实施。该提案是由自民、公明和民主3党派议员作为立法共同提出的。

该法提出生物多样性是人类生存的基础，生物多样性取决于人类开发等行为导致的生物物种灭绝、生态系统的破坏，而生态系统也因外来物种入侵、全球气候变化、人类开发等面临危机。

该法明确是为了确保生物多样性的发展及可持续利用而制定的，内容包含总则、生物多样性战略、基本的施策（措施）共3章27条，为生物多样性保护提供法律依据。总则（第一章）通过法律定义了"生物多样性""可持续利用"，对国家、地方团体、企业经营者、国民等主体进行生物多样性保护进行规范，并明确生物多样性保护需要考虑防止全球变暖、环境保护等要素。第二章对国家及地方制定的生物多样性战略程序和执行进行了规范。第三章制定了国家对生物多样性保护的基本措施和地方公共团体对生物多样性保护的政策。

美国西部水法

《科罗拉多河契约》是美国西南部各州于20世纪20年代为解决科罗拉多河水资源分配而签订的一项条约。

20世纪20年代初，美国西南部由于气候原因降水少，工业发展和灌溉农业扩张，长期以来的干旱导致水资源紧张。水资源的分配基本决定或制约了流域周边环境景观、生物多样性及其经济发展。

作为美国西部最重要的河流之一，当时科罗拉多河流域各州对其河水份额感到焦虑。为解决河水份额的分配问题以规范各州用水，为每个州锁定一定比例的用水配额，科罗拉多河上、下游的亚利桑那州、加利福尼亚州、科罗拉多州、新墨西哥州等7个州达成了《科罗拉多河契约》，并于1922年签署，在1929年的《博尔德峡谷项目法案》中获得美国国会批准。

1944年，美国与墨西哥签署了一项条约，商定了墨西哥的水权，约定了每年向墨西哥输送的科罗拉多河水量。2022年8月，美国西部依赖科罗拉多河水源的7个州更新了该契约，决定减少取水量。协议规定，到2026年底，亚利桑那州、加利福尼亚州和内华达州将减少37亿立方米的取水量，相当于其河流用水配额的13%。

该契约作为美国河流用水规范和治理典范，成为"河流法则"的基石，是美国西部水法的纪念碑。

美洲间热带金枪鱼公约

《关于加强美利坚合众国与哥斯达黎加共和国1949年公约设立的美洲间热带金枪鱼委员会的公约》(简称《安提瓜公约》)，于2003年6月27日通过，2010年8月27日生效。该公约旨在加强和取代1949年设立的《美利坚合众国与哥斯达黎加共和国就建立美洲间热带金枪鱼委员会的公约》，中国于2009年6月17日批准加入，2010年8月27日该公约对中国生效。

该公约的目标是根据国际法有关规则，确保公约区域内的金枪鱼和类金枪鱼及伴随捕捞金枪鱼和类金枪鱼的船舶一同捕捞的、其他鱼类的长期养护和可持续利用。其中，"公约区域"是指北美洲、中美洲和南美洲的海岸线及从北美洲海岸北纬50°纬线到西经150°经线的交汇处、西经150°经线到南纬50°纬线的交汇处，以及南纬50°纬线到南美洲海岸的交汇处等围成的太平洋区域。

该公约共设37条、5个附件，主要对公约管辖鱼类种群的长期养护和可持续利用的规则及预防性措施适用，对美洲间热带金枪鱼委员会职能、委员会成员的权利义务等方面进行了规范。

该公约为保护其范围内的太平洋海域的金枪鱼、类金枪鱼和其他海洋生物提供了措施方法，促进了区域内的生态平衡和可持续发展。

拉美埃斯卡苏协定

《拉丁美洲和加勒比环境事项信息获取、公众参与和司法区域协定》（简称《埃斯卡苏协定》）是拉丁美洲和加勒比地区第一个区域环境条约，于2018年3月4日在哥斯达黎加埃斯卡苏通过。

拉丁美洲和加勒比地区丰富的生物多样性资源及生态系统令地区生态和生物多样性资源常常遭到非法掠夺，因此区域环保人员常受到恐吓、攻击，甚至被谋杀，在一些拉美国家，环境维护者甚至被定罪。为了维护环保人员的权益，保证公众环境权益，制定了该协定。

该协定目标是保证在拉丁美洲和加勒比地区充分有效地落实环境信息获取权、确保公众参与环境决策过程、建立在环境问题上诉诸司法的意识和能力，以及建立和加强能力与合作，以便保护后代在健康环境中生活和发展。它是拉丁美洲和加勒比的第一个区域环境协定，也是世界上第一个载有关于环境人权维护者的具体规定的协定。

该协定对拉丁美洲和加勒比33个国家开放，于2021年4月22日生效。拉丁美洲和加勒比区域有24个国家签署加入，其中15个国家已经批准通过该协定。

该协定的正式生效并被列入"2021年拉丁美洲十大环境事件"之一。这一具有里程碑意义的做法使其成为第一个包含对环境维护者具体保护措施的国际条约。

世界文化多样性宣言

随着 20 世纪科技和交通的不断发展，国家、地区之间的联系和交流日益频繁，对众多民族或地区文化带来了不同程度的冲击，进而导致文化侵蚀及同质化，部分小众文化失传。为了保护和促进丰富的文化多样性与可持续发展，《世界文化多样性宣言》于 2001 年 11 月 2 日在联合国教科文组织第二十次全体会议通过。

宣言指出，文化多样性是交流、革新和创作的源泉，对人类而言，就像生物多样性对维持生物平衡那样必不可少。它强调，文化多样性是人类的共同遗产。每一种文化都有其独特的价值和意义，无论是古老的文明还是新兴的文化现象，都值得我们尊重和珍视。

宣言明确了文化的定义及其包含的范围，从特性、多样性和多元化，文化多样性与人权，文化多样性与创作，文化多样性与国际团结等方面对文化保护进行了规范。

对生物种类与活动的描述是不同地区文化的记录范围，因此生物多样性也能更好地反映在各种文化中，同时对生物多样性起到记录、传承、促进的作用。宣言不仅保护了文化多样性，也对生物多样性起到潜在的保护作用。

文化多样性保护国际公约

《保护文化内容和艺术表现形式多样性国际公约》，简称《保护和促进文化表现形式多样性公约》或《文化多样性保护国际公约》，于 2005 年 10 月 20 日在联合国教科文组织第三十三届大会上通过，并于 2007 年 3 月 18 日生效。

该公约是基于文化多样性的共识，包含非物质文化、物质文化、语言等，是人类的基本特征和共同遗产。保护文化多样性能够更好推动各国和各民族的可持续发展，尤其是意识到部分文化遭到灭绝或严重损害，亟须加以保护。

该公约设有目标与指导原则、适用范围、定义、缔约方的权利和义务、与其他法律文书的关系、公约的机构、最后条款七部分。该公约通过创造条件以互利方式使各种文化繁荣发展和自由互动，鼓励不同文化间的对话，促进地方、国家和国际层面对文化表现形式的尊重，利用教育提高公众认知，鼓励公民社会的参与等举措，保护和促进文化表现形式的多样性。

生物作为与人类共生的生命体，是区域民族文化信仰的重要组成部分。各种文化都记录着地球生物多样性的变化，为生物多样性保护提供了传播的依据。对文化多样性的保护，也能够有效促进生物多样性的保护。

宪法生物多样性保护条款

《中华人民共和国宪法》（简称《宪法》）是中华人民共和国的根本大法，拥有最高法律效力。中华人民共和国成立后，曾于1954年9月、1975年1月、1978年3月和1982年12月通过4个宪法，现行宪法为1982年宪法，并历经1988年、1993年、1999年、2004年、2018年5次修订。

《宪法》中涉及生物多样性的条款主要有第一章总纲的第九条和第二十六条。第九条规定：矿藏、水流、森林、山岭、草原、荒地、滩涂等自然资源，都属于国家所有，即全民所有；由法律规定属于集体所有的森林和山岭、草原、荒地、滩涂除外。国家保障自然资源的合理利用，保护珍贵的动物和植物。禁止任何组织或者个人用任何手段侵占或者破坏自然资源。第二十六条规定：国家保护和改善生活环境和生态环境，防治污染和其他公害。国家组织和鼓励植树造林，保护林木。

《宪法》作为治国安邦的总章程，其中的这两个条款为我国生物多样性保护方面的立法提供了最高和最根本的法律依据。

刑法生物多样性保护条款

改革开放打开了我国法制建设事业迅速发展的新局面。1979年7月1日，第五届全国人大第二次会议通过了《中华人民共和国刑法》，通常称为"1979年刑法"，这是新中国的第一部刑法。随着改革开放的推进，我国经济和社会发生巨大变化，人们的价值观念也随之改变，1979年刑法亟须完善。1997年3月14日，第八届全国人大第五次会议通过了全面修订后的《中华人民共和国刑法》（简称《刑法》），此后又历经12次修正，最近一次修正是在2023年12月，自2024年3月1日起施行。

《刑法》对生物多样性的保护主要集中在第二编分则第六章"妨害社会管理秩序罪"中的第六节"破坏环境资源保护罪"。例如，第三百三十八条和第

三百四十条分别规定了污染环境罪和非法捕捞水产品罪；第三百四十一条规定了危害珍贵、濒危野生动物罪，非法狩猎罪，非法猎捕、收购、运输、出售陆生野生动物罪等；第三百四十二条规定了非法占用农用地罪和破坏自然保护地罪；第三百四十四条规定了危害国家重点保护植物罪，非法引进、释放、丢弃外来入侵物种罪；第三百四十五条规定了盗伐林木罪，滥伐林木罪，以及非法收购、运输盗伐、滥伐的林木罪；第三百四十六条还明确了单位犯破坏环境资源罪的处罚规定。

《刑法》中的上述条款严厉打击了危害生物多样性和破坏环境的违法犯罪行为，充分展现了我国在履行国际环境条约义务和保护濒危野生动植物资源方面的大国担当。

民法典生物多样性保护条款

为了保护民事主体的合法权益，调整民事关系，维护社会和经济秩序，适应中国特色社会主义发展要求，弘扬社会主义核心价值观，2020年5月28日通过了《中华人民共和国民法典》（简称《民法典》）。这是新中国第一部以"法典"命名的法律。

《民法典》第一编总则第九条规定："民事主体从事民事活动，应当有利于节约资源、保护生态环境。"第二编物权第二分编关于所有权的条款中，第二百四十七条规定矿藏、水流、海域属于国家所有；第二百四十八条规定无居民海岛属于国家所有；第二百四十九条规定城市的土地属于国家所有；第二百五十条规定森林、山岭、草原、荒地、滩涂等自然资源属于国家所有；第二百五十一条规定，法律规定属于国家所有的野生动植物资源，属于国家所有；等等。《民法典》第七编侵权责任第七章环境污染和生态破坏责任中，对因污染环境、破坏生态造成他人损害的责任承担，以及违反国家规定造成生态环境损害的由国家规定的机关或者法律规定的组织提起赔偿请求等内容做出了规定。

《民法典》确立了绿色原则的法律地位，具有价值指引与规范依据双重意义，并且将公民"健康权"纳入民事权利范畴，彰显了维护公民生态权益的重要性。

森林法

我国的森林资源非常丰富，但在长期的社会发展中也曾经遭受过极大的破坏，包括乱砍滥伐、非法占林等。为了有效地保护我国的森林资源并实现可持续发展，第六届全国人民代表大会常务委员会于1984年9月审议通过了《中华人民共和国森林法》（简称《森林法》）。此后，经过1998年、2009年2次修正，2019年修订，至2019年已经走过了35年的发展历程。

《森林法》包括总则、森林权属、森林保护等九章八十四条，突出了对森林资源的保护。该法规定对公益林权利人的经济补偿，支持重点林区的转型发展和森林资源保护修复，支持生态脆弱地区森林资源的保护修复，实行天然林全面保护制度，建立护林组织和建设护林设施，并对森林防火、林业有害生物的监测、检疫和防治、国家保护林地、占用林地、古树名木和珍贵树木保护等做出规定。该法首次将植树节纳入相关规定，以进一步增强广大人民群众植树造林、爱林护林、保护生态环境的意识。

《森林法》建立了森林分类经营管理制度，完善了森林权属制度和林木采伐等林业管理制度，加大了森林资源保护和造林绿化力度，有利于保护、培育和合理利用森林资源，发挥森林多种功能，推动现代林业发展，实现人与自然和谐共生。

草原法

草原是我国重要的自然资源之一，对于经济发展起着重要作用。然而，长期以来对草原的过度开发和过度放牧等问题，已经造成了严重的草原退化和生态环境破坏。为了科学合理地开发利用草原资源，改善和保护草原生态环境，促进草原经济的可持续发展，第六届全国人民代表大会常务委员会于1985年6月审议通过《中华人民共和国草原法》（简称《草原法》）。此后进行了多次修订或修正，最近的一次修改是在2021年4月。

《草原法》分为九章七十五条，主要包括草原权属、规划、建设、利用、保护、监督检查和法律责任等。在草原保护章节，规定国家实行基本草原保护制度，把重要放牧场、割草地、用于畜牧业生产的人工草地、退耕还草地及改良草地、草种基地等划为基本草原，实施严格管理；规定在具有代表性的草原类型、珍稀濒危野生动植物分布区、具有重要生态功能和经济科研价值的草原建立草原自然保护区。国家对草原实行以草定畜、草畜平衡制度，支持依法实行退耕还草和禁牧、休牧，禁止开垦草原，以及生态脆弱区草原的其他禁止事项，并规定了经营性旅游活动、草原防火、病虫害防治等内容。此外，《草原法》还专列了监督检查一章，并加强了法律责任方面的规定。

《草原法》的贯彻实施，对于保护、修复和科学利用草原，加快生态文明和美丽中国建设，发挥了重要作用。

湿地保护法

湿地与森林、海洋并称为全球三大生态系统，是重要的自然生态系统，也是自然生态空间的重要组成部分。湿地保护是生态文明建设的重要内容，事关国家生态、粮食和水资源安全，事关经济社会可持续发展，事关中华民族子孙后代的生存福祉。为了强化湿地保护和修复，2021年12月全国人民代表大会常务委员会审议通过《中华人民共和国湿地保护法》（简称《湿地保护法》），自2022年6月1日起实施。

《湿地保护法》共七章六十五条，该法严格落实湿地分级管理及名录制度，将湿地分为重要湿地和一般湿地，重要湿地依法划入生态红线，依法压实各级政府及有关部门保护湿地的主体责任。对"湿地保护和利用"做出了专章规定。该法条款设置和制度设计侧重于对重要湿地的保护修复，明确了自然恢复为主、自然恢复与人工修复相结合的湿地修复原则，抓好湿地修复制度的落实，确保湿地修复更加科学有效。该法明确了湿地保护的管理体制，形成一体推进、合力保护湿地的工作格局。此外，该法对执法主体、监管措施及行政相对人的配合义务等做出明确规定，将湿地保护纳入地方人民政府综合绩效评价内容。

《湿地保护法》立足湿地生态系统的整体性保护修复，确立了湿地保护管理顶层设计制度。该法的颁布将对系统推进湿地保护与修复、维护湿地生态功能及生物多样性、建设生态文明具有重要而深远的意义。

长江保护法

长江流域是一个独特而复杂的巨型系统，有着独特的生态系统，特殊性问题最为突出，现行法律法规缺乏针对长江流域保护特殊性问题的条款。为此，2020年12月全国人大常委会审议通过《中华人民共和国长江保护法》（简称《长江保护法》），自2021年3月1日起实行。这是我国首部关于流域保护的专门法律。此法旨在加强长江流域生态环境保护和修复，促进资源合理高效利用，保障生态安全，实现人与自然和谐共生、中华民族永续发展。

《长江保护法》共九章九十六条，涉及流域法、生态流量、水生生物、退捕禁捕、规范采砂、信息共享、污染防治、生态修复等方面，全面管控长江生态环境，加强长江流域的资源保护。法律规定了长江流域自然保护地体系建设、公益林划定和管理、天然林保护、草原资源的保护、湿地的保护和管理，并在对珍贵、濒危水生野生动植物实行重点保护，开展长江流域水生生物完整性评价，禁止在长江流域开放水域养殖、投放外来物种或者其他非本地物种种质资源等方面做出规定。

该法具体涉及长江流域水生生物18个，如江豚、白鱀豚、白鲟、中华鲟、长江鲟、鯮、鲥、四川白甲鱼、川陕哲罗鲑、胭脂鱼、眼子菜、水菜花等；涉及鄱阳湖、洞庭湖、洪泽湖、太湖、巢湖等5个重点湖泊。随着《长江保护法》的正式颁布实施，长江流域自此进入依法治江、依法护江的新阶段。

黄河保护法

随着经济社会的快速发展和环境保护需求的提高，黄河流域面临许多新的挑战和问题。制定一部专门针对黄河流域生态环境保护和高质量发展的法律势在必行。2022年10月，全国人大常委会审议通过《中华人民共和国黄河保护法》（简称《黄河保护法》），自2023年4月1日起施行。

《黄河保护法》共十一章一百二十二条，内容包括总则、规划与管控、生态保护与修复等。该法明确规定了黄河流域建立省际河湖长联席会议、国家实行黄河流域重点水域禁渔期制度、国家建立健全黄河流域生态保护补偿等10个方面的制度。规定黄河流域生态保护和高质量发展应当坚持规划引领，加强顶层设计。该法还对黄河流域的生态环境保护与修复进行了具体规定，包括加强生态保护红线管理、加强对水生生物资源的保护、加强农田水利工程建设、加强河口治理、加强水土保持工作、鼓励和支持社会资本参与生态保护与修复工作等。此外，《黄河保护法》对黄河流域的水资源节约集约利用、黄河流域的高质量发展、构建国家水网、完善黄河流域生态保护和高质量发展的体制机制进行了规定，并强调社会各界在黄河流域生态保护和高质量发展中的参与作用。

《黄河保护法》作为黄河流域的基础性、综合性和统领性的专门法律，为黄河流域生态环境保护提供了全方位的法律保障。

青藏高原生态保护法

青藏高原被誉为"世界屋脊""亚洲水塔",是我国重要的生态屏障和全球生物多样性保护的关键区域。为保护青藏高原,筑牢生态屏障,促进经济社会可持续发展,2023年4月,全国人大常委会通过了《中华人民共和国青藏高原生态保护法》(简称《青藏高原保护法》),自2023年9月1日起施行。

《青藏高原保护法》共七章六十三条,内容包括总则、生态安全布局、生态保护修复、生态风险防控、保障监督、法律责任等。该法建立了青藏高原生态保护协调机制,明确青藏高原生态保护的国家与地方分工及青藏高原生态保护的三个重要举措。该法规定,国家统筹青藏高原生态安全布局,编制青藏高原国土空间规划,从严制定生态环境分区管控方案和生态环境准入清单等。在生态保护修复方面,围绕青藏高原的雪山冰川冻土、江河湖泊、草原生态、森林、湿地、野生动植物、矿产资源等,通过建立健全青藏高原生态风险防控体系、加强自然灾害调查评价和监测等一系列举措,推进山水林田湖草沙冰的一体化保护与修复。

《青藏高原保护法》坚持生态保护第一,旨在构建一个全面的法律框架,以加强对青藏高原的生态保护,建设国家生态文明高地,促进经济社会可持续发展,实现人与自然和谐共生。

环境保护法

随着我国经济的快速发展,环境问题日益突出,制定一部综合性的环境保护法、提高环境保护的法制化水平变得尤为迫切。1989年12月,全国人大常委会审议通过《中华人民共和国环境保护法》(简称《环境保护法》),2014年4月进行了修订,自2015年1月1日起施行。新修订的《环境保护法》被称为"史上最严"的环境保护法。

《环境保护法》共七章七十条,内容包括总则、监督管理、保护和改善环境、防治污染和其他公害、信息公开和公众参与等。

该法引入了生态文明建设和可持续发展理念,明确了保护环境的基本国策和基本原则;完善了环境监测制度、环境影响评价制度、跨行政区污染防治制度、防治污染设施"三同时"制度和重点污染物排放总量控制制度、区域限批制度、排污许可管理制度等;增加了生态保护红线的规定,突出强调政府的监管责任,并设置信息公开和公众参与专章，规定了公民的环境权利和环保义务，强化了企事业单位和其他生产经营者的环保责任；强调加强农村环境保护，同时，解决了违法成本低的问题，加大了环境违法处罚力度。

《环境保护法》的实施，是生态文明制度建设的一项重要内容，为在经济发展新常态下促进社会可持续发展、建设美丽中国提供了法治保障。

野生动物保护法

野生动物是生物多样性的重要组成部分，对于维持生态平衡具有关键作用。随着人类活动的不断扩展，许多野生动物面临着生存威胁。为加强对野生动物的保护，维护生态平衡和生物多样性，保护国家生态安全，1988年11月，全国人大常委会审议通过《中华人民共和国野生动物保护法》(简称《野生动物保护法》)。此后，该法经历多次修正和修订，最近一次修订是2022年12月，自2023年5月1日起施行。

《野生动物保护法》共五章六十四条，内容包括总则、野生动物及其栖息地保护、野生动物管理、法律责任等。该法以法律形式落实革除滥食野生动物陋习和疫情期间发布的各种野生动物保护措施和决定，为刑法新增罪名和两种违法行为的行政处罚提供了法律支撑，新增以食用为目的和从境外引进野生动物的行政处罚条款，同刑法条款相适配。健全物种名录制度、栖息地保护制度、野外放生管理制度等十种制度，加强对野生动物栖息地和野生动物的分级分类管理和保护，特别是对有重要生态、科学、社会价值的陆生野生动物（三有动物）。该法还完善了对人工繁育技术成熟稳定的野生动物的管理制度。同时，《野生动物保护法》健全了执法管理体制和职责，严厉打击非法野生动物市场和交易，并注重与动物防疫法、畜牧法、生物安全法等相关法律的衔接。

《野生动物保护法》秉持生态文明理念，对推动绿色可持续发展、促进人与自然和谐共生具有重要意义。

海洋环境保护法

我国是海洋大国，海域辽阔，资源丰富，生态多样，拥有世界海洋大部分生态系统类型。为保护和改善海洋环境，保护海洋资源，防治污染损害，保障生态安全和公众健康，维护国家海洋权益，1982年，全国人大常委会通过《中华人民共和国海洋环境保护法》（简称《海洋环境保护法》）。此后，经历多次修订或修正，最近一次修订是2023年10月，自2024年1月1日起施行。

新修订的《海洋环境保护法》共九章一百二十四条，内容包括总则、海洋环境监督管理、海洋生态保护等。陆海统筹、区域联动，加强规划、标准、监测等监督管理制度的衔接协调，加强海洋生物多样性保护是新法的亮点。新法明确强调，健全海洋生物多样性调查、监测、评估和保护体系，维护和修复重要海洋生态廊道，防止对海洋生物多样性的破坏。同时，明确国家鼓励科学开展水生生物增殖放流，支持科学规划，因地制宜采取投放人工鱼礁或者种植海藻场、海草床、珊瑚等措施，恢复海洋生物多样性，修复改善海洋生态。严格海域排污许可管理，强化海洋垃圾污染防治。

《海洋环境保护法》对于持续改善海洋环境质量、保障生态安全和公众健康、维护国家海洋权益、建设海洋强国、促进经济社会可持续发展具有重要意义。

深海海底区域资源勘探开发法

深海海底资源具有巨大的经济和战略价值，对于我国资源实力的提升和国家安全的保障起着至关重要的作用。走向深海大洋更是我国建设海洋强国的题中之意。2016年2月，全国人大常委会审议通过了《中华人民共和国深海海底区域资源勘探开发法》（简称《深海法》），并于2016年5月1日起施行。

《深海法》共七章二十九条，内容主要包括勘探、开发，环境保护，科学技术研究与资源调查，监督检查等。本法所称"深海海底区域"，是指中华人民共和国和其他国家管辖范围以外的海床、洋底及其底土。深海海底区域资源的勘探开发许可制度是《深海法》的核心；保障从事深海海底区域资源勘探、开发活动的我国公民、法人或者其他组织的合法权益，也是该法重要原则之一。重视深海环境保护是该法的一大亮点，"环境"一词在该法中共出现了20次，除第三章专门规定深海活动中的环境保护制度外，其他章节亦有关于环境保护的条款规定。此外，该法明确提出，支持深海科学技术研究和专业人才培养，鼓励企业进行相关研究与技术装备研发等。

《深海法》对于规范我国深海资源勘探开发活动、推进深海科学技术研究及资源调查、保护深海环境、促进资源可持续利用，均具有重要作用。

渔业法

新中国成立伊始，我国渔业处于百废待兴的状态。1978年后，国家对渔业管理重视程度持续提高，随着立法环境的改善，中断十年的渔业立法进程重新开启。1985年3月1日，发布的《中共中央、国务院关于放宽政策、加速发展水产业的指示》（中发〔1985〕5号文件）将渔业定性为调整农村产业结构，促进粮食转化的重要战略步骤。这份高规格文件的出台，标志着渔业相关法律制定时机已经成熟。1986年1月，第六届全国人民代表大会常务委员会审议通过《中华人民共和国渔业法》（简称《渔业法》），后又历经四次修正。现行版本为2013年12月第十二届全国人大常委会第六次会议修正版。

《渔业法》共六章五十条，内容包括总则、养殖业、捕捞业、渔业资源的增殖和保护、法律责任和附则等。该法积极鼓励和扶持养殖业发展，严格捕捞业管理、加强渔业资源的增殖和保护、强化法律责任等，对渔业资源增殖保护费的征收、水产种质资源保护区的建立与管理、对具有重要经济价值的水生动物苗种的保护、工程措施对渔业的影响与补偿、珍贵濒危水生野生动物保护等方面做了具体规定。该法确立了水产种质资源保护制度；完善了禁渔区、禁渔期管理制度；规范了渔业水域生态环境的监督管理和渔业污染事故的调查处理等。

《渔业法》的出台，体现了国家对发展渔业、保护渔业资源和渔业生态环境的高度重视，对于养护和合理利用渔业资源、保障渔业生产者合法权益、促进我国渔业持续健康发展发挥了重要作用。

动物防疫法

动物防疫法的前身是国务院于1985年发布实施的《家畜家禽防疫条例》。近年来，随着全球动物疫病形势的日益严峻，动物防疫立法的重要性愈加凸显。1997年7月，全国人大常委会审议通过了《中华人民共和国动物防疫法》（简称《动物防疫法》）。此后，经历一次修订、两次修正，最近一次修订是在2021年1月。

《动物防疫法》共十二章一百一十三条，主要包括动物疫病的预防，动物疫情的报告、通报和公布，动物疫病的控制，动物和动物产品的检疫，病死动物和病害动物产品的无害化处理，动物诊疗，兽医管理等内容。该法还规定了动物疫病的分类管理。

新修订的《动物防疫法》在多个方面进行了调整和完善，例如，调整了防疫方针，将控制、净化、消灭纳入动物防疫方针，并延伸了监管链条。同时，明确了防疫责任，强化了地方政府属地管理和责任部门的监管责任，并规定了生产经营主体承担动物防疫相关责任。此外，还新增了多项制度规定，对动物防疫活动实现了全覆盖管理。

《动物防疫法》是我国动物疫病防控工作的重要法律依据，其实施对于加强动物防疫工作、保障养殖业发展和公共卫生安全具有不可替代的作用，有助于推动动物产品质量的提升，保障人民群众的食品安全和健康。

进出境动植物检疫法

国家高度重视进出境动植物检疫工作。1982年，国务院颁布《进出口动植物检疫条例》，这是我国进出境动植物检疫史上第一部比较完善的检疫法规。但由于内容和法律效力的局限性，其已远远不能适应对外贸易发展的要求。1991年10月，全国人大常委会审议通过了《中华人民共和国进出境动植物检疫法》（简称《进出境动植物检疫法》）并于2009年进行了修正。

《进出境动植物检疫法》共八章五十条，包括总则、进境检疫、出境检疫、过境检疫、携带和邮寄物检疫、运输工具检疫、法律责任等内容。该法明确规定了检疫的对象、实施部门以及进出境、过境检疫的具体要求和程序。检疫对象包括进出境的动植物、动植物产品和其他检疫物，以及装载这些物品的容器、包装物和来自动植物疫区的运输工具。实施部门则是由国家动植物检疫机关在口岸和动植物检疫业务集中的地点设立的口岸动植物检疫机关。进境、出境和过境检疫则分别规定了相应的检疫措施和要求，以确保动植物及其产品的安全。该法还强调了加强进出境动植物检疫的重要性，以及应对典型外来物种入侵等问题的措施。

《进出境动植物检疫法》是我国涉外经济领域的重要法律，也是进出境动植物检疫工作的基本法。该法的实施对于保障国家经济安全、生态安全和人民健康，以及促进对外经济贸易的发展都具有重要意义。

畜牧法

改革开放以来,我国畜牧业持续快速发展,已成为农村经济中的支柱产业。进入21世纪以来,畜牧业发展也面临新形势和新挑战。为进一步规范我国畜禽生产生活环境,保护畜禽类产品生产质量安全,保障我国畜牧业健康发展,2005年12月,全国人大常委会审议通过了《中华人民共和国畜牧法》(简称《畜牧法》),此后,历经2015年4月修正和2022年10月修订。

《畜牧法》共十章九十四条,对畜禽的生产、养殖、经营、运输等方面做出了具体安排。该法包括总则、畜禽遗传资源保护、种畜禽品种选育与生产经营等内容。将畜牧业发展纳入国民经济和社会发展规划,明确了可列入畜禽遗传资源目录的基本条件,即经过驯化和选育而成,遗传性状稳定、有成熟的品种和一定的种群规模,能够不依赖于野生种群而独立繁衍的驯养动物,可以列入畜禽遗传资源目录。同时,该法强化了畜禽遗传资源保护,明确畜禽遗传资源保护以国家为主、多元参与,坚持保护优先、高效利用的原则,实行分类分级保护。同时,明确县级以上地方人民政府应当保障畜禽遗传资源保种场和基因库用地的需求。

《畜牧法》对畜牧业进行全面规范,从立法层面解决人畜共患病防控、确保人民群众吃上"放心肉"等问题。该法的颁布实施,不仅是我国畜牧业发展史上的重要里程碑,也为我国现代畜牧业的发展奠定了重要的法律基础。

种子法

种子作为农业、林业最基本的生产资料,是具有生命力的特殊商品。国以农为本,农以种为先。种子安全事关国计民生,是维护国家粮食安全的第一道防线,是我国农业发展的芯片。我国历来重视种业发展和种子立法工作。1989年,国务院颁布了《中华人民共和国种子管理条例》。但是,随着改革开放的不断深入,我国种业发展也面临多方面考验。为扭转我国种业大而不强的局面,解决竞争力低下等问题,进一步强化我国粮食安全的保障,亟须从立法方面进行规范和调整,以促进我国种业健康发展。2000年7月,全国人大常委会审议通过《中华人民共和国种子法》(简称《种子法》),此后经历三次修正和一次修订,最近的一次修正是在2021年12月。

《种子法》共十章九十二条,主要内容包括总则、种质资源保护、品种选育

等。本次修正的重点包括：一是加强种质资源保护，扩大植物新品种权的保护范围和保护环节；二是强化种业知识产权保护，新增设"新品种保护"一章，国家实行植物新品种保护制度，植物新品种权所有人对其授权品种享有排他的独占权，强化了植物新品种保护的关键性制度；三是加大假、劣种子打击力度，提高了生产经营假、劣种子的处罚金额等内容。

《种子法》以强化种业知识产权保护为重点，对于促进种业高质量发展、筑牢粮食安全和现代农业发展基础具有重要意义。

生物安全法

近年来，生物技术的发展和应用带来了许多生物安全问题，如实验室生物安全、生物入侵、生物恐怖主义、生物技术误用等引发日益严峻的国家安全问题，深刻影响着国家发展和国际格局。为此，2020年10月全国人大常委会审议通过了《中华人民共和国生物安全法》（简称《生物安全法》），旨在构建我国的生物安全风险防控体系，确保生物技术的发展和应用安全。该法于2021年4月15日起施行，2024年4月26日修正。

《生物安全法》共十章八十八条，内容包括总则，生物安全风险防控体制，防控重大新发突发传染病、动植物疫情，生物技术研究、开发与应用安全等。该法明确界定了生物安全的定义，将维护国家安全和人民生命健康作为首要目标，针对重大新发突发传染病、动植物疫情、生物恐怖袭击和生物武器威胁等生物安全风险分设专章，做出针对性强又具有可操作性的明确规定。同时该法还加强了人类遗传资源与生物资源安全管理，加强了对外来物种入侵的防范和应对，进一步夯实了国家生物安全的基石。

《生物安全法》聚焦生物安全领域主要风险，完善风险防控体制机制，全面规范生物安全相关活动，为我国防范生物安全风险和提高其治理能力提供了坚实的法律支撑，为实现生物安全风险的"全链条"防控提供了可靠的制度保障，在我国生物安全法制史上具有里程碑意义。

环境影响评价法

我国开始推行环境影响评价制度可以追溯到20世纪80年代。1986年，国家环境保护局发布了《关于环境影响报告书编写的暂行规定》，这是我国第一个有关环境影响评价的规定，为我国环境影响评价制度奠定了基础。2002年10月，全国人大常委会审议通过了《中华人民共和国环境影响评价法》（简称《环境影响评价法》），自2003年9月1日起施行，后经2016年、2018年两次修正。

《环境影响评价法》共五章三十七条，包括总则、规划的环境影响评价、建设项目的环境影响评价、法律责任、附则等内容，主要规定了对规划和建设项目实施后可能造成的环境影响进行分析、预测和评估，提出预防或者减轻不良环境影响的对策和措施，并进行跟踪监测的方法与制度。其核心在于预防和减轻规划和建设项目对环境可能产生的不良影响。为此，它要求在规划和建设项目实施前，必须进行环境影响评价，分析、预测和评估可能对环境造成的各种影响，并提出相应的环境保护措施和整改建议。该法还规定了环境影响评价的程序、内容和标准，明确了环境影响评价的主体责任和监管机制，保障了公众参与环境决策的权利。

《环境影响评价法》的颁布，标志着环境影响评价制度和"三同时"环境保护管理制度的执行进入了一个新的阶段，对于预防环境污染、促进可持续发展具有重要意义。

防沙治沙法

在我国众多生态环境问题中，以土地沙化问题为最，土地沙化直接危及1亿多人口的生存和发展。为预防和治理土地沙化问题，2001年8月全国人大常委会通过《中华人民共和国防沙治沙法》（简称《防沙治沙法》），这也是世界上第一部关于防沙治沙的专门法律。该法自2002年1月1日起施行，2018年10月进行了修正。

《防沙治沙法》共七章四十七条，内容包括总则、防沙治沙规划、土地沙化的预防等。该法明确了防沙治沙的目标、原则、制度、措施和法律责任；强调预防与治理相结合的原则，注重科学规划、因地制宜、综合治理，并鼓励、支持单位和个人投身防沙治沙事业。同时，还规定了严格的法律责任，对破坏沙化土地植被、违反防沙治沙规划等行为进行处罚。该法将防沙治沙的重点由农（牧）业向草原转变，更加注重对于草原的治理，更加强调生态环境的保护，各部门协作分工更加合理化。

《防沙治沙法》是一部重要的环境保护法，它对于预防土地沙化、治理沙化土地、进行沙区国土整治、维护我国的生态安全、促进经济和社会的可持续发展具有重要意义。

海岛保护法

我国自实施国家海洋开发战略以来，海岛资源的重要性日益显现，海岛开发利用活动越来越多，同时，海岛开发、建设、保护与管理等方面也出现了一系列问题。为依法保护海岛及其周边海域生态系统，2009年12月全国人大常委会通过了《中华人民共和国海岛保护法》（简称《海岛保护法》），2010年3月1日起施行。这是我国历史上第一部关于海岛的法律。

《海岛保护法》共六章五十八条，内容包括总则、海岛保护规划、海岛的保护、监督检查等。该法确立了科学规划、保护优先、合理开发、永续利用的原则，强调了各级人民政府的责任，要求加强对海岛自然资源的管理，防止海岛及其周边海域生态系统遭受破坏。该法规定，有居民海岛及其周边海域应当划定禁止开发、限制开发区域，并采取措施保护海岛生物栖息地，防止海岛植被退化和生物多样性降低；对无居民海岛以保护为主，未经批准利用的无居民海岛，应当维持现状；禁止采石、挖海砂、采伐林木以及进行生产、建设、旅游等活动。严格限制在无居民海岛采集生物和非生物样本。依法设立海洋自然保护区等。

《海岛保护法》是国家首次以立法的形式对海岛进行保护管理，规范海岛开发利用秩序，对我国海洋事业发展具有里程碑意义。

海域使用管理法

随着海洋开发领域的拓展、海洋空间利用范围的扩大，受传统用海观念的影响和经济利益的驱动，在海域使用中，"无序、无度、无偿"的"三无"现象严重存在，用海纠纷频发，造成国有海域资源性资产大量流失，局部海域生态环境恶化，有些资源甚至面临灭绝的危险。为扭转这种局面，2001年10月全国人大常委会通过了《中华人民共和国海域使用管理法》（简称《海域使用管理法》），2002年1月1日起施行。

《海域使用管理法》共八章五十四条，包括总则、海洋功能区划、海域使用的申请与审批、海域使用权、海域使用金、监督检查、法律责任、附则等内容。该法明确定义了"海域"包括内水、领海的水面、水体、海床和底土。同时，还规定了领海和内水的具体范围，以及海岸线的确定方法；强调了海域使用必须符合海洋功能区划。此外，还建立了海域使用管理信息系统、海域使用权登记制度和海域使用统计制度，规定了海域使用金制度。对于非法占用海域、擅自改变海域用途等行为，也规定了相应的法律责任和处罚措施。

《海域使用管理法》的颁布是国家在海域使用管理方面的重大举措，是我国海域法律使用管理制度确立的标志。从此，我国对海域使用的管理步入了一个新阶段。

黑土地保护法

黑土地是优质稀缺的耕地资源，是保障我国粮食安全的重要根基。由于常年高强度开发利用，加之不合理耕作，特别是非法侵占和盗挖滥挖行为屡禁不止，导致黑土地面临变少、变薄、变瘦、变硬、肥力下降等危机。为了保护好"耕地中的大熊猫"，2022年6月全国人大常委会审议通过《中华人民共和国黑土地保护法》（简称《黑土地保护法》），2022年8月1日起正式实施。

《黑土地保护法》共三十八条，内容包括立法目的、适用范围、保护要求和原则等。该法明确国务院和黑龙江、吉林、辽宁、内蒙古自治区人民政府加强对黑土地保护工作的领导、组织、协调、监督管理，统筹制定黑土地保护政策。加强黑土地科技创新、科研成果推广应用和技术服务。强化农业生产经营者的保护责任，加强农田基础设施建设，因地制宜应用保护性耕作等技术。国家建立健全黑土地保护财政投入保障制度，加大对黑土地保护措施奖补资金的倾斜力度，建立长期稳定的奖励补助机制。加强考核和监督，压实黑土地保护责任，形成监督合力。同时，明确盗挖、滥挖、非法买卖黑土、用于非农建设的违法行为将被从严从重处罚等。

《黑土地保护法》针对黑土地的特点构建了特别的法律制度和措施，对于保护黑土地资源、稳步恢复提升黑土地基础地力、促进资源可持续利用、保障国家生态安全和粮食安全，将产生深远的影响。

中医药法

中医药是中华民族的瑰宝，是我国医药卫生体系的特色和优势，是国家医药卫生事业的重要组成部分。2003 年，国务院制定了《中医药条例》，但随着经济社会的快速发展，中医药事业发展面临一些新的问题和挑战，迫切需要加快中医药立法，2016 年 12 月全国人大常委会通过《中华人民共和国中医药法》(简称《中医药法》)，自 2017 年 7 月 1 日起施行。这是我国第一部全面、系统体现中医药特点和规律的基本性法律。

《中医药法》全文共九章六十三条，包括总则、中医药服务、中药保护与发展、中医药人才培养、中医药科学研究等内容。该法律对中医医疗机构、中西医结合医疗机构、中医药科研机构等进行了规定。要求县级以上地方人民政府将中医药事业纳入国民经济和社会发展规划，合理规划和配置中医药资源，建立健全中医药服务体系，以提高中医药服务水平。鼓励和支持中医药科技创新，要求加强中医药基础理论研究和临床应用研究，推进中医药现代化。强调中医药文化传承与传播的重要性，要求各级人民政府保护和传承中医药文化遗产，加强中医药文化宣传和普及工作。

《中医药法》是中医药领域的根本大法，在中医药事业发展中具有基础性和全局性的作用，对中医药事业的发展具有重要意义。

农业法

我国是农业大国，农业对于我国来说具有重要地位和功能。近年来，随着中国农业现代化进程的加快，农业法的制定和完善成为国家战略的一部分。1993 年 7 月全国人大常委会通过《中华人民共和国农业法》(简称《农业法》)，此后经历 2002 年修订和 2009 年、2012 年两次修正，现行的《农业法》是 2013 年 1 月 1 日正式实施的。

《农业法》共十三章九十九条，包括总则、农业生产经营体制、农业生产、农产品流通与加工、粮食安全等内容。该法强调了农业在国民经济中的基础作用，确立了农民专业合作经济组织的法律地位，以及农业和农村经济结构调整的方向和重点。提出要全面提高农产品质量，加快畜牧业发展，发展农产品加工，优化农业区域布局，调整农村劳动力就业结构等。在保障粮食安全、农业资金投入方面等均做了规定，鼓励农民和农业生产经营、社会资金投向农业，促进农业扩大利用外资。同时，强调农业标准化建设和产业化水平的提升。

《农业法》对于保障农业在国民经济中的基础地位，发展农村社会主义市场经济，维护农业生产经营组织和农业劳动者的合法权益，促进农业的持续、稳定、协调发展具有重要意义。

农业技术推广法

农业是国民经济的基础，发展农业，最终要靠科学技术解决问题。但是，我国农业科技成果的推广应用率还不高，许多重大农业科技成果尚未得到广泛应用，已经成为影响我国农业和农村经济进一步发展的重要制约因素。为了加强农业技术推广工作，1993年7月全国人大常委会通过《中华人民共和国农业技术推广法》（简称《农技推广法》），历经2012年、2024年两次修正。

《农技推广法》共六章三十九条，包括总则、农业技术推广体系、农业技术的推广与应用等内容。该法明确了农业技术推广的定义、范围、责任主体、推广内容及推广原则，不仅规定了各级政府和相关部门的责任和义务，而且强调了农技人员的权益和责任。该法内容涵盖了多个方面，包括良种繁育、栽培、肥料施用和养殖技术，植物病虫害、动物疫病和其他有害生物防治技术，农产品收获、加工、包装、贮藏、运输技术，农业投入品安全使用、农产品质量安全技术，农田水利、农村供排水、土壤改良与水土保持技术，农业机械化、农业气象和农业信息技术，以及农业防灾减灾、农业资源与农业生态安全和农村能源开发利用技术等。

《农技推广法》的颁布实施，对于加快先进实用技术的推广和应用、提高农业科技含量、促进农业可持续发展具有重要意义。

水法

我国是一个人均水资源占有量严重不足的国家。而生态环境的不断恶化、用水量的逐渐增加所引发的用水问题越发突出。尤其是改革开放以后，随着人口增加、经济社会的快速发展，水资源供需矛盾更加凸显。改善生态环境、兴修水利、防治水害、解决水资源短缺、实现水资源的可持续利用等问题引发中央和全社会的高度关注。历经10年的调研和实践探索，中国第一部水的基本法——《中华人民共和国水法》（简称《水法》）于1988年1月经全国人大常委会审议通过。它奠定了中国水利法规体系的基本构架。此后经历了2002年和2009年、2016年的修订或修正。

现行《水法》共八章八十二条，包括总则、水资源规划、水资源开发利用、水资源、水域和水工程的保护等多个方面内容。《水法》明确规定了水资源的所有权、使用权和管理权，强调了水资源的国家所有权和统一管理制度。还规定了水资源规划的原则和要求，鼓励水资源的节约使用和循环利用，并加强了对水污染的防治和水生态的保护。此外，《水法》还明确了水事纠纷的处理方式和程序，为保障水资源的合理利用和公平分配提供了法律保障。通过加强水资源的规划和管理，可以优化水资源配置，提高水资源的利用效率。

《水法》是我国水资源管理的重要法律依据，它的实施有助于防治水污染、减少水浪费，保护水生态环境的安全和稳定，对于促进水资源的可持续利用和保护生态环境具有重要意义，也标志着我国水利事业开始走上法治化轨道。

水土保持法

中国是一个山水之国，拥有丰富的水土资源。由于自然因素和长期以来的人为活动，导致水土流失问题一直较为严重。为加强水土保持、保护土地资源、维护生态平衡，我国先后在1957年、1982年发布了《中华人民共和国水土保持暂行纲要》《水土保持工作条例》。1991年6月全国人大常委会通过《中华人民共和国水土保持法》（简称《水土保持法》），2009年8月27日修正，2010年12月25日修订。这是我国第一部专门针对水土保持工作的法律，旨在预防和治理水土流失，保护改良和合理利用水土资源，保障农业生产和水资源安全。

《水土保持法》共七章六十条，包括分总则、规划、预防、治理、监测和监督、法律责任、附则等内容，该法确立了预防为主、保护优先的基本方针。规定了水土保持的规划措施，包括编制水土保持规划的原则、水土流失调查、水土流失重点预防区和重点治理区的划定等。同时，还规定了水土流失的预防措施和治理措施，强调了政府在水土保持工作中的责任等。

《水土保持法》为保护和改善我国水土资源提供了有力的法律保障，也标志着我国水土保持工作进入新的历史发展阶段。

水污染防治法

这是我国历史上第一部保护水资源法。早在1984年全国人大常委会就通过了《中华人民共和国水污染防治法》(简称《水污染防治法》),但是随着经济的快速增长和规模的不断扩大,水污染物排放问题一直未能得到有效控制,水污染防治与水环境保护面临新问题、新挑战。为了全面贯彻落实科学发展观,完善水污染防治制度,该法先后经历1996年、2017年两次修正和2008年修订。

《水污染防治法》共八章一百零三条,包括总则、水污染防治的标准和规划、监督管理等内容。该法明确了其适用范围包括我国境内的江河、湖泊、运河、渠道、水库等地表水体及地下水体的污染防治。强调预防为主、防治结合、综合治理的原则,优先保护饮用水水源。通过严格控制工业污染、城镇生活污染,防治农业面源污染,以及积极推进生态治理工程建设,预防和减少水环境污染和生态破坏。该法要求各类污染源必须定期进行污染物监测,并向相关部门提交监测报告,以便政府及时了解水污染状况并采取相应措施。在治理措施与技术要求方面,引入了一系列先进的治理技术和管理方法。

《水污染防治法》建立了河长制、实施总量控制制度和排污许可制度,明确了法律责任和监督执法机制等,对推进生态文明建设、保护和改善水环境、维护公众健康发挥重要作用。

土地管理法

20世纪80年代,随着我国改革开放的深入推进和经济社会的快速发展,土地资源管理面临许多新情况、新问题。为加强土地管理,保护和开发土地资源,合理利用土地,切实保护耕地,促进社会经济的可持续发展,1986年6月全国人大常委会通过《中华人民共和国土地管理法》(简称《土地管理法》)。其先后经历两次修正和一次修订,2019年8月进行第三次修正。

《土地管理法》共八章八十七条,包括总则、土地的所有权和使用权、土地利用总体规划、耕地保护、建设用地、监督检查等内容,该法明确了土地的社会主义公有制,即全民所有制和劳动群众集体所有制。全民所有的土地,即国家所有的土地,其所有权由国务院代表国家行使。该法强调了土地的合理利用和保护,规定各级人民政府应当采取措施,全面规划,严格管理,保护、开发土地资源，制止非法占用土地的行为。该法特别突出了对耕地的保护，将其视为我国的基本国策。同时，还规定了土地所有权和使用权的取得方式，以及土地利用的规划和用途管制。该法还涉及了土地征收、土地补偿、监督检查和法律责任等方面的内容。

《土地管理法》对深化土地市场供给侧结构性改革，实现城乡一体发展，以及对财税改革、优化经济结构等都具有重要意义。

矿产资源法

矿业是国民经济的基础产业，在我国90%以上的能源、80%的工业原料、30%的人畜饮用水和农田灌溉用水来自矿产资源，并且矿产资源又是有限的、不可再生的耗竭性资源，因此，矿业在很大程度上制约着整个国民经济的发展规模。为解决矿产资源勘查、开发活动中存在的问题，1986年3月全国人大常委会通过《中华人民共和国矿产资源法》(简称《矿产资源法》)，此后经历1996年、2009年两次修正。

《矿产资源法》共七章五十三条，包括总则、矿产资源勘查的登记和开采的审批、矿产资源的勘查、矿产资源的开采、集体矿山企业和个体采矿、法律责任、附则等内容。该法明确规定了矿产资源的所有权和归属问题，矿产资源属于国家所有，国务院行使对矿产资源的国家所有权。强调了矿产资源的合理利用和保护原则，同时对矿产资源的勘查和开采活动进行了严格规定。此外，还规定了矿产资源的有偿使用制度等。

《矿产资源法》将矿产资源纳入法治化轨道，最大限度地减少浪费和保护生态环境，为保障矿产资源的可持续利用、促进经济和社会的可持续发展提供有力的保障。

文物保护法

在党的十一届三中全会后，党和国家工作重心转移、文物领域拨乱反正的背景下，结合当时文物保护工作中出现的新情况、新问题，在对1961年国务院颁布的《文物保护管理暂行条例》有关内容进行修改和补充的基础上，1982年11月全国人大常委会通过了《中华人民共和国文物保护法》(简称《文物保护法》)，此后历经五次修正，最近的一次是 2017 年 11 月。

《文物保护法》共八章一百〇一条，包括总则、不可移动文物、考古发掘、馆藏文物、民间收藏文物、文物出境进境、法律责任、附则等内容。该法规定了在中国境内受到国家保护的文物种类，明确了对保存文物特别丰富且具有重大历史价值或革命纪念意义的城市和地区的认定和保护措施。在文物保护单位的保护和管理方面，该法提出了"四有"规范，即有保护范围、有标志说明、有记录档案、有专门机构或专人负责管理。这确保了文物保护单位得到全面、系统和科学的保护。对于违反《文物保护法》的行为，规定了相应的法律责任和处罚措施。

《文物保护法》是我国文化领域的第一部专门法律，对加强文物保护、继承中华民族优秀历史文化遗产、促进科学研究工作、进行爱国主义和革命传统教育、建设社会主义精神文明和物质文明具有重要意义。

土壤污染防治法

这是我国首次通过制定专门的法律来规范防治土壤污染。长期以来，我国的土壤污染防治措施分散规定在一些法律中，缺乏系统性，其针对性和可操作性不强，无法满足土壤污染防治工作的客观需要。2018 年 8 月，全国人大常委会通过了《中华人民共和国土壤污染防治法》（简称《土壤污染防治法》），自 2019 年 1 月 1 日起施行。

《土壤污染防治法》共七章九十九条，包括总则，规划、标准、普查和检测，预防和保护，风险管控和修复等内容。该法确立了土壤污染防治的基本原则和基本制度，包括土壤污染状况调查制度、土壤污染风险评估制度、土壤污染风险管控和修复制度、土壤污染状况监测制度等。规定了预防保护、管控和修复的具体措施。预防和保护措施则通过源头控制、减少污染物的排放，从根本上保护土壤和生物多样性。该法明确了土壤污染防治的经济措施，包括土壤污染防治基金制度、土壤污染责任人制度等。还强调了监督检查和法律责任的重要性，规定了土壤污染责任人的法律责任及公益诉讼制度等。

《土壤污染防治法》填补了我国土壤污染防治专项法律的空白，对保护和改善生态环境、保障公众健康、推动土壤资源永续利用具有重要意义。

固体废物污染环境防治法

随着工业化迅速发展和人民生活水平的提高，我国每年产生的固体废物数量巨大、种类繁多、性质复杂，由固体废物造成的环境污染也相当严重。1995年10月，全国人大常委会通过了《中华人民共和国固体废物污染环境防治法》（简称《固废污染防治法》）。历经2004年、2020年两次修订，2013年、2015年、2016年三次修正。

《固废污染防治法》共九章一百二十六条，包括总则，监督管理，工业固体废物，生活垃圾，建筑垃圾、农业固体废物等，危险废物，保障措施等内容。该法明确了固体废物污染环境防治的基本原则，规定了产生、收集、贮存、运输、利用、处置固体废物的单位和个人应当采取的措施，并对所造成的环境污染依法承担责任。强调对固体废物进行源头管理，建设项目的环境影响评价文件必须包括配套的固体废物污染环境防治设施，并与主体工程同时设计、同时施工、同时投入使用。该法鼓励和支持采取有利于保护环境的集中处置措施，促进固体废物污染环境防治产业的发展。同时，禁止进口放射性废物在内的核废物等国家禁止进口的固体废物，以及禁止在境内存储危害人体健康的医疗废物等。

《固废污染防治法》是生态环境保护领域的一部重要法律，对于保障人体健康、维护生态环境安全、促进经济社会可持续发展具有重要意义。

清洁生产促进法

水资源短缺、耕地减少、矿产资源保证程度下降等，面对日益严峻的资源形势，我国要实现经济社会的可持续发展，唯一的出路就是大力推行清洁生产。为提高资源利用效率，2002年6月，全国人大常委会通过了《中华人民共和国清洁生产促进法》（简称《清洁生产促进法》），2012年2月29日修正。

《清洁生产促进法》共六章四十条，包括总则、清洁生产的推行、清洁生产的实施、鼓励措施、法律责任、附则等内容。旨在促进清洁生产，提高资源利用效率，减少和避免污染物的产生，保护和改善环境，保障人体健康，促进经济与社会可持续发展。基本原则包括预防为主、污染者负责、政府监管，强调资源节约、环境友好、高效利用，并依法推动节能减排，促进工业绿色化和可持续发展。该法明确提出了多项鼓励措施，包括税收优惠、资金扶持等。同时，对于违反相关规定的行为，也规定了相应的法律责任和处罚措施，以确保法律的严肃性和有效性。

《清洁生产促进法》是我国第一部以提高资源利用效率、实施污染预防为主要内容、专门规范企业等清洁生产的法律规范。它的公布实施表明，我国发展循环经济是以法制化和规范化的清洁生产为开端，这是可持续发展的历史性进步。

循环经济促进法

20世纪80年代以来，我国经济持续高速增长，但同时经济发展与资源环境的矛盾也日趋尖锐，资源短缺、环境污染、生态退化等一系列问题开始出现。如果继续沿用粗放型的经济增长方式，资源将难以为继，环境也将不堪重负。为破解制约我国经济社会发展的结构性矛盾，2008年8月全国人大常委会审议通过了《中华人民共和国循环经济促进法》（简称《循环经济促进法》），2018年10月26日修正。

《循环经济促进法》共七章五十八条，包括总则、基本管理制度、减量化、再利用和资源化、激励措施、法律责任、附则等内容。该法规定了编制循环经济发展规划的程序和内容，建立了抑制资源浪费和污染物排放的总量调控制度和以生产者为主的责任延伸制度。同时，强化对高耗能、高耗水企业的监督管理及产业政策的规范和引导。该法明确了关于减量化、再利用和资源化的具体要求。同时还建立了激励机制和法律责任追究制度。

《循环经济促进法》是深入贯彻落实科学发展观、落实党中央提出的实现循环经济较大规模发展战略目标的重要举措，对拉动内需、创造新的就业岗位、解决民生问题、推动我国经济社会绿色转型发展具有积极的现实意义。

环境保护税法

环境污染与资源浪费问题长期困扰我国经济可持续发展。为加大对环境问题的监管力度，国家相继颁布了一系列法律法规，但环境保护压力仍然不断增加并面临巨大挑战。为探索新型环境管理机制、推动经济发展与环境保护的良性循环，2016年12月，全国人大常委会通过了《中华人民共和国环境保护税法》（简称《环境保护税法》），2018年10月26日修正。

《环境保护税法》共五章二十八条，包括总则、计税依据和应纳税额、税收减免、征收管理、附则等内容。旨在通过税收手段，引导企业减少污染物排放，推动绿色生产和消费，从而实现经济社会的可持续发展。其征税对象主要包括大气污染物、水污染物、固体废物和噪声等。计税依据则是根据污染物的种类和数量来确定。为了鼓励企业积极采取环保措施，减少污染物排放，该法规定了一系列税收优惠和减免政策。

　　《环境保护税法》被称为我国首部"绿色税法"。作为我国首个明确以环境保护为目标的独立型环境税税种，环境保护税的重要意义在于构建绿色财税体制、调节排污者污染治理行为、建立绿色生产和消费体系，对保护和改善环境、减少污染物排放、推进生态文明建设、建设"绿色税制"具有重要意义。

耕地占用税法

　　随着城市化进程的加速，土地资源日益紧缺，巧"借"耕地违规建房并租售的现象频发。为了合理利用土地资源，加强土地管理，保护耕地，2018年12月，全国人大常委会通过了《中华人民共和国耕地占用税法》（简称《耕地占用税法》），自2019年9月1日起施行。

　　《耕地占用税法》不分章节，全文共十六条。该法规定了纳税人和征税范围、税率及税额计算方法、税收优惠和减免政策等内容，规定在中华人民共和国境内占用耕地建设建筑物、构筑物或者从事非农业建设的单位和个人为耕地占用税的纳税人。在计税依据和税率方面，耕地占用税以纳税人实际占用的耕地面积为计税依据，按照规定的适用税额一次性征收。此外，对于违法占用耕地的情况，该法也明确了相应的法律责任。未经批准占用耕地的，纳税义务发生时间为纳税人实际占用耕地的当天，税务机关有权依法征收耕地占用税。

　　《耕地占用税法》的出台和实施，为合理利用和保护耕地资源提供了有力的法律保障，有助于促进土地资源的可持续利用和社会经济的健康发展。同时，以税收形成土地复垦和开发新耕地的资金来源，对保证国民粮食安全具有重要意义。

资源税法

　　2015年3月15日，新修改的《中华人民共和国立法法》对税收法定原则进行了明确和细化,规定"税种的设立、税率的确定和税收征收管理等税收基本制度"只能由法律规定。为落实税收法定原则,需要将原来《中华人民共和国资源税暂行条例》规定的资源税征收制度由行政法规上升到法律。2019年8月,全国人大常委会审议通过了《中华人民共和国资源税法》(简称《资源税法》),并于2020年9月1日起施行。

《资源税法》不分章节,全文共十七条。主要包括纳税主体、征税范围、税目、减免税管理、分级分类确定税率的权限划分方式等内容,《资源税法》涵盖了多种应税资源,具体范围及税率由所附的《资源税税目税率表》确定,并实行从价计征或者从量计征的方式,该法采用了幅度税率或固定税率的形式。

《资源税法》的实施具有重要意义,它是贯彻生态文明理念、落实税收法定原则、完善地方税体系的重要举措。通过征收资源税,可以引导企业和个人节约使用资源,减少浪费,促进资源的可持续利用。同时,资源税也是调节资源级差收入的一种手段,有助于实现社会公平和经济稳定。《资源税法》在促进资源节约、环境保护和经济发展方面发挥着重要作用。通过合理设计和实施资源税法,可以推动资源的可持续利用,促进经济社会的绿色发展。

地下水管理条例

地下水具有重要的资源属性和生态功能,是重要的饮用水源和战略资源,在保障我国城乡生产生活供水、支持经济社会发展和维系良好生态环境方面具有重要作用。近年来,部分地区地下水超采和污染问题突出,并由此引发一系列生态环境问题。为有效解决上述问题,2021年10月,国务院发布《地下水管理条例》(简称《条例》),自2021年12月1日起施行。

《条例》共八章六十四条,包括总则、调查与规划、节约与保护、超采治理、污染防治等内容,《条例》聚焦地下水超采、污染突出等问题,强化地下水节约保护和污染防治,主要从6个方面对地下水管理做出制度安排:一是规定地下水调查评价、地下水保护利用和污染防治规划、地下水储备3项基础性制度;二是规定建立地下水"双控"、地下水取水计量、地下水资源税费征收等制度;三是规定划定地下水超采区、禁止开采区、限制开采区,编制地下水超采综合治理方案;四是规定划定地下水污染防治重点区;五是规定建立国家地下水监测站网和地下水监测信息共享机制;六是对超采、污染地下水行为,规定了严格的法律责任。

《条例》的实施，必将进一步强化地下水监管和水行政执法工作，对切实保护好、利用好宝贵的地下水资源具有重要意义。

农田水利条例

水利是农业的命脉，对提高农业综合生产能力、促进现代农业发展、保障国家粮食安全具有重要意义。水资源短缺、时空分布不均是我国的基本国情，特别是近年来，农业比较效益持续下降，制约了农田水利投入的积极性，农田水利建设组织难、管理难等问题突出。为了切实解决这些问题，加快农田水利发展，保障国家粮食安全，2016年5月，国务院发布《农田水利条例》（简称《条例》），自2016年7月1日起施行。

《条例》共八章四十五条，包括总则、规划、工程建设、工程运行维护、灌溉排水管理、保障与扶持等内容。《条例》明确了发展农田水利要坚持政府主导、科学规划、因地制宜、节水高效、建管并重的原则及政府责任，建立了农田水利规划制度，强化了农田水利工程建设管理，完善了农田水利工程运行维护机制，规范了农田灌溉与排水管理，规定了保障扶持措施和法律责任。

这是我国关于农田水利的第一部行政法规。《条例》进一步规范了农田水利规划、建设、运行、管理，有助于建立健全农田水利基本制度和长效机制，为农业稳定发展和国家粮食安全提供坚实的法治保障。

太湖流域管理条例

为保障太湖流域经济社会可持续发展，巩固太湖流域水环境综合治理成果，更好地执行水法、水污染防治法等法律，针对太湖流域洪涝灾害、水资源短缺、水污染和水环境恶化等水问题，2011年9月，国务院发布《太湖流域管理条例》（简称《条例》），自2011年11月1日起施行。

《条例》共九章七十条，主要包括总则，饮用水安全，水资源保护，水污染防治，水域、岸线保护，保障措施，监测与监督等内容，《条例》主要围绕5个方面做了制度安排：一是让太湖流域居民有水喝，喝好水；二是让太湖流域水资源合理配置，科学保护；三是让太湖流域水环境能够由浊变清，由清变美；四是让太湖水域面积不受蚕食，不再萎缩；五是让太湖流域治理措施有保障，有监督。

该《条例》是我国第一部流域综合性行政法规。它从流域综合管理的角度出发，从水资源调度、取水总量控制、水功能区监督管理、水污染防治、防汛抗旱、水域岸线管理等方面进一步强化了地方政府和相关部门及太湖流域管理机构的管理职责，尤其是在解决体制机制问题、流域管理与区域相结合等方面有多项创新和突破。《条例》为太湖流域防洪抗旱、水资源配置、水污染防治和饮用水安全等问题的解决提供了法律依据。

黄河水量调度条例

黄河是我国第二大河，承担着流域内及相关供水区约1.4亿人口（占全国的12%）、2.4亿亩耕地（占全国的15%）、50多座大中城市和重要能源基地、重化工基地的供水任务，是西北、华北地区乃至全国经济社会可持续发展的重要战略保障。但由于黄河具有水少沙多、水沙异源、年度来水时空分布不均、年际变化大等特点，导致黄河水资源供需矛盾突出。为实现黄河水资源的可持续利用，2006年7月国务院发布《黄河水量调度条例》（简称《条例》），自2006年8月1日起施行。

《条例》共七章四十三条，包括总则、水量分配、水量调度、应急调度、监督管理等内容。《条例》规定了黄河水量调度和管理的适用范围、加强对黄河水量调度工作的组织领导和实施、确立黄河水量调度的管理体制。《条例》根据黄河水量调度实践经验，将黄河水量调度分为正常情况下水量调度和应急水量调度等。

这是我国正式出台的第一部流域水量调度管理行政法规。《条例》的颁布实施，对进一步缓解黄河流域水资源供需矛盾、确保水法规定的水量调度原则在黄河流域贯彻实施具有重要意义，是黄河水资源可持续利用法制化的重要标志，必将为构建人水和谐的节水型社会做出积极贡献。

土地复垦条例

早在1988年，国务院就制定了《土地复垦规定》。随着我国经济的快速发展，生产建设活动的强度、广度越来越大，实践中出现了损毁土地"旧账未还清，新账又增加"的情况。为了规范土地复垦活动，加强土地复垦管理，提高土地利用的社会效益、经济效益和生态效益，需要全面修订《土地复垦规定》。2011年3月，国务院发布《土地复垦条例》（简称《条例》），自2011年3月5日起施行。

《条例》共七章四十四条，包括总则、生产建设活动损毁土地的复垦、历史遗留损毁土地和自然灾害损毁土地的复垦、土地复垦验收、土地复垦激励措施等内容。《条例》明确了土地复垦的责任主体，规定了一些制度性措施，如建立土地复垦方案的编制与审查制度、加强对土地复垦实施环节的监督管理、建立土地复垦资金保障机制等。为了加强历史遗留损毁土地和自然灾害损毁土地的复垦，《条例》要求编制土地复垦专项规划、明确投资渠道、规范土地复垦项目的管理方式和要求。为调动土地复垦的积极性，《条例》还规定了建立税收、使用、补贴等土地复垦激励机制。

《条例》对落实切实保护耕地的基本国策，规范土地复垦活动，加强土地复垦管理，提高土地利用的社会效益、经济效益和生态效益具有重要意义。

森林法实施条例

森林是陆地生态系统的主体和重要资源，是人类生存发展的重要生态屏障。为加强对森林资源的全面保护和合理利用、加快国土绿化和生态建设，指导和规范森林资源培育、保护等各项工作，2000年1月29日国务院发布《中华人民共和国森林法实施条例》（简称《条例》），自发布之日起施行。此后，又分别在2011年、2016年、2018年进行了修订。

《条例》共七章四十八条，包括总则、森林经营管理、森林保护、植树造林、森林采伐、法律责任、附则等内容。《条例》明确了森林资源保护发展的目标；规定了全面推行林长制，实行森林资源保护发展党政同责；建立了督查考核制度；规定了国家重点林区的范围和组成单位目录，以及林地所有权和使用权争议的处理方式；明确了林业发展规划应遵循的原则等。

《条例》的颁布实施，对于推进生态文明建设、确保森林资源的可持续利用、提高森林质量、开展森林城市建设及建设国家公园等方面具有重要作用，为推动林业高质量发展、全面深化林业改革创造了良好的法制环境。

退耕还林条例

长期以来，陡坡地耕种、毁林开垦是造成水土流失、生态恶化的重要原因，2000年3月，退耕还林试点工程正式在17个省（自治区、直辖市）实施。2001年3月，实施退耕还林被列为西部大开发的重要内容之一。为总结实践经验，更好地推动和规范退耕还林工作，2002年12月国务院发布《退耕还林条例》（简称《条例》），自2003年1月20日起施行。2016年进行过一次修订。

《条例》共七章六十五条，包括总则，规划和计划，造林、管护与检查验收，资金和粮食补助，其他保障措施，法律责任、附则等内容。《条例》明确了退耕还林的适用范围和必须坚持的原则，以及各级政府部门在退耕还林工程规划、协调、实施中的权限等；规定了退耕还林规划应当包括的主要内容、应当纳入退耕还林规划的耕地类别、规划的编制审批及退耕还林合同的签订、退耕还林所需种苗的供应采购、造林的管护与验收等事项；同时，规定国家按照核定的退耕还林实际面积向土地承包经营权人提供补助粮食、种苗造林补助费和生活补助费等。

《条例》的公布实施是我国推进生态建设的一件大事，为退耕还林工程走向法治化轨道、促进农村产业结构调整、保障退耕还林者合法权益，以及对于西部大开发和国家的可持续发展均具有深远意义。

自然保护区条例

1985年，我国颁布了《森林和野生动物类型自然保护区管理办法》，1987年5月，国务院环境委员会颁发了《中国自然保护纲要》，这是我国第一个保护自然资源和自然环境的宏观指导性文件。1988年11月，《中华人民共和国野生动物保护法》明确在国家和地方重点保护野生动物的主要生息繁衍地区划定自然保护区。1993年我国成为《关于特别是作为水禽栖息地的国际重要湿地公约》（简称《湿地公约》）缔约国之一。在以上法律文件的基础上，为总结实践经验，1994年10月国务院发布《中华人民共和国自然保护区条例》（简称《条例》），自1994年12月1日起实施。2011年、2017年进行了两次修订。

《条例》共五章四十四条，包括总则、自然保护区的建设、自然保护区的管理、法律责任等内容。《条例》明确了自然保护区的定义及保护优先、全面规划、

法规篇

依法管理、持续发展的原则,明确了自然保护区的管理机构和职责,以及自然保护区的建立与审批程序等内容,同时对违反《条例》的行为,规定了相应的处罚措施。

《条例》是我国第一部自然保护区专门法规,该《条例》的颁布实施,对于规范自然保护区建设和管理,保护自然生态系统、野生动植物资源和生物多样性,维护国家生态安全,具有十分重要的作用。

陆生野生动物保护实施条例

野生动物是生物多样性的重要组成部分,在生态系统中发挥着不可替代的作用,它们的生存状况同人类的可持续发展息息相关。1988年11月全国人大常委会通过了《中华人民共和国野生动物保护法》(简称《野生动物保护法》)。为贯彻实施《野生动物保护法》,1992年2月12日经国务院批准,1992年3月1日林业部发布《中华人民共和国陆生野生动物保护实施条例》(简称《条例》),自发布之日实施。历经2011年、2016年两次修订。

《条例》共七章四十五条,包括总则、野生动物保护、野生动物猎捕管理、野生动物驯养繁殖管理、野生动物经营利用管理、奖励和惩罚、附则等内容。《条例》对《野生动物保护法》做了内容上的细化,明确了陆生野生动物的定义、管理机构、保护措施、法律责任等方面的内容,对正确贯彻实施《野生动物保护法》具有重要意义。2022年12月30日第十三届全国人大常委会通过了修订后的《野生动物保护法》,自2023年5月1日起施行,作为《野生动物保护法》的配套法规,《条例》将来还会做进一步的修订和完善。

水生野生动物保护实施条例

我国海域辽阔,江河湖泊众多,加上独特的气候、地理等环境条件,为水生野生动物提供了良好的生存繁衍条件,据统计,我国现有水生生物超过2万种。但是,我们对水生野生资源的保护意识并不强,直到《野保法》颁布实施,第一次将"水生野生动物"一词确定为"珍贵、濒危的水生野生动物";同年又发布国家重点保护野生动物名录,超过70种水生野生动物被列入其中。在此基础上,为贯彻落实《野保法》,经国务院批准,1993年10月5日农业部发布《中华人民共和国水生野生动物保护实施条例》(简称《条例》)。历经2011年、2013年两次修改。

《条例》目前共五章三十五条，包括总则、水生野生动物保护、水生野生动物管理、奖励和惩罚、附则等内容。《条例》明确了水生野生动物和水生野生动物产品的范围、管理机构、监督检查、资源调查与保护、违法举报机制等；还规定了特定情况下捕捉国家重点保护的水生野生动物的许可程序，以及人工繁育国家重点保护野生动物的许可和管理要求。

《条例》的颁布，为水生野生动物的保护提供了具体的法律指导和操作规范，对于加强水生野生动物的保护、管理和科学研究具有重要意义。

野生植物保护条例

野生植物是绿水青山的基础，是生物多样性保护的重要组成部分，在生态系统物质循环和能量流动中发挥着最为重要的基础作用。

我国是世界上野生植物资源种类最丰富的国家之一，仅高等植物就达3.6万余种，居世界第3位，其中裸子植物250多种，居世界第1位。因此，我国也被誉为"裸子植物的故乡"。但是，由于经济利益的驱动和对野生植物保护意识的淡薄，导致随意乱采滥挖、超量采挖现象严重，极易对野生植物资源造成毁灭性破坏。为了保护、发展和合理利用野生植物资源，保护生物多样性，维护生态平衡，防治土地荒漠化，1996年9月国务院发布《中华人民共和国野生植物保护条例》(简称《条例》)，2017年进行了修订。

《条例》共五章三十二条，包括总则、野生植物保护、野生植物管理、法律责任、附则等内容。《条例》规定了国家重点保护野生植物和地方重点保护野生植物的采集管理；对出售和收购及进出口野生植物等情况分别做了规定；对违反《条例》的行为，规定了相应的处罚措施。

《条例》对保护国家野生植物资源及其栖息地发挥了重要作用。同时，也打击了非法野生植物贸易，推动了我国经济的绿色、可持续发展。

农作物病虫害防治条例

随着气候环境的变化、耕作栽培方式的改变及农作物复种指数的提高，农作物病虫害呈多发、频发态势，严重威胁着农业生产安全。并且随着农村劳动力向城市转移和农业规模化经营的发展，专业化的病虫害防治的重要性日益彰显，而原有的制度规范难以适应病虫害防治工作所面临的新形势、新任务。为了保障国家粮食安全和农产品质量安全，保护生态环境，促进农业可持续发展，2020年3月国务院发布《农作物病虫害防治条例》（简称《条例》），自2020年5月1日起施行。

《条例》共七章四十五条，包括总则、监测与预报、预防与控制、应急处置、专业化服务、法律责任、附则等内容。《条例》对各级人民政府及其有关部门、农业生产经营者的防治责任做出了明确规定；并且在总结实践经验的基础上，完善了监测预报制度；同时，细化了农作物病虫害预防控制的各项措施。此外，还对农作物病虫害暴发时，应当采取的应急处置措施做了规定。

《条例》以立法的形式明确了农作物病虫害防治责任，规范了防治规程和防治方式，鼓励专业化、绿色防控，加强责任追究，为农作物病虫害防治工作提供了有力的法律保障。

人类遗传资源管理条例

我国是人口大国，具有独特的人类遗传资源优势，为发展生命科学和相关产业提供了得天独厚的条件。1998年，国务院出台了《人类遗传资源管理暂行办法》（简称《办法》）。但随着形势发展，我国在人类遗传资源管理中出现了一些新问题，如人类遗传资源非法外流不断发生，利用不够规范、缺乏统筹等。为解决实践中的突出问题，维护公众健康、国家安全和社会公共利益，在总结《办法》20多年施行经验的基础上，2019年5月国务院发布《中华人民共和国人类遗传资源管理条例》（简称《条例》），自2019年7月1日起施行。

《条例》共六章四十七条，主要包括总则、采集和保藏、利用和对外提供、服务和监督等内容。《条例》规定了人类遗传资源的采集、保藏、利用和对外提供应遵守的规则，对涉及人类遗传资源的活动进行了系统强化和规范管理。同时，明确了人类遗传资源管理工作的责任主体，即国务院卫生健康主管部门和科学技术行政部门。此外，《条例》还规定了人类遗传资源属于国家秘密，应实施保密管理。

《条例》为我国人类遗传资源管理提供了新的法制遵循，标志着我国人类遗传资源管理进一步迈入法治化轨道，为在资源保护管理与开发利用方面建立良好、恰当的平衡，保护利用好人类"生命说明书"提供了法律依据。

农业转基因生物安全管理条例

为解决农业生产过程中的资源约束、环境破坏及病虫害加剧等问题，农业生物技术应运而生。其中，农业转基因技术解决了农业生产过程中的一些困境，甚至在某种程度上成为现代农业竞争的关键因素。但农业转基因技术带来巨大效益的同时，也存在许多不确定的风险，如对人类健康、生态环境、生物多样性的影响等。为加强农业转基因生物安全管理，保障人体健康和动植物、微生物安全，保护生态环境，促进农业转基因生物技术研究，2001年5月23日国务院公布了《农业转基因生物安全管理条例》（简称《条例》），自公布之日起施行。历经2011年、2017年两次修订。

《条例》共八章五十四条，包括总则、研究与试验、生产与加工、经营、进口与出口、监督检查、罚则、附则等内容。《条例》从安全许可制度、生产与加工许可制度、经营许可制度、标识制度、进出境管理制度和行政措施这6个方面为农业转基因生物安全的监督管理提供了基本的法律依据，并建立了由农业部、国家发展改革委等多部门组成的国家农业转基因生物安全管理部际联席会议制度。《条例》对促进农业转基因技术的健康发展与合理推广、提升社会公众对转基因农产品的认知、科学防范和应对生物安全风险等均具有重要意义。

农药管理条例

农药是重要的农业投入品，是农业生产中重要的辅助工具，能有效控制病虫害的发生，提高农作物产量。但不合理的农药使用也会带来环境污染、食品安全、公众健康等问题。为规范农药的生产、经营和使用，加强管理，保证农药质量，保障农产品及人畜安全，保护农林业生产和生态环境，1997年5月8日国务院公布了《农药管理条例》（简称《条例》），历经2001年、2022年两次修订。

《条例》共八章六十六条，包括总则、农药登记、农药生产、农药经营、农药使用、监督管理等内容。在农药的生产经营方面，规定农药生产实行许可制度；规定委托加工、分装农药的委托人应当取得农药登记证，受托人应当取得农药生产许可证；规定生产企业建立原材料进货记录制度、严格按照产品质量标准进行生产，并建立出厂销售记录制度；农药包装应当符合国家有关规定；实行农药经营许可制度，对高毒等限制使用农药实行定点经营制度；在农药使用方面，要求各级农业部门加强指导，提高农药安全水平；推广生物防治、物理防治，组织实施农药减量计划。

《条例》是我国农药管理的重要法规，对维护农药生产者、经营者、使用者的合法权益，保障农、林业的生产和农产品质量安全，保护生态环境，起到了积极作用。

排污许可管理条例

《中华人民共和国环境保护法》规定，国家依照法律规定实行排污许可管理制度；未取得排污许可证的，不得排放污染物。《中华人民共和国大气污染防治法》和《中华人民共和国水污染防治法》授权国务院制定排污许可的具体办法。因此，在总结实践经验的基础上，为构建以排污许可制为核心的固定污染源监管制度体系，建立全面排污许可制度，加强排污许可管理，控制污染物排放，保护和改善生态环境，2021年1月国务院发布《排污许可管理条例》（简称《条例》），自2021年3月1日起施行。

《条例》共六章五十一条，包括总则、申请与审批、排污管理、监督检查、法律责任、附则等内容，《条例》明确了排污单位污染物排放控制的主体责任；强化了生态环境主管部门事中事后监管职责；引入了社会监督，构建了新型环境治理体系。《条例》以排污单位自行监测、台账记录、执行报告为手段，压实排污单位主体责任，推动主动守法，同时推动生态环境主管部门转变角色、找准自身定位、履行好监管职责，并要求严格落实企业主体责任和政府监管责任。

排污许可制度是固定污染源管理的核心制度，关乎生态文明制度体系和生态环境治理体系。《条例》的颁布实施，对于推动形成绿色生产方式、促进经济社会全面绿色转型、实现人与自然和谐共生具有重要意义。

气象灾害防御条例

我国是世界上受自然灾害影响最严重的国家之一，在各类自然灾害中，气象灾害占71%左右。近年来，在全球气候变暖的大背景下，我国气象灾害呈现出突发性强、种类多、强度大、频率高等特点，如局部地区出现极端高温、低温和强暴雨、暴雪、台风等，给人民群众生命财产安全带来了严重威胁。为应对气候变化，保障社会经济发展，2010年1月国务院发布《气象灾害防御条例》（简称《条例》），自2010年4月1日起施行。

《条例》共六章四十八条，包括总则，预防，监测、预报和预警，应急处置等内容。《条例》建立了政府统一领导、多部门配合、社会广泛参与的防灾减灾机制，规范了各级政府、有关部门和社会公众在气象灾害防御活动中的权利和义务。在监测、预报和预警方面，规定加强监测能力建设，整合气象监测信息资源；规范预报、预警行为；加强灾害信息传播。在灾害后的应急处置方面，要求规范气象灾害应急预案的启动、解除；规范地方政府应当采取的应急措施；规范各有关部门在应急处置中的职责。

《条例》的出台，将实现从"救灾"向"防灾"的法治新突破，对加强气象灾害的防御，避免、减轻气象灾害造成的损失，保障人民生命和财产安全发挥了基础性作用。

规划环境影响评价条例

随着社会经济建设的发展，环境形势日益严峻，如重点污染物排放总量超过环境承载能力、自然生态遭到破坏、生态系统功能退化且呈现出区域性和流域性特点等。造成这种现状的一个重要原因，就是在编制区域、流域和自然资源开发利用规划及产业发展建设规划时，没有对规划进行充分的环境影响评价，导致出现了不少环境问题，如太湖、松花江等污染事件。为从源头上预防环境污染和生态破坏，2009年8月国务院颁布《规划环境影响评价条例》（简称《条例》），自2009年10月1日起施行。

《条例》共六章三十六条，包括总则、评价、审查、跟踪评价、法律责任、附则等内容。《条例》规定了应当进行环境影响评价的范围；明确了环境影响评价的责任主体，并从评价的内容、依据、具体形式及公众参与等方面进行了规范；此外，从审查的主体、内容、程序及效力等方面对专项规划的环境影响报告书的审查进行了规范；还规定了环境影响评价跟踪制度和区域限批制度，同时对在规划环境影响评价工作中发生的各种违法行为规定了明确的法律责任。

法规篇

《条例》对加强规划的环境影响评价工作、提高规划的科学性、从源头预防环境污染和生态破坏、促进经济社会和环境的全面协调可持续发展发挥重要作用。

地质灾害防治条例

我国地质构造复杂、地形地貌起伏变化大，山地丘陵占国土面积的65%，重庆、四川、云南、贵州等省份达到90%，季风气候造成降雨在空间和时间上分布不均。特别是近年来，极端天气频发，加之人类不合理的活动，使我国成为世界上地质灾害最为严重的国家之一。为了防治地质灾害，避免和减轻地质灾害造成的损失，维护人民生命和财产安全，促进经济和社会的可持续发展，2003年11月国务院颁布《地质灾害防治条例》（简称《条例》），自2004年3月1日起施行。

《条例》共七章四十九条，包括总则、地质灾害防治规划、地质灾害预防、地质灾害应急、地质灾害治理、法律责任、附则等内容。《条例》对地质灾害防治工作提出了分级管理的原则；为从源头上杜绝人为活动引发的地质灾害，规定在地质灾害易发区内的建设项目要进行地质灾害危险性评估工作。同时，规定了地质灾害防治方案编制与群测群防制度，以及地质灾害危险性评估与"三同时"制度，并明确了地质灾害治理责任。

《条例》是我国第一部有关地质灾害防治的行政法规，其颁布实施标志着我国地质灾害防治工作正式步入法治轨道，对规范和指导地质灾害防治工作、保护人民生命和财产安全具有重要意义。

风景名胜区条例

风景名胜资源是珍贵的自然文化遗产，国务院早在1985年就颁布了《风景名胜区管理暂行条例》，但随着改革的深化和市场经济的发展，实践中出现了一些亟待解决的问题，如保护力度不够，管理机构设置混乱，门票和资源有偿使用费的收取、使用等不完善，对违法行为的处罚力度不够等。为解决上述问题，2006年9月国务院公布《风景名胜区条例》（简称《条例》），自2006年12月1日起施行。

《条例》共七章五十二条，包括总则、设立、规划、保护、利用和管理等内容。《条例》明确了风景名胜区的概念、设立原则和分级；规定风景名胜区内的土地、森林等自然资源和房屋等财产的所有权人、使用权人的合法权益受法律保护；同时，规范了风景名胜区规划的编制、审批和修改工作；为正确处理风景名胜资源的保护与利用关系，规定国家对风景名胜区实行科学规划、统一管理、严格保护、永续利用的原则。此外，还明确风景名胜区的门票收入和风景名胜资源有偿使用费，实行收支两条线管理，专门用于对风景名胜资源的保护和管理及对风景名胜区内财产的所有权人、使用权人损失的补偿。

《条例》的颁布，对于保护风景名胜资源、促进旅游业发展、完善法规体系及保护相关权利人的合法权益具有重要意义。

节约用水条例

水是事关国计民生的基础性自然资源和战略性经济资源。据统计，我国人均水资源量为2100立方米，仅为世界平均水平的1/4，水资源短缺形势严峻，节水是解决水安全问题的关键。2024年3月国务院公布《节约用水条例》(简称《条例》)，自2024年5月1日起施行。

《条例》共六章五十二条，包括总则、用水管理、节水措施、保障和监督等内容。《条例》规定加强用水定额管理、加强用水总量控制和计划用水管理、规范用水计量和水价制度、控制高耗水产业项目建设；在节水措施方面，规定推进农业节水增效、推进工业节水减排、推进城镇节水降损、促进非常规水利用；在保障监督方面，规定将节水目标完成情况纳入对地方人民政府及其负责人的考核范围；在法律责任方面，对使用国家明令淘汰的落后的、耗水量高的技术、工艺、设备和产品等违法行为，规定了相应的法律责任。

《条例》是我国首部节约用水行政法规，以水资源可持续利用为目标，建立健全节水制度政策体系，以法治方式和法治途径实现水资源节约集约高效利用，促进全社会节约用水。《条例》的出台，是全面建设节水型社会、保障国家水安全、推进生态文明建设与高质量发展的重大举措，为深入落实节水优先方针提供了有力的法治保障。

法规篇

云南省生物多样性保护条例

云南是我国生物多样性最丰富的省份，也是全球34个物种最丰富且受到威胁最大的生物多样性热点地区之一，是我国重要的生物多样性宝库和西南生态安全屏障。为健全云南省生物多样性保护法规体系，加强生物多样性保护，保障生态安全，2018年9月云南省颁布《云南省生物多样性保护条例》（简称《条例》），自2019年1月1日起施行。

《条例》共七章四十条，包括总则、监督管理、物种和基因多样性保护、生态系统多样性保护、公众参与和惠益分享、法律责任、附则等内容。《条例》中明确阐释了生物多样性的含义，即"本条例所称的生物多样性，是指生物（动物、植物、微生物）与环境形成的生态复合体以及与此相关的各种生态过程的总和，包含生态系统、物种和基因三个层次"。《条例》也明确了生物多样性保护应当遵循的六大原则，即"保护优先、持续利用、公众参与、惠益分享、保护受益、损害担责"。

《条例》是我国首部生物多样性保护地方性法规，开创了我国生物多样性保护立法的先河。《条例》结合云南省生物多样性的特点，针对生物多样性保护面临的问题和困难，突出生物多样性保护的重点，具有较强的地方特色和可操作性。

山东省生物多样性保护条例

山东省地处黄河下游，辖区内地貌类型复杂多样，优良的自然环境孕育了丰富的生物多样性，并且濒临渤海与黄海，拥有典型的海洋生态系统和丰富的海洋物种。但近年来，依然面临生态系统功能局部退化、部分物种濒危程度较高、遗传资源流失等突出问题。2023年7月山东省颁布《山东省生物多样性保护条例》（简称《条例》），自2024年1月1日起施行。

《条例》不分章节，共三十三条，主要包括对生物多样性现状的详细描述、优先区域和领域的确定及保障措施的实施等内容。《条例》针对山东省生物多样性保护工作亟待解决的问题，重点从明晰部门职责、完善协调机制、加强基础能力建设等方面进行了制度设计。并且突出本省特色，专门对海洋生物多样性保护做出具体规定：一是加强对滨海湿地、海岛、海湾、入海河口、重要渔业水域等海洋生态系统的保护;二是对海洋生物综合保育工作做出明确要求,实施近岸水环境与水生态一体化修复。此外,还对建立生物遗传资源及相关传统知识的获取与惠益分享制度,建立健全生物多样性保护资金投入机制、生态补偿机制等做了规定。

《条例》对于保护山东省生物多样性、保障生态安全、推进生态文明建设、促进全省经济社会可持续发展,具有重要意义。

环境民事公益诉讼案件司法解释

近年来,污染事件频繁发生,部分区域生态系统功能退化。由于大气、水等环境因素具有公共产品属性,通常缺乏传统法意义上的直接受害人,导致这些环境污染事件超出了普通民事诉讼的救济范围。2015年1月1日新修订的《中华人民共和国环境保护法》第五十八条赋予了社会组织提起环境民事公益诉讼的资格。为配合新的环境保护法的实施,解决实践中制约环境民事公益诉讼的突出问题,2015年1月6日最高人民法院公布了《关于审理环境民事公益诉讼案件适用法律若干问题的解释》(简称《解释》),后又在2020年进行修正。

《解释》主要包括4个方面内容:一是社会组织可提起环境民事公益诉讼;二是环境民事公益诉讼案件可跨行政区划管辖;三是同一污染环境行为的私益诉讼可搭公益诉讼"便车";四是减轻原告诉讼费用负担。此外,《解释》第十四条还对法院依职权调查收集相关证据和委托鉴定等问题进行了规定。

《解释》是新环境保护法生效以来,最高人民法院颁布的第一个审理环境责任纠纷案件的司法解释,是最高人民法院积极落实中央"用严格的法律制度保护生态环境"的重要举措,为积极推进生态文明建设提供了有力的司法保障。

生态环境侵权责任纠纷司法解释

为贯彻落实党的二十大报告和全国生态环境保护大会精神,落实用最严格制度、最严密法治保护生态环境的要求,通过对生态环境侵权法律适用问题的系统规定,依法及时有效维护被侵权人合法权益。同时,也为贯彻《民法典》绿色原则,进一步完善生态环境侵权实体裁判规则,确保《民法典》相关制度在审判实践中得到正确实施,在2023年8月15日第一个全国生态日来临之际,最高人民

法院发布了《关于审理生态环境侵权责任纠纷案件适用法律若干问题的解释》(简称《解释》),自 2023 年 9 月 1 日起施行。

《解释》主要规定了生态环境侵权案件范围、归责原则、数人侵权、责任主体、责任承担、诉讼时效等内容。《解释》第一条和第二条分别从正反两面明确了生态环境侵权案件范围;对数人侵权、第三方治理中的损害赔偿、第三人侵权、法人人格否认制度的适用、特定利益的保护、过失相抵规则的适用等进行了规定。

《解释》坚持生态优先、绿色发展、系统保护的司法理念,在平衡权利救济和行为自由基础上,突出生态环境保护的价值导向,充分发挥侵权责任制度的损失填补、损害预防等功能,推动人与自然和谐共生理念在审判工作中落地生根。

生态环境侵权证据确定

最高人民法院自 2014 年 6 月成立环境资源审判庭以来,先后制定了 20 余部涉及生态环境的司法解释,涵盖案件审理的实体和程序问题,但对证据问题并无系统性、专门性规定。为了保护当事人权利和确保法院裁判结果的公正,需构建相应的证据规则体系。在 2023 年 8 月 15 日第一个全国生态日来临之际,最高人民法院发布了《关于生态环境侵权民事诉讼证据的若干规定》(简称《规定》),自 2023 年 9 月 1 日起施行。

《规定》主要包括适用范围、举证责任、证据的调查收集和保全、证据共通原则、专家证据等内容。关于举证责任,采用法律要件分类说中的规范说,严格按照《民法典》相关规定确定生态环境侵权民事诉讼各方当事人的举证责任;关于证明标准、证据共通原则,都在相关条款中做了规定。关于专家证据,对专家证据制度在生态环境侵权案件适用中的重点、难点问题也做出较为全面的规定。关于损失、费用等的酌定,第三十条、第三十一条对酌定时的考量因素进行了列举式规定。

《规定》严守司法解释功能定位,重点完善技术性、操作性规则,紧扣法律规定的适用问题,推动生态环境侵权民事诉讼在当事人举证、证据调查收集、认定、采信等方面的规范化。

生态环境侵权案件适用惩罚性赔偿司法解释

2021年1月1日施行的《民法典》，专门在第七编：侵权责任之第七章：环境污染和生态破坏责任之第1232条新增加规定了生态环境惩罚性赔偿制度。最高人民法院为贯彻实施好《民法典》这一制度，立足破解环境违法成本低的突出问题，制定出台了《关于审理生态环境侵权纠纷案件适用惩罚性赔偿的解释》（简称《解释》），自2022年1月20日起施行。

《解释》主要包括生态环境惩罚性赔偿的适用原则、适用范围、请求的时间和内容、要件认定、基数倍数等相关内容。适用范围方面，明确了国家规定的机关和法律规定的组织作为被侵权人代表请求惩罚性赔偿的参照适用和但书规定；具体数额方面，第九条规定，惩罚性赔偿金数额，应当以环境污染、生态破坏造成的人身损害赔偿金、财产损失数额作为计算基数，同时第十条规定了一般不超过基数的2倍；程序性方面，明确了生态环境惩罚性赔偿请求应一并提起、一并解决的程序保障。

《解释》立足统筹生态环境保护、经济社会发展和保障民生的平衡点，为惩治生态环境侵权行为，推动生态文明建设，满足人民日益增长的对优美生态环境新期待，提供了制度保障，对以法治方式推进环境治理体系和治理能力现代化建设具有重要意义。

破坏野生动物资源犯罪司法解释

2020年2月24日，全国人大常委会通过了《关于全面禁止非法野生动物交易、革除滥食野生动物陋习、切实保障人民群众生命健康安全的决定》（简称《决定》），依法全面禁止食用野生动物。2020年12月26日又通过了《中华人民共和国刑法修正案（十一）》，新增罪名"非法猎捕、收购、运输、出售陆生野生动物罪"，在全国人大常委会《决定》通过和刑法修改后，亟须对破坏野生动物资源犯罪的司法解释做出修改完善，因此，最高人民法院、最高人民检察院联合发布了《关于办理破坏野生动物资源刑事案件适用法律若干问题的解释》（简称《解释》），自2022年4月9日起施行。

《解释》主要内容围绕破坏野生动物资源犯罪的定罪量刑。对破坏野生动物资源犯罪不再唯数量论，而是以价值作为基本定罪量刑标准；对破坏人工繁育野生动物资源案件的定罪量刑规则做出专门规定；对破坏野生动物资源犯罪实施全链条惩治，明确收购、贩卖非法捕捞的水产品或者非法狩猎的野生动物的，可以掩饰、隐瞒犯罪所得罪定罪处罚；《解释》还推动行政执法与刑事司法的无缝对接、双向衔接。

《解释》的公布施行，对依法惩治破坏野生动物资源犯罪、保护生态环境、维护生物多样性和生态平衡发挥重要作用。

森林资源民事纠纷案件司法解释

森林作为与湿地、海洋并列的地球三大生态系统之一，具有重要生态功能。随着集体林权制度改革的深化、自然资源资产产权制度改革的推进，林地、林木交易的日益增多，诉讼纠纷亦相应增加。最高人民法院在总结各地法院实践经验的基础上，制定了《关于审理森林资源民事纠纷案件适用法律若干问题的解释》（简称《解释》），自2022年6月15日起施行。

《解释》主要包括5个方面内容：一是强化市场规则统一，明确林地林木交易及纠纷受理规则；二是保障农村土地三权分置改革，细化林地承包经营规则；三是落实生态区位保护要求，明确公益林经营利用规则；四是服务碳达峰碳中和目标实现，规范林业碳汇交易规则；五是总结审判实践经验，丰富森林生态环境损害责任规则。

《解释》坚持用最严格制度、最严密法治保护森林生态环境，切实维护国家、社会公共利益和人民群众环境权益，落实《民法典》绿色原则，促进资源节约与生态环境保护，同时尊重自然、尊重历史、尊重习惯，推动森林资源科学合理利用。

环境污染犯罪司法解释

自2021年3月1日起施行的《中华人民共和国刑法修正案（十一）》，将刑法第三百三十八条规定的污染环境罪由原有的两档法定刑调整为三档，并修改完善了升档量刑的标准。为贯彻《中华人民共和国刑法修正案（十一）》的立法精神，最高人民法院、最高人民检察院联合发布了《关于办理环境污染刑事案件适用法律若干问题的解释》（简称《解释》），自2023年8月15日首个全国生态日起施行。

《解释》主要包括3个方面内容：一是调整污染环境罪的定罪量刑标准；二是明确环境数据造假行为的处理规则，同时进一步完善了对破坏环境质量监测系统行为适用破坏计算机信息系统罪的处理规则；三是明确办理环境污染刑事案件的宽严相济规则，一方面，将实行排污许可重点管理的单位未取得排污许可非法排污的行为，明确为从重处罚情形；另一方面，明确可以根据认罪认罚、修复生态环境、有效合规整改等因素，在必要时做从宽处理。

《解释》针对司法实践中的新情况、新问题，从司法环节发力，充分体现了"两高"依法严惩环境污染犯罪、助力生态文明建设的坚定立场，必将为全面推进美丽中国建设提供有力的司法保障。

全面"禁野令"

2019年底，新冠疫情暴发后，众多科学调查表明，引发疫情的病毒最大可能来源于野生动物。而10多年前的非典疫情，更是最终认定果子狸系病毒宿主。在反思新冠疫情的公共讨论中，要求修法的呼声空前高涨，因为《野生动物保护法》严禁猎杀、交易和食用的对象，仅限于国家重点保护野生动物，却未纳入一般保护野生动物。尤其是人工繁育的野生动物经许可后，允许合法化的商业利用。这必然为"野味产业"的失控膨胀大开方便之门，给全社会埋下病毒侵袭的隐患。

2020年2月24日，全国人大常委会通过了《关于全面禁止非法野生动物交易、革除滥食野生动物陋习、切实保障人民群众生命健康安全的决定》（简称《决定》）。《决定》首先要求凡是《野生动物保护法》和有关法律规定禁止食用野生动物的，必须严格禁止；其次是扩大了现行法律的适用范围，将"三有"类陆生野生动物和其他非保护类的陆生野生动物都列入了禁食范围，并特别强调，包括人工繁育和人工养殖的陆生野生动物；最后，在法律责任方面，对于现行法律有规定的，《决定》明确要求在现有法律规定的基础上加重处罚；对于《决定》增加的禁食野生动物的行为，要参照适用现行有关法律的规定来进行处罚。

《决定》被称为史上最严"禁野令"，《决定》的发布对于应对公共卫生安全风险、革除滥食野生动物陋习、完善法律体系、提升国际形象等，均具有重要意义。

《中国的生物多样性保护》白皮书

全球物种灭绝速度不断加快,生物多样性丧失和生态系统退化对人类生存和发展构成重大风险。中国作为《生物多样性公约》的缔约方,始终如一地致力于加强生物多样性保护。为介绍中国生物多样性保护理念和实践,增进国际社会对中国生物多样性保护的了解,国务院新闻办公室于2021年10月8日发布了《中国的生物多样性保护》白皮书。

白皮书共四章十个领域,内容包括优化就地保护体系、完善迁地保护体系、加强生物安全管理、改善生态环境质量、协同推进绿色发展、完善政策法规、强化能力保障、加强执法监督、倡导全民行动、深化全球生物多样性保护合作。

白皮书是中国政府首次发布的关于生物多样性保护的综合性报告,深入阐述了中国的生物多样性保护政策、实践成果及全球合作倡议。白皮书增强了公众对生物多样性的定义、价值及保护的紧迫性和重要性的理解,从而提高全社会保护生物多样性的意识;明确了中国生物多样性保护工作的目标和主要任务,有助于各级政府和社会各界更加有针对性地开展保护工作;有助于加强国际合作,共同应对全球生物多样性丧失的挑战。

《中国生物多样性司法保护》报告

作为世界上生物多样性最丰富的国家之一,中国一直将生物多样性保护视为国家发展的重要战略。人民法院全面推进环境资源审判工作,为加强生物多样性保护提供司法保障。为总结我国在生物多样性保护方面的司法实践与成就,最高人民法院在2022年12月5日发布了《中国生物多样性司法保护》报告(简称"报告")。

根据报告,自2013年以来,各级人民法院已审结涉及生物多样性保护的一审案件达18.2万件,案件涉及了包括中华鲟、藏羚羊、红豆杉等中国特有的珍稀物种,以及穿山甲、噬人鲨、珊瑚等全球范围内的濒危物种。这些案件的保护范围广泛,不仅涵盖野生动植物及其生存环境,还涉及渔业、林业资源、动植物检验检疫、植物新品种等多个方面。

报告强调通过司法途径保护生物多样性的重要性,确保相关法律得到有效执行。通过公开报道和案例分析,报告提高了公众对生物多样性保护重要性的认识,增强了公民的环保意识和法治观念,体现了中国积极履行国际责任、推动构建人与自然和谐共生的现代化建设,为全球生物多样性保护贡献了中国智慧和中国方案。

《中国的海洋生态环境保护》白皮书

为介绍中国海洋生态环境保护的理念、实践与成效,2024年7月11日,国务院新闻办公室发布《中国的海洋生态环境保护》白皮书。

白皮书除前言和结束语外分为七个部分,分别是构建人海和谐的海洋生态环境、统筹推进海洋生态环境保护、系统治理海洋生态环境、科学开展海洋生态保护与修复、加强海洋生态环境监督管理、提升海洋绿色低碳发展水平、全方位开展海洋生态环境保护国际合作。

白皮书指出,经过不懈努力,中国海洋生态环境质量总体改善,局部海域生态系统服务功能显著提升,海洋资源有序开发利用,海洋生态环境治理体系不断健全,海洋生态环境保护工作取得显著成效。截至2023年底,中国已排查入海排污口5.3万余个,完成入海排污口整治1.6万余个;划定海洋生态保护红线约15万平方千米,涵盖红树林、海草床、珊瑚礁等多种类型;《"十四五"海洋生态环境保护规划》聚焦美丽海湾建设主线,美丽海湾建设工作稳步推进,截至2023年底,1682项重点任务和工程措施完成近半,累计整治修复岸线475千米、滨海湿地1.67万公顷,有167个海湾优良水质面积比例超过85%;已建立涉海自然保护地352个,保护海域约9.33万平方千米,珍稀海洋生物种群正在逐步恢复,国家一级保护野生动物斑海豹每年到辽东湾越冬的数量稳定在2000头以上。

白皮书全面阐述了中国统筹推进海洋生态环境保护、系统开展海洋生态环境治理、提升海洋绿色低碳发展水平的重要举措,展示出中国广泛开展海洋生态环境保护国际合作、推动构建海洋命运共同体的实际行动和世界贡献。

自然保护区总体规划技术规程

自然资源和自然环境是人类赖以生存和发展的重要物质基础,自然保护区是保护、研究自然资源的重要场所,是人类认识自然、拯救和保存某些濒于灭绝的生物物种、合理利用自然的科学基地。为了对自然保护区建设全过程进行科学规划，充分发挥自然保护区总体规划在自然保护区建设与管理中的重要作用，国家林草局提出编制《自然保护区总体规划技术规程》（GB/T 20399—2006），该标准于2020年7月21日发布，并于同年7月28日实施。

这是国家颁布的关于自然保护区总体规划编制的标准文件。该标准的主要内容包括编制自然保护区总体规划的基本思路、方法、项目规划内容、机构与人员要求、主要技术经济指标和规划文本文件组成等技术性、原则性要求。本标准明确了规划编制的基本原则；详细介绍了规划编制的步骤方法；提出了规划编制的实施措施，从而确保规划编制的科学性和可行性。该标准适用于中华人民共和国范围内除海洋类型以外的自然保护区的规划编制。

该标准的实施，有助于规范自然保护区的规划编制工作，提高规划编制水平，推动自然保护区的可持续发展。同时，也能够有效预防和解决自然保护区建设中存在的一些问题，如资源过度开发、生态环境恶化等，对于促进自然保护区的健康发展和维护生态环境，起到了至关重要的作用。

生态公益林建设导则

为使我国林业生态体系建设和林业分类经营走上科学化、规范化轨道，指导全国生态公益林建设和林业生态工程建设，提高建设质量和成效，国家林草局特制定生态公益林建设系列标准。《生态公益林建设 导则》（GB/T 18337.1—2001）于2001年3月发布，并于同年5月实施。

《生态公益林建设 导则》（GB/T 18337.1—2001）、《生态公益林建设 规划设计通则》（GB/T 18337.2—2001）、《生态公益林建设 技术规程》（GB/T 18337.3—2001）、《生态公益林建设 检查验收规定》（GB/T 18337.4—2001）、《生态公益林建设效益 评价方法》（GB/T 18337.5—2001）是生态公益林建设系列标准的5个部分。本标准是生态公益林建设系列标准的第一项标准，明确了生态公益林建设的指导思想、原则、对象，规定了生态公益林建设程序、内容、类型、重点与建设分区，并提出了生态公益林建成标准和建设质量评价标准，以及生态公益林利用的指导性、原则性要求。适用于全国范围内的生态公益林建设与经营管理。

该标准的实施为生态公益林开展抚育和更新采伐等经营活动，或适宜开展非木质资源培育利用等提供技术支持。为各级政府和相关部门提供了具体的指导和

管理依据，以确保生态公益林建设的科学性和有效性。

草原健康状况评价

草原作为最主要的陆地生态系统之一，随着人类社会的发展，草原退化的日趋严重引起了人们对草原健康的关注。国家在2008年2月1日发布、4月1日实施了《草原健康状况评价》（GB/T 21439—2008）。

该标准规定了草原健康评价的指标和方法，内容主要有评价指标、评价标准、评价步骤，适用于草原健康状况的分级和评价。例如，2023年3月，国家林草局印发通知，部署开展全国草原健康和退化评估工作，通过抽样调查获取草原生态现状数据，将监测指标空间化和全图斑赋值，对照评估参照系数进行草原健康和退化定量评估，计算草原健康和退化等级。

《草原健康状况评价》的发布，对草原健康状况监测具有重要指导意义，能够帮助科学开展国土绿化、安排和实施中央草原生态修复治理投资任务，是一项功在当代、利在千秋的基础性、长远性工作。通过评价，可以更好地了解草原的健康状况，为制定针对性的保护和修复措施提供依据，从而促进草原生态系统的可持续发展。

海洋生态资本评估技术导则

海洋生态资本是沿海地区社会经济活动的重要生产要素之一。由于长期高强度的人类用海活动已经威胁到海洋生态系统的健康与安全，削弱了海洋生态资本的贡献，导致海洋生态系统对人类社会的服务能力大大降低。为了科学评估全国的海洋生态资本，在国家908专项成果的基础上，自然资源部制定了《海洋生态资本评估技术　导则》（GB/T 28058—2011）。

导则的内容主要包括评估方面、数据来源、海洋生物资源存量评估、海洋生态系统服务评估、编写服务评估报告等。导则用于指导国家和地方政府的海域资源有偿使用、海洋生态产品价值核算、生态补偿、环评审批、生态保护红线选划等业务，为陆海统筹的海洋生态文明建设提供科技支撑。

《海洋生态资本评估技术　导则》的制定，体现了国家对于海洋生态资源保护和管理的重视，可为海洋生态损害补偿与赔偿、海洋开发环境影响评价提供技术支撑,并为国家制定海洋经济发展规划、开展海洋生态资源的资本化管理、实施环境整治和生态修复提供依据,以促进海洋生态资源的可持续利用。该标准的出台,填补了国内海洋标准体系的一项空白。

渔业水质标准

为贯彻执行《中华人民共和国环境保护法》《中华人民共和国水污染防治法》《中华人民共和国海洋环境保护法》《中华人民共和国渔业法》,防止和控制渔业水域水质污染,保证鱼、虾、贝、藻类等海洋生物的正常生长、繁殖和水产品的质量,1989年,国家环境保护局发布了《渔业水质标准》(GB 11607—1989),于1990年3月1日实施。

该标准的主要内容包括水质监测指标、水质分级标准、渔业生产操作规范和应急处置标准,具体内容是渔业水质要求、渔业水质保护、标准实施、水质监测等。该标准适用于鱼虾类的产卵场、索饵场、越冬场、洄游通道和水产增养殖区等海水、淡水的渔业水域。

《渔业水质标准》的发布,对保护中国渔业水域、保证水产品质量、保障人民身体健康及促进渔业生产的发展有着深远的意义。

环境空气质量标准

为贯彻《中华人民共和国环境保护法》《中华人民共和国大气污染防治法》,保护和改善生活环境、生态环境,保障人体健康,生态环境部制定了《环境空气质量标准》。该标准根据国家经济社会发展状况和环境保护要求适时修订。首次发布于1982年,先后于1996年、2000年进行了两次修订。2012年2月29日,环境保护部、国家质量监督检验检疫总局第三次对其修订并联合发布,2016年1月1日正式实施。

该标准规定了环境空气功能区分类、标准分级、污染物项目、平均时间及浓度限值、监测方法、数据统计的有效性规定及实施与监督等内容。新修订后的标准草案做了以下调整:一是调整了环境空气功能区分类方案;二是调整了污染物项目及限值;三是收严了监测数据统计的有效性规定;四是更新了二氧化硫、二氧化氮、臭氧、颗粒物等的分析方法标准;五是明确了标准实施时间。

该标准自2012年发布后，有力引领大气污染防治工作，在提升公众环境意识、推进环境管理转型、推动环境质量改善等方面发挥了重要作用。该标准是国家或地方确定大气污染物排放标准值的直接依据，对于控制污染物排放、保护环境具有重要意义。

土壤长期定位监测指南

为了研究和监测气候变化、生态环境变化及土壤与地下水污染等问题的需求，通过长期定位试验和先进技术的应用，提高对自然生态系统的监测和管理水平，国家质量监督检验检疫总局、中国国家标准化管理委员会于2016年8月29日联合发布《自然生态系统土壤长期定位监测指南》（GB/T 32740—2016），并于2017年3月1日实施。

该指南的内容包括自然生态系统土壤长期定位监测的术语和定义、长期采样地设置与管理、监测指标与方法、质量控制、监测人员、设备和环境、数据管理等。适用于森林、草原、湿地和荒漠土壤的长期定位监测，也适用于人工林、草甸和人工草地土壤的长期定位监测。

该指南进一步扩大了其应用范围和影响力，为自然生态系统的土壤监测提供了标准化的操作指南，确保了监测数据的准确性和可比性，有助于科学研究和政策制定。通过其实施，可以更好地保护自然生态系统，促进生态平衡和可持续发展。

森林生态系统服务功能评估规范

联合国千年生态系统评估小组指出，森林生态系统服务功能是指森林生态系统与生态过程所形成及所维持的人类赖以生存的自然环境条件与效用。生态效益即森林发挥生态功能而产生的效益。2013年2月18日，国家下达了《森林生态系统服务功能评估规范》（20121502-T-432）标准计划。2020年，国家林草局起草了《森林生态系统服务功能评估规范》（GB/T 38582—2020），并于同年10月1日实施。

该标准规定的主要内容有森林生态系统服务功能评估的术语和定义、基本要求、数据来源、评估指标体系、分布式测算方法、评估公式。通过该标准可以掌握全国森林生态系统主要服务的物质量及价值量的基础数据、动态变化过程，建立全国森林生态系统服务信息数据库，为实现生态GDP核算和森林生态效益补偿机制的建立提供数据支撑，为国家可持续发展、生态环境建设及宏观决策提供可量化的科学依据。本标准适用于森林生态系统服务功能评估工作。

该标准的制定，统一了中国森林生态系统服务评估的指标体系和方法，使评估结果具有可比性、可操作性和广泛的应用性，为实现森林生态系统的价值核算奠定坚实的基础。

国家公园考核评价规范

国家公园是中国重要的自然保护地类型，是新型自然保护地体系的主体，需健全统一高效的考核评价管理制度，加强对国家公园生态系统状况、环境质量变化、生态文明制度执行情况、建设和管理成效的考核评估。鉴于此，国家林草局牵头制定了《国家公园考核评价规范》（GB/T 39739—2020），并于2021年7月1日实施。

该标准规定了国家公园年度考核和阶段评价的周期、内容、指标等要求，明确了年度考核和阶段评价的程序和方法。确保了国家公园在生态保护、资源管理、游客服务等方面达到预定标准，确保了公园有效管理和持续发展的重要准则。本标准适用于国家公园建设管理工作、公共服务及保护管理成效的考核评价。

该标准的制定，旨在通过广泛调研中国国内外相关研究，特别是美国和欧洲国家公园考核评价的标准，提出一套适合于中国国情的、国家公园阶段性建设管理运行水平及自然资源和生态系统总体态势的考核评价标准，为国家公园考核评价标准化和规范化提供参考依据。

生态系统评估 生态系统格局与质量评价方法

党的十八大报告明确提出："要把资源消耗、环境损害、生态效益纳入经济社会发展评价体系，建立体现生态文明要求的目标体系、考核办法、奖惩机制。"为实现这一目标，需要一套明确可行的指标体系和评价方法用于定量评价各类生态系统的面积和构成及其变化。为此，国家标准化管理委员会提出《生态系统评

估 生态系统格局与质量评价方法》(GB/T 42340—2023)以支持国家生态保护监管。

该标准是以遥感影像为主要数据源，在生态系统分类及生态参量提取的基础上，对生态系统本底状况进行的基础评估，不仅可以直接反映生态系统基本动态，也为生态问题、生态服务、生态资产评估提供基础参数。该标准主要关注于对生态系统的健康状况进行定量或定性分析，以了解生态系统的功能、变化及服务价值。适用于生态系统遥感调查与评估项目中的生态系统格局与质量的评估。

该标准的制定是为支持区域和国家尺度生态系统格局与质量评价，明确了生态系统格局与质量评价的指标体系和关键指标，用于规范以遥感信息解译为基础的评价过程的一套可操作性强的标准体系。期望通过规范的评价，掌握森林、草地、湿地等典型生态系统的优劣程度，是在特定的时间和空间范围内，对生态系统基本特征与健康状况的反映。

小微湿地保护与管理规范

2018年10月召开的《关于特别是作为水禽栖息地的国际重要湿地公约》(简称《湿地公约》)第十三届缔约方大会审议通过了中国提交的《小微湿地保护与管理决议》，决议要求所有缔约方将小微湿地纳入国家湿地保护。2023年，由国家林草局提出的《小微湿地保护与管理规范》(GB/T 42481—2023)于2023年3月17日公布，并于同年10月1日实施。

该标准规定了小微湿地的总体要求、调查登记和恢复。主要内容包括小微湿地的范围、规范性引用文件、术语和定义、小微湿地的总体要求、小微湿地的调查、信息汇总与登记、小微湿地的恢复等。该标准还特别强调了小微湿地的广布性及其重要性，鼓励采取有力政策、计划、方案、举措等，促进对小微湿地的保护、恢复和合理利用，并鼓励将符合标准的小微湿地列入《中国国际重要湿地名录》。该标准适用于对小微湿地的保护与管理。

该标准是中国落实《湿地公约》决议的具体行动，它的出台和实施填补了小微湿地保护标准化的空白，为推进中国湿地全面保护和高质量发展提供了技术规范，对于加强中国湿地保护管理、提升湿地生态功能及参与全球生态治理、引领全球湿地保护等具有重要意义。

法规篇

近岸海洋生态健康评价指南

自然资源部基于对海洋生态环境的全面了解和科学评价的需求制定了《近岸海洋生态健康评价指南》（GB/T 42631—2023）。旨在通过这项国家标准，可以更好地指导近岸海洋生态的保护和修复工作，促进海洋生态系统的健康和可持续发展。该标准于2023年5月23日发布，并于同年12月1日开始实施。

该标准的主要内容包括对海洋生态系统的地质、地貌、水文、气象等自然属性，以及人口、经济、区位等社会属性的综合评价。该标准提供了近岸海洋生态健康评价生态健康分级和评价方法的指导和建议，适用于中华人民共和国内海、领海及管辖海域内的珊瑚礁、海草床、红树林、河口海湾生态系统的健康状况评价。

该标准的实施，对于规范和指导海洋预报警报发布、海洋调查观测监测、海洋生态修复、大洋调查、海洋调查船舶安全作业等方面工作具有重要意义，是对自然资源海洋标准体系的进一步补充和完善，旨在提高海洋生态修复工作的科学化、规范化水平。

湿地生态风险评估技术规范

湿地作为地球上重要的生态系统之一，对于维护生态平衡、保护生物多样性、调节气候等方面具有不可替代的作用。随着人类活动的不断增加，湿地生态系统面临着污染、过度开发等多种压力和风险，对湿地的健康和功能造成了威胁。因此，对湿地生态风险进行科学、系统的评估变得尤为重要。为应对湿地生态系统保护和管理的需求，以及对湿地生态风险评估技术的标准化和规范化的要求，国家林草局组织制定了《湿地生态风险评估技术规范》（GB/T 27647—2024）。该标准于2024年4月正式发布，并于同年10月1日正式实施。

该标准主要包括湿地生态状况评估、湿地受威胁评估、湿地管理有效性评估、湿地生态风险评估、开发与利用建设工程生态风险评估等内容。本标准是对2011年首次发布后的第一次修订。在深入总结上一版实施经验的基础上，本标准结合《中华人民共和国湿地保护法》的最新要求，进一步明晰了标准的适用范围和评估领域，优化完善了湿地生态风险评估体系，科学简化了评估指标和评估流程，重新梳理了开发与利用建设项目的生态风险分析和监测技术要求，有效提升了湿地生态风险评估技术的完整性、可操作性和适用性。

该标准的修订实施，将有效加强湿地保护管理的量化评估，对于准确识别湿地生态风险、加强湿地生态风险防范、提升湿地保护管理水平具有重要意义。

区域生物多样性评价标准

为贯彻《中华人民共和国环境保护法》，规范生物多样性评价指标和方法，掌握并了解全国和各地生物多样性的现状、空间分布及变化趋势，明确全国和各地生物多样性保护重点，从整体上提高我国生物多样性保护的管理能力，生态环境部组织制定了《区域生物多样性评价标准》（HJ 623—2011）。该标准于2011年9月9日批准，自2012年1月1日起实施。

本标准属于行业标准，规定的主要内容包括生物多样性评价的指标及其权重、数据采集和处理、计算方法、等级划分等。标准适用于以县级行政区域作为基本单元的区域生物多样性评价，涵盖了生物多样性的层次结构、组分间相互关系、驱动要素、多源数据的综合分析等方面。此外，还包括对现有的各类模型和模型组合进行比较和不确定性分析，建立符合实际需求的生物多样性模型库，以支持科学决策制定和生态系统服务管理。

该标准的制定和实施，不仅有助于提高生物多样性保护工作的管理能力，还有助于促进城市的可持续发展，保护和维护生态系统的健康与稳定，确保自然资源的可持续利用。

国家生态保护红线标准

2020年6月5日，为贯彻落实《中华人民共和国环境保护法》《关于划定并严守生态保护红线的若干意见》要求，严守生态保护红线，维护国家生态安全，生态环境部组织起草了《生态保护红线本底调查技术指南（征求意见稿）》等八项国家环境保护标准，公开向社会征求意见。并于2020年11月25日正式发布《生态保护红线监管技术规范　基础调查（试行）》等七项国家环境保护标准，用于指导和规范生态保护红线监管工作。

这些标准涵盖了生态保护红线监管的多个方面，包括基础调查、生态状况监测、生态功能评价、保护成效评估、台账数据库建设、数据质量控制及平台建设

等。通过划定、管理、监督等一系列措施，确保国家生态安全，提升生态系统质量和稳定性。

生态保护红线标准的实施，有助于全面、系统地掌握生态保护红线的基本状况、生态状况和人类活动本底情况，通过规范化的调查、监测和评价方法，提高了数据的准确性和可比性，为生态保护红线的有效监管提供了有力支持。

生物多样性调查与监测标准

为落实我国生态文明建设、加强对我国生物多样性的保护与有效管理、了解全国和各地生物多样性现状、空间分布及变化趋势，促使生物多样性保护相关工作在标准的规范下稳定有序地开展，中国绿发会制定了《生物多样性调查与监测标准》（T/CGDF 00001—2020），并于2020年6月发布实施。

该标准规定了生物多样性调查与监测的范围、周期、原则、内容及方法、重点调查对象及成果要求，是进行不同生态类型保护地、保护区自然科学考察的依据。人工生态系统如农田、城市均可参照此标准。本标准适用于不同区域、面积大小不等的森林、荒漠、草原、内陆型江河湖泊等湿地、海岸滩涂、农田、城市等生态系统及物种多样性、遗传资源多样性方面的调查与监测，海洋生态系统另行规定。

该标准通过生物多样性调查、监测，可以获得较为完整的区域生物多样性本底数据，明确区域生物多样性种类、分布、受威胁状况及保护现状，为探讨生物多样性分布格局和维持机理研究提供了基础数据支撑。

生物多样性评估标准

为加强对我国生物多样性的保护与有效管理，评估全国和各地生物多样性现状、空间分布及变化趋势，中国绿发会针对生物多样性评估的对象、方法等制定了《生物多样性评估标准》（T/CGDF 00002—2020）。

生物多样性是指地球上所有生物体、其所包含的基因及其赖以生存的生态环境的多样化和变异性，包括遗传多样性、物种多样性和生态系统多样性3个层次。该标准适用于区域生物多样性本底评估、项目建设施工的生态环境影响评价、自然保护区（地）保护成效评估、被污染或被破坏地区的修复成效评估等相关工作。

该标准给出了如何评估不同层次生物多样性的现状、变化趋势，识别其受威胁因素等。通过评估明确生物多样性保护工作的重点和方向，提出切实可行的生物多样性保护对策和建议，从整体上提高生物多样性保护工作的管理能力。

生物多样性适应规范

为贯彻落实《中国生物多样性保护战略与行动计划（2011—2030年）》《生物多样性保护重大工程实施方案（2015—2020年）》《生物多样性公约》《世界粮食和农业生物多样性状况》有关要求，指导和规范生物多样性保护系列工作，中国绿发会制定了《生物多样性适应规范》（T/ CGDF 00004—2020）团体标准。

该标准规定了生物多样性适应的定义、原则及适应内容等要求。其适用于所有有关生物多样性保护工作，如保护区（地）的建设和管理、被污染或被破坏地区的生物多样性修复等。生物多样性适应的范围主要包括：为了减少潜在不利影响被动或是主动的调整措施；通过有效调整自身应对外界干扰和压力，缓解潜在破坏以应对生态系统变化，甚至转换成一种新的状态以适应外界变化的环境来保证系统生存、发展和演化的能力；环境发生变化时系统能通过调整、改变来保持其原有的或相近的状态，从而继续发挥作用或生存下去，即生命与环境相协调的行为。

该标准侧重于对人类行为所引发的或可能引发的生物多样性损害的规范和改正，重视在现有基础和情况下，通过规范性的引导，改变以往工业文明时代注重经济增长、忽视自然生态环境的工业化发展模式，使之调整为通过转变人类发展思路和发展模式，将生态环境保护放在重要位置，通过生态文明建设的系列举措，使人类行为在生物多样性保护方面发挥正向的、积极的导向作用。

生物多样性补偿标准

当下在生态保护实践过程中，还存在着结构性的政策缺位，特别是有关生态建设的经济政策严重短缺。构建和完善生物多样性补偿机制是协调保护生态环境与经济建设发展的重要手段之一，这种运用经济手段管理生态系统的方式也日益普遍。中国绿发会参照国内外生态、生物多样性补偿经验，于2020年制定发布

了《生物多样性补偿标准》（T/CGDF 00005—2020）团体标准。

该标准遵循"谁开发、谁保护，谁破坏、谁恢复，谁受益、谁补偿，谁污染、谁担责"的基本原则，让生态破坏者和受益者给予补偿。该标准规定了生物多样性补偿的内容、方法和技术参照，适用于与生物多样性补偿有关的项目、保护区（地）建设、被污染或被破坏地区的修复等相关工作。

生物多样性补偿是指对人类的社会经济活动给生态系统和自然资源造成的破坏和污染进行的补偿，包括对该区域内居民进行的资金、技术和实物及机会补偿等；或者针对重点生态功能区，根据其提供的生态保护面积、生态功能等贡献值，给予其逐年增长的价值补偿，补偿的增长比例不低于经济社会发展速度，以此充分激发和调动重点生态功能区参与生态保护的积极性和主动性。

生物多样性规划标准

为贯彻落实中共中央办公厅、国务院办公厅印发的《关于进一步加强生物多样性保护的意见》中"将生物多样性保护纳入各地区、各有关领域中长期规划"的要求，切实推进生物多样性保护工作，中国绿发会制定了《生物多样性规划标准》（T/CGDF 00029—2022）团体标准，于2022年1月21日发布，同年1月25日实施。

该标准规定了生物多样性规划的基本要求，涵盖基本概况、现状调查与分析、规划目标和规划指标、规划重点、公众参与、保障措施、规划成果要求等方面的规范。确定了生物多样性规划的基本原则、操作规程和要求，适用于政府部门和环境影响评价机构等开展生物多样性规划和建设的参考。

该标准的制定，旨在进一步加强中国生物多样性保护工作、保护生态系统平衡、促进人与自然和谐发展。

生物多样性恢复标准

为贯彻落实中共中央办公厅、国务院办公厅印发的《关于进一步加强生物多样性保护的意见》，由中国绿发会制定的《生物多样性恢复标准》（T/CGDF 00031—2022）团体标准正式发布，并于2022年7月8日正式实施。

该标准是中国绿发会在2020年发布的《生物多样性修复标准》（T/CGDF

00003—2020）基础上重新修订、编制而成。从生物多样性恢复技术路线、目标、原则、策略、实施和成效评估6个方面提出了评价的原则和方法，适用于森林、草原、湿地、荒漠、农田和城市等生态系统的生物多样性受损或丧失的恢复。

该标准的制定，旨在系统推动区域内生物多样性的恢复，科学指导生物多样性恢复评价工作。"生态修复"是指采用各种物理方法、化学方法及生态技术措施，结合生态自身的修复能力，最大限度地修复受损害的生态系统。侧重于人为干预和实施过程，最终呈现的成果是相对短期/动态的生态效果。

生物多样性保护与绿色发展示范基地评估指标体系

为落实中共中央办公厅、国务院办公厅印发的《关于进一步加强生物多样性保护的意见》中的相关部署要求，协助推进各地开展生物多样性保护工作，推动绿色发展，促进人与自然和谐共生，中国绿发会制定了《生物多样性保护与绿色发展示范基地评估指标体系》（T/CGDF 00032—2022）团体标准。

该标准的内容包括生态环境与绿色发展、基础设施和能力建设、宣传教育、科学研究、交流合作等方面。标准提出了生物多样性保护与绿色发展示范基地评价的原则、内容和方法、组织和流程等内容，用于指导相关机构开展生物多样性保护与绿色发展示范基地的评价。

该标准是推动生物多样性保护和绿色发展向社会化、经济化和规范化开展的重要载体；对普及生物多样性保护与绿色发展科学知识、倡导生物多样性保护与绿色发展技术方法、传播生物多样性保护与绿色发展思想、弘扬生物多样性保护与绿色发展精神、提升公民生物多样性保护与绿色发展素质起着重要作用。

生物多样性矿区标准

采矿业常被认为是破坏生物多样性的产业。在全球范围内，如何使得采矿业变得生物多样性友好，是一个备受关注的课题。为贯彻落实中共中央办公厅、国务院办公厅印发的《关于进一步加强生物多样性保护的意见》相关部署要求，切实推进矿区生物多样性保护工作，中国绿发会联合有关矿业企业编制了《生物多样性矿区标准》（T/CGDF 00034—2022）团体标准。

对矿区而言，从最初的选矿、定矿到生产等全过程，其中每一个重要环节都

要遵循生物多样性的标准、生态恢复的标准。由此，基于流程，该标准在内容上既包括矿区规划生物多样性、矿区建设生物多样性、矿区运营生物多样性、矿区恢复生物多样性等方面，还兼顾直接和间接的生物多样性影响。

该标准制定的目的是为了企业健康发展，而不是为企业利益。开矿之前的前期评估、开矿过程之中的生物多样性运营、开矿之后的生物多样性恢复，都需要矿区生物多样性标准给予引导和评估。2023年8月，该标准正式参与申报中关村绿色矿山产业联盟开展的2023年度绿色矿山科学技术奖项并获得科学技术进步奖二等奖。

矿区环境影响后评价技术规范

矿产资源为人类的生存发展提供了重要的物质基础，在人类的生产生活中占有非常重要的地位。矿产资源的开采，在推动经济发展的同时，也造成了环境污染和生态破坏。对矿区及周围的区域进行环境影响后评价是十分必要的。2023年，中国绿发会等单位联合制定了《矿区环境影响后评价技术规范》（T/CGDF 00038—2023），并于2023年4月21日实施。

该标准规定了矿区环境影响后评价的评价原则、工作流程和时间、建设项目过程回顾、建设项目工程评价、区域环境变化评价、环境保护措施有效性评估、环境影响预测验证、环境保护补救方案和改进措施，以及环境影响后评价结论等。该标准适用于矿区环境影响后评价，也可作为矿区建设项目环境影响评价工作的参考。

该标准的制定，旨在充分发挥矿区环境影响后评价的作用，及时指出矿区环境保护方面存在的不足，督促矿业企业及时处理出现的环境问题，进而推动矿业企业工程项目的可持续发展。

暗夜星空保护地项目标准

灿烂的夜空是人类自然、科学、文化、历史、教育发展的重要基础。近百年来，由于光污染日益严重，已威胁和破坏了夜间环境和星空资源。为了响应联合国教科文组织等机构关于防止和控制光污染的呼吁，中国绿发会自2016年起，倡导在需要并具备条件的地方建立暗夜星空保护地。2018年，参照国际经验，结合中国现实情况，中国绿发会制定并发布了《暗夜星空保护地和项目标准》（T/CGDF 00001—2018）。

该标准的主要内容是对暗夜保护区、暗夜公园、暗夜主题公园、暗夜社区等各类暗夜星空保护地的分类、建设、管理和运行等提出要求。例如，各类型保护地在建设之前对夜空质量、自然条件、基础设施等方面的要求，建设完成后的照明控制、科普旅游、组织领导等应符合的管理要求。

该标准的发布，对于我国暗夜星空保护是一次积极探索和尝试，有助于为有条件或有意愿开展暗夜保护项目的地方提供参照依据，更是昭示了星空保护方面的重要性，同时在国际暗夜星空保护的同步参与、合作交流方面有着重要意义。

良食准则

为系统推动健康、可持续和良善的饮食标准，指导、规范和提高人们对食品的认知，优化食品选择对人类、动物和地球的影响，中国绿发会联合中国石油大学（华东）、北京新素代科技有限公司，共同制定并发布了《良食准则》（T/CGDF 00007—2020）团体标准，是《良食标准》系列之一。该标准于2020年7月21日发布，7月28日实施。

该标准规定了良食的术语和定义、基本原则、一般要求、战略路径等内容。适用于个人、家庭、社区、机构、企业、行业等。标准的制定遵循公共健康、食物安全、生物多样性、可持续发展、公平、人人参与等六大原则，并从"气候和生物多样性、植物领先、动物福利、健康饮食、减少浪费、当地当季、循环永续、生物多样、食物教育、可持续生产产业链"10个部分对政府、企业、个人良食行为进行倡导，可按实际情况调整。

该标准旨在系统推动健康、可持续和良善的饮食方式；改变现有的饮食结构和生产方式，保护生物多样性及保障公众健康，延缓全球气候变化，并且在人口增长情况下更好地保证粮食安全及社会公平；促进公民了解食物来源及如何影响自己及世界。

生态文明建设指南

为落实习近平生态文明思想，为全社会开展生态文明建设提供指引，2020

年，中国绿发会组织编制了《生态文明建设指南》（T/CGDF 00009—2020）团体标准，于 2020 年 12 月 23 日发布，12 月 30 日正式实施。

该标准规定了关于生态文明建设的基本原则、建设目标和基本要求等，主要包括生态文明建设的法律法规标准、宣传教育、发展改革、生态环境等 10 个领域。该标准在国家生态文明有关标准规范的基础上，创新地提出了系统开展生态文明建设的理念和具体执行内容，特别对当前广受关注的生物多样性、气候变化和公共卫生安全等问题做出回应和专门的制度性安排，并尽可能细化具体落实执行的要求和内容，可供各地区、各行业及社会公众开展生态文明建设的参考和指引。

该标准的制定，确立了生态文明建设的基本原则、建设目标和基本要求，将生态文明建设分领域具体化，可落实，可考核，并为相关个人、机构、行业等践行绿色发展理念提供可参考借鉴的标准。

绿色会议标准

2018 年，中国绿发会发布了《绿会指数》（Green Meeting Index，GMI）全国团体标准，旨在鼓励朝向低碳绿色办会的任何努力的倡导性指数，鼓励如尽量减少纸质打印材料、改为线上线下同步举办、组织过程中减少一次性瓶装水的使用、降低能源耗费等，以节约资源、降低碳足迹从而保护环境。《绿会指数》成为中国在绿色会议方面的第一个标准。为建立衡量会议可持续程度的参照体系，扩展并提升《绿会指数》标准适用范围和指导作用，2021 年 9 月 2 日，《绿会指数》升级为《绿色会议标准》（T/CGDF 00027—2021）。

该标准从会议方式、会议地点、住宿、餐饮、当地交通、能耗、无纸化、生物多样性等方面进行引导和评估，倡导简约适度、绿色低碳的生活方式，反对奢侈浪费和不合理消费等，减少会议带来的环境影响。该标准规定了绿色会议的定义、基本原则和基本内容；适用于国际、国内的网络及线下会议。

该标准与时俱进，不断更新，提供了可细化、可量化、易操作、可续用的绿会指数评分表，供会议举办方参照执行，并在会后进行评分公示，鼓励更多低碳、环保的办会实践。该标准现已被多个会议、会展主动采用，还被多个重要会议采纳，如国际基因组学大会（ICG）、中国计算机大会、2023 国际气候会议（ICCOP 2023）、第十三届可持续畜牧业全球议程多方平台会议（中国区）等。

ESG 评价标准

全球投资者对环境、社会和治理（Environmental, Social and Governance, ESG）关注度的不断提升，使 ESG 投资正逐渐成为全球的主流趋势。对企业而言，卓越的 ESG 评级代表市场认同企业于社会责任方面的投入和表现，有效帮助企业建立良好的品牌形象。为企业和机构提供环境、社会和治理的评价体系，中国绿发会于 2021 年 10 月 14 日发布了《ESG 评价标准》（T/CGDF 00011—2021）。

该标准规定了环境、社会及治理评价的基本原则、实践要求、评价指标和评价方法等内容，旨在规范社会责任的同时，促进企业和机构在全球背景下的可持续发展，推进我国生态文明建设。

环境、社会和治理三要素中，环境居于首位，占据重要地位。除传统的环境问题之外，当今世界最重要的"E"就是双碳目标、新能源转型、气候变化、生物多样性保护，这是核心。工程建设、企业发展，应以保护环境、保护生物多样性为前提，以人与自然和谐共处为原则。人类生存的栖息地不断受到威胁，生物多样性丧失的速度没有减缓，我们要做到生态、经济和社会效益三者协同发展，从而缓解生物多样性丧失的危机，保护生物多样性，应对气候危机，实现双碳目标。

绿色企业评价标准

为贯彻落实中央碳达峰、碳中和战略部署要求，推进企业绿色低碳发展和绿色转型，规范绿色企业评价，促进我国生态文明建设，2021 年，中国绿发会经过广泛调查研究，参考有关国内外标准，并在广泛征求意见的基础上制定了《绿色企业评价标准》（T/CGDF 00028—2022），于 2021 年 12 月 25 日发布，2022 年 1 月 5 日正式实施。

该标准主要包括评价原则、评价方法和评价组织、评价指标体系、评价程序、评价流程和结果、评价报告等内容，具体提出了绿色企业评价的指标体系，规定了评价方法和评价流程等内容。该标准适用于具有实际生产过程的企业开展绿色评价。

该标准在管理与规划、绿色生产/经营、环境治理、社会责任 4 个方面提出了评价的原则和方法，对具有实际生产过程的企业具有指导意义。

农田土壤固碳标准

　　联合国政府间气候变化专门委员会第四次评估报告指出，农业温室气体减排潜力 90% 是靠土壤固碳。土壤固碳是实现碳中和的有效途径。土壤碳库是陆地最主要的碳库，提高农田有机质（碳）含量不仅可以提升耕地质量，还是一种缓解气候变化的固碳方式。通过适当的农业管理措施，农业土壤可以发挥较大的固碳作用。《农田土壤固碳评价技术规范　第 1 部分　当季》（T/CGDF 00035—2022）是由中国绿发会联合相关单位制定的团体标准，已于 2022 年 12 月 19 日正式发布。

　　该标准是农田固碳系列标准之一，规定了当季农田土壤固碳水平的术语与定义、评价原则、评价流程、评价指标、评价方法、数据质量保证、验证和评价报告。该标准适用于评价机构对农田土壤固碳水平的评价，特别是开展农田作物产量反映农田土壤固碳情况的评价工作；可作为作物种植时间为一年以内、多年生作物、林木及其他土壤碳库测算的参考。

　　该标准的实施，获得行业的大力支持和市场的积极响应。为配合该标准的施行，2023 年 3 月，中国绿发会标准工作委员会正式发布了《农田土壤固碳评价操作手册（试行）》。随着农田固碳系列标准的相继发布，相关农田土壤碳汇试验项目已经陆续开展并取得了一定成果，从而助力提升耕地质量，缓解气候变化，实现碳中和。

人物著作篇

一位挑海人走在山东日照的滨海滩涂湿地上。 秦玉平摄

"穿山甲女孩"在救助受伤的国家一级保护野生动物中华穿山甲。　　中国绿发会供图

中国绿发会科考团队在罗布泊调研生态和水文变化情况。　　熊昱彤摄

2022年冬天,中国绿发会生物多样性调查组在西昌通过红外相机开展野外调查。　　中国绿发会供图

生物多样性百科
Encyclopedia Biodiversity
人物著作篇

吕正操

吕正操，1904 年出生于辽宁。中国无产阶级革命家、军事家，我国铁路交通战线的领导者。1983 年离休以后，他热心支持大自然保护事业，是中国麋鹿基金会的主要创始人之一、中国麋鹿基金会第一届理事长。1985 年，为迎接我国特有物种——麋鹿回归故乡，吕正操、钱昌照、包尔汉等人领导发起、成立了中国麋鹿基金会（中国绿发会的前身），并经过不懈努力，让麋鹿得以回归自然，为生物多样性保护做出了重大贡献。中国麋鹿重引进项目也成为国际公认的、世界物种重新引进较成功的范例。

钱昌照

钱昌照，1899 年出生于江苏张家港，是近现代著名的爱国民主人士和政治活动家。他晚年致力于生物多样性保护事业，与吕正操、包尔汉等领导发起、成立了中国麋鹿基金会，共同推动麋鹿回归故乡保护项目。1985 年 11 月，他在北京南海子鹿苑会见了英国乌邦寺庄园主塔维斯·托克侯爵，赞扬其将麋鹿送回故乡的高尚行为。钱昌照以实际行动践行生态保护理念，为中英两国人民的友好往来和野生动物保护的国际事业做出了重要贡献，是我国生物多样性保护事业的奠基者和实践者。

包尔汉

包尔汉，全名包尔汉·沙希迪，1894 年出生于俄国，1912 年回到新疆，是著名的社会活动家和生物多样性保护倡导者。包尔汉与吕正操、钱昌照等领导发起、成立了中国麋鹿基金会。他致力于保护和恢复珍稀野生动物的生存环境，推动新中国生物多样性保护意识的普及和落实。他不仅是一位杰出的政治家和外交家，更是我国生物多样性保护事业的奠基者和实践者。

张健民

张健民，1931年出生于北京，中国共产党党员，1993—2001年，曾任北京市人大常委会主任、中国麋鹿基金会第二届理事长。中共第十四届中央候补委员，2003年7月任第五届北京市人民对外友好协会名誉会长。张健民在担任中国麋鹿基金会第二届理事长期间，推动促进生态环境保护和注重野生动植物保护的实效。在生物多样性保护领域，张健民组织、倡导、推动了诸多保护项目的实施和发展。在他的领导下，中国麋鹿基金会成为生物多样性保护的重要推动平台。张健民还参与了有关中国加入联合国《生物多样性公约》（CBD）的咨询工作，为中国的生态建设和保护工作做出了重要贡献。

胡昭广

胡昭广，1939年出生，1964年毕业于清华大学电机系。曾任北京市新技术产业开发试验区办公室主任，海淀区区长、区委副书记，北京市副市长等职。为适应时代发展，2009年胡德平、胡昭广等人共同提议，将"中国生物多样性保护基金会"更名为"中国生物多样性保护与绿色发展基金会"（简称"中国绿发会"）。在出任基金会第三届理事长期间，他积极推动基金会各项工作的开展，扩大其社会影响力；积极支持基金会"绿色发展系列丛书"的编撰工作，为《2024年中国绿色经济发展分析》作序，坚持不懈地为推进碳达峰碳中和、应对气候变化、促进提升全民科学素质、推动构建人类命运共同体做出自己的贡献。

胡德平

胡德平，1942年出生于湖南浏阳。曾任中共中央统战部副部长，中华全国工商业联合会第一副主席、党组书记，第十二届全国政协常委、全国政协经济委员会副主任委员等职，是中国绿发会第四届理事会理事长。2009年，与中国生物多样性保护与绿色发展基金会理事长胡昭广共同提议将"中国生物多样性保护基金会"更名为"中国生物多样性保护与绿色发展基金会"。2010年，在"中国生物多样性保护基金会"第四次理事大会上，胡德平当选为新一届理事长。

胡德平对绿色经济发展尤为重视。2008年12月，由他担任"绿基金"课题组组长、汇聚多方面专家学者，共同编写了《绿色火车头论》一书，并由人民出版社出版发行。该书以泛长三角地区的区域发展分工与两岸经贸战略合作为切入点，创新性地提出应以"两岸绿色产业合作与聚集"形成"节能减排统筹机制"来带动泛长三角地区乃至整个大陆地区的经济转型的重要战略构想。

他曾在第七届国际生物多样性保护与绿色发展论坛上演讲，强调人类发展与环境保护之间的平衡，呼吁我国应该优先考虑生态保护和可持续发展，采用经济增长与环境保护相互平衡的绿色发展模式。他还提到物种灭绝和栖息地破坏的惊人速度，强调了保护生物多样性的重要性，并呼吁中国应加强保护自然资源，包括对森林、湿地和野生动物的保护力度。

2011年，胡德平发起并主办了旨在动员社会各界响应《中国生物多样性保护战略与行动计划（2011—2030年）》的大会。会上他表示，要"坐而言，更要起而行"，鼓励所有人都参与保护生物多样性。

谢伯阳

谢伯阳，1954年出生于湖南醴陵。中国绿发会第五届理事会理事长。曾任全国工商联副主席、民生人寿保险股份有限公司董事长、中国光彩事业基金会理事长。第九、第十届全国人大代表，全国政协第十二、第十三届委员。2013年9月，被聘任为国务院参事。

他在2016年提交的《关于加强潮间带滩涂湿地保护的提案》获得"中国人民政治协商会议第十二届全国委员会优秀提案"的表彰。在这份提案中，谢伯阳建议相关部门完善滨海湿地保护法律法规，让各级政府明确管理部门职能，畅通管理渠道，健全监督机制，全面严谨地评估管辖区域内可能影响或改变湿地功能的规划。在他的推动下，中国绿发会先后在内蒙古兴安盟、云南普洱等地参与生态系统生产总值（GEP）核算等生态系统服务工作。他强调，GEP核算的根本目标是保护生态，保护生态的核心是保护生物多样性。在谢伯阳的推动下，中国绿发会发起并组织了为期10年的罗布泊科学考察（2020—2030年），以期揭示这一区域的生态环境变化规律，目前已经取得阶段性的成果。

解振华

解振华，1949年出生于天津。2021年1月至2024年1月任中国气候变化事务特使。2020年任中国生态环境部气候变化事务特别顾问，2015—2019年任中国气候变化事务特别代表。曾任国家环境保护局局长、国家环境保护总局局长、国家发展和改革委员会副主任、第十二届全国政协人口资源环境委员会副主任。

解振华长期负责中国的生态环境保护、资源节约、节能减排、循环经济和应对气候变化事务，为促进中国的绿色低碳循环可持续发展和生态文明建设，推动全球环境和气候治理做出了重要贡献。自2007年以来，解振华带领中国谈判团队不懈努力，为气候变化《巴黎协定》的达成、签署、生效和实施，《巴黎协定》实施细则的制定和首轮全球盘点的完成及21世纪20年代关键10年的全球气候行动与低碳零碳转型创新发挥了重要作用。他还推动中国与美国、欧盟等30多个国家、地区及联合国等国际组织在节能减排、绿色低碳发展等领域开展政策对话与务实合作。

解振华于2002年获全球环境基金"全球环境领导奖"，2003年获联合国环境保护最高奖"联合国环境署笹川环境奖"及世界银行"绿色环境特别奖"，2009年获全球节能联盟"节能增效突出贡献奖"，2015年获世界自然基金"宜居星球领袖奖"。2017年获得"吕志和奖——持续发展奖"后，他将所获奖金2000万港币捐赠于清华大学，成立全球气候变化与绿色发展专项基金，创建清华大学气候变化与可持续发展研究院并担任院长。2023年，解振华获得首届诺贝尔"可持续发展特别贡献奖"。

刘 恕

刘恕，1936年出生，中国科学技术协会原副主席，中国绿发会名誉理事长，荒漠化防治及干旱地区环境整治专家，中国科学院沙漠研究所研究员。1960年毕业于苏联列宁格勒森林工程学院。1960—1982年，在中国科学院兰州沙漠研究所从事研究工作。1983年起曾任甘肃省副省长，兼任兰州大学教授，担任中国科协执行秘书长、常委、副主席，中国俄罗斯友好协会常务副会长、国务院妇女儿童工作委员会委员、中国环境与发展国际合作委员会委员。他是中国人民政治协商会议第八、第九届委员。

刘恕是中国沙漠化及其控制领域研究的开拓者和带头人之一，倡导践行钱学森沙产业理念，在沙漠化及其控制的研究中做出了重要贡献，为国家科学技术进步奖特等奖"沙坡头铁路固沙研究试验"项目获奖人之一。曾先后发表《沙漠化生态学基础》等论文50余篇，出版《沙产业——跨世纪的沙漠利用战略构想》《解读沙产业》《沙产业概述》《认知沙产业践行沙产业》等10余部著作。

曲格平

曲格平，1930年出生于山东肥城。曾任全国人大常务委员会委员，全国人大环境与资源保护委员会主任委员，中华环境保护基金会创始人，中国环境管理干部学院名誉院长。被外界称为"中华环保第一人""中国的环境保护之父"。曲格平曾作为中国政府代表团成员出席了1972年在斯德哥尔摩召开的第一次人类环境会议，从此献身于我国环境保护事业，并参与了"预防为主，防治结合"、"谁污染谁治理"和"强化环境管理"三大环境政策体系的制定。

改革开放初期，曲格平大胆提出引进国外先进的管理经验，并结合我国国情制定了环境影响评价制度、"三同时"制度、排污收费制度、环境保护目标责任制等8项环境管理制度和措施。这些制度和措施的实施，使中国在经济高速增长的年代，避免了因发展经济而使环境加剧恶化的情况，为建立和完善具有中国特色的环境保护制度做出了突出的贡献。他先后发表数十篇论文，并撰写了《中国的环境问题及对策》、《中国的环境管理》（中、英文版）、《中国的环境与发展》、《世界环境问题的发展》等书籍。其中《2000年中国的环境》获国家科学技术进步奖一等奖和国务院经济技术中心特等奖，《中国自然保护纲要》获国家科学技术进步奖三等奖，《中国的环境管理》获第四届中国图书奖。

周晋峰

周晋峰，1962年出生于北京，中国绿发会第五届理事会副理事长兼秘书长，世界艺术与科学院院士、塞尔维亚国家科学院院士，世界可持续发展科学院院长，世界自然保护联盟海洋连通性工作组执行委员，罗马俱乐部执行委员，《世界环境公约》专家组成员。"光彩事业"命名者和发起人，早期的组织推动者。

周晋峰先后提出"基于人本的解决方案""环境治理三公理""生态修复四原

则""邻里生物多样性保护"等创新性概念和理念，其中"邻里生物多样性保护"理念，于2023年10月入选"巴黎和平论坛"全球解决方案。他还先后获授"2015年度十大法治人物"、2022年度全国创新争先奖、意大利之星骑士勋章等。

周晋峰长期致力于生物多样性保护与绿色发展理论研究及实践，曾成功推动条子泥湿地纳入一期世界自然遗产保护名录，发起罗布泊生物多样性调查与监测大型科学考察项目，建议将生态文明纳入《生物多样性公约》第15次缔约方大会主题并获积极反馈，先后参与起草了《斑海豹保护福利规范》《生物与科学伦理评审规范》《生物安全通用要求》等40多项全国团体标准，创建了生物多样性科学馆、世界可持续发展科学院，牵头创办了碳中和产业发展创新专委会，指导创办了《生物多样性保护与绿色发展》国际期刊并担任总编辑。

张佐双

张佐双，1946年出生，祖籍河北乐亭，教授级高级工程师，曾任国家植物园北园（原北京植物园）园长、中国绿发会第四届理事会副理事长、专家委员会常务副主任兼秘书长、植物园工作委员会主任等职。完成国家专项和省部级科研成果10余项，参与出版专著10余部，在国内外发表学术论文近百篇，荣获全国绿化奖章和全国绿化劳动模范称号，享受国务院政府特殊津贴。

张佐双的研究和贡献主要集中在生物多样性保护的植物迁地保护领域。他致力于植物园的建设和发展，为保护和保存珍稀植物品种做出了重要贡献。他曾担任原北京市园林局副总工程师、北京市公园管理中心副总工程师，推动了北京植物园园区建设、科研创新、公众教育和生态保护等多项工作的开展。尤其是在园区建设方面，他领导扩建景观、积极参与迁地植物保护工作、改善园区设施等。

张佐双积极倡导和参与生态环境保护工作，促进珍稀植物的保护和繁衍。他的著作涵盖植物学、园林景观设计、植物分类和栽培等广泛领域，主要著作包括《园林植物景观设计与营造》《花卉立体装饰》《中国芍药》《中国园林植物彩色应用图谱》《世界观赏兰花》《中国月季》《花境设计与应用大全》《逐梦——植物园六十年》《植物园学》等。其中，《植物园学》英文版 *Phytohortology* 是全球首部植物园学著作，由法国 EDP Sciences 出版社出版，并在全球发行，让植物园学登上了国际舞台。

金鉴明

金鉴明，1932年出生于浙江杭州市，是环境生态学专家，中国工程院院士，长期在国家环境保护局、环保部工作，曾任中国绿发会创会副会长及专家委员会主任，是我国生物多样性保护研究、物种移地、就地保护工程和自然保护区设计、建设工程等领域的开拓者和奠基者之一。其成果具有开创性、指导性和应用性。

金鉴明主要的研究方向为环境生态保护与修复。他参加了"南水北调工程"生态环境防治工作。2012年，"南水北调东线南四湖流域污染综合治理技术体系创新与应用"项目，通过了山东省科技厅相关组织的科技成果鉴定，为统筹流域治污与经济、社会协调发展的"治、用、保"流域污染综合治理技术体系提供了策略。他先后出版了《环境与可持续发展》《21世纪的阳光产业——生态农业》等10余部专著，发表学术论文120余篇，在环境工程学科领域做出了重要贡献。

汤佩松

汤佩松，1903年出生于湖北浠水（今蕲水），植物生理学家、生物化学家、教育家，中国科学院首批资深院士，中国植物生理学的奠基人之一。

汤佩松一生成就卓著，特别是在植物生理学和光合作用研究方面，取得了令国际同行瞩目的成就。他建立了我国第一个普通生理学实验室和第一个植物生理学专业，领导组建了中国科学院北京植物生理研究室，提出了植物"呼吸代谢多条路线"理论和汤氏公式，第一次在植物生理学中引入水势概念并提出细胞吸水的热力学解释。

20世纪50年代，汤佩松兼任北京大学教授和植物生理教研室主任。任教期间，他特别强调教师要进行科研工作，主张学生灵活主动地学习，并亲自组织和指导本科生课外研究小组进行相关活动。当时，全国各大学纷纷开设植物生理学课程，但对这门课程的学科建设和内容讲授尚不清晰，在汤佩松的支持与帮助下，我国植物生理学的教学水平有了很大的提高。尤其是1956年他发起并主持的"全国植物生理教学讨论会"，对我国植物生理学师资培养起到了积极作用。汤佩松为祖国的科学和教育事业，整整工作了72年，为中国科学事业的发展和人才培养做出了重要贡献。

吴征镒

吴征镒，1916年出生于江西九江。著名植物学家，曾任中国科学院昆明植物研究所研究员、名誉所长，中国科学院资深院士。

吴征镒参加并领导中国植物资源考察，开展植物系统分类研究，发表和参与发表的植物新分类群1766个，是中国植物学家发现和命名植物最多的一位，改变了中国植物主要由外国学者命名的历史。他系统全面地回答了中国现有植物的种类和分布问题，摸清了中国植物资源的基本家底。

吴征镒论证了我国植物区系的三大历史来源和15种地理成分，提出了北纬20°~40°的中国南部、西南部，是古南大陆、古北大陆和古地中海植物区系发生和发展的关键地区。他主编的200万字《中国植被》是一部与植物学有关学科及与农业、林业、牧业生产相关的重要科学资料。他组织领导了全国、特别是云南植物资源的调查，并指出植物有用物质的形成和植物种源分布区及其形成历史有一定相关性。他还主编了若干全国性和地区性植物志；提出了"东亚植物区"的概念，认为它是一个最古老的植物区；提出了被子植物起源于"多系—多期—多域"的理论。在植物区系地理学方面，吴征镒科学地划分了中国植物属和科的分布区类型并阐明了其历史来源，形成了独创性的区系地理研究方法和学术思想；完成中国植物区系区划，为资源保护和国土整治提供了科学依据；他还修改了世界陆地植物分区系统，为植物区系区划和生物多样性研究及保护做出了重要贡献。

陈俊愉

陈俊愉，1917年出生于天津，著名的花卉学家和园林教育家，中国工程院院士，曾任北京林业大学园林学院教授、博士生导师，是中国园林植物与观赏园艺学科的开创者和带头人。

1940年，陈俊愉从金陵大学园艺系毕业后留校工作，并在1943年获得金陵大学园艺研究部硕士学位。先后在四川大学、复旦大学工作过。1950年，毕业于丹麦哥本哈根皇家农业大学园艺研究部，回国后先后在武汉大学、华中农业大学担任教职。1958年陈俊愉加入北京林业大学，先后担任园林系教授、系主任等职务。

陈俊愉创立了花卉品种二元分类法，对中国野生花卉种质资源进行了深入的分析和研究；他致力于花卉抗性育种的新方向，并成功选育了梅花、地被菊、月季、金花茶等新品种70多个。他还对中国梅花进行了系统研究，并在菊花起源的探讨中取得了重大突破。陈俊愉的学术成果200余篇（部），其中多篇论文和专著在国内外产生了广泛的影响。他的工作不仅推动了中国园林和花卉学的发展，还对全球园艺界产生了深远的影响。其研究和成果为园艺学科的发展奠定了坚实的基础，为中国的花卉和园林产业做出了重要贡献。

王文采

王文采，1926年出生于山东济南，著名植物分类学家，中国科学院院士，中国科学院植物研究所研究员。

王文采是我国植物分类学和植物地理学领域的引领者之一，世界著名的植物分类学家。他对中国植物区系开展了广泛而深入的研究，共发表28个新属约1370个新种。他建立了赤车属、微孔草属、后蕊苣苔属、吊石苣苔属的分类系统，对翠雀属、唐松草属、侧金盏花属、铁线莲属、楼梯草属、苎麻属、石蝴蝶属和唇柱苣苔属的分类系统作了重要修订；提出了东亚植物区系的16个间断分布式样和3条迁移路线，推测云贵高原和四川一带可能是被子植物在赤道地区起源后向北扩展中形成的一个发展中心。他是毛茛科、苦苣苔科、荨麻科等类群分类研究的集大成者。通过对毛茛科植物深入的分类学和系统学研究，王文采主持编著了《中国植物志》第27、第28卷（毛茛科），发表论文17篇，他的物种新发现也让中国毛茛科由20世纪50年代原知的36个属593种，增加到42个属约800种，反映了中国极为丰富的毛茛科植物区系。他牵头组织编研了《中国高等植物图鉴》，也是《中国植物志》的主要完成人之一，为摸清中国植物资源家底，推动我国农业、林业、牧业发展等做出了重要贡献。

陈昌笃

陈昌笃，1927年出生于湖南新宁，著名生态学家，曾任中国生态学学会理事长，北京大学城市与环境学院教授。中国绿发会专家委员会副主任。他是北京大学植物地理方向的创始人、北京大学宏观生态的奠基者，也是中国景观生态学的奠基人之一。

他系统论述了"地生态学",还把"景观生态学"这一新兴学科介绍到中国。他十分关心中国干旱和半干旱地区的植被和生态学问题,率先纠正了前人将中国草原分为东西两片的错误,并于1995年首次在我国提出抢救濒危景观的问题。在推动中国生态学,特别是宏观生态学的发展方面,发挥了重大作用。

陈昌笃是中国自然保护事业的先行者,也是我国三部重要纲领性国家文件《中国自然保护纲要》《中国生物多样性保护行动计划》《中国生物多样性国情研究报告》的主要执笔人和统稿人,为国家自然保护事业做出了卓越贡献。他一生著述颇丰,共发表学术性论文90余篇,科普性论文50余篇,与他人合编专著6部,编写大学教材1本,为后人留下宝贵的学术财富。

孙儒泳

孙儒泳,1927年出生于浙江宁波,中国著名生态学家,中国科学院院士,曾任北京师范大学教授、博士生导师。孙儒泳长期从事动物生态学的研究和教学工作,在啮齿类动物生理生态的研究和动物生态学教材建设方面成绩斐然。他一生致力于生态学的发展,研究领域涉及动物生理生态学、种群生态学、行为生态学、水产养殖生态学、生态系统服务等,撰写和翻译生态学教材近20部,发表学术论文150余篇,是中国动物生态学和动物生理生态学的奠基人与开拓者,在生态学教学、科研、学科建设和人才培养等方面做出了突出贡献。

他曾任《生态学报》和《兽类学报》副主编,《动物学报》和《动物学研究》编委,美国《生理动物学》(Physiological Zoology)编委。他的专著《动物生态学原理》获第二届高校教材评审全国优秀奖和1992年全国教学图书展一等奖。他曾获得众多荣誉和奖项,包括农业部科学技术进步奖二等奖、国家自然科学奖三等奖等。他用8个季节获得的实验资料,证明地理上相距仅110千米的两个种群间存在着静止代谢率的地理变异,这种变异平行出现于两种小啮齿类,即生活在草甸中的普通田鼠和森林中的欧鼠,从而为兽类提供了地理物种形成假说的生理生态学证据。同时,提出了地理变异季节相的新概念,为今后生态学研究打下了重要基础。

林培钧

林培钧，1928年出生于四川宜宾，植物学家。他以在新疆伊犁地区的野果林研究而闻名，为保护生态环境做出了卓越贡献。

1954年毕业于西南农学院园艺系后，林培钧前往新疆工作，最初在和田基层农技站工作，随后在1957年被分配到伊犁地区组建园艺站。他与妻子施丽在伊犁新源县野果林中发现了野生欧洲李，这一发现震惊了世界植物学界，为欧洲李的起源问题提供了确凿证据。

1958—1988年，林培钧一直在伊犁从事野果林（苹果、杏、李、核桃等）资源的研究和保护工作。主持完成了国家自然科学基金项目"天山野果林资源——伊犁野果林综合研究"，并出版了详细介绍伊犁野果林的专著，推动了国际学术交流，并促使伊犁州政府将1500亩野果林划为保护区，为该地区的生态保护和果树产业发展做出了重要贡献。

他积极倡导生态保护，为建立伊犁野果林生态公园和自然保护区不懈努力。他的工作不仅揭示了伊犁野果林的科学奥秘，也为伊犁野果林种质资源保护奠定了基础。

王献溥

王献溥，1929年出生于广西浦北。我国著名的植物学家，中国科学院植物研究所原副所长。曾任世界自然保护联盟国家公园与保护区委员会（CNPPA）副主席。北京生态学学会第一、第二届理事长，中国绿发会植物课题组负责人，主要从事中国热带、亚热带植被生态学研究，保护区分类、有效管理和生物多样性保护与利用的研究。1987年获得国家自然科学奖二等奖，1990年获得中国科学院竺可桢野外科学工作奖。他撰写的著作包括《自然保护区理论与实践》《生物多样性理论与实践》《保护人类之食粮——植物》《自然保护区的建设与管理》《生物多样性就地保护》。

从事科研工作50年来，王献溥以"第一作者"身份在国内外各学术刊物发表论文337篇，专著5部，其中主题为"生物多样性"的有82篇。在1994年9月召开的"首届全国生物多样性保护与持续利用研讨会"上，他发表了题为"濒危物种保护现状与对策"的报告，引起极大关注。他是我国自然保护和生物多样性保护领域的先驱者。

徐凤翔

徐凤翔，1931年12月出生于江苏丹阳，西藏农牧学院高原生态研究所创始人、首任所长、生态学教授、国务院特殊津贴专家、全国"三八红旗手"。

徐凤翔从事生态教育教学和科学研究工作长达40余年，期间考察了全国65个主要林区，尤其专注于西藏高原生态、森林生态资源的调查、保护和国际推介工作，走遍西藏18个主要林区，考察行程达13余万千米，取得了大量珍贵的数据、标本和影像资料，填补了我国高原生态研究多项空白。著有《中国西藏山川植被》《西藏高原森林生态研究》《西藏高原森林生态景观》《绿野行踪：林海高原六十载》等多部专著和学术论文，推动了岗乡高蓄积量林芝云杉林自然保护区、巨柏林保护区、东久高山松后备资源基地、墨脱林区生态与珍稀物种保护区（点）等的建立，获得了"高蓄积量云杉林""古树异木"等多个世界第一的科学发现，开创了高原生态研究的先河，曾先后荣获"全国先进工作者"、原国家林业部科学技术进步奖二等奖、第四届"地球奖"、绿色中国年度焦点人物、感动西藏人物等多项荣誉。

郑光美

郑光美，1932年出生于黑龙江哈尔滨，动物学和鸟类生态学家，中国科学院院士，北京师范大学生命科学学院教授、博士生导师，长期从事动物学教学和鸟类学研究，在中国鸟类生态学和行为学研究领域，特别是在特产濒危雉类的生态适应机制和生活史对策研究方面进行了开拓性工作。他首次采用无线电遥测技术和3S技术对雉类的栖息地选择、领域、活动区和活动性特征进行分析，对栖息地片断化和人类活动的影响进行了长期研究，为保护濒危物种提供了科学依据。他历经10余年，对原产于亚热带高山的黄腹角雉进行驯养繁殖研究，攻克了存活、受精和繁殖等难题，在北京地区建成可自我维系的黄腹角雉人工种群。

郑光美先后发表研究论文100余篇，出版专著10多部，主编或合编《普通动物学》《脊椎动物比较解剖学》《鸟类学》等多种高校教材及《中国鸟类分类与分布名录》《中国濒危物种红皮书——鸟类卷》等专著多部。他所主持的中国特产濒危雉类研究课题荣获2000年国家自然科学奖二等奖。

杨焕明

杨焕明，1952年出生于浙江乐清，基因组学家，中国科学院院士、华大基因理事长、华大基因学院院长。杨焕明一直从事基因组科学的研究。他领导华大中心经过艰苦的拼搏，在世界上首次利用全基因组"霰弹法"策略，对大型植物基因组进行测序，独立完成了超级杂交水稻父本籼稻"9311"基因组的"框架图"。杨焕明和他的团队为"国际人类基因组计划""国际人类单体型图计划""国际千人基因组计划""国际癌症基因组计划"等国际基因组计划做出了重要贡献；启动并完成了杂交水稻基因组，家猪、家鸡、家蚕、熊猫及SARS基因组等多项动植物、微生物基因组计划，使中国的基因组学研究跻身于世界前沿。

杨焕明非常重视生态环境及生物多样性的保护，在近几年举行的国际基因组学大会上，他都会和工作组一起主办有关生物多样性保护的边会，并在整个会议期间倡导并践行中国绿发会提出并发布的《绿色会议标准》。他在 Nature、Science、Cell 等杂志发表研究论文300多篇；曾获国家自然科学奖二等奖、世界科学领军人物、国家科学与技术进步奖等多项荣誉；主编、主译《解读生命丛书：破解遗传密码》《"天"生与"人"生：生殖与克隆》等著作10余部。

葛玉修

葛玉修，1953年出生于山东曹县，中国绿发会中华对角羚（青海湖）保护地主任、中国摄影家协会会员、中国金融摄影家协会副主席，先后获评绿色中国年度人物、最美生态环保志愿者等荣誉称号。获聘为全国生态环境特邀观察员、黄河文化传播大使等。

多年来，葛玉修在做好本职工作的同时，积极履行社会责任，多次前往青海湖、三江源及可可西里无人区，拍摄了16万幅高原生态作品，撰写了百余篇反映野生动物及生存环境的文章，积极宣传、呼吁、践行生态环保。自费出版了专题摄影画册《鸟岛》《青海湖精灵》，创办了青海省第一个民间生态图片网站"青海青"，制作了含300余幅图片的生态环保课件，参与录制《青海·我们的国家公园》纪录片等。在他的呼吁下，普氏原羚增加了中文名字"中华对角羚"，青海湖中华对角羚特护区得以建立。2021年，葛玉修撰写的《嗨！中华对角羚》一书出版，书中介绍了青海湖地区的中华对角羚保护工作，也将他与中华对角羚的故事呈现给读者，希望让更多的人了解这一国宝级动物。葛玉修也被称为"中华对角羚代言人""青海省名片"。

熊学亮

熊学亮，1955年出生于云南。2013年，熊学亮租赁了开远市城东冷水沟片区的废弃采石场和周边石漠化荒山1000余亩，开启了石头坡石漠化综合治理及生物多样性恢复工程。他组建了红河州华信城市绿化苗木种植有限责任公司，请专业技术人员经过科学论证和实验选定树种，采用接近自然的混交方式种植，在尽量不扰动土壤的情况下，把树苗种在岩石裂隙内，并利用石块保水固土，在石头坡上种植了40多种树、共计20多万株。经过多年摸索，他在这里培育的金丝楠木、红椿、滇润楠等多个珍稀树种包括濒危的华盖木，长势喜人。

在熊学亮的带头治理下，1000余亩石漠化的荒山变成美丽青山，成为当地生物多样性恢复的典范，荣获全球"生物多样性100+案例"证书。2021年，云南开远石头坡获中国绿发会授予的"生态文明驿站"称号。在生态环境部、中央文明办举办的"十佳公众参与案例候选"活动中，"开远市冷水沟片区石漠化综合治理及生物多样性恢复"案例获得20余万票支持，名列第一。石头坡的种植模式也被科学家推荐到华南地区。在云南广播电视台国际频道《走遍云南》栏目举办的《我的红河故事》征集活动中，熊学亮的事迹《身躬力行种出绿水青山》获得一等奖。他在红河州政协《社情民意信息》第二期（总第326期）上发表的《石漠生产业，荒山变"金山"》一文，得到红河州干部群众的高度肯定和认可。2022年5月，中国绿发会在云南开远设立华盖木保护地，以云南省开远市昆河公路以东为核心区域，联合熊学亮共同开展这一濒危树种的保护工作。

郭 耕

郭耕，1961年出生于北京。北京生物多样性保护研究中心研究员，中国科普作家协会生态专业委员会副主任，北京经开区作家协会副主席，中国绿发会专家。1987—1998年，郭耕在北京濒危动物驯养繁殖中心就职，主要做灵长类饲养繁育工作，曾被中国野生动物保护协会作为"中国猴饲养专家"派往爱尔兰都柏林动物园做百日考察交流。曾参加中美合作的"绿尾虹雉野外考察"项目并获林业部科学技术进步奖二等奖。独具创意的"麋鹿科学发现纪念碑"获得国家专利局外观设计专利。

作为动物保护科普作家，郭耕自 1994 年著书《世界猿猴一览》以来，几十年笔耕不辍，撰写生物多样性及博物类科普图书 30 余部，在北京麋鹿生态实验中心创立"世界灭绝动物公墓"等生物多样性保护主题科教设施 30 余个。多年来，作为中国科学院老科学家科普演讲团教授在全国巡讲，奉献十大科普讲座。1999 年、2020 年两次获得"全国科普先进个人"称号。2022 年所著《动物与人》和 2023 年所著《鸟人话鸟》均获 2022 年、2023 年"首都科普好书奖"。著有《世界猿猴一览》《灭绝动物挽歌》《鸟兽的绝唱》《鸟兽物语》《猿猴那些事》《兽殇》《动物与人》《哺乳动物》《心系鸟兽》《鸟瞰》《知耕鸟》《动物与人那些事》《鸟人话鸟》等。

张正旺

张正旺，1962 年出生于北京。2017—2022 年，担任生物多样性与生态工程教育部重点实验室主任。现任北京师范大学教授、世界雉类协会会长、中国动物学会鸟类学分会主任委员。兼任国际鸟类学家联合会委员、国家湿地科学委员会委员、中国野生动物保护协会常务理事等多项职务。还担任 Avian Research、《野生动物学报》副主编，以及《生态学报》《湿地科学》《动物学杂志》等刊物的编委。

张正旺一直从事鸟类生态学和保护生物学方面的教学与研究工作，主持了国家科技支撑课题、国家自然科学基金项目等多个国家级研究课题。曾多次参加我国南极和北极科学考察。作为技术团队负责人为中国黄渤海候鸟栖息地申报世界自然遗产做出了重要贡献。目前主要开展的研究工作包括：珍稀濒危雉类保护生物学研究、鸟类繁殖生物学与行为生态学研究、鸟类系统发育与分子进化、湿地水鸟迁徙动态与栖息地保护等。主编或参加编写了《中国鸟类图志》《中国森林鸟类》《中国鸟类的分类与分布名录》《中国滨海湿地保护管理战略研究》等著作，在国内外发表论文 200 多篇。先后获得国家自然科学奖二等奖、国家级教学成果奖二等奖、中国科协"全国优秀科技工作者"称号。2019 年获得"庆祝中华人民共和国成立 70 周年"纪念章。

欧阳志云

欧阳志云，1962年出生于湖南，生态学家。现任中国科学院生态环境研究中心研究员、国家公园研究院院长、美国国家科学院外籍院士。曾任中国科学院生态环境研究中心主任、城市与区域生态国家重点实验室主任、中国生态学学会理事长等。

欧阳志云主要从事生态系统评估与保护、生态系统服务、生物多样性与城市生态学等方面的研究。在生态系统服务及其空间格局评估方法、生态功能区划、生态系统生产总值（GEP）核算理论和方法，以及生物多样性与生态系统服务协同保护空间规划方法等方面取得了原创性成果。他还主持完成了国家生态文明建设战略研究、全国生态系统及其变化评估、全国生态功能区划、国家公园空间布局规划、青藏高原生态与生态安全、脆弱区退化生态系统恢复重建技术与示范、黄河生态区保护修复重大工程规划、大熊猫保护工程规划、深圳等城市生态产品总值核算制度与丽水生态产品价值实现机制实施方案等项目，为国家生态保护修复、生态安全格局构建、以国家公园为主体的自然保护地体系建设、生态产品价值核算与实现机制建立等提供了科技支撑。先后荣获中国科学院杰出科技成就奖及多项国家级、省部级科技奖励。

邱明华

邱明华，1963年出生于云南丽江。理学博士，中国科学院昆明植物研究所博士研究生导师，2024年4月当选为欧洲自然科学院外籍院士。他是中国植物学会药用植物资源和植物药专业委员会副主任委员，《植物分类和资源学报（云南植物研究）》《植物科学学报》《中国中药杂志》等学术刊物的副主编或编委。

其主要研究领域为资源植物化学成分的结构及其生物活性、作用机制。截至2023年5月，邱明华已在分离纯化的天然产物中发现800多个新天然产物，发表论文300余篇，其中SCI论文220多篇，出版专著3部，参与撰稿多部；申请国家发明专利62项。

邱明华研究团队开发的无公害农药除虫菊酯高技术及其产业化促进了中国除虫菊产业的发展，其除虫菊酯精制加工技术在除虫菊产业界处于国际领先地位。

蒋高明

蒋高明，1964年出生于山东平邑，现任中国科学院植物研究所研究员、博士生导师、中国科学院大学教授、中国环境文化促进会理事、《植物生态学报》副主编、《生态学报》《生命世界》《首都食物与医药》编委、中国植物学会植物生态学专业委员会委员等。曾任中国绿发会副秘书长。其主要研究方向是陆地生态系统生态学、退化生态系统恢复、生态系统持续发展的管理策略、生态农业等。

他先后负责科技部科技支撑项目、中国科学院重点部署项目、大型国企委托项目、国家自然科学基金项目等20余项。蒋高明最早提出自然恢复理论及"畜南下、禽北上"的战略构想，有关咨询建议多次获党和国家领导人批示；研究成果曾两度入选西方大学教科书《植物生理生态学》（Plant Ecophysiology）、《地质与环境》（Geology and the Environent），并被美国《科学》杂志长篇报道；创建"六不用"（不用化肥、不用农药、不用农膜、不用除草剂、不用人工合成激素、不用转基因种子）弘毅生态农业模式，并在全国身体力行地推广，建立生态农业基地108处100多万亩。他还主编了国内第一部《植物生理生态学》教科书，发表学术论文240篇，出版专著15部。

卡尔·林奈

卡尔·林奈，1707年出生于瑞典的斯莫兰，是18世纪瑞典著名的自然学家和分类学家，也被誉为"生物分类学之父"。他的贡献不仅在于对生物分类学的重大革新，还在于对植物和动物的系统分类与命名标准的确立。他最重要的贡献之一是创建了现代生物分类学的基础。他提出采用双名命名法（binomial nomenclature）对物种进行命名，他的命名系统被称为拉丁文学名法，成为生物学界广泛接受的国际标准，至今仍在使用。他还创立了生物分类的层级制度，将生物按照界、门、纲、目、科、属、种等层次进行分类。他的分类系统被广泛应用于植物学、动物学、微生物学等领域，成为生物学研究的基础工具。

其主要著作包括《植物种志》（Species Plantarum）和《自然系统》（Systema Naturae）。《植物种志》出版于1753年，系统列举了当时已知的植物种类，采用了他提出的双名命名法系统，成为植物学分类的基础之一。《自然系统》于1735

年出版，出版后其成为世界公认的植物分类权威者。各种标本从世界各地源源不断寄到他手中，请他命名并定出其分类地位。

乔治·居维叶

乔治·居维叶，1769年出生于法国，是一位博物学家和解剖学家，被誉为现代古生物学的奠基者之一，也被认为是生物分类学的先驱之一，人们称他为"比较解剖学之父"和"古生物学之父"。他是一位百科全书式的学者，对古生物学、生物分类学和解剖学做出了杰出的贡献，对生物学的发展产生了深远影响。

乔治·居维叶创立了古生物学，通过对大量的化石进行研究，描述和命名了数百个新的古生物物种，并提出了古生物分层学说。他提出的灭绝理论，为古生物学的发展提供了重要的思想基础，也为后来的进化论提供了支持。其灭绝理论在当时引起了很大争议，但也推动了地质学和古生物学的发展。

通过对大量动物器官的观察，他将动物分为脊椎动物、软体动物、节肢动物和辐射动物四大类群，为生物分类学的发展奠定了基础。他的研究揭示了地球上生物种群的动态性和脆弱性，为现代生物多样性保护和生态系统管理提供了重要的科学依据和启示。其著述包括《动物界》（*Le Règne Animal*）、《比较解剖学讲义》（*Leçons d'Anatomie Comparée*）、《古生物学研究》（*Recherches sur les Ossements Fossiles*）、《地球理论的论文》（*Discours sur les Révolutions de la Surface du Globe*）等。

亚历山大·冯·洪堡

亚历山大·冯·洪堡，1769年出生于德国，是德国一位杰出的博物学家、地理学家和自然科学家，被誉为"生物地理学之父"。他是19世纪最杰出的科学家之一，他所做的研究和进行的探险，为人类认识和保护自然界做出了重要贡献。他的一项主要贡献是对世界各地动植物分布的研究。他通过广泛的探险和观察，系统地记录了不同地区的动植物种类和分布情况，建立了生物地理学的基础。

除了对动植物分布的研究，他还关注人类活动对自然环境的影响，特别是对气候变化的影响。通过对人类活动和自然环境的观察和分析，他提出了人类活动可能会引起气候变化的理论，这在当时是一种非常具有前瞻性的观点。其研究为后世对气候变化的认识和应对提供了重要的启示。

他的著作包括《新大陆的旅行》《中部亚洲》《宇宙》等。《新大陆的旅行》是其最著名的著作，书中记录了他对美洲的考察成果，对生物地理学和气候变化研究做出了重要贡献。他被誉为博物学领域的"百科全书式人物"，他的著作被誉为"博物学领域的百科全书"，对后世产生了深远的影响。

查尔斯·达尔文

查尔斯·达尔文，1809年出生于英国，是19世纪英国著名的科学家、生物学家和自然主义者，被称为现代生物学和进化论的奠基人。最著名的成就之一就是他关于物种起源的理论。

1859年，其出版了巨著《物种起源》，这本书彻底改变了人们对生命起源和演化的理解。他提出了自然选择的概念，认为物种在漫长的时间里通过适应环境而逐渐进化。这一理论不仅对生物学领域产生了革命性的影响，也影响了人们对世界的认识方式。除了进化理论，他还在生物多样性保护方面做出了重要的贡献。他强调了物种之间的相互依存关系及生态系统的稳定性对地球生命的重要性。他的研究工作为后世的生物学研究和生物多样性保护提供了深远的启示。

路易·巴斯德

路易·巴斯德，1822年出生于法国东尔城，是19世纪法国杰出的科学家和生物学家、化学家，是近代微生物学和现代免疫学的奠基人，被誉为"微生物学之父"。他的理论不仅对于医学领域有着巨大影响，也为环境科学和生物多样性微观层次的探索留下了重要的遗产。

路易·巴斯德在研究发酵过程中发现了微生物的作用，并提出了巴氏消毒法，这一方法成为当今卫生和医疗领域的基础。他的研究揭示了微生物对生物多样性的重要作用，也为人类对微生物的认识和利用提供了重要的基础。路易·巴斯德另一个重要贡献是疫苗研究。他成功地研发出了多种疫苗，包括狂犬病疫苗和炭疽疫苗，其疫苗研究不仅拯救了无数生命，也为医学和生物学领域的进步做出了巨大贡献。

路易·巴斯德的主要著作包括《关于发酵的研究》《关于发酵的补充研究》《狂犬病研究》《关于动物生命的现代观点》，这些著作详细阐述了他在微生物学、疾病预防和治疗方面的研究成果，为现代医学和生物学的发展提供了重要的理论基础和科学依据。他的研究揭示了微生物在自然界中的作用和分布，促进了人们对生态系统的理解。他的科学精神和对生物世界的热爱，激励着后人更深入地探索自然界的奥秘。

约翰·缪尔

约翰·缪尔，1838年出生于苏格兰，后移民美国。他是美国著名的自然主义者、环保主义者和作家，被誉为"美国保护自然的先驱者"和"美国的自然之父"。约翰·缪尔一生致力于保护美国荒野，他游历了美国西部的大部分地区，考察了内华达山脉、优胜美地山谷、阿拉斯加等地，并写下了大量游记和自然笔记。他的著作和演讲唤醒了美国人民对自然美的意识，推动了美国环保运动的发展。

约翰·缪尔通过他的作品，如《加州群山》(*The Mountains of California*)、《我们的国家公园》(*Our National Parks*)、《阿拉斯加之旅》(*Travels in Alaska*)等，向公众展示了美国各地的自然美景，并呼吁人们保护自然环境，珍惜自然资源。约翰·缪尔还积极参与环保运动，成立了美国国家公园协会，致力于保护美国的自然保护区。他的努力促成了美国许多国家公园和自然保护区的建立，包括他推动建立的约塞米蒂、石化林、大峡谷等在内的多个国家公园。在约翰·缪尔等人的影响下，1915年美国成立了生态学会，成为世界最著名的科学团体之一，在科学界做出了重大贡献。

蕾切尔·卡逊

蕾切尔·卡逊，1907年出生于美国宾夕法尼亚州，美国著名的生态学家、科普作家和环保主义者，被誉为"环境保护的先驱者"。她在致力于海洋生物学研究的同时，在科普写作领域也取得了巨大成就。其代表作《海风下》（1951年）和《边缘的海》（1955年）以优美的文笔和翔实的科学知识，向世人展现了海洋的神秘和美丽，激发了人们对海洋的热爱和保护意识。

蕾切尔·卡逊最著名的作品之一为1962年出版的《寂静的春天》(Silent Spring)。这本书揭露了杀虫剂对环境和生态系统的破坏，并警示人们关注农药对生物多样性和人类健康的潜在影响。该书成为环境保护运动的重要里程碑，被认为是现代环保文学的经典之作，影响了全球的环保运动和政策制定，也是我国中小学经典的课外读物之一。

蕾切尔·卡逊还积极参与环保运动，呼吁政府和公众采取行动保护自然环境。她在政府和学术界发表的讲话和文章在当时引起了广泛的关注和共鸣，成为环保运动的重要声音。她的努力和影响力促使美国政府在1963年禁止使用DDT等有害化学物质，开启了环保政策立法的新时代。

大卫·爱登堡

大卫·爱登堡，1926年出生于英国伦敦，是英国著名的自然学家、广播员和自然纪录片制作人，他以其深入浅出的自然纪录片而闻名于世，并被视为自然界的传奇探险家和倡导者。

大卫·爱登堡一生致力于自然纪录片的制作，他主持和解说了9部"生命"系列纪录片，包括《地球脉动》《蓝色星球》《生命》《非洲》《人类星球》等。他的足迹遍布全球，他的作品将地球上各种奇妙的动植物展现给世人，被誉为"自然纪录片之父"。大卫·爱登堡最著名的作品之一是《地球上最后的一片净土》(The Blue Planet)，这部纪录片以令人震撼的摄影效果和对大洋的深入观察，展示了海洋生物的奇妙世界，引领着观众走进海底的神秘世界。

此外，他还创作了《动物世界》(Life on Earth)、《行星地球》(Planet Earth)等一系列备受赞誉的自然纪录片，为人类呈现了地球上壮观的自然景观和动植物的生活。大卫·爱登堡还是一位环保活动家，他积极倡导保护自然环境，呼吁人们关注气候变化、野生动物灭绝和生物多样性丧失等环境问题。他曾说过，"我一生都在努力让别人了解自然界的美妙，并希望他们能够珍惜和保护它。"

盖洛德·尼尔森

盖洛德·尼尔森，1916年出生于美国，是一位政治家、环保主义者和教育家。他以创建"世界地球日"（The World Earth Day）而闻名于世，并被认为是现代环保运动的重要先驱之一。

盖洛德·尼尔森曾在第二次世界大战中担任海军飞行员，1958—1962年担任威斯康星州州长，期间致力于推动环保政策和立法。他在1969年提出了创建地球日的想法，以唤起全球对环境问题的关注和行动。1969年4月22日，第一个地球日活动在美国举行，为一个史无前例的环境保护运动，吸引了数百万人参与。这一活动逐渐发展成为全球性的环境保护活动，被视为全球环保意识觉醒的标志性事件之一。

他在20世纪70年代担任美国参议员期间，推动了《清洁空气法》（Clean Air Act）、《清洁水法案》（Clean Water Act）等重要环保法律的通过。他还是美国《国家环境政策法案》的主要发起人之一，这项法案确立了美国政府对环境保护的全面政策和目标。盖洛德·尼尔森还是一位教育家，他对威斯康星州的教育改革做出了重要贡献，并在20世纪70年代末至80年代担任威斯康星大学麦迪逊分校的校长。

莫里斯·斯特朗

莫里斯·斯特朗，1929年出生于加拿大，是一位企业家、外交家和环保先锋，曾担任联合国副秘书长兼联合国环境规划署首任执行主任。他在全球环境保护和可持续发展领域做出了重要贡献，被誉为"全球环保运动的先驱"。

莫里斯·斯特朗从20世纪60年代开始涉足环境保护领域，70年代担任联合国环境规划署首任执行主任，并领导了第一次联合国环境会议的筹备和召开，包括《联合国环境规划署章程》的制定、《联合国人类环境宣言》的通过等。

1972年，他成功筹办了联合国首届人类环境会议，将环保概念第一次正式提到全球议事日程。这也是首次在国际上就环境问题进行广泛讨论和协商的会议，为全球环保运动奠定了基础。莫里斯·斯特朗在会上发表了题为"只有一个地球"的演讲，呼吁世界各国共同保护地球环境。1973年，莫里斯·斯特朗被任命为联合国副秘书长兼联合国环境规划署首任执行主任。任期内，联合国环境规划署开展了大量工作，推动了全球环境保护事业的发展。他曾多次访问中国，为中国政府和机构提供咨询服务，帮助中国制定和实施环境保护政策，推动中国环境保护事业的发展，他还担任了中国绿发会顾问。

爱德华·奥斯本·威尔逊

爱德华·奥斯本·威尔逊，1929年出生于美国，是美国杰出的生物学家、昆虫学家、社会生物学家、环保主义者兼作家，被誉为"社会生物学之父"。爱德华·奥斯本·威尔逊的工作涉及昆虫社会行为学、生物多样性、生态学和保护生物学等多个领域。他通过对蚂蚁社会结构和行为的观察，提出了许多关于社会昆虫的理论，并对进化生物学产生了重要影响。他的著作《蚁的社会组织》（*The Insect Societies*）是社会昆虫学的经典之作，为该领域的发展奠定了基础。

1988年，他出版了《生物多样性》一书，系统阐述了生物多样性的重要性，并提出了保护生物多样性的行动建议。该书出版后，引起了全球范围内的广泛关注，生物多样性也成为全球环境保护的重要议题。他领导了多个大型生物多样性调查项目，为研究和保护生物多样性提供了重要的科学数据。他曾担任全球生物多样性调查项目（BIOTA）的主席，该项目对全球20多个地区的生物多样性进行了调查，收集了大量珍贵的科学数据。他提出了"生物多样性危机"（biodiversity crisis）的概念，并呼吁全球采取行动保护地球上的物种和生态系统。作为一名环保主义者，爱德华·奥斯本·威尔逊倡导人类与自然界的和谐共处，主张将至少一半地球的土地和水域作为自然保护区予以保护，以维护生物多样性和生态系统的稳定。

乔治·拉布

乔治·拉布，1930年出生，是美国著名的动物学家，世界自然保护联盟（IUCN）物种存续委员会（SSC）前主席。他于1956年加入布鲁克菲尔德动物园，为研究管理员。他与芝加哥大学同事们一起，重新开发了动物行为学领域一系列新的工作。1976—2003年，担任布鲁克菲尔德动物园主任期间，他创建了动物园的教育部门，在利用自然主义展览为游客提供对整个动物园环境的沉浸式体验方面发挥了重要作用。在他的指导下，动物园开创了帮助、培养儿童关爱自然的新模式，成为动物园保护精神与运营的一部分。

在担任世界自然保护联盟物种存续委员会（SSC）主席期间，乔治·拉布帮助该委员会成为世界上最大的物种保护科学网络，随后任职于可持续利用专家小组。1990年，他成立了物种存续委员会两栖动物数量减少特别工作组，以确定世界范围内两栖动物数量突然下降和灭绝的原因。1996年，他创立了"芝加哥荒野"组织，维护大都市地区的特殊生物多样性。在其整个职业生涯中，他把科学方法带入所选择的工作之中，他的遗产遍布现代动物保护的所有方面。

珍·古道尔

珍·古道尔，1934年出生于英国伦敦，是一位著名的动物行为学家、生态学家和动物保护人士，她以研究非洲野生黑猩猩而闻名于世，被誉为"黑猩猩女王"。

她从小就对动物和大自然产生了浓厚的兴趣。1957年，她成为伦敦大学的一名学生，后来获得了动物行为学博士学位。在20世纪60年代，动物行为学还是一个男性主导的领域，但珍·古道尔打破了性别的藩篱，前往坦桑尼亚塔桑尼亚湖畔的古里马野生动物保护区展开她的研究生涯。

1960年，珍·古道尔来到坦桑尼亚的贡贝溪国家公园，开始了她对野生黑猩猩的长期研究，观察和记录了黑猩猩的行为和社会结构。她发现，黑猩猩具有丰富的情感和智慧，能够使用工具、表达情感、建立社会关系等，与人类的行为有着惊人的相似之处。珍·古道尔的研究颠覆了人们对黑猩猩的传统认知，对动物行为学和人类起源研究产生了深远影响。她创立了珍·古道尔研究所和根与芽项目，致力于保护黑猩猩栖息地、提高人们对动物的保护意识和教育下一代。她出版了多部著作，包括 *In the Shadow of Man*、*The Chimpanzees of Gombe* 和 *Reason for Hope*。晚年的珍·古道尔仍然努力工作，并且开办了 *Hope* 节目，以促进生物多样性主流化。

大卫·铃木

大卫·铃木，1936年出生于加拿大温哥华，是加拿大一位日裔遗传学家、环保主义者、广播员和作家，是环保运动的杰出代表之一。

大卫·铃木早年从事遗传学研究，曾在加拿大和美国的多所大学任教，20世纪70年代开始转向环保领域，成为一名活跃的环保主义者和社会评论家。他通过广播、电视节目和书籍等多种方式，向公众传播环保理念和科学知识，成为环保意识觉醒的先锋。他曾担任加拿大广播公司（CBC）科学节目 *The Nature of*

Things 的主持人长达 25 年，通过电视节目向公众普及环境科学知识，提高人们的环保意识。他还创立了大卫·铃木基金会，致力于研究和推广可持续发展解决方案。

大卫·铃木是加拿大环境运动的重要领导者之一，他长期致力于推动政府和企业采取行动保护环境，呼吁人们减少碳排放、保护生物多样性、支持可持续发展等。他的环保倡议和活动对加拿大环境政策的制定和实施产生了重要影响，使环境保护成为加拿大社会和政治议程的重要组成部分。大卫·铃木的环保工作和影响力获得了广泛认可，荣获包括联合国环境规划署颁发的"地球卫士奖"、加拿大勋章在内的许多奖项和荣誉。

旺加里·马塔伊

旺加里·马塔伊，1940 年出生于肯尼亚，是肯尼亚环保主义者、政治活动家和学者，因其对环境保护和社会变革的卓越贡献而获得诺贝尔和平奖，因其发起的树木种植计划而闻名于世，被誉为"树木母亲"。她是第一位获得诺贝尔和平奖的非洲女性，也是第一位获得该奖项的环保主义者。

旺加里·马塔伊最著名的贡献之一是创立了"绿带运动"（Green Belt Movement）组织，该组织致力于通过树木种植来改善肯尼亚的生态环境，并提高妇女的社会地位和经济地位。她发起了树木种植运动，鼓励妇女种植树木、保护自然资源，并倡导可持续发展和环境保护意识。

通过她的努力，数百万棵树木在肯尼亚和其他非洲国家种植，改善了当地的生态环境，提高了人们的生活质量。她提出的"植树就是植希望"，激励了无数人投身于环保事业。因在环保和社会变革方面的杰出贡献，旺加里·马塔伊获得了许多荣誉和奖项，被誉为环保运动和社会变革的灵魂人物之一。

托马斯·洛夫乔伊

托马斯·洛夫乔伊，1941 年出生于美国俄亥俄州，美国著名的生态学家，哈佛大学教授、生态学家和环境政策专家。他的工作涵盖了热带雨林的保护、气候变化对生物多样性的影响，以及生态系统的可持续管理。1980 年，托马斯·洛夫乔伊在《科学》期刊上发表了题为"生物多样性的保护"的文章，使用了

"biodiversity（生物多样性）"一词，被誉为"生物多样性之父"。

托马斯·洛夫乔伊一生发表了大量论文和著作，其中著名的《生物多样性的保护》对生物多样性的重要性进行了阐述；《生物多样性的消失》系统描述了生物多样性面临的威胁和保护措施；《拯救地球的未来》提出了保护生物多样性的行动方案。托马斯·洛夫乔伊是"生物多样性热点"概念的创始人之一，他提出了保护生物多样性的"半岛理论"，即集中资源和精力保护一小部分地区，可以最大限度地保护全球生物多样性。他积极倡导国际合作，促进生物多样性保护的全球合作和政策制定。他还推动生物多样性保护实践，参与了多个生物多样性保护项目，如亚马孙雨林保护项目等。

杜晖贤

杜晖贤，1942年出生于加拿大，现居芬兰。杜晖贤是中国绿发会国际工作专家顾问，罗马俱乐部成员，罗马俱乐部中国委员会联合创始人，世界艺术与科学院院士，华大基因顾问委员会/智库成员，华大基因机构审查委员会高级顾问。

2000年，杜晖贤担任联合国秘书长办公室高级官员。受时任联合国秘书长科菲·阿塔·安南的任命，他负责组建秘书长办公厅全球契约办公室，并担任办公室副主任，分管对各国政府和跨国企业的联络工作。后又担任联合国全球契约组织高级顾问，并全权负责所有涉华业务，以及联合国全球契约在中国的推广工作。

长期作为中国绿发会顾问，参与基金会各项国际工作，常年为生物多样性保护、气候变化、极端天气等方面的工作在全球各地奔波，参与国内国际各大会议。他发表过多篇学术论文，合著《和平商业》，联合撰写、编辑报告《了解中国将使世界有所不同》《中国的前进之路》，在《中国日报》发表署名文章《可持续遗产》等。

乔根·兰德斯

乔根·兰德斯，1945年出生于挪威，是世界著名气候战略学者，挪威商学院名誉教授、中国绿发会国际工作顾问、罗马俱乐部成员和罗马俱乐部中国委员会联合创始人。他主要从事气候和能源问题、情景分析和系统动态方面的研究实践工作，重点关注人口增长、资源消耗、气候变化、可持续能源等问题，提出过许多解决方案和政策建议。

1972年，乔根·兰德斯与其他几位学者共同撰写了《增长的极限》，阐述了"地球资源有限，经济增长不可能无限持续"的观点，在全球范围内引起了持续几十年的广泛关注和讨论，并推动了2015年联合国可持续发展目标的出台。《增长的极限》被翻译成30多种语言，在全球范围内发行量超过3000万册。他是系统动力学模型"Earth4All"的主要开发者，该模型被用于模拟和预测全球气候变化、能源消耗等问题。

乔根·兰德斯积极参与中国环境保护事业，曾多次访问中国，为中国政府提供咨询服务。兰德斯还是《2052》一书的作者之一，这本书被认为是对未来全球发展趋势的重要预测和分析。

约翰·马敬能

约翰·马敬能，1947年出生于英国，是世界著名的野生动物学家、保护生物学家和环保主义者，还是多个国际组织的专家，包括担任中国绿发会的顾问。他在中国工作超过30年，参与了中国多个重要自然保护项目和世界遗产项目，为中国自然保护事业做出了重要贡献。

约翰·马敬能在保护生物学领域有着丰富的经验和专业知识，他曾在亚洲各地对大熊猫、东方黑猩猩、虎、大象等濒临灭绝的野生动物进行了大量的调查和研究工作，并提出了许多保护方案和政策建议。他的工作还涉及保护野生动物栖息地、减少非法狩猎和野生动物贸易等活动。

约翰·马敬能对昆虫及其生态系统健康和昆虫生物多样性保护也有颇多研究和建树。他还编著了中国第一本鸟类野外识别手册——《中国鸟类野外手册》，填补了中国鸟类学研究的空白。

博哲若

博哲若，1953年出生于瑞士，西双版纳悠然台生态文明驿站的负责人，人称"老博"。他学过生物学和经济学，是瑞士著名生物学家。他从事过很多工作，在尼加拉瓜参与过自来水供水建设项目，在瑞士国家经济秘书处工作过，担任瑞士驻华大使馆环境、经济和科学合作参赞。后机缘巧合，与云南西双版纳悠然台结下不解之缘。

2003年他来到西双版纳，租赁了一片橡胶林，砍掉原有的橡胶树，并通过各种渠道收集热带树种进行种植，在各个苗圃购买树苗，在西双版纳周边徒步把捡到的种子带回来，培育成树苗进行鉴定，运用他所掌握的生物学的知识，一点点地改变着橡胶林的面貌。如今，悠然台的树种数量已是瑞士本土树种的数倍，这里重新成为生物多样性丰富的热带雨林。

埃里克·索尔海姆

埃里克·索尔海姆，1955年出生，联合国前副秘书长兼环境规划署执行主任，现任"一带一路"绿色发展国际联盟主席、副理事长，"一带一路"绿色发展国际研究院院长、中国绿发会国际工作顾问。2005—2012年，他担任挪威环境和国际发展部部长。在此期间，他发起了全球雨林保护计划，并促成了多项影响深远的国家立法——其中包括《生物多样性法案》和保护奥斯陆城市森林的相关立法。他将挪威的发展援助金额推高至国民总收入（GNI）的1%，这个比例是当时世界上最高的。2024年2月4日，他获得了2023年度中国政府友谊奖。

埃里克·索尔海姆在联合国环境规划署（UNEP）担任执行主任期间，推动了《全球塑料行动纲领》的制定和实施，该纲领旨在通过改变塑料生产和消费模式，减少塑料污染和海洋塑料垃圾的排放，因而得到全球各界的广泛支持和参与。埃里克·索尔海姆倡导建立国际合作机制，努力加强各国之间的合作，共同应对塑料污染问题。

伊丽莎白·姆雷玛

伊丽莎白·姆雷玛，1957年出生于坦桑尼亚乞力马扎罗地区的摩西区。她是当代全球环境治理舞台上生物多样性领域的领导者，也是一位专业律师和职业外交官。2013年，她加入位于肯尼亚内罗毕的生态系统部，担任联合国环境规划署（UNEP）生态系统司副司长，负责协调业务和项目方案执行。在一些哺乳动物、鸟类或海洋物种迁徙经过的地理区域的保护项目中，她负责监督对全球迁徙动物的有效保护和一些具体物种协议的执行。2020年，伊丽莎白·姆雷玛被联合国秘书长安东尼奥·古特雷斯任命为联合国《生物多样性公约》（CBD）的执行秘书长，成为历史上首位担任这一职务的非洲女性。2022年，伊丽莎白·姆雷玛成为联合国环境规划署副执行主任。她也是中国绿发会国际工作顾问。

2021年，为了表彰她在推动环境法治方面所取得的事业成就，世界自然保护联盟世界环境法委员会与联合国环境规划署合作，授予伊丽莎白·姆雷玛女士"环境法杰出奖"。2021年10月11日，在昆明召开的联合国生物多样性大会（CBD COP15）（第一阶段）开幕式上，伊丽莎白·姆雷玛致辞，提出"要实现2050年与自然和谐共处的愿景，就必须最迟在2030年让生物多样性走向恢复之路。"

英格尔·安德森

英格尔·安德森，1958年出生于丹麦杰鲁普，经济学家和环保主义者。从1987年开始，英格尔·安德森在纽约联合国苏丹—萨赫勒办事处UNSO（总部位于内罗毕，是全球生态系统和荒漠化恢复政策中心）任职，主要研究和处理干旱与荒漠化问题。1992年全球环境基金会成立，她被任命为联合国开发计划署（UNDP）中东和北非全球环境基金协调员，负责22个阿拉伯国家的全球环境项目，领导制定了全球环境基金在阿拉伯地区的行动。

1999年，英格尔·安德森加入世界银行。其间，她专注于国际水域、环境和可持续发展问题。2015年1月，英格尔·安德森成为新一任世界自然保护联盟（IUCN）总干事，负责IUCN在全球50多个办事处的运营。2019年2月，在联合国秘书长安东尼奥·古特雷斯提名下，她被任命为联合国环境规划署（UNEP）执行主任。在她的领导下，UNEP将继续协调联合国的环境计划、帮助发展中国家实施有利于环境保护的政策及鼓励可持续发展，促进有利于环境保护的措施。

约翰·斯坎伦

约翰·斯坎伦，1961年出生，拥有澳大利亚和英国双重国籍。约翰·斯坎伦一直致力于保护野生动植物。现任大象保护倡议基金会的首席执行官、终结野生生物犯罪全球倡议行动的主席，以及英国政府的非法野生动植物贸易挑战基金的主席。他曾担任联合国《濒危野生动植物种国际贸易公约》（CITES）秘书长、非洲公园（African Parks）特使。2019年被授予享有盛誉的澳大利亚军官勋章，以表彰他通过与国际组织合作为野生动植物保护做出的杰出贡献。他是中国绿发会国际顾问。

在中国绿发会、世界猿类联盟、非洲大象保护倡议组织、北京华大基因研究院共同主办的2021世界大象日会议上，约翰·斯坎伦做主旨发言，强调关注中国云南的亚洲象北迁问题。他认为各地应该开发与地域特点相适应的解决方案来保护大象，并呼吁学者、当局和社会各方能群策群力，努力寻求用更好的方式来缓解人与象的冲突。

穆桑达·蒙巴

穆桑达·蒙巴，1974年出生于赞比亚，现任《国际湿地公约》秘书处秘书长。她是环境科学家，在环境治理和可持续发展方面有超过25年的经验，涉及气候变化适应、自然保护、保护地管理和湿地生态学。

她曾在联合国开发计划署（UNDP）担任"联合国生态系统恢复十年"行动计划的高级顾问，领导联合国开发计划署作为战略合作伙伴参与活动，并担任罗马可持续发展中心主任，主要负责气候变化、可持续发展和自然保护。

作为湿地生物学家，她在赞比亚环境委员会工作期间，主要研究赞比亚淡水生态系统的湿地和入侵物种。她曾作为初级专业人员在《国际湿地公约》秘书处工作。2008年2月，穆桑达·蒙巴曾带领一支探险队登上了乌干达的鲁文佐里山，研究山上冰川退缩及其对尼罗河系统水资源的影响。

她创立了非洲女性环境学家网络（NAWE），获得了许多赞誉，被评为全球100名最有影响力的非洲女性之一。在2022年国际妇女节，她被全球景观论坛（GLF）评为来自世界各地的16位恢复地球女性之一。她在《科学》杂志上发表了大量文章，还参与了《千年生态系统评估》内陆水域章节的撰写。

拉赞·穆巴拉克

拉赞·穆巴拉克，1979年出生于阿布扎比，是世界自然保护联盟（IUCN）

主席、穆罕默德·本·扎耶德物种保护基金的创始主任、联合国气候变化高级长官，2023年联合国气候变迁大会暨《联合国气候变化框架公约》第28次缔约方会议（COP 28）主席。

在拉赞·穆巴拉克的领导下，穆罕默德·本·扎耶德物种保护基金支持了160多个国家的2000多个物种保护项目。"有效的保护，可持续的发展"是她的座右铭。

她曾在阿布扎比环境署（EAD）负责监督世界上最有前景的哺乳动物物种重新引入计划。该计划将在阿布扎比繁殖圈养的弯腰角羚羊重新引入乍得，并为这一被列为野生灭绝的物种扩大自然栖息地，增加其个体与种群数量。在她的领导下，阿布扎比环境局建立了"地球之眼"环境数据倡议等全球伙伴关系；自2008年以来，召开了4次自然保护联盟物种生存委员会会议。

艾米·弗兰克尔

艾米·弗兰克尔，联合国《保护野生动物迁徙物种公约》（CMS）秘书处执行秘书长。她毕业于美国爱荷华州格林内尔学院、哈佛法学院。在国际环境法和政策方面拥有30多年的经验。担任过美国参议院商业、科学和运输委员会海洋、大气、渔业和海岸警卫队小组委员会的高级律师，从事与气候变化、渔业、濒危物种、海洋和沿海生态系统、船舶和陆地污染源及与《联合国海洋法公约》相关的立法工作。她在位于加拿大蒙特利尔的《生物多样性公约》（CBD）秘书处工作6年后，加入了联合国《保护野生动物迁徙物种公约》（CMS）秘书处，担任高级管理层职务，并推动了该公约的主流化、对外合作等工作。曾担任过为期6年的联合国环境规划署（UNEP）驻华盛顿特区北美区域办事处主任。

艾米·弗兰克尔还曾担任美国环境保护署（EPA）国际事务办公室的高级政策顾问，专注于化学污染、海洋、贸易和环境问题；曾在包括环境署、国际海事组织和世界贸易组织等许多国际多边机构会议的代表团中任职，并与他人共同主持经济合作与发展组织（经合组织）的贸易与环境工作组。

帕利塔·科霍纳

帕利塔·科霍纳，出生于斯里兰卡马特勒，曾任斯里兰卡驻华大使，中国绿发会国际工作顾问。在加入联合国之前,帕利塔·科霍纳曾经在澳大利亚外交和贸易部工作,负责关税及贸易总协定/世界贸易组织下属的贸易和投资科。1989年,他被派往澳大利亚常驻日内瓦代表团,具体负责环境问题。2010—2015年,担任联合国国家管辖范围以外的生物多样性工作组联合主席。

帕利塔·科霍纳曾撰写过《环境:南北合作的机会》《生物多样性公约:缩小保护与发展之间的差距》等论文,并在1989—1992年在日内瓦主持制定《臭氧层公约蒙特利尔议定书》遵约机制,是《巴塞尔公约》下的责任机制工作组成员。他同时也是可再生能源和国际法的赞助人之一。

《物种起源》

《物种起源》英文全名是 On the Origin of Species by Means of Natural Selection, or the Preservation of Favoured Races in the Struggle for Life,是英国生物学家查尔斯·达尔文系统阐述生物进化理论的著作,1859年11月24日在伦敦出版。书中,查尔斯·达尔文根据20多年积累的对古生物学、生物地理学、形态学、胚胎学和分类学等领域的大量研究资料,以自然选择为中心,从变异性、遗传性、人工选择、生存竞争和适应等方面,论证了物种起源和自然界生命的多样性与统一性。

《物种起源》不仅开创了生物学发展史上的新纪元,使进化论思想渗透到自然科学的各个领域,而且引起了整个人类思想的巨大革命,在世界历史进程中有着广泛和深远的影响。查尔斯·达尔文在书中提出"物竞天择""适者生存""遗传变异"等影响巨大的观点,并用大量资料证明了地球上形形色色的生物都不是上帝创造的,而是在遗传、变异、生存斗争和自然选择中,由简单到复杂、由低等到高等,不断发展变化而来的,是自然界内部矛盾斗争的结果。

《沙乡年鉴》

《沙乡年鉴》是由美国生态学家和环境保护主义者奥尔多·利奥波德于1949年出版的经典著作。这本书以奥尔多·利奥波德在威斯康星州沙乡农场的观察和体验为基础,通过描述自然界的季节变化和生物多样性,反映了作者对土地伦理学和环境保护的深刻思考。作者通过《沙乡年鉴》呼吁人类认识到与自然界和谐相处的重要性，强调土地与社区的互依互存关系，对环境保护和可持续发展理念产生了深远的影响。

该书分为4个部分：《一年四季》《沙乡概况》《沙乡的伦理》《一种继承的观点》。每一部分都深入探讨了作者对自然与人类互动关系的独特见解，以及他对如何改善和保护自然环境的建议。

《沙乡年鉴》不仅是一部自然历史和环境保护的经典著作，也是一本鼓舞人心、引发深思的文学作品，它能激励读者重新审视人类与自然界的关系，探索可持续生活方式的重要性。

《寂静的春天》

《寂静的春天》由美国科普作家蕾切尔·卡逊所著，首次出版于1962年，熊姣是其中文版译者。该书以寓言式的开头，描绘了一个美丽村庄的突变，讲述了美洲乡村使用有毒化学物质，以及野生动物普遍因杀虫剂、杀菌剂和除草剂而遭受毁灭的故事；探讨了生态学、动植物与环境的关系，将近代污染对生态的影响透彻地展示在读者面前，给予人类强有力的警示。蕾切尔·卡逊在书中对农业科学家的科学实践活动和政府的政策提出挑战，并号召人们迅速改变对自然世界的看法和观点，认真思考人类社会的发展问题。该书让人们理解这样一个事实：人类是栖居在地球上的整个生物界的一部分，必须了解生物的生存环境，并用自己的行动保证这些环境不受侵扰。

据统计，在《寂静的春天》出版25周年之际，已售出了16.5万册精装本和180万册平装本。2020年4月，《寂静的春天》被列入中国《教育部基础教育课程教材发展中心　中小学生阅读指导目录（2020年版）》。

《增长的极限》

《增长的极限》是由德内拉·梅多斯、乔根·兰德斯、丹尼斯·梅多斯等人合著的经济学著作，1972年由新美国图书馆首次出版。中文版由于树生根据1975年第二版译出，商务印书馆1984年出版。另有由李宝森翻译、四川人民出版社于1984年第二次出版的版本，书名叫《增长的极限：罗马俱乐部关于人类困境的研究报告》。

《增长的极限》除出版说明、前言、引言及评注外，共分5章进行论述，其主要论点是：①人口增长、工业发展、环境污染、粮食生产和资源消耗5个因素的变动都在一个反馈环路中发生，而且相互影响，从而影响经济的增长。人口的倍增引起对粮食需求的倍增，经济的增长使自然资源消耗的速度倍增，使环境污染的程度加深。②技术进步只能延长资源消耗的过程，推迟世界末日到来的期限，而不能制止世界末日的来临。③要使世界免于崩溃，必须停止人口增长，停止工业资本的增长，即必须使人口和经济在零增长下达到全球均衡。

《增长的极限》在国际社会中曾引起较大的反响，被视为未来学悲观派的代表作。

《时间简史》

《时间简史》是英国物理学家斯蒂芬·威廉·霍金创作的科普著作，首次出版于1988年。1992年在中国大陆首发。2018年许明贤、吴忠超完成中文译本，由湖南科学技术出版社出版。

全书共12章，讲述了关于宇宙本性的最前沿知识，包括：我们的宇宙图像、空间和时间、膨胀的宇宙、不确定性原理、黑洞、宇宙的起源和命运等内容，深入浅出地介绍了遥远星系、黑洞、粒子、反物质等知识，并对宇宙的起源、空间和时间及相对论等古老命题进行了阐述。

《时间简史》的主要内容可概括为以下几个方面：时间起始点、时间终结、上帝是如何启动宇宙的、物理学的统一。在书里，作者探究了已有宇宙理论中存在的未解决的冲突，并指出了把量子力学、热动力学和广义相对论统一起来存在的问题。那些对宇宙学有兴趣的普通读者，可以从书中了解霍金的理论和其中的数学原理。该书自1988年首次出版以来，已被翻译成40种文字，累计销售量突破2500万册，成为一本畅销全世界的科学著作。

《生物多样性公约指南》

《生物多样性公约指南》由莱尔·格洛夫卡（Lyle Glowka）编著，由中华人民共和国濒危物种科学委员会、中国科学院生物多样性委员会翻译的中文版本，于1997年8月1日由科学出版社出版。

《生物多样性公约》(Convention on Biological Diversity)是一项保护地球生物资源的国际性公约，是世界各国保护生物多样性、可持续利用生物资源和公平地分享遗传资源所创效益的承诺。于1992年6月1日由联合国环境规划署发起的政府间谈判委员会第七次会议在内罗毕通过，1992年6月5日，由签约国在巴西里约热内卢举行的联合国环境与发展大会上签署，并于1993年12月29日正式生效。

《生物多样性公约指南》除对公约做出解释外，重点解释了制定公约所根据的某些科学、技术和法律问题，可供生物学、环境保护学、法学工作者参考。

《动物解放》

《动物解放》作者为彼得·辛格，译者为祖述宪，2006年9月由青岛出版社出版。

《动物解放》共分6章，作者开篇即提出了支撑全文的伦理原则——"所有动物一律平等"，认为人类作为道德关怀的主体，必须平等地考虑所有生命个体的道德利益。作者充分肯定了动物感受痛苦的能力，通过分析大量动物实验数据报告和工厂化饲养方式，对人类文化中固有的"物种歧视"(speciesism)进行了无情的讽刺和揭露。作者在梳理了从古希腊至近代人类对动物的行为后，提出要从人类思想根源深处放弃对动物的虐待，消除人类的"物种歧视"，并提出将"做素食者"作为解放动物的现实解决路径。该书的最后，作者回顾了动物解放运动在与各种反对学说进行抗争中所取得的进展。

《动物解放》带来的思想革新和动物解放运动具有重要的影响力。正如作者2003年发表在《纽约书评》上的《动物解放三十年》所言：这项建立在公正和公平基本原则上的事业在过去30年里发生了重大变化。动物解放和动物权利组织不断涌现，社会大众对集约化养殖、动物实验等虐待动物行为的了解逐渐增加，与先前对动物保护的嗤之以鼻形成鲜明对比的是，如今对待动物的议题常常成为新闻，各种关于动物的纪录片也被制作出来，并倡导人们应给予动物尊重和同情。

《中国罗布泊》

《中国罗布泊》由夏训诚主编，2007年12月由科学出版社出版。该书是对罗布泊地区长期考察研究的科学总结，是众多罗布泊科学工作者集体智慧的结晶。

全书共14章，分别对罗布泊地区的科学考察史、地质演化、荒漠地貌、干旱气候、土壤、植物、动物、水资源、盐壳分布、钾盐资源、环境变迁、人类活动、生态保护与重建等方面进行了深入、全面、系统的研讨和分析，揭开了罗布泊地区神秘的面纱。同时，作者通过对罗布泊地区的考察、探险回顾，首次系统地透露了曾被国内外关注的著名科学家彭加木失踪与营救细节，以及近期彭加木遗体发现传闻解密等。可供地学、干旱区研究工作者和其他广大读者阅读参考。

《湿地生物多样性保护》

《湿地生物多样性保护》作者为赵魁义，2008年9月由中国林业出版社出版。该书揭示了湿地存在的价值、湿地生物多样性保护中存在的严重问题与不足，呼吁全民关爱湿地和湿地生物多样性，加强湿地保护立法。

全书共分6章，分别是走进湿地，生物多样性内涵，候鸟的天堂，湿地生物资源，湿地生物多样性危机，湿地研究、管理与保护。书中对湿地价值、湿地概览、湿地真谛进行了详细的描述，还建设性地提出了湿地生物多样性保护的策略等。

虽然人们对自然湿地的认识有所提高，并在湿地保护方面开展了许多工作，取得了很大成绩，但是天然湿地数量减少、质量恶化的趋势并没有得到有效遏制。加强对湿地、对生物多样性的保护，就是保护人类赖以生存的地球。

《丰富多彩的北京生物多样性》

《丰富多彩的北京生物多样性》作者为季延寿、丁辉，2008年12月由北京科学技术出版社出版。该书分为北京生态系统多样性、北京的植物多样性、北京的动物多样性、生物多样性保护与利用4个章节。全书图文并茂，精选1600多幅图片，能让更多人了解北京丰富的文化遗产和多彩的自然遗产，从而更好地利用生物多样性为北京市可持续发展做出贡献。

生物多样性是北京市发展成为世界历史名城的基础，也是建设可持续发展的现代化国际化大都市、生态城市、宜居城市的基础。此书的出版，对提高人们对生物多样性重要性的认识，科学地保护和利用生物多样性，建设生态安全、人民宜居的现代化、国际化首都，均有着非常重要的意义。

《人类简史：从动物到上帝》

《人类简史：从动物到上帝》是由尤瓦尔·赫拉利创作的历史类著作，于2012年首次出版。

作者讲述了人类从石器时代至21世纪的演化与发展史，并将人类历史分为4个阶段：认知革命、农业革命、人类的融合统一与科学革命。不同于普通历史叙述，作者试图通过该书来回答人类怎样从一种普通的动物变成世界的统治者，人类又要走向何处等问题。

2015年3月，《人类简史：从动物到上帝》列入《纽约时报》的畅销书榜。同年4月，该书获得中国国家图书馆第十届"文津图书奖"。

《灰雁的四季》

《灰雁的四季》由康拉德·洛伦茨编著，中文版由姜丽翻译，2012年11月由中信出版社出版。

在《灰雁的四季》一书中，卡拉斯夫妇用147幅彩色照片记载了灰雁在自然环境中的家庭与社会生活。作者则用生动的语言讲述了这些照片背后鲜为人知的故事。

在书中，结合卡拉斯的照片，作者描述了他在阿尔姆山谷与灰雁共同度过的日子，每一个季节，山上的阳光、山谷的阴影、水面的雾气都是那么迷人，在这些日子里，灰雁从破壳、成长、婚配、迁徙到最终返回，带给人们无限乐趣与期待。从中我们也会发现，灰雁同人类存在诸多相似之处，如它们的婚配过程、对爱情的忠诚、对孩子无私的爱。在作者眼中，人类生活在大自然中、靠大自然生活，"重新建立和地球上其他生物的联系是一个崇高而重要的任务"。该书让读者了解大自然的奥秘，感受人类生命之外的生命。

《动物生活史》

《动物生活史》作者为约翰·亚瑟·汤姆森，由胡学亮翻译，2015年5月由新星出版社出版。该书通过观察和调查动物的日常生活,揭示了动物解决食、色、地盘、种族等四大永久性问题的秘密。有 65 幅手绘插图,文笔优美,故事有趣。书中除了能让读者了解许多动物的知识,作者特别强调了一种训练思维的规则,这种思维训练正是古老的博物学发展成为现代生态学的关键。该书主要叙述哺乳类、鸟类、爬行类等不同动物的生活状态,所介绍的物种空间分布极广,包括高智力的哺乳动物、生活在北极的"探险者"、居住在沙漠和草原上的"胜利者"、在海洋里成群嬉戏的群居动物等。作者通过对动物生活状态的观察,揭示生物界生生不息的生命演化进程。

《动物生活史》全书有 39 章,讲述了不同动物的四大问题,向读者展示了万物都有灵性及每一种动物的故事,不了解时显得神秘,了解后则会倍感有趣。作者认为,整个世界就是一个千变万化的剧场,包括人类在内,每一个生物体都扮演着自己的角色。

《鸟的感官》

《鸟的感官》作者为蒂姆·伯克黑德、卡特里娜·范·赫劳,译者为沈成,2017 年 1 月由商务印书馆出版。

作者通过援引几十年来鸟类行为学、生理学、解剖学的研究成果,带领读者探索鸟类的各种感官的奥秘,如猫头鹰如何在夜间飞行?火烈鸟如何感受到千里之遥的暴雨?雨燕如何在飞行时休息?几维鸟如何嗅到泥土中的蚯蚓……

鸟类不仅在视觉、听觉、味觉和嗅觉等一些感官上有超出人类的优良表现,它们还具有无可比拟的神奇感觉:磁感。科学家已经确认了磁感在鸟类迁徙导向中的重要作用,但对于它的作用机制还没有得出最终结论。在作者看来,正是这样的探索才会让科学不断精进。

该书非常适合对鸟类研究感兴趣的专家学者及鸟类爱好者们品读。

《寻芳天堂鸟》

《寻芳天堂鸟》作者为弗朗索瓦·勒瓦扬、约翰·古尔德、阿尔弗雷德·华莱士,译者为童孝华、连贯怡,2017 年 1 月由北京大学出版社出版。

天堂鸟华美的羽饰曾给它们带来了杀身之祸,历史上曾有大量的天堂鸟被捕杀并出口到欧美。现在这样大宗的贸易已经被禁止，天堂鸟也受到分布国家法律和相关国际公约的保护，但人为原因导致的栖息地丧失和退化、偷猎和气候变化等因素仍在威胁着很多地区天堂鸟的生存。

《寻芳天堂鸟》一书精选了法国博物学家弗朗索瓦·勒瓦扬、英国博物学家约翰·古尔德和阿尔弗雷德·华莱士的数十张天堂鸟画作，这些精美的画作准确、生动地展现了天堂鸟的基本形态特征及部分物种的食性等信息，长久以来一直是鸟类学家、鸟类爱好者和艺术家推崇的作品，具有很高的艺术鉴赏价值和收藏价值。

《大地的窗口》

《大地的窗口》由珍·古道尔著、杨淑智翻译，2017年10月由北京大学出版社出版。

该书戏剧性地记载了一个社区30年里发生的传奇故事。这个社区在非洲的冈比，原住民是一群黑猩猩及一位非凡的女性——黑猩猩的学生、保护人和历史学家珍·古道尔。

透过作者流畅细腻的描写，我们得以了解黑猩猩这个地球上与人类亲缘关系最近的物种的种种细节：它们能制造和使用原始的工具，经常猎杀一些中小型哺乳动物；育幼期很长；社会组织已非常明显，有丰富的社交行为来维系族群内部的和谐关系；有明显的地位和阶层划分，甚至也会自相残杀，发动战争屠杀同种的其他族群同类。作者30年野外观察记录的黑猩猩的生命史，是一部动人的黑猩猩传记。整本书读起来宛若温情生动的小说，却是世界上重要的科学著作之一。该书获2018年度十大自然好书年度国际作品奖。

《半个地球》

《半个地球》作者为爱德华·奥斯本·威尔森，中文版由魏薇翻译。2017年11月由浙江人民出版社出版发行。该书可以让读者领略地球的生物多样性，了解整个地球生命的进化史，堪称是一部精彩绝伦的生物多样性发展史。

书中介绍，随着人类足迹的扩展，也逐渐将众多物种带向了濒危与灭绝的不归路。只有将半个地球交还给大自然，人类才能保护地球上众多的生命形式，拯救现存的有生力量，实现人类生存所需的稳定与发展。

该书共分为 3 个部分，分别是我们面临的问题、我们生活的世界、我们的解决之道。第一部分讲述了第六次物种大灭绝、灭绝缘何加速及气候变化的冲击等；第二部分从保护的科学、上帝的物种、迥异的水下世界等方面讲述了人类生活；第三部分从人类的觉醒与顿悟、修复与重建、拯救生物圈等方面阐述了如何解决这些存在的危机。

《窗外飞过一只鸟》

《窗外飞过一只鸟》作者为西蒙·巴恩斯，由廖晓东翻译，2018 年 5 月由新星出版社出版。

作者秉持对自然的敬畏，带领读者到户外观察街头、水边、林间的鸟儿，放松因工作、责任而紧绷的心情。书中收录了 18 篇有关鸟类的自然随笔，作者追溯了从远古时代以来，在漫长的进化过程中，人类与鸟儿的互动；并通过回顾自己生命中每一段与鸟儿的情缘，将因鸟儿获得的对生命、对自然的敬畏和理解融入书中。该书还触及了许多严肃而深刻的理论问题，如生物进化的意义、模式和方向，鸟类学研究与业余观鸟的区别，科学进步与人类未知领域的相对关系，鸟类保护组织的性质，环境保护的现状与前景等，论述精辟，引人深思。

《世界粮食与农业生物多样性报告》

《世界粮食与农业生物多样性报告》于 2019 年 2 月由联合国粮食及农业组织在意大利罗马出版。

《世界粮食与农业生物多样性报告》首次对全世界粮食与农业生物多样性进行了全球评估。粮食和农业生物多样性指所有能够提供粮食、饲料、燃料和纤维的野生与驯养动植物，还包括通过生态系统服务支持粮食生产的大量生物，如能够保持土壤肥沃、为植物授粉、净化水和空气、保持鱼类和树木健康，以及能够抗击作物与牲畜病虫害的所有动植物和微生物，如昆虫、蝙蝠、鸟类、红树林、珊瑚、海草、蚯蚓和土壤细菌等。

该报告借鉴了 91 份国家报告中的信息，描述了生物多样性对粮食和农业的作用和重要性、影响生物多样性的变化驱动因素及其现状和趋势。该报告指出，农民田间的植物多样性正在减少，更多家畜品种濒临灭绝，过度捕捞鱼类比例上升，如在约 6000 个粮食作物品种中，仅有不到 200 个品种为全球粮食产量做出了实质性贡献，在全球 7745 个本地家畜品种中，有 26% 濒临灭绝。该报告警告称，粮食和农业生物一旦失去便无法恢复，包括所有能够支持人类粮食系统和维持粮食种植者生计的物种。

该报告同时介绍了一些国家为促进粮食和农业生物多样性的可持续利用和保护所做的努力，包括制定支持政策、法律框架，并讨论了未来粮食和农业生物多样性管理方面的需求和挑战。

《鸟类的天赋》

《鸟类的天赋》作者为珍妮弗·阿克曼，译者为沈汉忠、李思琪。2019 年 4 月由译林出版社出版。

《鸟类的天赋》用一段寻找最强鸟脑的旅程，颠覆了人类对鸟的认知。该书从工具制造、沟通、鸣唱、审美、空间感和时间感、环境适应能力等方面展示了鸟类的智力奇迹。作者以优雅的文笔记录自己在世界各地所做的鸟类调查，并介绍了鸟类学的新近科研成果，使该书在趣味性和知识性之间保持了很好的平衡。

该书会告诉读者一些鸟的"奇闻轶事"，例如：斑胸滨鹬这种鸟在北极极昼的情况下，可以不停地活动，连续好几个星期都不睡觉；鹦鹉甚至还会教其他鹦鹉掌握从人类那里学来的脏话；人们经常忘记钥匙在哪里，而乌鸦却能记住 5000 个贮藏食物的地点；等等。

《科学美国人》刊发文章评价认为，该书为鸟类的智力奇迹提供了一份诗意盎然的证词。

《海洋生物多样性》

《海洋生物多样性》作者为 Thorne-Miller 等，中文版由季琰、孙忠民、李春生共同翻译完成，2019 年 6 月由中国海洋大学出版社出版。该书从海洋生态系统、生物多样性概念等方面深入浅出地系统介绍海洋生物多样性，并对海洋环境问题和各国海洋生态环境保护政策进行多方面解说，内容系统，兼具学术性和科普性，可以让人们正确认识海洋生态系统，以期更合理地保护地球。

该书分为8章，从海洋生态系统、生物多样性、沿海生态系统、大洋生态系统、人类活动对生物多样性的威胁等方面，向读者详细阐述了生物多样性是什么，为何保护生物多样性非常重要，以及海洋与陆地生物多样性的比较等。书中还列举了很多国内外保护举措与为恢复海洋生态系统和生物多样性而做的努力，逻辑清晰，行文易懂，深受广大读者的喜爱。

《生物多样性导论》

《生物多样性导论》作者为王慷林、李莲芳，2019年10月由科学出版社出版。

该书系统地介绍了生物多样性及其4个层次（物种多样性、遗传多样性、生态系统多样性和景观多样性）的基本概念、生物多样性的价值，探讨物种形成和灭绝、生物入侵、生物多样性形成与分布、危机与丧失、保护与管理、监测与评价等，并阐述了中国和世界重点国家生物多样性的状况。

该书旨在使读者清晰地理解生物多样性的概念，认识生物多样性价值及其保护的重要性，了解生物多样性的现状及其保护的对策和方法，引导读者从自身专业的角度，切入生物多样性及其保护的领域，激发其参与生物多样性保护的积极性，培养可持续发展理念，为大众及有关专业人员关注生物科学、生态环境、生物多样性及其保护等问题提供相关参考。

《鸟类行为图鉴》

《鸟类行为图鉴》作者为多米尼克·卡曾斯，译者为何鑫、程翊欣，2019年12月由湖南科学技术出版社出版。

这是一本从鸟类行为及其习性入手的鸟类观察图鉴，作者基于专业的鸟类学知识和丰富的野外鸟类观测经验，为读者展示了近500种鸟类在不同情景下的行为，专注通过行为辨识鸟类。此外，还有5位英国的动物手绘师为该书绘制的插图，展示了这些鸟类在自然环境中的真实形态和行为，同时还原了观鸟现场。

该书跳出传统鸟类图鉴的鸟种分类，从实际观鸟经验出发，按照大类别进行划分，通过大小、形状、栖息地和行为来区分不同鸟种。每个大类的开篇以这一类鸟类的栖息地和分布概述开始，随后对鸟类行为的不同方面进行描绘，以便读者对容易混淆的物种进行直接对比。作者的描述也十分通俗易懂，比如"小鹏鹛屁股看上去像是一只漂浮的兔子""戴胜飞起来像不稳定的大蛾子""白鹡鸰是只缩小版的鸡"等，增加了阅读的趣味性。

虽然该书主要描述的鸟类分布在欧洲东部，但是这种观察和归类的思考模式很值得借鉴。

六卷本《中国环境史》

六卷本《中国环境史》由河北师范大学环境史研究中心编纂，于2020年6月至2022年5月陆续付梓，由高等教育出版社出版。全书160余万字，汇集了前人研究之大成，系统论述了整个中国环境的发展历程，勾勒出中华文明演进过程中人与自然互动的恢宏画卷，展现出编纂者们的深厚修养和家国情怀。

《中国环境史》划分为先秦、秦汉、魏晋至宋元、明清、近代、现代6个分卷。各朝代随着国运兴衰和政治变迁，皆出现了政治、经济、文化及人类改造自然能力的巨大变化。编纂者超越中国古代史传统的王朝史和断代史的编写范型，把不同时段文明演进的核心特色与环境变迁的自身规律作为分卷的标准。全书强调了中国政治文明的演进特色，兼顾环境变迁规律，克服片面的叙事倾向。

《中国环境史》是探索环境通史编撰的先期尝试，不仅在叙事结构上大胆创新，而且在许多观点上对前人的成果进行了总结、反思和超越。该书在谋篇布局、论证模型、理论探索等方面极具特色。

《海鸟的哭泣》

《海鸟的哭泣》作者为亚当·尼科尔森、凯特·博克瑟，译者为木草草。该书于2020年8月由湖南文艺出版社出版发行。《海鸟的哭泣》带领读者游历信天翁、海鹦、鲣鸟等10种海鸟的栖息地，从赫布里底群岛到奥克尼群岛，再到设得兰群岛，并配以栩栩如生的海鸟手绘插图。

书中描述了海鸟在地球上的成长状况：海鸟的数量正在直线下滑，在过去的60年里少了2/3；许多海鸟在海湾与栖息地"哭泣"，许多海鸟将成为回忆。

作者将历史、传说、诗歌、民俗学和现代科学相结合，生动揭示了海鸟动人的生活细节和惊人的生存智慧：它们身体的运作方式、令人目眩的方向辨识技能、能够运用嗅觉捕鱼或寻觅归途的能力,并以讲故事的口吻和文学性的笔触描述海鸟世界的爱与残忍,让读者忍不住觉得,海鸟的世界就是人类的世界。

《生物多样性保护与绿色发展之中国实践》

《生物多样性保护与绿色发展之中国实践》作者为张惠远,2021年9月由科学出版社出版。该书在辨析生态文明建设、生物多样性保护和绿色发展关系的基础上,从我国生物多样性保护现状、生物多样性保护与绿色发展主要举措、生物多样性保护与和谐人居建设、生物多样性保护与乡村绿色发展等方面,阐述了我国推动生物多样性保护与绿色发展的主要做法、典型案例及取得的成效,并提出实现生物多样性保护和绿色发展双赢的对策措施,为促进人与自然和谐共生提供支撑。

该书共分为8章:生物多样性保护与绿色发展的关系、中国生态文明建设与绿色发展、国际生物多样性保护与绿色发展行动、中国生物多样性调查及保护状况、生物多样性保护与绿色发展主要举措和成效、城市生物多样性保护与和谐人居建设、生物多样性保护与乡村绿色发展实践、生物多样性保护与绿色发展战略对策。该书的一大亮点就是结合中国的国情,将生物多样性保护与脱贫攻坚通过案例的形式进行了分析,有利于更多的地域学习借鉴。

《中国的生物多样性保护》

《中国的生物多样性保护》是中华人民共和国国务院新闻办公室发布的白皮书,首次发布于2021年10月8日。该书以习近平生态文明思想为指导,介绍了中国生物多样性保护的政策理念、重要举措和进展成效,介绍了中国践行多边主义、深化全球生物多样性合作的倡议行动和世界贡献。

白皮书全面总结了我国在习近平生态文明思想指引下,以建设美丽中国为目标,积极适应新形势新要求,不断加强和创新生物多样性保护举措。从4个方面系统阐述了努力促进人与自然、人与人、人与社会和谐共生、良性循环、全面发展、持续繁荣的中国生物多样性保护理念、行动和成效。

中国幅员辽阔,陆海兼备,地貌和气候复杂多样,孕育了丰富而又独特的生态系统、物种和遗传多样性,是世界上生物最丰富的国家之一。作为最早签署和批准《生物多样性公约》的缔约方之一，中国一贯高度重视生物多样性保护，不断推进生物多样性保护与时俱进、创新发展，取得显著成效，走出了一条中国特色生物多样性保护之路。《中国的生物多样性保护》以中文、英文、法文、俄文、德文等8个语种发表，分别由人民出版社、外文出版社出版，在全国新华书店发行。

《蚁丘》

《蚁丘》作者为爱德华·威尔逊，由王尔山、魏闻骐翻译，2022年7月由浙江教育出版社出版。

在书中，作者讲述了一个美国男孩拉夫·科迪的成长故事。小拉夫·科迪为躲避父母之间的"战争"，常常逃往家附近的诺科比湖区，在那里观察和研究各种动物和植物，逐渐成长为一名小小的博物学家。大学毕业时，拉夫·科迪以蚁丘为研究对象完成了自己的毕业论文。在得知诺科比湖区有可能被房地产开发企业破坏时，拉夫·科迪选择进入哈佛大学法学院深造，成为一名优秀的律师，运用法律武器成功保卫了湖区的生态环境。

该书内容可以分为3条主线，分别是蚁丘、人类社会与整个生态系统，讲的是3个平行世界的故事，这3个世界实际上存在于同一时空。它们一同崛起，然后纷纷衰落，之后又东山再起，只是各自起落的周期有着天壤之别，所以每一个世界都对另外两个世界浑然不觉。作者对蚁群兴衰与部落战争的描绘堪比《荷马史诗》，他用分析蚁丘的方式对人类家族及社会的刻画，为我们理解人类社会铺就了一条绝无仅有、近似奇观的独特路径。

《森林生态系统植物多样性研究与保护》

《森林生态系统植物多样性研究与保护》作者为刘林馨，2022年9月由化学工业出版社出版。该书以中国典型森林生态系统小兴安岭林区为研究对象，在地理位置与行政区划、地质地貌、土壤、水文、气候、植被概况等方面做了简要介绍，对该林区进行全面细致的植物多样性调查，明确小兴安岭地区植物多样性现状、历史变化，并预测其发展趋势，评价小兴安岭森林生态系统植物多样性的生态服务功能，建立和完善小兴安岭森林植物多样性数据库，为准确评价东北地区乃至全国植物多样性提供地区基础资料，为国家制定植物多样性保护相关政策提供科学依据。

书中还对森林生态系统植物多样性进行了概述，并对森林生态系统植物多样性概念、研究意义、研究现状等做了详细的介绍。该书适合开展森林生态系统植物多样性相关研究的高校和研究院所的研究生参考使用，对开展相关研究的人员或有一定的启示作用。

《众生的地球》

《众生的地球》由（比利时）桑德琳·迪克森－德克勒夫、（爱尔兰）欧文·加夫尼、（印度）贾亚蒂·戈什、（挪威）乔根·兰德斯、（瑞典）约翰·罗克斯特伦、（挪威）佩尔·埃斯彭·斯托克内斯共同编著完成，中文版由周晋峰、王豁、李利红等翻译完成，2023年1月由中译出版社出版。这是在《增长的极限》（1972年）发布50周年之际，由罗马俱乐部于2022年再度推出的新报告。

半个世纪以来，罗马俱乐部一直恪守着他们对地球和人类命运的担当使命，发表了一系列具有重大影响的报告。《众生的地球》一书是一个倡议，也是一幅通往"众生"美好未来的路线图；在这个美好的未来里，有你，有我，有动物，有植物，涵盖一切生命，囊括芸芸众生。该书讲述了来自世界各地的科学家和经济学家，如何借助强大领先的计算机模型，领导团队探讨可能为大多数人带来最大利益的政策，并提出了5个"非凡的变革"，旨在用一代人的时间来实现全球范围内的所有人的繁荣。

《中国脉翅类昆虫原色图鉴》

《中国脉翅类昆虫原色图鉴》由杨定、刘星月、杨星科主编，河南科学技术出版社于2023年1月出版。全世界脉翅类昆虫约6650种，我国已记载约920种，该图鉴收录产自中国的脉翅类昆虫700多种，占我国已知该物种总数的一半以上。该书分为基础知识、广翅目、蛇蛉目、脉翅目4个部分，介绍了脉翅类昆虫的分类地位、分类系统、形态特征、生物学特性、地理分布及中国脉翅类昆虫名录，给出了各目、各科、各属、各种的主要鉴别特征及地理分布信息，并编制了分科、分属、分种检索表，每个种类都配有标本整体照片、局部特征照片或手绘特征图，大部分种类还附有成虫外生殖器特征图。

《中国脉翅类昆虫原色图鉴》展示了我国脉翅类昆虫丰富的物种多样性，为研究其系统发育、区系分布、保护利用等提供了丰富的基础资料，适合昆虫分类学研究人员、植物保护和昆虫学工作者及广大昆虫爱好者阅读。

《零碳未来》

《零碳未来》作者为黎明，2023年7月由江苏凤凰少年儿童出版社出版。该书将"零碳革命"这一全球化趋势与中国的"双碳目标"深度结合，带领小读者深入工业、建筑、交通、农业等行业，去探寻碳排放的源头，理解发展低碳工业、绿色建筑、绿色交通和绿色农业的必要性和紧迫性，让他们了解最新的减碳新科技和管理手段，掌握"零碳密码"，用实践与数据为小读者全方位打造了一次零碳知识科普之旅。

该书根据少年儿童的兴趣点和理解能力搭建知识结构，以3位贯穿全篇的虚拟人物为主角，采用多重创意设计，通过场景漫画式讨论等方法，将原本宏大艰深的科普知识，融入少年儿童读物中，并以图文并茂的方式讲述中国的生态文明故事。目前，该书已入选"十四五"国家重点出版物出版规划、2023年度国家出版基金资助项目。

《牛津植物史：植物学故事400年》

《牛津植物史：植物学故事400年》作者为斯蒂芬·A.哈里斯，译者为冯智，2023年7月由浙江人民出版社出版。

该书简要地介绍了牛津大学植物学家对现代植物科学的全球合作所做的贡献，还可以从中领略过去4个世纪以来帮助人类改变对植物生物学认识的收藏，体会植物的魅力，感叹自然的神奇。

该书主要有7章：根，茎，叶，花蕾，花，果实，种子。书中还囊括了90幅兼具史学价值与艺术价值的精美插图，21位见证者的生平介绍，让读者可以通过阅读了解一段延续至今的鲜活的植物史。

《中国胡蜂科昆虫原色图鉴》

《中国胡蜂科昆虫原色图鉴》由李廷景、陈斌主编,河南科学技术出版社于2023年10月出版,是国内首部详细介绍中国胡蜂科系统分类的图鉴,全面展示了中国胡蜂科昆虫的生物多样性,集科学研究与科普欣赏于一体。

该图鉴收录了我国胡蜂科昆虫6亚科65属388种,内容包括基础知识、蜾蠃亚科、马萨胡蜂亚科、马蜂亚科、狭腹胡蜂亚科、胡蜂亚科、长腹胡蜂亚科共7部分。基础知识部分包括了胡蜂科昆虫的分类研究概述、生物学特性及经济学意义、地理分布和我国胡蜂科昆虫种类名录。各亚科则介绍了各属和种的中文名称、拉丁学名、形态特征和地理分布信息,并编制了分属、分种检索表;每个物种都配有成虫标本整体和局部特征照片,部分种类还提供成虫生态照片。该图鉴适合昆虫分类学研究人员、昆虫学工作者及广大昆虫爱好者阅读。

《非凡的生物》

《非凡的生物》作者为肖恩·B.卡罗尔,由王志彤翻译,2023年1月由浙江教育出版社出版。作者在书中探索了2个世纪以来地球生命历史上最重要的发现。从亚历山大·冯·洪堡的探险之旅,到达尔文的伟大航行;从最早的直立人爪哇猿人,到寒武纪的生命大爆发;从第一个发现恐龙蛋的博物学家,到不知道是恐龙还是鸟类的始祖鸟;从提塔利克鱼的发现,到尼安德特人的消失,作者带领读者一步步探索地球生命的演进过程。所有这些故事中的科学探索推动力,都来自对物种起源的探索,这是早期的科学家和哲学家口中的"谜中之谜""题中之题""生物学的本题"。

在这本书中,读者将遇到许多过去的和现在的神奇生物,了解物种起源的背景和古生物学、自然主义和分子生物学的发展历程。该书入围了美国国家图书奖(非虚构类)。

《2023年中国绿色经济发展分析》

《2023年中国绿色经济发展分析》编者为谢伯阳、周晋峰、唐人虎等,2023年3月由中国社会科学出版社出版。该分析报告主要包含:总报告、绿色设计、绿色能源、绿色供应链、绿色金融、绿色消费等重要内容。

2022年，我国的绿色经济发展呈现出方兴未艾、前景广阔的发展态势。各篇章的作者对相关内容进行了概念内涵分析和历史沿革回顾，重点总结了2022年绿色经济的发展成绩和存在的问题，并在书中2023年中国绿色经济发展与建议总报告部分，对绿色经济概念的提出和达成共识进行了历史回顾，介绍了全球绿色经济的演进历程及相关理念的发展和实践的主要特征，提出了2023年绿色经济发展的工作重点和主要指标预测。

为了使《2023年中国绿色经济发展分析》具有实用性、指导性和工具性，最后一部分对环境保护、资源回收利用、碳科技扶贫、用能权交易、新能源利用等绿色发展典型案例进行了介绍。

《地球之肺与人类未来》

《地球之肺与人类未来》由约翰·里德和托马斯·洛夫乔伊合著，2023年4月1日由浙江科学技术出版社出版。该书既是一本科普书，又具有一定的故事性。作者从一个个引人入胜的森林探险故事入手，娓娓道来，带领读者一窥世界仅存的五大巨型森林的全貌，号召人们采取行动保护地球上不可替代的野生森林、应对气候变化、拯救地球等。

世界仅存的五大巨型森林：北美巨型森林、泰加林、亚马孙雨林、刚果雨林、新几内亚雨林。这些巨大的森林对保护全球生物多样性、数千种文化和稳定气候至关重要。气候危机不再只是停留在理论和猜测阶段，而是已成为真实的存在。作者为森林面临的挑战提供了切实可行的解决方案：从大规模扩大保护区，到支持土著森林管理员，再到规划更智能的道路网络来保护大森林，应对气候变化，拯救地球。《地球之肺与人类未来》也为政策制定者指明了道路，并建议我们通过日常吃什么、建什么、买什么、去哪里及如何到达，来帮助拯救大森林。

《消失动物图鉴》

《消失动物图鉴》作者为吕克·塞马尔（Luc Semal）、扬尼克·富里耶（Yannick Fourié），由张鸣翻译，2023年4月1日由海峡书局出版。

随着物种的诞生与消亡，生命在地球上已经存在了数亿年。然而，在最近的数百年间，大约有260种脊椎动物由于人类的活动而灭绝。该书旨在通过69幅已经灭绝的动物肖像，敲响第六次大灭绝的警钟。

作者按照时间顺序叙述了若干小故事，配以珍贵的高清照片，意在告知人们，灭绝已经开始，维持生物多样性平衡迫在眉睫。69篇充满故事性的文章，讲述了这些业已消失的动物如何因人类活动而灭绝，人类如何用现代技术延续物种，技术的发展又如何丰富了物种保护的实操手段。

该书所展示的标本均来自世界上最大的自然博物馆之一——莱顿自然博物馆，大多数藏品为孤本。

《"一带一路"生物多样性保护案例》

《"一带一路"生物多样性保护案例》由生态环境部对外合作与交流中心编著，2023年4月由中国环境出版社出版。该书通过科学研究和相关数据，阐述了"一带一路"倡议为全球生物多样性保护带来的机遇和变化，并通过案例的形式来进一步论证这种机遇在实施层面如何发挥作用。

该书收集了"最完整的生态空间保护体系——中国生态保护红线""大湄公河次区域的生物多样性保护廊道：构建快速发展地区生物多样性保护工作的跨界链接""泛非'绿色长城'倡议——塞内加尔案例""滨海生态系统保护的机制创新——蓝色碳汇和绿色保险""从承诺到行动 中国在加蓬负责任林业投资十五年可持续发展之路""促多方合作 守护鄱阳湖生物多样性""大宗农牧业商品可持续供应链与零毁林""老挝将生物多样性纳入农业和土地管理政策的主流框架"等12个案例。这些案例不仅包含中国及广大发展中国家具有影响力的成熟案例，也包含通过"一带一路"合作开展生物多样性保护与发展的项目案例。

通过对案例的分析，该书还对"一带一路"倡议与全球生物多样性保护协同发展进行了相关评价，并对如何加强二者的协同发展提出了合作建议和未来展望。

《2024年中国绿色经济发展分析》

《2024年中国绿色经济发展分析》作者为谢伯阳，2024年3月由中国社会科学出版社出版。该书以生态文明建设为背景，从理论和实践两个方面探讨与分析中国的绿色经济发展前沿热点问题，具有很强的现实意义和一定的理论价值。

该书在内容安排上沿袭了2023年报告的结构，分为总报告、理论探讨、绿色空间、绿色能源、绿色金融、绿色生产、绿色消费、绿色实践和案例篇等。聚焦氢能源、绿色空间设计、碳市场管理、企业碳管理、数据知识产权与绿色发展、人工智能与净零碳排放等问题。该书包含践行绿色发展建设美丽中国、理论探索与战略研究、跨国能源企业的低碳创新战略、全面推进生态恢复夯实绿色发展基础、为共谋全球可持续发展贡献中国智慧与中国力量等多个章节。

《宇宙护卫队》

《宇宙护卫队》是一套可持续发展儿童故事书，作者为周晋峰，该书于2023年4月由中国出版集团中译出版社出版。

这套儿童故事书的主题为"守护蓝色星球"，全套书分为5册，每册都由一个生动有趣的小故事构成，孩子们可以通过小独角鲸"蛋卷"的故事领悟气候变化对海洋的影响，通过海马爸爸生宝宝的故事了解海洋生物的神奇，通过魔蜥"西西"的故事了解沙漠生命与水资源的密切关联，通过粒突箱鲀"点点"的故事了解海洋污染的影响，通过飞鱼"速速"拯救受困于原油中的海鸟的故事明白保护海洋的重要性。

这些海洋生命作为故事的小主人公，通过和宇宙护卫队队员们齐心协力的行动，在自我成长、自我觉醒的同时，也让孩子们从中领悟到海洋生命的美好及团结协作应对危机的重要性。为了激发孩子们的阅读兴趣，书内还特设了贴纸、涂色、迷宫等互动性环节来丰富孩子们的阅读体验。每个有趣的故事后面都延伸出了"科普小知识""科普加油站"，帮助孩子们进一步深度阅读、拓宽知识面。

《生命意义与同一健康》

《生命意义与同一健康》作者为邱仁宗、杨美俊、陆家海，2024年6月由中国人民大学出版社出版。

《生命意义与同一健康》是生命关怀教育同一健康通识及科学传播读本，属于国家重点研发计划"战略性科技创新合作"重点专项（2018YFE0208000）内容。全书以生命关怀心智模式整合发展为框架，围绕同一健康提供了扎实的科学人文理论和丰富的社会、经济、生活案例，涵盖生物学、公共卫生学、动物医学、林学、农学、环境科学、心理学、人类学、社会学、哲学等多学科相互交叉的知识与内容，探讨了在生态文明时代如何实现生命的意义与价值，为人们找到认知复杂世界的新视角提供了帮助，也为践行以同一健康为核心的生活实践提供了新策略。

该书适用于含本科院校、高职（专科）院校在内的普通高等学校，以及成人高等学校开展生命关怀教育同一健康通识课程教学，同时适用于对生命意义话题感兴趣的广大读者。

《中国战塑的绿色密码》

《中国战塑的绿色密码》作者为方婧、周晋峰等，2024 年 11 月由中国社会科学出版社出版。

该书语言简洁但内容丰富，涵盖了教育宣传、政府管理、产业发展、科技创新等"战塑"理念。该书撰写组经过 10 余年的实践与准备，积累了丰富的抗击塑料污染科普资源，讲述塑料与生活的关系、塑料与健康的关系、技术创新与塑料的关系、行业应对塑料问题的故事、民间战塑人物故事等内容，引导并激发公众对"战塑""中国战塑""人民战塑"的兴趣。

众所周知，塑料污染问题一直没有系统性、直接性的国际协定。2024 年 11 月 25 日至 12 月 1 日，在韩国釜山举行的"塑料条约"政府间谈判委员会第五届会议期间，《中国战塑的绿色密码》出版，希望这本读物让大家对塑料及其污染与治理有更多的了解和认识，开启每个人的绿色密码，共同应对塑料污染问题。

《大学生生态文明教育》

《大学生生态文明教育》由中国绿发会联合丽江师范学院、云南农业职业技术学院、丽江文化旅游学院和广西艺术学院共同编写，于 2024 年 8 月出版。

《大学生生态文明教育》是一本提升大学生生态文明认识水平的通识教育读本，通过对生态文明进行翔实的分析和解读，旨在让青年人能够从思想上、行动上认识到工业文明对人类社会经济发展带来的变化和影响，并站在生态文明这一人类文明的新起点上，共同推动可持续发展。

该书由7章组成，包括生态文明的起源、生态文明建设概述、生态文明建设与可持续发展、新时代生态文明概述、生态文明时代的教育、生态文明观、生态文明建设实践。书中阐述了人类文明的演替过程与生态环境的密切关联，以及人类对生态环境带来的影响，特别强调了在工业文明高速发展下，人类迎来百年未有之大变局，推进生态文明建设是应对全球可持续发展的必然趋势。

该书除了对系统理论进行梳理和对知识概念进行普及外，还囊括了对生态文明建设实践及案例的剖析和解读，为读者提供了采取积极行动的借鉴与参考。书中每个章节还附有知识拓展的视频二维码，以及与章节内容相结合的思考题，供读者深入了解。

未来篇

在可可西里,棕熊妈妈带娃觅食。

中国绿发会卓乃湖科考团队供图

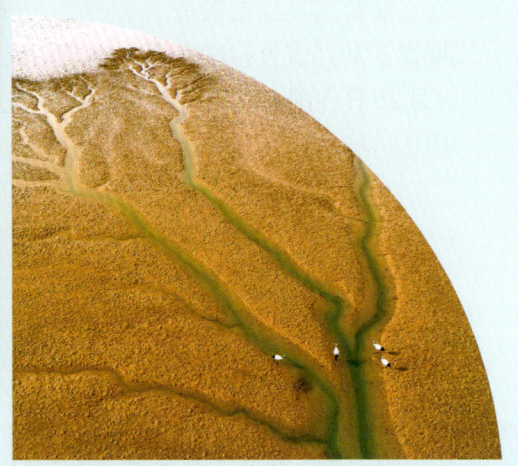

- 在山东威海刘公岛上，两只野生梅花鹿正在林间"私语"。
  宋林继摄

- 2023年冬天，山东东营黄河三角洲迎来了迁徙的东方白鹳。
  中国绿发会"候鸟生命线"项目组供图

- 在山东青岛，一只眼神锐利的黑翅鸢在枝头眺望。
  张春悌摄

生物多样性百科
Encyclopedia Biodiversity
未来篇

未来篇

中国 21 世纪议程

联合国环境与发展大会 1992 年 6 月通过的《21 世纪议程》，强调了全球环境保护和经济可持续发展的重要性及其行动方案。在此基础上，中国于 1994 年 3 月 25 日在国务院第十六次常务会议上审议通过了《中国 21 世纪议程》，又称《中国 21 世纪人口、环境与发展白皮书》。

《中国 21 世纪议程》是中国可持续发展总体战略方案，共 20 章 78 个方案领域，包括 4 个主要战略目标：在保持经济快速增长的同时，依靠科技进步和提高劳动者素质，不断改善发展的质量；促进社会的全面发展与进步，建立可持续发展的社会基础；控制环境污染，改善生态环境，保护可持续利用的资源基础；逐步建立国家可持续发展的政策体系、法律体系及可持续发展的综合决策机制和协调管理机制。

中国积极推进《中国 21 世纪议程》的实施，在发展经济、消除贫困、节约资源、保护环境等领域取得了举世瞩目的成就。国家用于生态建设、环境治理的投入明显增加，能源消费结构逐步优化，重点江河水域的水污染综合治理得到加强，大气污染防治有所突破，资源综合利用水平明显提高，通过开展退耕还林、还湖、还草工作，生态环境的恢复与重建取得成效。

进一步加强生物多样性保护

《关于进一步加强生物多样性保护的意见》（简称《意见》）由中共中央办公厅、国务院办公厅于 2021 年印发。该《意见》提出，到 2025 年以国家公园为主体的自然保护地占陆域国土面积的 18% 左右，森林覆盖率提高到 24.1%，草原综合植被盖度达到 57% 左右，湿地保护率达到 55%，自然海岸线保有率不低于 35%，国家重点保护野生动植物物种保护率达到 77%，92% 的陆地生态系统类型得到有效保护等目标；到 2035 年，森林覆盖率达到 26%，草原综合植被盖度达到 60%，湿地保护率提高到 60% 左右，以国家公园为主体的自然保护地占陆域国土面积的 18% 以上，典型生态系统、国家重点保护野生动植物物种、濒危野生动植物及其栖息地得到全面保护。

目前已有数据显示，通过实施国家公园、国家植物园体系建设及野生动植物保护工程，生物多样性保护取得积极成效，大量珍稀濒危野生动植物种群稳步增长，栖息繁衍环境稳步改善。我国90%的陆地生态系统类型和74%的国家重点保护野生动植物种群得到有效保护。

生物多样性保护战略与行动

《中国生物多样性保护战略与行动计划（2023—2030年）》由生态环境部于2024年发布，明确了中国新时期生物多样性保护的4个优先领域和27个优先行动，是对2010年《中国生物多样性保护战略与行动计划（2011—2030年）》的更新修编。

更新后的"2030年目标"提出，到2030年，至少30%的陆地、内陆水域、沿海和海洋退化生态系统得到有效恢复，至少30%的陆地、内陆水域、沿海和海洋区域得到有效保护和管理，以国家公园为主体的自然保护地面积占陆域国土面积的18%左右，陆域生态保护红线面积不低于陆域国土面积的30%，海洋生态保护红线面积不低于15万平方千米等。更新后的"中长期目标与愿景"提出，到2035年，以国家公园为主体的自然保护地面积占陆域国土面积的18%以上；到2050年，全面形成绿色发展方式和生活方式，建成人与自然和谐共生的美丽中国，实现人与自然和谐共生的美好愿景。

2024年3月29日，中国绿发会主办首个座谈会，响应《中国生物多样性保护战略与行动计划（2023—2030年）》关于"政府主导、企业行动、公众参与"的要求，发布了《"携手保护生物多样性 共同促进绿色发展"倡议书》，呼吁政府部门、企业、教育科研机构、媒体、社会组织和公众一起参与生物多样性保护事业，推进生物多样性主流化，促进美丽中国建设，共建地球生命共同体。

生态系统保护和修复重大工程

《全国重要生态系统保护和修复重大工程总体规划（2021—2035年）》（简称《规划》）由国家发展改革委、自然资源部于2020年印发实施。该《规划》提出，到2035年，森林覆盖率达到26%，森林蓄积量达到210亿立方米，天然林面积

保有量稳定在2亿公顷左右，草原综合植被盖度达到60%；确保湿地面积不减少，湿地保护率提高到60%；新增水土流失综合治理面积5640万公顷，75%以上的可治理沙化土地得到治理；海洋生态恶化的状况得到全面扭转，自然海岸线保有率不低于35%；以国家公园为主体的自然保护地占陆域国土面积的18%以上，濒危野生动植物及其栖息地得到全面保护等目标。

2024年6月3日，联合国环境规划署驻华代表处在京主办"2024年世界环境日主题活动"。据自然资源部相关负责人在活动中的介绍，我国已经划定生态保护红线，实现一条红线管控重要生态空间。全国实施52项山水林田湖草沙一体化保护和修复重大工程，修复治理面积超过1亿亩。自2016年以来，共整治修复海岸线近1680千米、滨海湿地超过75万亩。

生物多样性监测与研究网络

为了长期监测中国主要森林类型的生物多样性，研究其变化及维持机制，中国科学院生物多样性委员会自2004年开始建立中国森林生物多样性监测网络。根据《中国科学报》提供的数据，到2024年，该监测网络构建了多营养级结合、多监测技术方法融合、多时空尺度整合的森林生物多样性监测与研究体系。截至2024年5月底，中国森林生物多样性监测网络已建立29个大型森林监测样地和近60个面积1公顷及以上的辅助样地，监测总面积达789.39公顷，共监测了近3000种、293.5万株木本植物。

在中国森林生物多样性监测网络的基础上，2013年，中国科学院按照科学规划、统一布局的原则启动建设中国生物多样性监测与研究网络，旨在形成长期稳定的监测网络系统。该网络包括针对动物、植物、微生物多样性监测的10个专项网和1个综合监测管理中心，监测范围涵盖了全国30个主点和60个辅点。2014年，中国生物多样性监测与研究网络被亚太地区生物多样性监测网络（AP BON）和全球生物多样性监测网络（GEO BON）正式接受成为其成员网络。

根据中国生物多样性监测与研究网络2023年的数据，截至2023年12月31日，生物多样性监测与研究网络网站共汇总元数据549条，元数据记录总数为10 033 065条。

推动碳汇林建设

碳汇林是指以生产碳汇为主要目的，按照特定方法营造和管理的特种人工林。在造林空间日趋紧张的形势下，如何拓展碳汇林建设的面积，充分发挥森林碳汇功能，是国土绿化工作亟待解决的重要问题。

国家发展改革委、财政部等部门通力合作，增加资金投入，加大项目支持，拓展造林空间，推动碳汇林的建设，为碳达峰碳中和提供新动力。国家林草局、国家公园管理局也将继续深入推进大规模国土绿化行动，持续提升我国森林碳汇能力。

以黑龙江依兰县为例，根据《黑龙江日报》2024年7月报道，到2025年，依兰全县将新增造林面积5万亩，完成天然林抚育面积20万亩，营造碳汇林1.5万亩，加快落实"双碳"战略，进一步推动绿色高质量发展。

三北防护林工程

"三北"防护林体系建设工程（简称"三北"防护林工程）是在中国西北、华北和东北地区建设大型人工林业生态的工程。"三北"防护林西起新疆，东至黑龙江，是一道绵亘万里的绿色长城。

20世纪70年代，"三北"地区森林覆盖率仅为5.05%，每年风沙天数超过80天。1978年，党中央、国务院做出在西北、华北、东北风沙危害和水土流失重点地区建设大型防护林的战略决策，开展"三北"防护林工程。

根据总体规划，"三北"防护林工程的建设范围涵盖我国北方13个省（自治区、直辖市）的551个县（旗、市、区），建设总面积为406.9万平方千米。1978—2050年，历时73年，分3个阶段八期工程进行。2021—2030年是"三北"六期工程建设期，建设任务包括荒山荒沙绿化、森林质量提升、草原保护修复、湿地保护恢复、沙化土地封禁等。

在已经完成的建设期内，"三北"防护林工程建设累计营造林保存面积达4.8亿亩，工程区森林覆盖率由1977年的5.05%提高到2024年的13.84%，使得风沙危害不断减轻，同时促进绿色经济不断发展。"三北"防护林工程的成效不断显现，绿色屏障不断巩固。

农业可持续发展规划

《全国农业可持续发展规划（2015—2030年）》(简称《规划》)由农业部会同国家发展改革委、科技部、财政部、国土资源部、环境保护部、水利部、林业局等部门于2015年共同编制，是这一时期指导农业可持续发展的纲领性文件。该《规划》提出，到2030年，基本确立农业可持续发展新格局，即实现供给保障有力、资源利用高效、产地环境良好、生态系统稳定、农民生活富裕、田园风光优美。

自2023年以来，农业可持续发展取得积极成效。根据农业农村部官网2023年12月发布的数据，全国已建成高标准农田10亿亩，耕地平均等级达到4.76。建设农业节水灌溉面积达5.91亿亩，农田灌溉水有效利用系数达到0.572；主要农作物病虫害绿色防控面积覆盖率达54.1%，水稻、小麦、玉米三大粮食作物统防统治面积覆盖率达45.2%，化肥、农药利用率均超过41%。实施畜禽粪污资源化利用整县推进项目，畜禽粪污综合利用率达78.3%。整建制建设秸秆综合利用重点县，秸秆综合利用率达88%以上。农膜回收处置率稳定在80%以上。新批准创建80个国家农业绿色发展先行区，遴选29个先行区开展整建制全要素全链条推进农业面源污染综合防治等。

东北黑土地保护规划纲要

《东北黑土地保护规划纲要（2017—2030年）》(简称《规划纲要》)由农业部、国家发展改革委、财政部、国土资源部、环境保护部、水利部六部委于2017年联合印发，实施范围为内蒙古东部和辽宁、吉林、黑龙江的黑土区。该《规划纲要》提出的目标包括：到2030年，集中连片、整体推进，实施黑土地保护面积2.5亿亩，基本覆盖主要黑土区耕地；把东北黑土区耕地质量平均提高1个等级（别）以上，土壤有机质含量平均达到32 g/kg以上，提高2 g/kg以上（其中，辽河平原平均达到20 g/kg以上，提高3 g/kg以上）。

2023年7月，《东北黑土地保护与利用报告（2022年）》(简称《报告》)发布。该《报告》指出，东北三省保护性耕作的实施面积由2020年的4600万亩增长至2022年的8300万亩，东北三省已建成高标准农田1.8亿亩，化肥和农药的使用量显著下降，黑土地保护成效显著。2022年，东北地区粮食产量保持稳定，大豆产量增加,"稳粮增豆"成效明显。黑土地保护利用的长效机制正不断完善。

湿地保护规划

《全国湿地保护规划(2022—2030年)》(简称《规划》)由国家林草局、自然资源部于2022年联合印发。该《规划》提出,到2025年,全国湿地保有量总体稳定,湿地保护率达到55%,新增国际重要湿地20处、国家重要湿地50处;到2030年,湿地保护高质量发展新格局初步建立,湿地生态系统功能和生物多样性明显改善等目标。

《人民日报》2023年2月发布的数据显示,10年来,我国累计安排中央财政资金168亿多元,实施湿地保护项目3400多个,修复了一批退化湿地,改善了退化湿地生态状况。截至2022年底,联合国共认定43个符合《湿地公约》要求的湿地城市,我国占13个,数量位居世界第一。根据2023年2月世界湿地日中国主场宣传活动公布的数据显示,我国新增了18处国际重要湿地,包括北京延庆野鸭湖、黑龙江大兴安岭九曲十八湾、江苏淮安白马湖等,国际重要湿地总数达82处,面积达764.7万公顷,面积居世界第4位。

红树林保护修复专项行动计划

《红树林保护修复专项行动计划(2020—2025年)》(简称《行动计划》)由自然资源部、国家林草局于2020年8月联合印发。该《行动计划》明确提出,对浙江省、福建省、广东省、广西壮族自治区、海南省现有红树林实施全面保护;推进红树林自然保护地建设,逐步完成自然保护地内的养殖塘等开发性、生产性建设活动的清退,恢复红树林自然保护地生态功能;实施红树林生态修复,在适宜恢复区域营造红树林,在退化区域实施抚育和提质改造,扩大红树林面积,提升红树林生态系统质量和功能等。《行动计划》同时要求,到2025年,营造和修复红树林面积达到18 800公顷,其中营造红树林9050公顷、修复现有红树林9750公顷。《行动计划》的重点行动包括实施红树林整体保护、加强红树林自然保护地管理、强化红树林科技支撑、加强红树林监测与评估等。

2023年,国家林草局开展了《行动计划》中期评估工作。结果显示,南方5个省份红树林保护修复基本实现时间过半、任务过半的目标,通过加大对红树林整体保护的力度，多数红树林区域被划入生态保护红线和纳入自然保护地，建设项目占用和违法破坏红树林的情况明显减少，红树林得到有效保护。例如，2021年，湛江开展红树林综合利用实验项目，借鉴桑基鱼塘模式，探索红树林生态修复和养殖塘耦合共存模式，现试验示范基地建设已基本完成，初步实现了退塘还湿还林的目标。

加强水生生物资源养护

《关于加强水生生物资源养护的指导意见》（简称《指导意见》）由农业农村部于2022年印发。该《指导意见》提出的目标是，到2025年，休禁渔制度进一步完善，国内海洋捕捞总量保持在1000万吨以内，对捕捞限额分品种、分区域进行管理试点不断扩大；建设国家级海洋牧场示范区200个左右，有效保护优质水产种质资源，每年增殖放流各类经济和珍贵濒危水生生物物种300亿尾以上；基本建立投入与产出管理并重的渔业资源养护管理制度；显著改善长江、黄河水生生物完整性指数，遏制海洋主要经济种类资源衰退状况，使长江江豚、海龟、斑海豹、中华白海豚等珍贵濒危物种种群数量有所恢复；基本建立水产种质资源保护利用体系，水产种质资源应保尽保。

2023年11月21日，农业农村部水生生物资源养护暨水生野生动物保护工作推进会在上海举行。根据新华网的报道，自2021年以来，我国近海重要渔业品种产量保持总体稳定，长江生物完整性指数提升2个等级，斑海豹、绿海龟、中华白海豚等旗舰物种种群数量稳中有升，长江江豚种群数量首次止跌回升，重要渔业水域生态环境质量总体向好。

长江十年禁渔

长江是世界上水生生物多样性最为丰富的河流之一，栖息着4300多种水生生物，其中170多种为长江特有。过去粗放的发展方式使长江渔业资源迅速衰退，生物多样性持续下降，水域生态系统遭到严重破坏。

为恢复和保护长江的水生生物资源和生态环境，保护长江生态系统和生物多样性，中国自2021年1月1日起开始实施长江十年禁渔。这项重大的环境保护措施涵盖了长江流域的主要干支流、重要湖泊及其附属水域。

长江十年禁渔实施以来已经起到了积极效果。农业农村部官网2023年12月发布的数据显示，长江流域重点水域监测鱼种193种，比2018年增加25种，长江干流和鄱阳湖、洞庭湖生物完整性指数均比禁渔前提升2个等级，水生生物多样性有所提升。

2024年3月，国务院办公厅进一步印发《国务院办公厅关于坚定不移推进长江十年禁渔工作的意见》，从优机制、强保障、严执法、固生态等方面，对十年禁渔工作进行了再部署、再强调。

中华白海豚保护行动计划

《中华白海豚保护行动计划（2017—2026年）》（简称《行动计划》）由农业部于2017年组织编制。该《行动计划》就2017—2026年中华白海豚保护的指导思想、基本原则、行动目标提出了意见，制定了具体的保护行动措施，是下一阶段中国中华白海豚保护工作的指导性文件。这些保护行动措施包括建立健全保护体系与机制、开展种群生态调查与监测、加强中华白海豚就地保护等。

该《行动计划》提出的主要目标是，到2026年，中华白海豚要在中国90%以上的重要分布区域得到有效保护，其种群数量保持稳定或小幅回升，栖息地破碎化现象逐步得到有效缓解，种群结构日趋合理，可持续生存能力进一步提升。

截至2024年8月，我国先后设立了7个中华白海豚自然保护区，包括厦门和珠江口2个国家级自然保护区，以及江门、汕头、湛江、潮州、饶平等1个省级和4个市县级的自然保护区。这些措施旨在保护这一濒危物种，确保其生存环境和栖息地的安全。自2021年以来，中华白海豚物种种群数量稳中有升。

海龟保护行动计划

《海龟保护行动计划（2019—2033年）》（简称《行动计划》）由农业农村部于2018年发布，包括物种现状和保护必要性、指导思想、基本原则和行动目标、主要任务、重点工作等几个部分。该《行动计划》提出，要在2019—2028年合理确定海龟保护管理单元和栖息地保育类型（重要、次要和潜在栖息地），初步形成栖息地保护和修复方案，划定1~2个海龟重要栖息地或海洋自然保护地；2029—2033年，持续开展海龟种群调查与评估并实施有效监控，深化海龟的保护政策研究，分别明确各物种的管理重点，威胁因素得到全面控制，各海龟物种在中国海域的种群数量稳定上升等目标。

2021年2月，我国调整后的《国家重点保护野生动物名录》将分布在中国的5种海龟全部列为国家一级保护野生动物。根据农业农村部渔业渔政管理局2024年5月公布的数据，每年到西沙群岛上岸产卵的海龟数量呈现增长趋势，海龟全人工繁育技术取得重要突破，收容救护能力显著提升，全社会保护意识明显提高。

加强草原保护修复的若干意见

《关于加强草原保护修复的若干意见》（简称《意见》）由国务院办公厅于2021年印发。该《意见》提出，到2025年，草原保护修复制度体系基本建立，草畜矛盾明显缓解，草原退化趋势得到根本遏制，草原综合植被盖度稳定在57%左右，草原生态状况持续改善；到2035年，草原保护修复制度体系更加完善，基本实现草畜平衡，退化草原得到有效治理和修复，草原综合植被盖度稳定在60%左右，草原生态功能和生产功能显著提升，在美丽中国建设中的作用彰显。到21世纪中叶，退化草原得到全面治理和修复，草原生态系统实现良性循环，形成人与自然和谐共生的新格局。

国家林草局所做的2021年度草原监测评价结果表明，已完成全国种草改良任务4821万亩，并开展落地上图；实施草种繁育基地建设任务31.56万亩，达产后年草种产量可新增1.5万吨；完成草原有害生物防治任务2.07亿亩，持续推进草原有害生物普查月报告制度；开展首批18个国有草场建设试点，探索草原生态保护修复与草业协同发展新模式；推介12个"红色草原"，以绿色发展促进红色资源保护传承，以红色资源赋能草原地区高质量发展。

海洋自然保护地的建立

建立海洋保护地是提升海洋应对环境变化的韧性、推动海洋生态环境治理的重要措施，对保护海洋生态系统和生物多样性、维护海洋生态平衡，保障人类健康，促进经济发展，推动科学研究等方面具有重要意义。

1963年，中国首个海洋保护区在辽宁大连蛇岛建立，旨在保护生存在这里和附近海域的上万条蝮蛇；1980年，蛇岛和附近的大连老铁山一起被国务院批准为国家级海洋保护区。1982年《中华人民共和国海洋环境保护法》通过，海洋保护区建设有了明确的法律依据。

我国主要的海洋自然保护区（地），大多是在海洋环境保护法通过后的20年间建立。2000年以后，国家海洋局开始将重心放在"海洋特别保护区"的建设上。相比海洋自然保护区，海洋特别保护区的概念更宽泛。除了"海洋生态系统敏感脆弱和具有重要生态服务功能的区域"，它还可以用来保护历史文化遗迹，甚至那些适合进行未来产业发展的预留区域。

2024年7月发布的《中国的海洋生态环境保护》白皮书中指出，中国已建立涉海自然保护地352个，保护海域约9.33万平方千米，筹建涉海国家公园候选区5个，保护对象涵盖斑海豹、中华白海豚等珍稀濒危海洋生物和红树林、珊瑚礁等典型生态系统，以及古贝壳堤、海底古森林遗迹等地形地貌，初步形成了类型齐全、布局合理、功能健全的海洋保护地体系。

美丽海湾建设

《"十四五"海洋生态环境保护规划》由生态环境部等六部门于2022年联合印发，其中提出："十四五"期间（2021—2025年），推进海湾生态环境综合治理和美丽海湾建设；展望2035年，要让80%以上的大中型海湾基本建成"水清滩净、鱼鸥翔集、人海和谐"的美丽海湾。

2021年，生态环境部组织开展了美丽海湾优秀案例征集活动，确定了4个美丽海湾优秀案例，分别是青岛灵山湾、秦皇岛湾北戴河段、盐城东台条子泥岸段、汕头青澳湾。2023年，生态环境部又向社会公布了第二批12个美丽海湾的优秀案例，包括福建厦门东南部海域、江苏盐城大丰川东港、山东威海桑沟湾、天津滨海新区中新生态城岸段、海南海口湾等。

2024年，生态环境部启动实施美丽海湾建设提升行动，组织沿海省（自治区、直辖市）重点推进100余个美丽海湾建设，一湾一策推动近岸海域污染防治、生态保护修复和岸滩环境整治。预计到2027年，全国283个海湾中，将有40%左右基本建成"水清滩净、鱼鸥翔集、人海和谐"的美丽海湾。

野生动植物保护工程

《全国野生动植物保护工程建设方案（2023—2030年）》（简称《建设方案》）由国家林草局于2023年印发，对当前和今后一个时期珍稀濒危野生动物栖息地适应性改造、候鸟重要迁徙通道保护、收容救护能力提升、种源繁育及野化放归、危害监测预警防控及珍稀濒危野生植物原生境保护点建设、国家植物园能力提升、人工扩繁及野外回归等重点领域的工程建设做出具体安排。

该《建设方案》提出，到2025年，实施一批任务急迫、技术路线清晰、示范带动效应好的基建项目，巩固扩大濒危物种适宜生境面积；到2030年，扩大实施濒危物种就地和迁地保护建设项目，使极度濒危野生动物和极小种群野生植物生境质量持续改善，野外种群数量稳步增长，迁地保护水平大幅提高，亚洲象、东北虎等猛兽危害风险明显降低，人与自然更加和谐等目标。

近年来，国家林草局持续、系统地实施极度濒危野生动物和极小种群野生植物拯救保护工程，采取就地保护、迁地保护、人工繁育培植、放归或回归自然，筹划建立大熊猫、亚洲象、穿山甲、海南长臂猿、兰科植物、苏铁等濒危物种保护研究中心，以及加强濒危物种保护研究和国际合作等多种措施，让300多种珍稀濒危野生动植物种群数量稳步增长。

国家植物园体系布局

中国是世界上植物多样性最丰富的国家之一，有高等植物3.8万余种，横跨6个气候带，有8个主要植被类型。长期以来，中国共建近200个植物园，迁地保护植物2.3万余种，约占中国本土植物种类的60%，在维护植物多样性、保护珍稀濒危植物基因等方面发挥了积极作用。

2022年，中国在北京和广州设立的2个国家植物园率先挂牌运行，为推进国家植物园体系建设迈出坚实步伐。2023年，国家林草局、住房城乡建设部、国家发展改革委、自然资源部、中国科学院联合印发《国家植物园体系布局方案》，确定在已设立2个国家植物园的基础上，再遴选14个国家植物园候选园，纳入国家植物园体系布局，逐步构建中国特色、世界一流、万物和谐的国家植物园体系，并加强与国家公园体系的统筹协同，形成生物多样性保护新格局。

按照国家植物园体系建设目标，到2025年将设立5个左右国家植物园，使

70%以上的国家重点保护野生植物、55%以上的中国珍稀濒危野生植物得到迁地保护，初步建立协同高效的国家植物园管理机制；到2035年，力争设立10个左右国家植物园，使80%以上的国家重点保护野生植物、70%以上的中国珍稀濒危野生植物得到有效迁地保护，基本覆盖中国生物多样性保护优先区域，基本建成较为完善的国家植物园体系。

国家公园空间布局

《国家公园空间布局方案》（简称《方案》）由国家林草局、财政部、自然资源部、生态环境部于2022年12月联合印发，确立了中国国家公园建设的发展目标、空间布局、创建设立、主要任务和实施保障等内容。

该《方案》提出，将中国自然生态系统最重要、自然景观最独特、自然遗产最精华、生物多样性最富集的区域纳入国家公园体系，遴选出49个国家公园候选区（含正式设立的5个国家公园）。这49个候选区中，有陆域44个、陆海统筹2个、海域3个，总面积约110万平方千米，覆盖了森林、草原、湿地、荒漠等自然生态系统，以及自然景观、自然遗产、生物多样性等最富集区域，共涉及现有自然保护地700多个，10项世界自然遗产、2项世界文化和自然双遗产、19处世界人与生物圈保护区。

新华网2024年5月发布的数据显示，第一批设立的国家公园，在生物多样性保护方面发挥了积极作用，如东北虎豹国家公园内野生东北虎达到70只左右，野生东北豹达到80只左右；三江源国家公园藏羚羊种群数量已经恢复到约30万只，保护级别已从濒危降为近危；武夷山国家公园新发现雨神角蟾、福建天麻、武夷林蛙等多个新物种；海南热带雨林国家公园长臂猿种群数量由5群32只增长到6群37只，是全球现存10只以下极危物种中，唯一基于自然恢复的成功案例。

颁布象牙禁贸令

作为联合国《濒危野生动植物种国际贸易公约》缔约方，为响应2015年联合国大会通过的《打击野生动植物非法交易》决议，中国在2016年宣布了象牙禁贸的决定，并于2018年1月1日起全面停止商业性象牙加工和销售活动。

未来篇

按照象牙禁贸令要求,中国分期分批地停止了商业性象牙及其制品的加工和销售活动,其中第一批在 2017 年 3 月 31 日前停止,第二批在同年 12 月 31 日前全面终止;鼓励并引导象牙雕刻技艺的传承人及相关从业者进行职业转型;明令禁止在市场上或通过网络等渠道进行象牙及制品的交易。

实施象牙禁贸令是中国履行联合国《濒危野生动植物种国际贸易公约》的承诺,通过法律手段打击非法象牙贸易,保护了濒危物种及生物多样性。据世界自然基金会 2018 年的走访调查结果,禁令发布前中国允许合法交易的象牙制品指定销售点已经全面关闭,并且绝大部分被调查的城市及网络平台上的非法象牙交易数量明显减少,象牙禁贸令的实施取得了显著成果。

防沙治沙规划

中国是受土地沙化危害最为严重的国家之一,现有沙化土地面积 16 878.23 万公顷(25.32 亿亩),约占国土总面积的 17.58%。

《全国防沙治沙规划(2021—2030 年)》(简称《规划》)由国家林草局、国家发展改革委、财政部、自然资源部、生态环境部、水利部、农业农村部七部门于 2022 年联合印发,明确了今后一个阶段防沙治沙工作的总体思路、工作重点和目标任务。该《规划》提出,到 2025 年,完成沙化土地治理任务 679.52 万公顷(1.02 亿亩),沙化土地封禁保护面积 200 万公顷(3000 万亩);到 2030 年,完成沙化土地治理任务 1239.82 万公顷(1.86 亿亩),沙化土地封禁保护面积 600 万公顷(9000 万亩),全国 67% 的可治理沙化土地得到治理,防沙治沙取得决定性进展。沙区植被稳定增加,沙化土地持续减少,沙化程度持续减轻,生态环境根本好转。

《中国绿色时报》2024 年 7 月发布的数据显示,自 2012 年以来,我国持续加大"三北"等重点生态工程建设力度,推进科学化、规模化治沙,已经完成沙化土地治理任务 3.31 亿亩,封禁保护面积 2708 万亩,使 53% 的可治理沙化土地得到有效治理。

发展新质生产力

新质生产力是习近平总书记于 2023 年 9 月在黑龙江考察时首次提出的。

新质生产力是以创新为主导、符合新发展理念的先进生产力，摒弃损害、破坏生态环境的发展模式，改变过度依赖资源环境消耗的增长方式，推动经济社会发展绿色化、低碳化，促进经济高质量发展与环境高水平保护协同发展，实现人与自然和谐共生。

新质生产力之"新"，核心在于以科技创新推动产业创新。发展新质生产力，就是将科学研究的最新发现和技术发明的先进成果应用到具体产业中，不断创造新价值。

新质生产力本身就是绿色生产力，强调将生产力的生态化和生态化的生产力统一起来的可持续生产力，既遵循生产力发展规律，又遵循自然规律，保护生态环境就是保护生产力、改善生态环境就是发展生产力的生动体现。

在此基础上，各地立足自身技术实力和产业基础优势，持续向"新"发力。例如，北京聚力建设国际科技创新中心，开辟量子、生命科学、6G等新领域新赛道，其发展就是以科技创新为主导，符合高效、智能、绿色、可持续等特征的新业态新模式。

候鸟迁飞通道保护行动

据统计，我国现有鸟类1500余种，占世界鸟类种数的13%。其中，候鸟超过800种，约占全国鸟类种数的53%。全球9条主要候鸟迁飞通道中有4条经过中国，分别为东亚—澳大利西亚迁飞通道、中亚迁飞通道、西亚—东非迁飞通道及西太平洋迁飞通道。

《候鸟迁飞通道保护修复中国行动计划（2024—2030年）》（简称《行动计划》）由国家发展改革委、财政部、国家林草局联合印发，于2024年6月4日正式发布。

该《行动计划》提出到2030年将90%的候鸟迁飞通道关键栖息地纳入有效保护范围、80%以上的候鸟种类得到有效监测等目标。该《行动计划》综合考虑受威胁候鸟物种数量、候鸟种群数量占全球（迁飞路线）比例和候鸟数量等指标，筛选了821处候鸟迁飞通道关键栖息地，并通过全面强化保护管理和生态修复，实现对我国4条候鸟迁飞通道的整体协同保护。

未来篇

燕子恢复计划

近年来,由于城市化进程的加速等原因,燕子的数量逐渐减少,栖息地也遭到破坏。2019年,专家研究显示,家燕繁殖种群规模在欧洲总体保持稳定,在北美洲正在下降,而在亚洲的变化趋势尚不清楚。普遍认为,气候变化和农业集约化是影响家燕种群动态的主要因素。此外,还有其他因素,如由于传统建筑的减少,北京雨燕在北京的数量曾经一度减少。

燕子恢复计划由中国绿发会于2024年4月年会暨中国绿发会观鸟工作委员会筹备工作会上提出。整个计划时间周期为5年,口号是"我家燕子好自然",包括2个子计划:一是雨燕恢复计划,二是家燕恢复计划。计划均以公民科学家参与为核心,分三步展开:第一步,科学调查燕子种群的数量;第二步,倡导公民科学家协助雨燕/家燕的种群恢复行动;第三步研究并评估雨燕和家燕的保护举措及成效。

燕子恢复计划是中国绿发会观鸟工作委员会开展的北京雨燕大科学计划的持续和深入。自2014年以来,该工作委员会组织了对北京雨燕的跟踪研究,开展了北京雨燕大科学计划,并发现了雨燕迁徙的秘密。2024年,中国绿发会发起了北京雨燕第二期大科学计划,继续开展这种迁徙物种的研究。

联合国可持续发展目标

联合国可持续发展目标源于2015年9月世界各国领导人在联合国峰会上通过的《2030年可持续发展议程》,于2015年9月在联合国峰会上通过,2016年1月1日正式生效,将在2030年到期。联合国可持续发展目标中包括17项具体目标,这些目标是对联合国千年发展目标的继承、延续和深化。联合国千年发展目标源于2000年9月联合国第55届首脑会议上通过的《千年宣言》,已于2015年到期,其中"降低生物多样性丧失,到2010年显著降低生物多样性丧失的速度"这项目标,世界范围内均未完成。

联合国可持续发展目标中,直接涉及生物多样性保护的分别是目标14(水下生物)及目标15(陆地生物)。目标14中提出,到2025年,应预防并大幅减少各类海洋污染,特别是陆上活动造成的污染,包括海洋废弃物污染和营养盐污染;到2030年,让小岛屿发展中国家和最不发达国家,利用可持续的海洋资源，增加所获得的经济收益，包括管理可持续渔业、水产养殖业和旅游业等。联合国可持续发展目标中许多其他目标的实现，也都直接或间接依赖于生物多样性。

联合国发布的《2024年可持续发展目标报告》指出，现在距实现可持续发展目标仅剩6年时间，但已经取得的进展与实现目标的要求相去甚远。如果不进行大规模投资并加大行动力度，那么实现可持续发展目标仍将遥遥无期。

生物桥倡议

生物桥倡议于2014年在《生物多样性公约》缔约方大会第十二次会议上成立，由韩国政府提供初始资金，以促进和推动《生物多样性公约》及其议定书缔约方之间的技术和科学合作。其主要支持机制之一的种子资金机制能提供小额赠款，以促进开发项目，推动示范性技术和科学合作方法，特别是通过南南合作和三角合作，解决与生物多样性有关的问题和挑战。

在受赠遴选过程中，合作提案应有助于实现以下目标：支持各国为努力实现《昆明-蒙特利尔全球生物多样性框架》，而在其相关国家级生物多样性战略和行动计划中提出的目标；寻求在两个或两个以上国家之间就技术和科学问题建立长期合作，包括联合研究、开发技术和科学创新解决方案，以解决生物多样性丧失的主要驱动因素；通过机构合作促进技术转让和/或专业知识与专门技能的交流。

2024年，《生物多样性公约》缔约机构宣布了第五次提案征集后入选生物桥倡议支持的项目名单。经过对49个国家提交的90份材料的认真和全面审查，有24个项目提案被选中。

生物多样性全球评估报告

《生物多样性和生态系统服务全球评估报告（2019年）》是在生物多样性和生态系统服务政府间科学政策平台第七次全体会议审议上通过的，也是联合国2005年启动千年生态系统评估以来，首份评估全球生物多样性和生态系统服务的报告。该报告系统阐述了全球生物多样性和生态系统服务的现状、趋势及其对人类福祉的贡献。

未来篇

据该报告分析，地球近百万种物种可能在未来几十年内灭绝，而目前保护地球资源所做的努力可能会失败，因为这些努力往往是没有最佳知识和可靠证据做基础的草率粗犷的行动。

2022年12月在联合国《生物多样性公约》第十五次缔约方大会上通过的《昆明－蒙特利尔全球生物多样性框架》正是结合上述报告所提供的数据，制定了阻止和扭转生物多样性和自然环境丧失的全球目标。

全球生物多样性展望

《全球生物多样性展望》（第五版）由联合国《生物多样性公约》机构于2020年发布，是对地球自然状态的权威概述。该报告是针对2010年设定的、希望在2020年截止日期前实现的20个全球生物多样性目标（爱知目标）所取得的进展发布的最终成绩报告单。

该报告表示，在全球层面，20个目标都没有完全实现，部分实现的仅有6个（目标9、目标11、目标16、目标17、目标19、目标20）。报告强调，按照人类目前的发展轨迹，生物多样性及其提供的服务将继续减少，并危及可持续发展目标的实现。具体而言，报告提出愿景目标是建成一个"到2050年，生物多样性得到重视、保护、恢复和合理利用，维持生态系统服务，维持一个健康的地球，并为所有人提供必要的惠益"的世界。

地球生物基因组计划

地球生物基因组计划（EBP）是一项国际大科学计划。该项目计划的提出源于2018年美国举行的生物多样性大会上，由加州大学戴维斯分校基因组学家哈瑞斯·莱文等人和华大集团的基因组学家杨焕明、徐讯、张国捷等首次提出的全球生物基因组概念。2018年11月，地球生物基因组计划在英国伦敦正式启动，其目标是在未来10年完成对地球上超过100万种真核生物的基因组测序，涵盖植物、动物、真菌及微生物等各类生物。科学家们希望通过大规模的数据收集和分析，揭示不同物种之间的遗传关系，理解物种的进化历程，以及探讨基因组变异与生态适应性之间的关系。

截至2021年12月，该计划共有22个国家的44个成员机构的5000名科学家和技术人员参与。地球生物基因组计划将推动全新计算算法、分析方法和模型的创立，不仅加速了基因组学领域的发展，还将为生物学、生态学、环境保护和相关领域的研究提供宝贵的遗传数据资源。研究人员通过对基因组的详细分析，可以更好地理解生物体的功能基因、疾病易感性和环境适应性，进而推动精准的生态保护策略和生物技术应用。

地球生物基因组计划被视为推动生物多样性保护和科学研究的重要里程碑，具有极大的科学和应用潜力。华大基因、中国绿发会都是地球生物基因组计划的中国成员。

联合国生态系统恢复十年

世界各地的生态系统从森林、农田、湖泊，到人类赖以生存的自然空间都面临严重威胁。专家研究显示，在避免气候变化和数百万种物种灭绝的斗争中，未来十年至关重要。

联合国生态系统恢复十年（2021—2030年）是一项呼吁各国为了人类与自然的利益、保护和恢复生态系统的倡议，于2019年3月在联合国大会上宣布，2021年6月5日"世界环境日"成功启动，由联合国环境规划署（UNEP）和联合国粮食及农业组织（FAO）牵头落实。该倡议旨在防止、阻止并扭转全球生态系统的退化，所提出的目标包括到2030年，将恢复3.5亿公顷退化土地，产生9万亿美元的生态系统服务，并从大气中再吸收130亿~260亿吨温室气体。

2024年2月，来自非洲、拉丁美洲、地中海和东南亚的7个环境项目评为联合国"世界生态恢复旗舰项目"。这些项目旨在恢复因野火、干旱、森林砍伐和污染而濒临退化的生态系统，它们都获得了联合国技术和资金支持的资格。"世界生态恢复旗舰项目"奖是"联合国生态系统恢复十年"倡议的一部分。2024年获奖的7个旗舰项目预计将恢复近4000万公顷的生态系统，并创造约50万个就业机会。

外来入侵物种控制评估

2023年8月28日至9月2日，在德国波恩举行的生物多样性和生态系统服务政府间科学政策平台（IPBES）第十届全体会议上通过了《外来入侵物种及其

控制专题评估报告》。这份报告是来自49个国家的86名专家历时4年完成的一项工作成果，综合了13 000多份参考资料中的信息，为政策制定者提供了全面的科学评估和简明的摘要文件。

人类活动正以前所未有的速度将外来物种带入世界各地区和生物群落。在全球范围内，外来入侵物种及其影响正在迅速增加，预计未来还会继续增加。即使没有新物种入侵，现有入侵外来物种种群也将继续在生态系统中蔓延，加之一些直接和间接变化驱动因素的放大和相互作用，将深刻影响和加剧未来因外来入侵物种造成的威胁。

该报告指出，从生物技术到生物信息学和数据分析等工具和技术的开发，以及其在管理、监测和检测、快速反应和根除、局部遏制和控制外来入侵物种等方面的应用，提高了管理生物入侵和控制外来入侵物种的效率。

生物多样性金融参考指南

《生物多样性金融参考指南》（简称《指南》）由"绿色债券技术援助项目（GB-TAP）"支持研究制定，旨在促进新兴市场金融机构绿色债券的发行。

《指南》明确将与生物多样性和自然相关的投资活动分为3类。

一是寻求产生生物多样性共同惠益的投资活动。这类符合要求的募集资金用途包括在既定的业务运营和生产实践中或通过既定的业务运营和生产实践为旨在解决生物多样性丧失的关键驱动因素的活动提供资金，包括生产性用地/农业、淡水/海洋可持续生产等。

二是以生物多样性保护和/或恢复为主要目标的投资。这一类别符合要求的募集资金用途包括对保护、恢复和相关服务的直接融资，包括保护性土地使用/陆地栖息地保护、淡水与海洋栖息地的保护等。

三是投资基于自然的解决方案，以保护、加强和恢复生态系统及生物多样性。这一类别符合要求的募集资金用途列出了在大型项目中对基于自然的解决方案的投资，包括自然或生态基础设施投资、保护或修复红树林等。

《指南》为民营企业生物多样性相关投资活动提供了一个指示性募集资金用途清单，展示哪些用途符合要求，有助于联合国可持续发展目标中目标14和目标15的实现。

联合国海洋可持续发展十年

2017年12月，联合国大会宣布2021—2030年为"联合国海洋科学促进可持续发展十年"。《联合国海洋科学促进可持续发展十年（2021—2030年）实施计划》（简称《实施计划》）于2021年由联合国教科文组织政府间海洋学委员会发布。该《实施计划》指出，在整个"海洋十年"期间，自然科学家、社会科学家和海洋利益攸关方将携手努力，共同设计并共同交付以解决方案为导向的研究方案，研究工作的范围将涉及海洋的各个方面，包括海洋与人类之间的相互作用、海洋与大气之间的相互作用，以及陆地与海洋之间的交互关系。

根据2024年6月18日联合国教科文组织政府间海洋学委员会发布的所有已批准的十年行动完整清单统计，自"海洋十年"开展以来，共开展560项十年行动的研究内容，其中557项行动还在进行中。涉及的海域包括北大西洋、南太平洋、北太平洋、印度洋、南大西洋、北冰洋、南大洋、地中海及加勒比海等。

2024年4月10—12日，在"海洋十年"计划实施三年之际，联合国海洋十年大会在巴塞罗那召开，并发布了《巴塞罗那声明》。声明在"海洋十年"框架内，确定了深化海洋科学与知识建设、海洋科学的优先交叉问题和海洋科学基础设施等3项在未来几年优先行动的领域。

全球战塑

联合国环境规划署2018年的一份报告显示，全世界总计生产的90亿吨塑料制品中，被循环利用的只有9%，约12%被焚烧，其余79%最终堆积在垃圾填埋场或进入其他自然环境。河流和湖泊会将其中的塑料垃圾从内陆深处带入海洋，使其成为海洋污染的主要成因。

2022年3月2日，在第五届联合国环境大会上，来自175个国家的首脑、环境部长和其他部门代表批准了一项旨在终结塑料污染的历史性决议，并同意在2024年前达成一项具有法律约束力的国际协议。

在此基础上，世界地球日官方网站宣布"全球战塑（Planet vs. Plastics）"作为2024年4月22日世界地球日的主题，呼吁人们广泛认识塑料的健康风险，迅速淘汰所有一次性塑料，紧急推动一项强有力的联合国塑料污染条约。2023年5月，联合国环境规划署发布的报告显示，如果各个国家和企业利用现有技术

进行深入的政策和市场改革,到 2040 年塑料污染可以减少 80%。

世界森林状况

《世界森林状况》每两年出版一期,载有关于全球森林资源及人类与森林资源互动的大量数据,同时概述了减少毁林的战略。《2022 年世界森林状况》是在《关于森林和土地利用的格拉斯哥领导人宣言》和 140 个国家承诺到 2030 年消除森林损失,并支持恢复和促进可持续林业的背景下编写的,由联合国粮食及农业组织于 2022 年发布。

该报告为保护和利用森林提出了遏制毁林和维护森林、恢复退化土地和扩大农林业、可持续利用森林和构建绿色价值链等 3 种可行方案,并对进一步推进这 3 种路径应采取的初步举措做了概述,为这些基于森林的解决方案实施的可行性与价值的判断提供了依据。该报告还呼吁立即采取行动,助力实现将全球气温升高控制在 1.5 ℃ 以内的目标,降低未来流行病发生的风险,确保粮食安全和营养,消除贫困,保护地球的生物多样性,为所有人创造一个更美好的世界和更美好的未来。

2024 年 7 月,联合国粮食及农业组织发布了《2024 年世界森林状况报告》,深刻分析了全球森林面临的新挑战和未来的发展趋势。该报告表示,一些国家的森林砍伐量显著减少,但气候变化使森林更容易受到野火和病虫害等外部压力的影响。该报告对 2050 年的预测表明,对林木的需求将显著增加,世界上近 3/4 的人口会使用非木材林产品。

沙特绿色倡议

沙特绿色倡议由王储兼首相萨勒曼发起,于 2021 年 3 月启动。该倡议明确表示,沙特将在未来数十年内种植 100 亿棵树木,恢复 4000 万公顷退化土地,将现有植被覆盖率提高 12 倍以上;加强对动植物、海洋生物的保护,将自然保护区占地面积扩大到国土面积的 30% 以上。沙特会积极落实节能减排,到 2030 年可再生能源项目提供超过 50% 的电力供应,降低 1.3 亿吨碳排放量,废物利用率提高到 94% 以上。

自 2022 年以来,沙特新增 2.1 吉瓦可再生能源并网,装机容量增长了

300%，使可再生能源装机总容量达到 2.8 吉瓦，产生的能源相当于超过 52 万户家庭的供电需求。此外，沙特正在推进耗资 84 亿美元的绿色氢工厂的开发，该工厂将成为世界上最大的氢能工厂。自沙特绿色倡议启动以来，沙特已种植了 4390 万棵树木，并恢复了 9.4 万公顷退化土地。

联合国环境规划署生态系统司司长苏珊·加德纳表示："沙特绿色倡议展示了文化资本和传统智慧在管理自然环境方面的巨大潜力。这些植根于传统并适合当地情况的方法，对于面临导致土地退化和荒漠化等多重因素压力的地区至关重要。"

非洲绿色长城倡议

非洲"绿色长城"倡议由非洲联盟于 2007 年发起。这是一项由非洲国家主导的、横跨非洲 8000 千米的生态恢复绿色倡议，旨在恢复非洲大陆上已经退化的环境景观，改变和改善萨赫勒地区数百万人的生活和生计。

由于历史和气候的原因，再加上人类活动，非洲土地退化和荒漠化非常严重。为应对这一挑战，非洲联盟发起非洲"绿色长城"倡议，目标是恢复目前已经退化的 1 亿公顷土地；到 2030 年，封存 2.5 亿吨碳并创造 1000 万个绿色就业机会。非洲"绿色长城"倡议的具体作法就是沿着撒哈拉沙漠南缘的萨赫勒地区，种植跨越非洲大陆的由乔木、灌木等植被构成的"绿色长城"。

该倡议正在 22 个非洲国家实施，将振兴非洲大陆的数千个社区。在非洲联盟委员会和泛非大绿色机构的领导下，非洲"绿色长城"倡议汇聚了非洲国家和国际伙伴，已筹集并承诺提供超过 80 亿美元的资金来支持这一宏大举措。

全球土地展望

全球高达 40% 的土地已经退化，直接影响到全球一半的人口。2022 年 4 月由《联合国防治荒漠化公约》（UNCCD）发布的《全球土地展望》（第二版）报告，就长期土地退化提出了严峻的警告和切实可行的补救措施，同时评估了土地恢复投资对减缓气候变化、保护生物多样性、减贫、人类健康和其他关键可持续发展目标的潜在贡献。

《全球土地展望》（第二版）报告警告称，目前土地资源，包括土壤、水和生物多样性的管理不善和滥用，威胁着地球上许多物种的健康和持续生存，包括人类自身。该报告预测，如果目前的这种状况持续到2050年，几乎相当于南美洲总面积的土地将进一步退化。

2017年《全球土地展望》(第一版)从全球视角介绍了荒漠化、土地退化和干旱相互交织的驱动因素、风险和影响。第二版在此基础上，阐述了各国和社区通过设计和实施定制的土地恢复议程来减少和扭转土地退化的理由、促成因素和多种途径。

全球土地恢复倡议

全球土地恢复倡议是一个旨在恢复全球退化土地的国际倡议。该倡议于2011年由德国和世界自然保护联盟在联合国环境大会上提出，目标是到2030年恢复全球2000万公顷的退化土地。全球土地恢复倡议的核心使命是通过促进大规模的土地恢复项目，改善土地健康，支持生态系统的恢复，并提升食物安全和气候变化的应对能力。

2015年，全球土地恢复倡议联合多个国家和组织推动了《巴黎气候变化协定》中关于土地恢复的承诺，并在2017年发布了《全球土地恢复战略》。这一战略旨在为各国提供系统性的指导，帮助制定和实施土地恢复计划，以应对土地退化、减少温室气体排放和提高生物多样性。

到2021年，全球土地恢复倡议已经成功在多个国家实施了恢复项目，包括亚马孙雨林恢复计划、撒哈拉沙漠边缘地区的绿色长城计划等。这些项目不仅恢复了大量退化土地，还改善了当地社区的生活条件和经济状况。全球土地恢复倡议的实施，展示了国际合作在应对土地退化和气候变化方面的潜力，并为未来的国际环境政策制定提供了宝贵的经验和数据支持。不过，全球土地恢复倡议在实施过程中面临着诸多挑战，包括资金不足、技术限制、土地所有权纠纷，以及气候变化带来的不确定性。

联合国粮食系统峰会

联合国粮食系统峰会（UNFSS）于2021年9月23—24日召开，该会议是联合国气候变化框架公约第26次缔约方大会之后，重申气候和粮食系统之间不可分割的联系，激发各界合作和承诺的重要国际会议。旨在改变对食品的生产加工和消费方式，以期到2030年实现联合国各项可持续发展目标。

2023年联合国粮食系统峰会，由联合国秘书长召集、意大利政府主办。阶段成果总结推进大会于同年7月在罗马举行。此次会议评估了现有承诺，并呼吁加快全球行动，以实现零饥饿及粮食安全和营养目标（可持续发展目标2），进而推动落实《2030年可持续发展议程》。

在2024年6月7日世界食品安全日期间，世界卫生组织指出，全世界每年有1/10的人因食用受污染的食物而患病，有超过200种疾病是由于食用了被细菌、病毒、寄生虫或重金属类化学物质污染的食物而引起的。世界卫生组织强调，粮食系统变革必须以健康和营养作为其核心基础，公正、公平和可持续的变革必须从现在开始。

全球牧场展望

《全球牧场和牧民土地展望专题报告》（简称《报告》）于2024年5月17日由《联合国防治荒漠化公约》组织在蒙古国乌兰巴托发布。该《报告》警告，由于过度使用和滥用，以及气候变化和生物多样性的丧失，全球天然牧场和其他牧场正在退化。牧场占全球土地的54%，其中多达50%的牧场已经退化，危及人类1/6的食物供应和地球1/3的碳库，对数十亿人的生存乃至福祉构成严重威胁。

该《报告》为恢复和更好地管理牧场指明了方向。其主要建议包括：将减缓和适应气候变化战略与可持续牧场管理计划相结合，以增加碳固存和储存，同时提高牧民和牧场社区的复原力；避免或减少牧场转换和其他土地用途变更，特别是在土著和公用土地上的变更，以免削弱牧场的多样性和多功能性；在保护区内外设计和采取牧场保护措施，保护地上和地下的生物多样性，同时促进大面积畜牧生产系统的生产力和恢复力；采用并支持以牧业为基础的战略和做法，帮助减轻气候变化、过度放牧、水土流失、入侵物种、干旱和野火等危害因素对牧场健康的影响。

2022年，在蒙古国的倡议下，联合国大会将2026年定为"国际牧场和牧民年"，以加强牧场管理，改善牧民生活。2026年国际牧场和牧民年将与蒙古国主办的第17届《联合国防治荒漠化公约》缔约方大会同期举行。

欧洲绿色新政

《欧洲绿色新政》由欧盟委员会于 2019 年 12 月 11 日发布,旨在通过综合政策框架和法律手段,推动能源、工业、建筑、交通、农业、生物多样性保护及环境保护等领域的转型。

《欧洲绿色新政》设立了到 2030 年和到 2050 年欧盟力争实现的绿色目标,主要包括逐步提升减少温室气体排放目标;推动能源转型,确保能源供应的清洁性、可负担性和安全性;制定工业战略,支持清洁生产和循环经济;推动建筑业的绿色革命,通过创新和可持续的建筑实践,减少碳足迹;交通部门将向可持续和智能化方向发展;建立一个公平、健康、环境友好的食品体系,从农场到餐桌的每一个环节都将注重可持续性和环保;保护和恢复生态系统和生物多样性;努力实现无毒、零污染的目标,通过减少有害物质的使用和排放,改善公民的生活环境;等等。

2024 年 3 月 21 日,欧洲环境署发布了《加速循环经济在欧洲的发展:现状与展望 2024 报告》。该报告指出,近年来,欧洲在实现循环方面取得了积极进展,如回收率的提高、共享经济和其他循环商业模式的出现。然而,欧洲要想真正全面实现循环经济还有很长的路要走。

后 记

从 2024 年初至今，经过大小 10 余次编撰会商讨，几经修订，《生物多样性百科》终于和读者见面了。

本书在策划创作过程中得到了多家单位、不同学科专家和学者的建议与支持，先后由 20 多位作者参与编撰，在 2025 年中国生物多样性保护与绿色发展基金会成立 40 周年之际付梓。楮墨有限，不能详尽列数，由衷地致谢每一位参与该书的编写者。在编撰过程中，我们广泛参照和借鉴了国内外的相关著述，在此也向在生物多样性研究领域付出辛苦的科技工作者，深表敬意和感谢。

在过去 40 年，生物多样性经历了从概念形成到逐渐为公众所知晓的过程，从国际社会的积极呼吁到国内的创新实践，我们择要将其概括归纳成词条加以描述，期望为读者更多了解生物多样性的知识提供有益参考。

最近十几年来，国内外对生物多样性的多学科综合研究不断推进和深入，出现许多新的概念和成果，我们虽尽力涵盖，但囿于篇幅字数等原因难免挂一漏万，今后我们将在此次出版的基础上，继续对词条进行增补和更新，以期未来再版时更加满足读者的需求。

《生物多样性百科》编辑部
2025 年 2 月